国家级一流本科专业建设

化学工业出版社"十四五"普通高等教育规划教材

智慧环境仿真与管控

周雪飞　张亚雷　郭亚萍　桑文静　等 编著

化学工业出版社

·北 京·

内容简介

《智慧环境仿真与管控》共十章，系统介绍了：智慧环境与数模仿真的基本概念、发展、构成；数学建模仿真方法与数学基础；环境数模仿真管控的环境专业基础——污水处理、水环境生态修复、大气环境污染控制、固体废物处理、土壤环境污染控制等方面的数模仿真；人工智能技术、数据可视化、机器学习等环境智慧化管控技术；人工智能赋能与环境智慧管控应用及案例。

本书可用作高等院校环境工程、环境科学、市政工程、给排水工程、智慧环境、环境信息、环境生态等专业本科生、研究生的课程教材或教学参考，也可供有意了解或从事智慧环境仿真管控的科研人员、工程师、管理人员等作为参考。

图书在版编目（CIP）数据

智慧环境仿真与管控 / 周雪飞等编著. -- 北京：化学工业出版社，2025.9. --（国家级一流本科专业建设成果教材）. -- ISBN 978-7-122-48585-4

Ⅰ．X506

中国国家版本馆 CIP 数据核字第 2025KM6174 号

责任编辑：满悦芝　　　　　　　　文字编辑：杨振美
责任校对：王　静　　　　　　　　装帧设计：张　辉

出版发行：化学工业出版社
　　　　　（北京市东城区青年湖南街 13 号　邮政编码 100011）
印　　装：三河市君旺印务有限公司
787mm×1092mm　1/16　印张 19　字数 467 千字
2025 年 10 月北京第 1 版第 1 次印刷

购书咨询：010-64518888　　　　　　售后服务：010-64518899
网　　址：http://www.cip.com.cn
凡购买本书，如有缺损质量问题，本社销售中心负责调换。

定　　价：68.00 元　　　　　　　　版权所有　违者必究

《智慧环境仿真与管控》编委会

前言

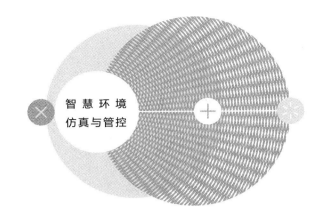

智慧环境
仿真与管控

随着人工智能（AI）技术的飞速发展，智慧环境仿真与管控成为推动环保科技创新、解决全球环境问题的新动力，同时也对高等教育环境学科的人才培养提出了新的要求。鉴于此，我们编著了这本《智慧环境仿真与管控》教材用作 AI 赋能环境学科发展新形势下的专业课核心教材。本书编写过程中尽可能全面地参考已有文献与案例，概括总结当前成熟的概念和方法体系，并引入自身研究成果。在内容叙述上，力求基本概念准确，机理、推导清晰易懂，反映本学科前沿进展与水平；形式上采用数字教材建设理念，将部分知识点和案例用二维码形式进行扩展，有助于加深理解和提高实操性。

全书共十章，以环境工程专业为主线，系统介绍了环境领域的数模仿真与智慧管控技术，包含以下几个方面：环境工程领域数模仿真的常用数学方法；污水处理、水环境生态修复、大气环境污染控制、固体废物处理、土壤环境污染控制等方向的数模仿真；环境智慧化管控技术；AI 赋能与环境智慧管控应用及案例等。本书撰写分工如下：周雪飞和张亚雷（第 1、3 章），郭亚萍（第 2、5 章），陈家斌和张劲（第 4 章），罗刚和赵江（第 6 章），桑文静（第 7 章），林坤森和高海萍（第 8、9 章），刘战广、吴曰丰、吴剑斌和蒋明（第 10 章）。周雪飞负责全书的统稿工作。

本书撰写过程中参考了相关资料。主要参考文献已列于各章之末，在此对各参考文献的作者表示深深的谢意。本书可作为高等院校环境工程、环境科学、市政工程、给排水工程、智慧环境、环境信息、环境生态等专业本科生、研究生的教材，也可供科研人员、工程师、管理人员等参考。

由于编者水平有限，书中疏漏之处在所难免，敬请读者批评指正。

编著者
2025 年 5 月

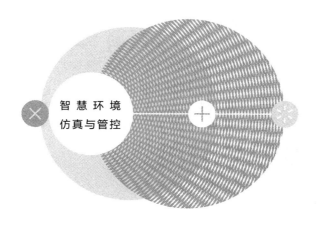

智慧环境
仿真与管控

目录

二维码目录

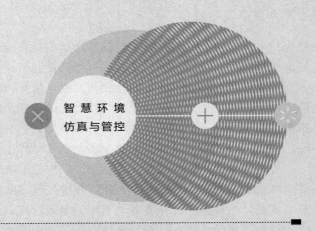

智 慧 环 境
仿真与管控

第一章

智慧环境与数模仿真

1.1　智慧环境的发展背景与构成

　　智慧城市（smart city）的建设与发展是智慧环境的源起与重要背景。从结构上说，智慧城市等于物联网＋云计算＋智慧应用。它包括两大核心技术：物联网与云计算。根据《物联网　术语》（GB/T 33745—2017），物联网（internet of things，IoT）技术是指通过信息传感器、射频识别技术、全球定位系统、红外感应器、激光扫描器等感知技术与设备、装置，按照约定协议，通过各类可能的网络接入，连接物理实体与人、系统和信息资源，实现对物理和虚拟世界的信息进行处理并作出感知、识别和管理等反应的智能服务系统。通过物联网技术，可实现按照物联网服务提供商配置或用户定制的规则，自动采集声、光、热、电、力学、化学、生物、位置等用户所需要的各种信息，传输、处理数据，基于互联网、传统电信网等信息承载体让所有能被独立寻址的普通物理对象形成互联互通的网络，为用户提供服务。云计算（cloud computing）是指通过计算机网络（多指因特网）"云"将巨大的数据计算处理程序分解成无数个小程序，再通过数个服务器组成的系统对这些小程序进行运行和处理分析，形成具有超强计算能力的系统。现阶段，云计算技术衍生出了分布式计算、效用计算、负载均衡、并行计算、网络存储、热备份和虚拟化等多种计算机技术，在很短的时间（几秒）内完成数以万计的数据处理，可实现存储、集合相关资源并按需配置，向用户提供个性化服务，实现强大的网络服务。可以说，物联网技术是智慧城市的"血管"，云计算是智慧城市的"心脏"，信息与数据处理模型是智慧城市的"大脑"，这些新技术与新应用的支撑，让城市智能化，让沟通与使用变得更简单、便捷，推进城市快速建设和发展。综合来看，未来的智慧城市建立在 5G（第五代移动通信技术）通信覆盖全网的基础上，应用各类智慧应用，整合城市资源，将人与人、人与城市、城市与城市紧密联系在一起，对居民生产、生活的各类需求做出及时智能的响应。

　　智慧城市的实质是为促进城市居民和谐共处、保持健康绿色的生态环境、维持城市经济的可持续成长，发展新兴技术，利用海量的数据库、新一代的云计算及智能 APP（应用程序），帮助政府高效管理城市，保证城市的智慧运行。

　　智慧环境与智慧交通、智慧能源、智慧建筑、智慧安防、智慧社区、智慧公共安全、智慧医疗等组成智慧城市，通过应用先进的信息技术和物联网技术，可实现对城市各个方面的智能化管理和高效化服务，提升城市的品质和居民的生活质量。

随着全球智慧城市的不断建设与发展，信息技术、物联网、云计算在各行各业中不断扩散、渗透，这一切在改变着城市，同时也渗透到环境领域，智慧环境应时而生，成为智慧城市的重要组成部分与主要建设内容。如何构建智慧环境、增强环境管控能力是环境界值得关注的研究内容，并将日益发展成为研究热点与应用趋势。

智慧环境的定义有很多，概括来讲，智慧环境是指通过应用环境监测技术和大数据分析技术、物联网、云计算、人工智能等先进技术，获取环境系统的信息、数据，并进行数据分析、挖掘，结合相应的环境数学模型，实现对环境的监测、污染防治、生态保护、评估、优化、管控等智能化管理。智慧环境可实现对空气质量、水质、噪声等环境指标的实时监测、预警和预测，为环境治理和决策提供科学依据，从而提供有效的环境管理和保护措施，提高环境治理水平，促进人与自然和谐发展，改善城市居民的生活环境。

智慧环境强调科技与环境的融合，将各种先进科技应用于建筑和城市的构建和管理中，旨在提高城市居民的生活质量，创造一个以人为中心的舒适、健康、安全的居住和工作环境，打造更智慧、更现代化的城市环境。智慧环境的发展与建设情况直接关系到城市生态环境的质量和可持续发展能力。

近年来，全球范围内对环境保护的重视程度不断提高，智慧环境成为环保领域的重要发展方向。

首先，多学科交叉显著推动了生态环境科技进步。环境领域内学科交叉与技术融合特征更明显，多领域取得颠覆性技术突破，技术装备呈现智能化趋势。

其次，技术发展推动智慧环境进步。物联网、云计算、大数据、人工智能等技术的不断发展，为智慧环保提供了强大的技术支持，信息技术在生态环境监测、智慧城市、生态保护和应对气候变化等领域得到广泛应用。通过物联网技术，可以实现对环境监测设备的远程监控和管理，提高数据采集的准确性和实时性，生态环境监测向高精度、动态化和智能化方向发展；通过云计算和大数据技术，可以实现海量数据的存储和分析，为环境治理提供科学依据，基于大数据和人工智能的定向、仿生及精准调控资源技术成为重要战略发展方向；通过人工智能技术，可以实现对环境数据的智能分析和预测，为决策提供更加精准的建议，环保装备向智能化、模块化方向转变，生产制造和运营过程向自动化、数字化方向发展。

再次，政策推动智慧环境应用拓展。各国政府对环境保护的重视程度不断提高，出台了一系列政策措施推动智慧环保的发展。如我国在1996年提出了在线监测的概念。国家环保局（现生态环境部）发布的《排污口规范化整治技术要求（试行）》中规定，列入重点整治的污染水排放口应安装流量计，这是最初的在线监测系统。2006年提出了环境网络化。"污染源减排三大体系（监测、统计和考核三大体系）能力建设"项目实施后，要求占COD（化学需氧量）污染负荷60%以上的国控重点污染源必须安装在线监测仪器，且须联网运行。2010年，国家发改委《关于当前推进高技术服务业发展有关工作的通知》出台后，环境保护部推动环境监控物联网示范工程建设试点。2011年，提出信息资源共享。《关于加强环境保护重点工作的意见》指出，要增强环境信息基础能力、统计能力和业务应用能力，建设环境信息资源中心，加强物联网在污染源自动监控、环境质量实时监测、危险化学品运输等领域的研发应用，推动信息资源共享。2015年7月26日，国务院办公厅印发《生态环境监测网络建设方案》（国办发〔2015〕56号），要求：到2020年，全国生态环境监测网络基本实现环境质量（建设涵盖大气、水、土壤、噪声、辐射等要素，布局合理、功能完善的全国环境质量监测网络）、重点污染源、生态状况监测（研发、发射系列化的大气环境监测卫星和环境卫星后续星并组网运行，加强无人机遥感监测和地面生态监测，建立天地一体化的生态遥感监测系统，实现对重要生态功能区、自然保护区等大范围、全天候监测）全覆盖，各级各类监测数据系统互联共享，监测预报预警、信息化能力和保障水平明显提升，监测与监管协同联动，初步建成陆海统筹、天地一体、上下协同、信息共享的生态环境监测网络，使生态环境监测能力与生态文明建设要求相适应；各级环境保护部门以及国土资源、住房城乡建设、交通运输、水利、农业、卫生、林业、气象、海洋等部门和单位获取的环境质量、污染源、生态状况监测数据要实现有效集成、互联共享；国家和地方建立重点污染源监测数据共享与发布机制，重点排污单位要按照环境保护部门要求将自行监测结果及时上传。我国政府在《国民经济和社会发展第十四个五年规划和 2035 年远景目标纲要》中提出要大力发展数字经济和绿色经济，推动互联网、大数据、人工智能等技术与环保产业深度融合，加强生态环境监测和信息化管理，提高环境治理现代化水平。此外，一些地方政府也积极推动智慧环保项目落地，为智慧环保的发展提供了实践基础。

此外，市场需求驱动智慧环境产业壮大。随着人们对环境保护的关注度不断提高，对环境监测和管理的要求也越来越高。智慧环保市场的需求不断增长，推动了智慧环保产业的壮大和发展。相关统计数据显示，全球智慧环保市场规模不断扩大，预计未来几年将持续保持快速增长态势。

以上种种，促进了我国智慧环境飞速发展。

智慧环境的总体目标如图 1-1 所示。

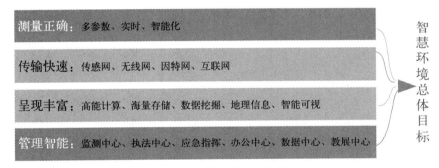

图 1-1　智慧环境的总体目标

智慧环境的任务是："更快速"感知影响城市环境、人体健康和生命安全的实时指标，"更全面"感知污染排放、环境污染、应急事故的变化过程，"更有效"判定环境监察执法与应急处置工作的执行状态与效果，"更智慧"决策重点城市、区域和流域重大环境管理问题。

智慧环境由四大部分构成，即感知层、物联层、智慧层和服务层，基本结构如图 1-2 所示。这里，感知层主要为通过风险源、污染源、空气质量监测、水质监测等方面的监控设备、传感器等获取相关信息、数据；物联层主要指通过综合布线、宽带、无线和移动通信网络等形成全面的物联网；智慧层则是根据感知所获得的信息、数据等，围绕所研究的环境系统进行判别、归纳、统计、建模等数据处理与挖掘后，进行预测、分析、判断、识别、优化，甚至根据结果与要求进行自动反馈、优化、控制、操作等，形成更深入的智能效果，可实现对环境建设有重点又综合全面、系统的智慧化管理；服务层则是基于感知层、物联层、智慧层，开发环境领域的风险预警、智慧管控、监测预警或应急响应等系统，用于相应的综合开发利用与智慧化管理、应用与持续创新。

图 1-2　智慧环境基本结构

从理论的角度来说，智慧环境的组成有环境信息、环境数学模型、物联与服务。其中，环境信息包括通过参数等表征的信息，通过测试、采集等手段获取的数据；环境数学模型是智慧环境的核心与关键技术，它在感知层、物联层、智慧层、服务层中均有涉及与应用，分为机理模型、统计模型、预测优化模型等；物联与服务是指优化环境系统的仪表及设施调控，用于完善环保措施的规划与方针调整，等等。

国内外智慧环境应用与发展主要表现在以下几个方面：

① 大气环境管控智能化。通过智能化监测设备和大数据技术及大气环境数模仿真，可以实现对大气环境的实时监测、分析、诊断、预测、防控、优化等，为政府制定科学的大气环境治理政策提供依据。

② 水环境管控智能化。通过智能化监测设备和大数据技术及水环境数模仿真，可以实现对水环境的实时监测、分析、诊断、预测、防控、优化等，为推广节能减排低碳技术、研发水环境生态污染治理技术与措施、制定科学合理的管控政策和标准提供依据。

③ 固体废物处理智能化。通过智能化监测设施与技术及数模仿真技术，对固体废物进行实时监测、分析、诊断、预测、防控、优化等，如通过垃圾智能化分类和处理等提高垃圾处理效率和质量，为政府制定科学合理的固体废物处理与管控政策提供依据。

④ 土壤环境管控智能化。通过智能化监测设施与技术及数模仿真技术，对土壤环境进行实时监测、分析、诊断、预测、防控、优化等，提高处理效率，为政府制定科学合理的土壤环境污染处理与管控政策提供依据。

⑤ 管网管控智能化。主要包括管道泵站等管网设施，流量、水质等数据中心，云计算平台，数模仿真等。这些设施为环境管网设施的运营和管理提供了高效的管理手段。如利用智能水泵、智能水表、智能窨井盖等，实时监测水泵和水表运行与管道渗漏情况、井盖状态和位置信息，提高管理效率。

今后，智慧环境将发展为实现环境治理现代化的重要途径，具有广阔的应用前景和市场潜力。随着技术的不断进步和政策支持力度的不断加大，智慧环境的发展前景十分广阔。市场需求也是推动智慧环境产业壮大的重要因素之一。未来，智慧环境将在环境保护领域发挥越来越重要的作用，为人类创造更加美好的生态环境。

1.2　系统、系统分析与环境数学模型

环境数学模型是智慧环境的核心，是灵魂和关键技术。环境数学模型的构建与研发应用需要数学模型基础、仿真建模技术。本小节将对这两方面进行介绍。

1.2.1　系统、环境系统

在介绍环境数学模型之前，我们需要先了解"系统"的概念，了解什么是"环境系统"。

系统指由两个或两个以上相互独立又相互制约、执行特定功能的元素组成的有机整体。系统包括子系统、系统结构、输入、输出、系统边界。其中，子系统是指系统中相互独立又相互制约、有特定功能的这些元素，系统结构是组成系统的各个子系统之间的层次关系与相互关系的总称。

系统具有如下特征：整体性——全部要素构成一个整体；关联性——要素之间相互关联、作用、制约；层次性——系统内部有一定的层次结构；目的性——系统为达到特定的功能或目的而存在；适应性——系统要存在于一定的环境中，因此面临环境变化。

环境是一个包含多层次子系统的复杂大系统。环境系统是影响人类生存和发展的各种天然和经过人工改造的自然因素的总体，包括大气、水、海洋、土地、矿藏、森林、草原、野生生物、自然遗迹、人文遗迹、自然保护区、风景名胜区、城市和乡村等。

环境系统可分为若干个子系统。按污染物的发生及迁移过程，环境系统包括污染物发生系统、污染物输送系统、污染物处理系统、接受污染物的环境系统；按环境管理功能，环境系统可分为自然保护系统、环境管理系统、环境监测系统、污染控制系统等；按环境保护对象，环境系统由大气污染控制系统、水污染控制系统、土壤污染控制系统、噪声污染控制系统、城市生态（环境）系统等构成。

二维码 1-1
环境系统的特点

1.2.2　系统分析、环境系统分析

研究系统需要进行系统分析，对研究对象进行有目的、有步骤的探索和研究，运用科学的方法和工具确定系统应具备的功能和相应的环境条件，以确定实现系统目标的最佳方案。系统分析包括系统分解与系统综合两大部分，最终运用系统工程方法求解。其中，系统分解是研究系统中各要素的具体性质，解决系统要素的具体问题。系统综合是研究和揭示各个要素的有机联系，尤其是研究如何使系统中各个要素的关系协调融洽，达到系统总目标最优的目的。系统工程方法是运用系统分析方法观察、分析、设计、控制、管理和协调所要处理的事物，不仅能够整合资源、提升处理效率，还能为优化资源配置、精准决策提供科学依据。

环境系统分析是以环境系统的输入、输出信息为依据，运用环境科学与工程原理、系统工程学等理论和方法，研究环境系统内部各组成部分和要素间的关系，环境质量变化规律，污染物在环境系统内的产生、迁移、转化、归宿途径与规律，构建科学合理的数学模型用于实际应用，建立环境污染预防控制或管理优化系统，分析污染控制过程中的可调因素（或可替代方案）对环境目标或费用、能耗等的影响并进行控制与预测，寻求最佳污染防治体系或最优决策方案。

二维码 1-2
环境系统分析
的六要素

研究环境系统须综合多项理论与技术。其中，理论基础有环境科学、环境经济学、环境工程学和系统工程学的基本理论（如运筹学）等。技术基础包括数学建模、计算科学、环境影响评估方法、生命周期评估、系统化的图解与网络分析方法。计算机技术的应用则可以解决各种数值求解和方法优化问题。

1.2.3 模型、数学模型、环境数学模型

模型是指为了某个特定的目的对所要研究的实际对象（即原型）的一部分相关信息简缩、提炼、抽象出来而忽略其他特性所构成的原型的替代物。

数学模型是模型中比较抽象的一种，它是针对现实世界的某一特定对象，为了某个特定目的，根据研究系统的某些运动规律、特征和数量相依关系，作出一些必要的简化和假设，采用形式化的数学语言，运用适当的数学工具，将该系统概括或近似地表达出来的一种数学结构。数学结构可以是数学公式、算法、表格、图示等。

二维码 1-3
数学模型分类

数学模型是运用数理逻辑方法和数学语言建构的科学或工程模型，以解决某个现实问题为目的，并从该问题中抽象、归结出来的数学问题。具体地说，数学模型就是为了达到某种目的，用字母、数学及其他符号建立起来的等式或不等式及图表、图像、框图等来描述客观事物的特征及内在联系的数学结构。有关数学模型的定义指出：数学模型是关于部分现实世界为一定目的而作的抽象、简化的数学结构。更简洁地，也可以认为数学模型是用数学术语对部分现实世界的描述。

环境数学模型是为进行环境系统分析，对环境系统中各要素之间的相互作用、运动规律、特征等进行必要简化与假设形成的数学结构。

1.3 数学建模与数模仿真

数学建模是一种通过数学方法来解决生活中实际问题的实践活动，即利用抽象、简化、假设、引进变量等方法处理后，将生活中的实际问题用数学方式表述出来，建立一个数学模型，然后配合相应的数学方法及计算技术对模型求解。简言之，建立数学模型的这个过程就称为数学建模。

数模仿真是应用数学的重要分支，它将数学方法和技术应用于现实世界中的问题求解和决策分析，将实际问题转化为数学模型，采用合适的程序或仿真语言，以数学模型为核心，对研究系统的条件、环境、输入输出及其规律与特征进行模拟、仿真，通过计算机模拟系统的实际运行，从而对研究系统进行预测、分析、优化等，它通过计算机模拟系统的行为，评估和验证数学模型的有效性。例如，在研究一个工厂的生产调度问题时，可以采用离散事件仿真的方法。首先，对工厂的生产过程进行建模，将生产设备、原材料、人员等因素纳入考虑。然后，利用计算机模拟的方法，对工厂的生产过程进行仿真。通过模拟不同的生产调度方案，可以评估每个方案的效果，从而选择最佳的生产调度策略。这样就可以在实际生产中提高效率、降低成本。数模仿真不仅可以帮助我们更好地理解和解决实际问题，还可以提高决策效率和准确性。

数模仿真应用领域广泛，涉及经济学、环境科学、物理学等多个领域。要进行数学建模和模拟仿真，除了数学知识外，还需要具备一些相关的技能。数学建模涉及很多数学理论和

方法，模拟仿真则需要具备一定的编程和计算机基础。最后，我们需要具备一定的团队合作和沟通能力。数学建模和模拟仿真往往需要多个领域的专家共同合作，贡献各自的专业知识和技能。

1.3.1　仿真建模的基本原则

随着科技特别是信息数字化的发展，仿真建模成为人类探索和研究自然界与人类社会的基本方法之一，能否建立合理的数学模型是影响科学研究成功与否的主要因素，同时，模型也需要在一定的原则基础上建立。数学建模和模拟仿真需要能够精确地表示现实，在建模的同时还需考虑到建模过程的总费用。当收集到了所需要的数据时，还要拥有改变和控制影响该模型的诸多条件的能力。因此，仿真建模要遵循以下基本原则：

① 可分析性原则：能通过数学模型对研究的问题进行理论分析与逻辑指导，并能得到一些确定的结果。

② 简化原则：数学模型应比现实系统简单。现实系统通常都具有多因素、多变量、多层次等特征。数学模型作为数学抽象的结果，应能够提炼现象的最基本要素，帮助人们更便捷地认识原型系统，能够起到化繁为简、化难为易的作用。此外，数学模型自身也应当简单，即建立数学模型时，应尽可能采用简单的数学工具。

③ 反映性原则：数学模型实际上是人对现实世界的一种反映形式。数学模型与现实原型在表述上应有一定的相似性。

数学建模是建立数学模型的全过程，包括表述、求解、解释、检验等。这里"表述"是指根据建模目的和信息将实际问题"翻译"成数学问题。"求解"是选择适当的数学方法求得数学模型的解答。"解释"是将数学语言表述的解答"翻译"回实际对象。"检验"是用现实对象的信息检验得到的解答。

1.3.2　仿真建模的一般步骤

仿真建模的一般步骤为：模型准备→模型假设→模型建立→模型求解→模型分析→模型检验→模型应用。

（1）模型准备

在这一阶段需要对实际问题的背景和内在规律有深刻的了解，明确建模的目的，即最终需要解决一个怎样的问题。同时搜集与该问题相关的各种信息，如现象、数据等，尽量弄清对象的主要特征。只有掌握充分的数据资料，对问题有充分的了解，才能建立正确的模型。了解实际背景、明确建模目的、搜集有关信息、掌握对象特征，形成较清晰的"问题"，由此，初步确定使用哪一类模型。情况明才能方法对，因此建模的准备工作十分重要。

（2）模型假设

实际问题往往错综复杂，一个实际问题不经简化假设，通常较难转化为数学问题，或难以求解。因此，应该根据对象的特征和建模目的，抓住问题的本质和主要因素，忽略次要因素，对问题进行必要的、合理的简化、假设，在合理与简化之间作出折中。假设不合理或过于简单，会导致模型错误或者毫无意义，模型失真或部分失败，需修改、补充假设；假设过于详细，试图把复杂对象的各方面因素全包含，可能较难甚至无法继续下一步工作。通常，作假设的依据，一是出于对问题内在规律的认识，二是来自对数据或现象的分析，还可以是这二者的综合。合理的假设可以使模型变得更加清晰，更加利于求解。作出合理的假设需要对问题的准确了解，还取决于建模者的直观判断力、丰富想象力以及足够的知识储备。作出合理的、简化的模型假设是建模的关键一步。简化假设不同，模型不同。作假设时既要运用与问题相关的物理、化学、生物、经济等方面的知识，又要充分发挥想象力、洞察力和判断力，善于辨别问题的主次，果断地抓住主要因素，舍弃次要因素，尽量将问题线性化、均匀化。经验在这里也常起重要作用。

（3）模型建立

根据已有假设，可以着手建立数学模型。模型建立是指用数学的语言、符号描述问题，需要发挥想象力，可使用类比法，尽量采用简单的数学工具。根据所作的假设分析、对象的因果关系，利用对象的内在规律和适当的数学工具，构造各个量（常量和变量）之间的等式（或不等式）关系或其他数学结构。

建立数学模型应注意：分清变量类型，选用恰当的数学工具。如果实际问题中的变量是确定性变量，建模时多用微积分、微分方程、线性规划、非线性规划、网络、投入产出、确定性存储论等数学工具。如果变量是随机变量，多用概率统计及随机性存储论、排队论、对策论、决策论等数学工具。由于数学分支很多，加之相互交叉渗透，又派生许多分支，具体运用哪些数学知识，应视建模者自己对哪方面比较熟悉、精通而定，尽量发挥自己的特长。总之，对变量进行分析是建立数学模型的基础。抓住问题的本质，简化变量之间的关系。如果模型过于复杂，会导致求解困难或无法求解，因此，应尽可能用简单的模型（如线性模型、均匀化模型等）来描述客观实际。建立数学模型时要有严密的数学推理。模型本身（如微分方程或图形）要正确，否则会造成模型失败，前功尽弃。建模要有足够的精度。要把实际问题（原型）本质的要素和关系反映出来，把非本质的东西去掉，同时注意不要影响反映现实的真实程度。

建立模型需要有数学基础知识与专业基础知识。数学基础知识方面，主要有高等数学、线性代数、概率论等大学基础数学知识，还需了解一些数学方法。就算不精通数学，也需要大体知道用什么数学方法能解决，了解构造模型的常用数学方法。有些问题可以通过相似类比法，根据不同对象的某些相似性，借用已知领域的数学模型来构造模型。更多情况下需要结合专业基础知识，如环境问题需要以环境领域的处理机理（如化学反应机理、物化机理、生化机理等）为基础构建模型。有的内部机理不明，则需要通过统计、归纳、类比等方法进行模型构建。

（4）模型求解

模型求解是利用各种数学方法、软件和计算机技术来求解计算模型。建立模型之后，可以采用解方程、画图形、优化方法、统计分析和数值计算等方法，借助相关的计算机软件进行求解。

（5）模型分析

模型分析是对结果的误差分析和统计分析、模型对数据的稳定性分析。求得模型的解之后，需要对模型进行可靠性验证、不确定性分析和定量分析。不确定性包括稳定性、普适性、稳健性（鲁棒性）等，主要通过误差分析（误差是否在可允许范围内）、数据稳定性分析（结果是否具有稳定性）实现。因来源不同、环境条件复杂多变等引起的模型输入参数不确定、观测值的误差导致参数估计的误差也是不确定性分析的重要内容。分析后不符合要求的需要修改或增减条件，重新建模直至符合要求为止。根据问题的性质来分析变量间的依赖关系或稳定状况，根据所得结果给出数学上的预报，得出数学上的最优决策或控制条件。定量分析主要是模型对数据的灵敏度分析——数据的微小改变是否会引起模型结果大的变化。

灵敏度分析是一定的参数估计误差对系统的状态和目标产生影响的程度。灵敏度分析有局部灵敏度分析、全局灵敏度分析两种。局部灵敏度分析是当参数变量在某一确定值附近发生微小变化时，状态变量（或目标值）相对于原值的百分变化率和参数变量相对于确定值的百分变化率的比值。实际操作中，通常设定参数变化均值（或中值）±10%（或取四分位数），计算模型输出的变化幅度来进行模型灵敏度分析。全局灵敏度分析是基于偏导数的分析，是单因素实验技术，可一次分析一个参数对成本函数的影响，同时保持其他参数不变。该方法适用于简单的成本函数，不适用于复杂模型（因为会不连续）。对敏感因子进行蒙特卡罗算法（随机性模拟算法）分析，用全局样本探索。在输入变量分布已知的情况下随机产生输入变量，对输出结果进行分析，可得知在输入变量波动的情况下，模型输出如何发生变化。

评估模型是否很好地拟合了数据的途径是计算残差，即计算模型点与实际点间的偏差。回答哪个模型最好的问题，要考虑模型的目的、实际情况要求的精度、数据的准确性以及使用模型时独立变量取值的范围等因素。对于离散的数据点集，可以通过计算差分或均差来描述数据的变化趋势，为插值、拟合等操作提供基础。

模型精确度分析包括误差分析，常用相对误差来表征。模型的相对误差是指第 i 个观测值 y_i 与根据构建的模型计算得到的计算值 y'_i 之间的误差和观测值之间的比值，用 e_i 表示。

$$e_i = \frac{|y_i - y'_i|}{y_i} \tag{1-1}$$

中值误差是衡量模型精确度的另一种方法，是对 n 个相对误差值进行如下计算：

$$e_{1/2} = 0.6754 \sqrt{\frac{\sum_{i=1}^{n} e_i^2}{n-1}} \tag{1-2}$$

（6）模型检验

模型检验是指将求解结果和分析结果放回到原问题中，把数学分析的结果翻译回实际问题，并用实际的现象、数据与之比较，检验是否与实际情况吻合。如果检验无误或误差范围可接受，说明模型可用，建模是成功的；检验结果若不符合或部分不符合实际，问题通常在模型假设上，应修改、补充假设，再重新建模。有些模型要经过数次反复、不断完善，直到检验结果达到某种程度上的满意。一个好的模型往往需要反复修正几次才能使用。

（7）模型应用

模型应用是指将经过分析和检验的模型投入实际应用中，用于解决实际的问题，将所构建并通过验证可用的模型应用于实际现象的预测、分析、优化等。应用的方式取决于问题的性质和建模目的。

以上就是数学建模的一般步骤，可以用图 1-3 所示的流程图清晰地说明。值得一提的是，并不是所有问题的建模都要经过这些步骤，有时各步骤之间的界限也不那么分明。可以说，建模没有一定的模式，通常与实际问题的性质、建模的目的等有关，建模时不必拘泥于形式上的按部就班，应根据具体问题需要具体分析、应对。

综上可知，要掌握好数学建模的方法并不容易，数字建模是数学应用的艺术。由于数学建模的广泛性、重要性以及实际问题的复杂性，要掌握这门艺术，必须见多识广，善于揣摩各种思想、方法，多实践、多体会。更重要的是根据对象特点和建模目的，去粗取精、抓住关键、从简到繁、不断完善。

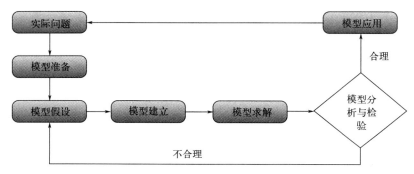

图 1-3　数学建模主要步骤示意图

1.3.3　仿真建模的典型方法

① 机理分析法：机理分析就是根据对现实对象特性的认识，分析其因果关系，找出反映内部机理的规律，运用数学方法建立各变量之间的关系或数学结构，这样建立出的模型常有明确的物理或现实意义。通常有：比例分析法、代数方法、逻辑方法、常微分方程、偏微分方程。

代数方法是求解离散问题（离散的数据、符号、图形）的主要方法；逻辑方法是数学理论研究的重要方法，常用于解决社会学和经济学等领域的实际问题，并在决策、对策等学科中得到广泛应用。

② 测试分析法：测试分析法就是将研究对象视为一个"黑箱"系统，内部机理暂时未知，需要大量输入、输出数据，并以此为基础，运用统计分析方法，选出一个数据拟合得最好的模型。通常有：回归分析法、时序分析法。

回归分析法指利用数据统计原理，对大量统计数据进行数学处理，并确定因变量与某些自变量的相关关系，建立一个相关性较好的回归方程（函数表达式），并加以外推，用于预测今后因变量变化的分析方法。

二维码 1-4
仿真建模案例分析

时序分析法处理的是动态的相关数据，又称为过程统计方法。

将这两种方法结合起来使用，即用机理分析法建立模型的结构，用测试分析法来确定模型的参数，也是常用的建模方法。在实际过程中用哪种方法建模主要根据对研究对象的了解程度和建模目的来决定。

参考文献

［1］ Hall R E，Bowerman B，Braverman J，et al. The vision of a smart city［J］. Office of Scientific & Technical Information Technical Reports，2000（3）：211-220.

［2］ Page S，Phillips B，Siembab W. The millennium city：Making sprawl smart through network-oriented development［J］. Journal of Urban Technology，2003，10（3）：63-84.

［3］ Allwinkle S，Cruickshank P. Creating smart-er cities：An overview［J］. Journal of Urban Technology，2011，18（2）：1-16.

［4］ Eger J M. Smart Growth，Smart Cities，and the Crisis at the Pump A Worldwide Phenomenon［M］. Amsterdam：IOS Press，2009.

［5］ IBM 商业价值研究院. 智慧地球［M］. 北京：东方出版社，2009.

［6］ Chen T M. Smart grids，smart cities need better networks［J］. IEEE Network：The Magazine of Computer Communications，2010，24（2）：2-3.

[7] Caragliu A，Bo C D，Nijkamp A P. Smart cities in Europe[J]. Urban Insight，2011，18（2）：65-82.

[8] Bakc T，Almirall E，Wareham J. A smart city initiative：the Case of Barcelona[J]. Journal of the Knowledge Econo-my，2013，4（2）：135-148.

[9] Zygiaris S. Smart city reference model：Assisting planners to conceptualize the building of smart city innovation eco-systems[J]. Journal of the Knowledge Economy，2013，4（2）：217-231.

[10] Marsal-Llacuna M L，Colomer-Llinàs J，Meléndez-Frigola J. Lessons in urban monitoring taken from sustainable and livable cities to better address the Smart Cities initiative[J]. Technological Forecasting & Social Change，2015，90（12）：611-622.

[11] 党安荣，甄茂成，王丹，等. 中国新型智慧城市发展进程与趋势[J]. 科技导报，2018，36（18）：16-29.

[12] 张景翔，胡满峰，唐旭清，等. 数学模型[M]. 北京：科学出版社，2018.

[13] 李德仁，邵振峰，杨小敏. 从数字城市到智慧城市的理论与实践[J]. 地理空间信息，2011（6）：1-5.

[14] 迈树澄. 从数字城市到智慧城市的若干思考[J]. 工业 B，2015（39）：317-318.

[15] 宁茂军. 智慧城市建设与集客经营转型[J]. 通信企业管理，2014（10）：69-71.

[16] 王静远，李超，熊璋，等. 以数据为中心的智慧城市研究综述[J]. 计算机研究与发展，2014（2）：5-25.

[17] 董恒昌，张鹏，王园. 新型智慧城市顶层设计架构[J]. 智能建筑与智慧城市，2019（9）：21-24.

[18] 胡小明. 城市信息化与智慧地球[J]. 信息化建设，2009（10）：16-17.

[19] 施永华，张振. 浅谈基于物联网技术的智慧环保云平台设计[J]. 电气传动自动化，2023，45（3）：12-15.

[20] 郭金彬. 试论模型的意义[J]. 福建师范大学学报（哲学社会科学版），1987（4）：24-30.

[21] 水田. 研究环境问题的数学模型[J]. 交通环保，1983（1）：49-50.

[22] 马建萍. 基于微分方程的数学建模方法[J]. 青海师范大学学报（自然科学版），2014，30（2）：8-12.

[23] 孙金美，姚亚林. 井控模拟仿真系统在井控教学中的应用[J]. 教育现代化，2019，6（50）：269-270.

[24] 姜启源. 数学模型[M]. 北京：高等教育出版社，1993.

[25] 赵绚，杨林. 基于信息技术的数学建模创新教学实践[J]. 电子技术，2023，52（8）：102-103.

[26] 黄世华，杨兆兰. 数学建模竞赛论文的撰写方法[J]. 甘肃科技，2015（7）：67-68.

[27] 马建萍. 基于微分方程的数学建模方法[J]. 青海师范大学学报（自然科学版），2014，30（2）：8-12.

[28] 赵红华. 可视形式代数法：一种实用的空间结构建模方法[J]. 太原工业大学学报，1997（4）：80-84.

[29] 王璐，袁俭，梁涛，等. 数学建模基础及应用[M]. 北京：科学出版社，2021.

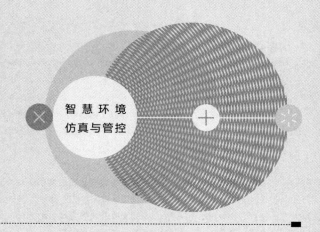

智 慧 环 境
仿真与管控

第二章

数模仿真的常用数学方法

在智慧环境与数模仿真过程中，数学方法与手段必不可少，如构建环境数学模型、统计模拟、数据处理、参数估计、规划、优化等过程涉及多种数学方法。除了高等数学外，常用的数学方法有蒙特卡罗算法、最小二乘法、插值法、线性规划法、多目标规划法、整数规划法、模拟退火算法、神经网络算法、遗传算法等。

2.1 蒙特卡罗算法

蒙特卡罗算法又称随机性模拟算法、统计模拟法、统计实验法、随机抽样法，是结合概率和统计理论，研究概率现象，通过构造一个和系统相似的概率模型，在计算机上进行随机试验来模拟系统的随机特性，用随机数来估算，按抽样调查法求取统计值，推定未知特征量的数值模拟计算方法。该算法将所要研究的问题（不论是否为一个随机过程）与某一概率模型对应，并通过这种对应，将待求解的问题与这一概率模型的某个特征量联系起来，并通过大量的随机试验统计这一特征量，适用于对离散系统进行仿真实验，尤其是解析法难以求解甚至无法求解的问题。蒙特卡罗算法作为一种思想或方法的总称，并不是一种严格意义上的算法。著名的布丰投针是法国数学家布丰（Comte de Buffon）提出的，该方法通过数学推导与蒙特卡罗方法的配合，以投针实验求圆周率，求出了当时难以直接计算得到的 π 值，用几何形式表达概率问题，开创了用随机数处理确定性数学问题的先河。根据概率论中的大数定律，以概率和统计理论方法作为计算基础，使用随机数（或伪随机数）解决许多数学计算上的难题。

蒙特卡罗算法的工作原理是通过大量随机采样求取某参数的最优解，且随机采样数量越多，就越可能得到与最优解相近的结果。设 $x_1, x_2, \cdots, x_N$ 是独立同分布的随机变量序列，且有有限的数学期望 $E(x)$ 和方差 σ^2，设 $\bar{x}$ 为 $x_1, x_2, \cdots, x_N$ 的算术平均值，当 $N \to \infty$ 时 $\bar{x}$ 按概率 1 收敛于 $E(x)$，用数学公式可表示为，对任意的 $\varepsilon > 0$，有

$$\lim_{N \to \infty} P\left\{ \left| \frac{1}{N} \sum_{i=1}^{N} x_i - E(x) \right| < \varepsilon \right\} = 1 \tag{2-1}$$

蒙特卡罗算法的基本步骤为：

① 准备：明确问题定义，明确解决的实际问题和预估量，设置样本数量，确定生成的随机样品数量，生成随机样本，根据问题需求通过计算机从某概率分布中生成一定数量的随机样本，处理样本数据。

② 构造概率模型 $f(x)$：建立一个概率模型或随机过程，它的参数或数字特征近似于问题的解。

③ 利用概率分布抽样，建立各种估计量：给出模型中各种不同分布随机变量的抽样方法，通过对模型或过程的观察或抽样实验，计算这些参数或数字特征。依据概率分布 $\varphi(x)$ 不断生成随机数 x，并计算 $f(x)$。由于随机数的性质，每次生成的 x 值都是不确定的，为便于区分，可给生成的 x 赋予下标。例如用 x_i 表示生成的第 i 个 x，生成了多少个 x，就可计算出多少个 $f(x)$ 值。将这些 $f(x)$ 值累加，并求其平均值。例如共生成 N 个 x，该步骤可用数学式表达，如下所示：

$$\frac{\sum_{i=1}^{N} f(x_i)}{N} \tag{2-2}$$

到达停止条件后退出。常用的停止条件包括如下两种：第一种是设定最多生成 N 个 x，数量达到后即退出；第二种为检测计算结果与真实结果之间的误差，当这一误差处于某个范围时退出。积分表达式中积分符号类比为上式的累加符号，dx 类比为 $\frac{1}{N}$。

④ 误差分析，评估结果：评估所得解的准确性，或通过改变样品数量提高准确度。采用蒙特卡罗算法得到的结果为随机变量，因此在给出点估计后，需给出此估计值的波动程度及区间估计。严格的误差分析首先要证明收敛性，再计算理论方差，最后采用样本方差替代理论方差。

蒙特卡罗算法可应用于求定积分、超越积分数据计算、求圆周率、机器学习、风险评估等。

2.2 数据拟合法

在环境问题研究或大数据分析、智慧环境系统中，常常需要对采样、实验测定等方法获得的若干离散的信息与数据进行处理、分析、统计，掌握其变化趋势与规律，常用的方法有数据拟合法。数据拟合法也称曲线拟合法或曲面拟合法，是一种数据统计方法。该方法通过构造一个连续的拟合模型（也就是这里说的曲线）或者更加密集的离散方程 $y = \varphi(x)$，使之与已知数据相吻合，并尽可能地逼近数据的实际规律 $y = f(x)$，两者的偏差，即任意一个自变量 x_i 下计算所得的拟合函数值 $\varphi(x_i)$ 与自变量 x_i 对应的实际数据点 y_i 的差值 $\delta_i = \varphi(x_i) - y_i$，从总体上按某种方法度量达到尽可能地小，计算出模型参数，从而求出该数据的拟合模型 $y = \varphi(x)$。数据拟合法是根据现有数据推断数据趋势和分布情况，以了解存在于数据中的规律与变化的一种数据处理的统计方法，是数模仿真与智慧环境研究的常用方法。

2.2.1 最小二乘法

数据拟合方法中最常用的是最小二乘法（least squares methods），其原理是根据数据，使所构造的拟合模型 $y = \varphi(x)$ 下，根据观测数据 x_i 计算得到的预测值 $\varphi(x_i)$ 与实际（实测）

值 y_i 之间的误差平方和 $\sum(\delta_i)^2 = \sum[\varphi(x_i) - y_i]^2$ 最小，计算出拟合模型 $y = \varphi(x)$ 的参数，从而求出该拟合模型。该方法常用于曲线拟合、数学建模、回归分析等领域。根据拟合函数是否为线性函数，最小二乘法分为线性最小二乘法和非线性最小二乘法。

（1）线性最小二乘法

线性最小二乘法的基本思路如下所述：

令 $$y = f(x) = a_1 r_1(x) + a_2 r_2(x) + \cdots + a_m r_m(x) \tag{2-3}$$

其中，$r_k(x)$ 是事先选定的一组线性无关的函数；a_k 是待定系数，这里 $k = 1, 2, \cdots, m$，$m < n$。

拟合准则是使 y_i（$i = 1, 2, \cdots, n$）与 $f(x_i)$ 的距离（δ_i）的平方和最小，此准则称为最小二乘法准则。记

$$J(a_1, \cdots, a_m) = \sum_{i=1}^{n} \delta_i^2 = \sum_{i=1}^{n} [f(x_i) - y_i]^2 \tag{2-4}$$

为使 J 最小，需利用极值的必要条件 $\dfrac{\partial J}{\partial a_j} = 0(j = 1, \cdots, m)$，可得到关于 $a_1, \cdots, a_m$ 的线性方程组：

$$\sum_{i=1}^{n} r_j(x_i) \left[\sum_{k=1}^{m} a_k r_k(x_i) - y_i \right] = 0, \quad j = 1, \cdots, m \tag{2-5}$$

即

$$\sum_{k=1}^{m} a_k \left[\sum_{i=1}^{n} r_j(x_i) r_k(x_i) \right] = \sum_{i=1}^{n} r_j(x_i) y_i, \quad j = 1, \cdots, m \tag{2-6}$$

记

$$\boldsymbol{R} = \begin{bmatrix} r_1(x_1) & \cdots & r_m(x_1) \\ \vdots & & \vdots \\ r_1(x_n) & \cdots & r_m(x_n) \end{bmatrix}_{n \times m} \tag{2-7}$$

$$\boldsymbol{A} = (a_1, \cdots, a_m)^{\mathrm{T}}, \quad \boldsymbol{Y} = (y_1, \cdots, y_n)^{\mathrm{T}} \tag{2-8}$$

将上式表示为

$$\boldsymbol{R}^{\mathrm{T}} \boldsymbol{R} \boldsymbol{A} = \boldsymbol{R}^{\mathrm{T}} \boldsymbol{Y} \tag{2-9}$$

当 $r_1(x), \cdots, r_m(x)$ 线性无关时，$\boldsymbol{R}$ 列满秩，$\boldsymbol{R}^{\mathrm{T}} \boldsymbol{R}$ 可逆，于是上式存在唯一解：

$$\boldsymbol{A} = (\boldsymbol{R}^{\mathrm{T}} \boldsymbol{R})^{-1} \boldsymbol{R}^{\mathrm{T}} \boldsymbol{Y} \tag{2-10}$$

通过机理分析确定 y 和 x 之间的函数关系，就能够相应确定出 $r_1(x), \cdots, r_m(x)$，最终确定函数 $r_m(x)$。

当无法知道 y 与 x 之间的函数关系时，可利用数据作图来确定相应的拟合曲线。常用的拟合曲线有：

① 直线 $y = a_1 x + a_2$；

② 多项式 $y = a_1 x_m + \cdots + a_m x + a_{m+1}$（$m = 2$，$3$，不宜太高）；

③ 双曲线（一支）$y = \dfrac{a_1}{x} + a_2$；

④ 一元多次函数 $y = ax^3 + bx^2 + cx + d$；

⑤ 多元函数 $y = ax_1^2 + bx_2^2 + c$；

⑥ 指数曲线 $y = a_1 e^{a_2 x}$，在拟合前需做变量代换，转化为对 a_1、a_2 的线性函数。

（2）非线性最小二乘法

非线性最小二乘法拟合通过误差平方和最小原则估测非线性模型参数。将非线性关系 $y = f(x_1, x_2, \cdots, x_i, b_1, b_2, \cdots, b_n)$ 代入偏差方程后，再使用极小值偏导法求 $b_1, b_2, \cdots, b_n$ 的过程较为烦琐。因此，将非线性函数先展开为泰勒级数，再进行线性拟合，求出参数，多次逼近从而满足精度要求。

非线性最小二乘法计算步骤如下：

① 将所求参数设定为 $b_j (j = 1, 2, \cdots, n)$，取其初值为 $b_j^{(0)}$，二者之差表示为 $\sigma_j = b_j - b_j^{(0)}$。

② 将非线性函数如 $f(x_1, x_2, \cdots, x_i, b_1, b_2, \cdots, b_n)$ 在 $b_j^{(0)}$ 处进行泰勒展开。由于 $b_j^{(0)}$ 和 b_j 较为接近，因此对泰勒级数展开式中的高次项进行省略处理，得到近似的一阶展开式，表示为 $f_i = f_i^{(0)} + \dfrac{\partial f_i}{\partial b_1}\sigma_1 + \cdots + \dfrac{\partial f_i}{\partial b_n}\sigma_n$。

③ 令 $x_{ij} = \dfrac{\partial f_i}{\partial b_j}$，$y_i = f_i - f_i^{(0)}$，$a_j = \sigma_j$，则非线性函数展开式可转变为线性关系式：

$$y = x_{i1}a_1 + x_{i2}a_2 + \cdots + x_{in}a_n = \sum_{j=1}^{n} x_{ij}a_j \tag{2-11}$$

结合多元线性拟合当中变量 y 和变量 x 间线性关系及偏差平方和公式，设变量关系

$$y = a_0 + \sum_{j=1}^{n} a_j x_j$$

设变量 x_j 第 i 次测量值为 x_{ij}，对应函数值 $y_i (i = 1, 2, \cdots, m)$，则偏差平方和

$$s(a_0, a_1, \cdots, a_n) = \sum_{i=1}^{m} (y_i - y)^2 = \sum_{i=1}^{m} \left(y_i - a_0 - \sum_{j=1}^{n} a_j x_{ij}\right)^2 \tag{2-12}$$

④ 结合上式，可得正规方程组

$$\sum_{j=1}^{n} \left(\sum_{i=1}^{m} x_{ij} x_{ik}\right) a_j = \sum_{i=1}^{m} (x_{ik} y_i) \quad (k = 1, 2, \cdots, n) \tag{2-13}$$

⑤ 通过以上正规方程组得出 a_j，从而求得 $b_j = b_j^{(0)} + \sigma_j$。由于得出的 b_j 为近似值，为考虑精度要求，将求出的 b_j 赋予 $b_j^{(0)}$ 作为新的初值，重复上述计算过程，进行反复迭代从而使 b_j 满足精度要求。

线性和非线性方程（组）的最小二乘法拟合可通过计算软件如 MATLAB、Python 来实现。MATLAB 对非线性方程（组）的最小二乘法是通过迭代算法以优化算法求解，调用的函数有 lsqcurvefit（FUN，X_0，XDATA，YDATA），这里的"FUN"为选定的作为拟合函数的某一种函数表达式，X_0 为待求参数的初始估值，XDATA、YDATA 分别为实验等所取得的输入数据和输出数据。Python 也可实现线性最小二乘法求解，如需采用线性最小二乘法将拟合函数表示为线性组合的形式：

$$f(x) = a_1 r_1(x) + a_2 r_2(x) + \cdots + a_m r_m(x) \tag{2-14}$$

要拟合式中的参数 $a_1, \cdots, a_m$，将观测值代入上式，在

二维码 2-1
迭代算法步骤

二维码 2-2
χ^2 拟合优度检验

上面的记号下，得到线性方程组

$$RA = Y \qquad\qquad (2-15)$$

2.2.2 插值法

插值法也是数据拟合的一种方法。若在给定一批数值点（通过实验或采样测量得到）时需要确定满足特定要求的曲线或曲面，且要求所求曲线（面）通过所有数据点，就需要通过插值法加以解决。在数据较少的情况下，通过插值方法可取得较为满意的结果。若数据较多，经过插值所得的函数将是一种次数很高的函数，且当给定数据由于观察者的测量存在随机误差时，数据拟合能够较好地反映对象整体的变化趋势。函数插值与曲线拟合都是根据数据构造一个函数作为近似。由于近似的要求不同，二者的数学方法完全不同。针对给定的一批数据，需确定满足特定要求的曲线或曲面。若要求所求曲线（面）通过所有数据点，就是插值问题；若不要求曲线（面）通过所有数据点，而是要求它反映对象整体的变化趋势，则进行数据拟合。

二维码 2-3
拉格朗日插值法

常用的插值方法包括拉格朗日插值法、分段线性插值法、样条插值法、二维插值法、折返插值法、牛顿插值法、埃尔米特（Hermite）插值法等。采用拉格朗日法构造的形式要比牛顿插值法的形式简单，且更容易推出更高阶函数的形式。因此在没有特殊强调采用哪种方法时，可优先考虑用拉格朗日插值法构造函数。

二维码 2-4
分段线性插值法

二维码 2-5
样条插值法

二维码 2-6
二维插值法

二维码 2-7
折返插值法

二维码 2-8
牛顿插值法与
Hermite 插值法

2.3 数学规划法

解决环境问题与进行方案比选时，常常需要兼顾多个目标的平衡或某些目标的最大（小）化，如污水处理厂运行中，在保证出水达标前提下，如何使运行成本最小、收益最大，因此需要用到数学规划法。数学规划法是一种数学优化方法，研究在给定的条件下（约束条件），如何按照某一衡量指标（目标函数）来寻求计划、管理工作中的最优方案。简单说就是求目标函数在一定约束条件下的极值问题，旨在找到满足一系列约束条件，使目标函数达到最大值或最小值的变量取值。数学建模中，通过数学规划建模并求解模型的最优解。因此，数学规划也是一种数学建模方法。

数学规划的一般形式包括以下几个关键要素。决策变量：反映系统内部需作决策的具体对象，通常有多个；目标函数：决策人所选择的变量系统效益的指标，是决策变量的函数，用于衡量优化效果；约束条件：决策变量所受到的限制，可以是不等式约束、等式约束或整数约束等，表示为决策变量的函数方程或不等式。

数学规划问题可以表述为：

① 目标函数：minimize:$c^{\mathrm{T}}x$，其中 c 是目标函数的系数向量，x 是决策变量向量。

② 约束条件：$Ax \leqslant b$，$x \geqslant 0$，其中 A 是约束矩阵，b 是约束向量。

数学规划法操作流程如下：

① 明确问题：确定目标函数（例如利润最大化、成本最小化等），确定决策变量（例如生产数量、投资金额等），确定约束条件（例如资源限制、市场需求等）。

② 建立数学模型：用数学表达式表示目标函数和约束条件；目标函数通常表示为 $f(x)$，其中 x 是决策变量；约束条件通常表示为 $g_i(x) \leqslant 0$（不等式约束）或 $h_j(x) = 0$（等式约束）。

③ 选择求解方法：根据问题的性质（线性、非线性、整数规划等）选择合适的求解方法。线性规划问题可以使用单纯形法、图解法等。非线性规划问题可以使用梯度下降法、牛顿法、拉格朗日乘数法等。整数规划问题可以使用分支定界法、割平面法等。

④ 求解模型：使用数学软件（如 MATLAB、Python 的 SciPy 库等）或编程实现求解。输入目标函数和约束条件，运行求解器得到最优解。

⑤ 验证结果：检查解是否满足所有约束条件，是否为目标函数的最大值或最小值（根据问题的要求）。

⑥ 解释和应用：解释最优解的含义，并将其应用于实际问题中。如果需要，可以进行敏感性分析，了解参数变化对最优解的影响。

根据问题的特性，数学规划可分为线性规划（linear programming，LP）、多目标规划（multi-objective programming，MOP）、整数规划（integer programming，IP）、非线性规划（nonlinear programming，NLP）等。

2.3.1 线性规划

线性规划是最早、最经典的数学规划问题，其决策变量的取值可以是实数，而目标函数和约束条件都是决策变量的线性表达式。线性规划是在给定一组线性不等式（或等式）约束条件下，求解一个线性目标函数的最大（或最小）值。由于目标函数和约束条件都是线性的，因此，可通过单纯形法、内点法等高效算法求解。

线性规划最早由苏联学者 Kantorovich（康托罗维奇）于 1939 年提出，发展至今已具有成熟而完善的理论、简单统一的解法和极其广泛的应用。线性规划的研究成果还直接推动了其他数学规划问题包括帧数规划、随机规划和非线性规划的算法研究。

（1）线性规划问题数学模型的特征

① 每个问题都用一组未知数（$x_1, x_2, \cdots, x_n$）表示某一方案，这些未知数的一组定量就代表一个具体方案。由于实际问题的需求，通常这些未知数的取值都是非负的。

② 存在一定的限制条件（即约束条件），这些限制条件是关于未知数的一组线性等式或线性不等式。

③ 有一个目标函数（也称目标要求），可表示为一组未知数的线性函数。根据问题的需要，要求目标函数实现最大化或最小化。

（2）线性规划问题数学模型的一般形式

一般形式为

$$\max(\min)z = c_1 x_1 + c_2 x_2 + \cdots + c_n x_n \tag{2-16}$$

$$\text{s. t.} \begin{cases} a_{11}x_1 + a_{12}x_2 + \cdots + a_{1n}x_n \leqslant (\geqslant, =)b_1 \\ a_{21}x_1 + a_{22}x_2 + \cdots + a_{2n}x_n \leqslant (\geqslant, =)b_2 \\ \quad\quad\quad\quad\quad\quad \vdots \\ a_{m1}x_1 + a_{m2}x_2 + \cdots + a_{mn}x_n \leqslant (\geqslant, =)b_m \\ \quad\quad x_1, x_2, \cdots, x_n \geqslant 0 \end{cases} \tag{2-17}$$

线性规划问题的标准型分为一般式、矩阵式、向量式。

① 一般式

$$\max z = \sum_{j=1}^{n} c_j x_j \tag{2-18}$$

$$\text{s. t.} \begin{cases} \sum_{j=1}^{n} a_{ij}x_j = b_i \quad (i=1,2,\cdots,m) \\ x_j \geqslant 0 \quad\quad\quad (j=1,2,\cdots,n) \end{cases} \tag{2-19}$$

除特别指明外，假定 $b_i \geqslant 0(i=1,2,\cdots,m)$，令

$$\boldsymbol{A} = \begin{bmatrix} a_{11} & a_{12} & \cdots & a_{1n} \\ a_{21} & a_{22} & \cdots & a_{2n} \\ \vdots & \vdots & & \vdots \\ a_{m1} & a_{m2} & \cdots & a_{mn} \end{bmatrix}, \quad \boldsymbol{b} = \begin{bmatrix} b_1 \\ b_2 \\ \vdots \\ b_m \end{bmatrix}, \quad \boldsymbol{C} = \begin{bmatrix} c_1 & c_2 & \cdots & c_n \end{bmatrix} \tag{2-20}$$

$$\boldsymbol{X} = \begin{bmatrix} x_1 \\ x_2 \\ \vdots \\ x_n \end{bmatrix}, \quad \boldsymbol{0} = \begin{bmatrix} 0 \\ 0 \\ \vdots \\ 0 \end{bmatrix}, \quad \boldsymbol{P}_j = \begin{bmatrix} a_{1j} \\ a_{2j} \\ \vdots \\ a_{mj} \end{bmatrix} (j=1,2,\cdots,n) \tag{2-21}$$

② 矩阵式

$$\max z = \boldsymbol{CX} \tag{2-22}$$

$$\text{s. t.} \begin{cases} \boldsymbol{AX} = \boldsymbol{b} \\ \boldsymbol{X} \geqslant \boldsymbol{0} \end{cases} \tag{2-23}$$

③ 向量式

$$\max z = \boldsymbol{CX}$$

$$\text{s. t.} \begin{cases} \sum_{j=1}^{n} \boldsymbol{P}_j x_j = \boldsymbol{b} \\ x_j \geqslant 0 \quad (j=1,2,\cdots,n) \end{cases} \tag{2-24}$$

上述表达式中，x_j 为决策变量，c_j 为价值系数，$\boldsymbol{C}$ 为价值向量，a_{ij} 为技术系数，$\boldsymbol{A}$ 为约束矩阵，b_i 为资源系数，$\boldsymbol{b}$ 为资源向量（$i=1,2,\cdots,m$；$j=1,2,\cdots,n$）。

（3）将任一模型转化为标准型的步骤

① 决策变量的非负约束。若 $x_j \leqslant 0$，只需要令 $x_j' = -x_j$，则 $x_j' \geqslant 0$。若 x_j 无符号限制，则令 $x_j = x_j' - x_j''$，其中 $x_j', x_j'' \geqslant 0$。

② 右端常数的转换。若 $b_i < 0$，则用"-1"乘该约束的两端。

③ 约束条件的转换。当第 i 个约束条件 $b_i \geqslant 0$ 成立，且约束为"$\leqslant$"形式时，在不等式

左端加一非负变量，将不等式约束转化为等式约束；当约束为"≥"形式时，在不等式左端减去一非负变量，转化为等式约束。新增非负变量称为松弛变量。

（4）线性规划问题的解

可行解：满足约束条件的向量 X 称为可行解。

基：A 中任何一组 m 个线性无关的列向量构成的子矩阵 B，即 B 为 A 的 $m \times m$ 阶可逆子矩阵。

基向量：基 B 中的一列称为 B 的一个基向量。基 B 共有 m 个基向量。

基变量：与基 B 的基向量对应的变量称为 B 的基变量，B 的基变量共有 m 个。

基本解：对于基 B，令所有非基变量为零，求得满足 $AX = b$ 的解，称为 B 对应的基本解。

基本可行解：满足 $X \geqslant 0$ 的基本解，其对应的基称为可行基。

（5）线性规划问题的求解

线性规划问题的求解可用图解法或单纯形法。近几年随着计算机软件技术的发展和优化，可以采用一些软件求解，如 LINDO、LINGO 等。

① 图解法。当只有两个决策变量时，可以用图解法求解。图解法具有简单直观、有利于领会线性规划的基本性质等特点。

图解法的基本步骤如下：

（a）确定可行域（线性规划模型所有的约束条件构成的公共部分）。

（b）确定目标函数的等值线（具有相同目标值的点所在的直线）与最优点（可行域中使目标函数达到最大/最小值的点），最优点对应的坐标即线性规划的最优解。

值得注意的是线性规划问题的最优解一定在可行域的边界上取得，且在顶点处。由图解法的基本步骤可以推出线性规划问题的两条基本定理：若线性规划问题有可行解，则其必有基本可行解（满足 $X \geqslant 0$ 的基本解）；若线性规划问题有有限最优解，则其最优值一定可以在某个基本可行解处取得。

② 单纯形法。单纯形法（simplex method）是由美国数学家丹齐克（G. B. Dantzig）于1947 年提出的一种迭代算法，是求解线性规划问题的通用有效算法，只需很少的迭代次数就能求得最优解。

单纯形法的解题思路：基于线性规划问题的标准型，从可行域中某个基本可行解转换到另一个新的基本可行解，并且使目标函数值较之前有所改善（至少保持）。经过若干次这样的转换，最后得到问题的最优解或判断无最优解。

单纯形表：为便于进行单纯形法的计算、判断和检验，可运用一种迭代表格，这种表格兼具增广矩阵的简明性和便于检验的优点，称为单纯形表。

单纯形法的计算步骤如下：

（a）找出初始可行基，给出初始基本可行解，建立初始单纯形表。

（b）检验各非基变量 x_j 的检验数 $\sigma_j = c_j - \sum_{i=1}^{n} c_j a_{ij}$，对最大化问题，若 $\sigma_j \leqslant 0 (j = m+1, \cdots, n)$ [对最小化问题，若 $\sigma_j \geqslant 0 \ (j = m+1, \cdots, n)$]，则已得到最优解，停止计算；否则，转入下一步。

（c）在最大化问题中，对 $\sigma_j > 0$（在最小化问题中，对 $\sigma_j < 0$）$(j = m+1, \cdots, n)$，若有某个 σ_k 对于 x_k 的系数列向量 $P_k \leqslant 0$（显然 $m+1 \leqslant k \leqslant n$），则问题无最优解，停止计算；

否则，转入下一步。

（d）根据 $\max_j(\sigma_j>0)=\sigma_k$［对最小化问题按 $\min_j(\sigma_j<0)=\sigma_k$］，确定 x_k 为入基变量，采用最小比值判断法计算 $\theta=\min_i\left(\dfrac{b_i}{a_{ik}}\bigg|a_{ik}>0\right)=\dfrac{b_l}{a_{lk}}$ 确定 x_l 为出基变量，转入下一步。

（e）以 a_{lk} 为主元进行基迭代，对 x_k 对应的系数列向量进行变化，得

$$
\boldsymbol{P}_k=\begin{bmatrix}a_{1k}\\a_{2k}\\\vdots\\a_{lk}\\\vdots\\a_{mk}\end{bmatrix}\xrightarrow{\text{转化成}}\begin{bmatrix}0\\0\\\vdots\\1\\\vdots\\0\end{bmatrix}\tag{2-25}
$$

并将 $\boldsymbol{X}_B$ 列中的 x_l 换为 x_k，得到新的单纯形表，返回步骤（b）。

单纯形法的核心是，如果鉴别所求基本可行解不是最优解，则寻求使目标函数值减少的新的基本可行解。

（6）关于解的判断准则

① 最优解判别标准：若 $\boldsymbol{X}^{(0)}$ 对于一切 $j=m+1,\cdots,n$ 有 $\sigma_j\leqslant0$（称为最优解条件），则线性规划问题有 $\boldsymbol{X}^{(0)}$ 最优解。

② 多重最优解判别标准：若 $\boldsymbol{X}^{(0)}$ 对于一切 $j=m+1,\cdots,n$ 有 $\sigma_j\leqslant0$，且又存在某个非基变量的检验数 $\sigma_{m+k}=0$，则线性规划问题有多重最优解。

二维码 2-9
MATLAB 求解
线性规划举例

③ 无最优解的判别标准：在单纯形法的迭代过程中，存在某个非基变量的检验数允许目标函数继续优化（如最大化问题中检验数 $\sigma_j>0$，最小化问题中 $\sigma_j<0$），但该非基变量对应的系数列向量中所有元素均 $\leqslant0$（最大化问题）或 $\geqslant0$（最小化问题），表现为可行域无界，目标函数沿某个方向无限趋近于正无穷或负无穷，则线性规划问题无最优解或称线性规划无界（目标函数无限优化）。

线性规划在资源分配、生产计划、输送类问题等方面有广泛应用。

2.3.2 多目标规划

在实际工程和日常生活中，经常要求不止一项指标达到最优，往往要求多项指标同时达到最优，大量问题都可以归结为一类在某种约束条件下使多个目标同时达到最优的多目标优化问题。研究多于一个目标函数在给定区域上的最优化，称为多目标最优化（multi-objective optimization），亦称为多目标规划。例如在环境规划中经常要求经济效益最大同时污染损失最小，这是一个多目标规划问题。不同目标之间不一定具有可比性，比如污染物最小排放量为 25 kg/d 和最大经济效益为 20 万元/a。将不同的目标要求归结在一个问题中求解，首先就是要求它们具有一定的可比性，因此求解多目标规划问题首先需要对其进行规范化处理。

多目标规划的标准形式（V_p）为（$p\geqslant2$）：

$$
\begin{cases}V=\min(f_1(x),f_2(x),\cdots,f_p(x))\\g_i(x)\geqslant0,i=1,2,\cdots,m\end{cases}\tag{2-26}
$$

一般进行规范化处理的方法为令 $f_i(x)=\overline{f_i}(x)/\overline{f_i}$，其中分子为带量纲的目标函数，

分母为该目标函数的最小值的绝对值。这样处理后的目标函数均不带量纲，有一定的可比性。

实际上多目标规划问题的最终解决还是依靠单目标规划方法求解，只不过需要利用多个目标函数，构造出新的目标函数（评价函数），使得该目标函数能够比较充分地反映出原来几个目标函数的相对关系和重要程度。常用方法如下。

（1）主要目标函数法

对规范化后的标准型多目标规划问题，如果 $f_1(x)$ 为主要目标，其余 $f_2(x)$，…，$f_p(x)$ 为次要目标，并且满足 $f_j(x) \geqslant a_j (j=2,\cdots,p)$，则多目标规划可以转化为单目标规划问题，并可求解，转化后的单目标规划模型如下，可以证明该模型的解一定是原问题的弱有效解。

$$\begin{cases} \min f_1(x) \\ g_i(x) \geqslant 0, \quad i=1,2,\cdots,m \\ f_j(x) \geqslant a_j, \quad j=2,\cdots,p \end{cases} \tag{2-27}$$

（2）线性加权和法

给定每个目标函数的权系数 $w_i \geqslant 0$（$i=1,2,\cdots,m$），且 $\sum w_i = 1.0$，则可以作出线性加权和评价函数，于是原问题可转化为新的单目标规划问题，并可证明各权系数大于零时，新的单目标规划模型的最优解一定为原问题的有效解。

$$\begin{cases} \min U(x) = w_1 f_1(x) + w_2 f_2(x) + \cdots + w_p f_p(x) \\ g_i(x) \geqslant 0, i=1,2,\cdots,m \end{cases} \tag{2-28}$$

（3）最小-最大法

最小-最大法来源于对策论，其思维基础是人们在决策时，为保险起见，总是偏向"在最不利（min）的情况下找出一个最有利（max）的条件"。借助这一思想，可以对多目标规划的多个目标函数构造出一个评价函数，则原问题转化为如下单目标规划：

$$\begin{cases} \min H(x) = \min\{\max f_j(x)\}, \quad j=1,2,\cdots,p \\ g_i(x) \geqslant 0, \quad i=1,2,\cdots,m \end{cases}$$

（4）乘除法

实际问题中的目标函数一般有两类：一类要求目标越小越好，不妨设为（$p \geqslant s$）$f_1(x), f_2(x),\cdots, f_s(x)$；另一类要求目标越大越好，不妨设 $f_{s+1}(x), f_{s+2}(x),\cdots,$ $f_p(x)$。因此可构造一个新的评价函数，原问题可转化为单目标规划：

$$\begin{cases} \min H(x) = \min\left[\prod\limits_{j=1}^{s} f_j(x) \Big/ \prod\limits_{j=s+1}^{p} f_j(x)\right] \\ g_i(x) \geqslant 0, \quad i=1,2,\cdots,m \end{cases} \tag{2-29}$$

多目标规划在工程设计、经济学、金融学等领域有广泛应用。

2.3.3 整数规划

整数规划是线性规划的扩展，其决策变量被限制为整数取值，这种规划常见于需要选择整数数量或整数类型的场景，如装载问题、制定生产计划等。0-1 规划（0-1 programming）是整数规划的特例，整数变量的取值只能为 0 和 1。

二维码 2-10
整数规划

整数规划比一般的线性规划更难求解，因为整数约束增加了问题的复杂性。有一些专门的算法和技巧如分支定界法、割平面法等可以用于求解整数规划问题。整数规划在物流优化、排班问题、资源分配等领域有广泛应用，特别是当决策变量必须是整数时。

混合整数规划（mixed integer programming，MIP）结合了整数规划和非线性规划的特点，既包含整数变量，又涉及非线性项。

2.3.4　非线性规划

非线性规划是目标函数和/或约束条件具有非线性项的规划问题，这种问题的数学模型更复杂，通常需要使用迭代和数值优化算法来求解，如牛顿法、拟牛顿法等。

综上所述，线性规划、非线性规划、多目标规划和整数规划都是数学优化中的重要方法，它们有各自的特点和应用领域。在实际应用中，需要根据问题的具体性质和需求来选择合适的优化方法。

动态规划法、人工神经网络、遗传算法、模拟退火算法等的具体内容见二维码。

二维码 2-11
动态规划法

二维码 2-12
逆序递推的基本方程

二维码 2-13
顺序递推的基本方程

二维码 2-14
动态规划基本解法——逆序解法与顺序解法

二维码 2-15
人工神经网络

二维码 2-16
神经网络的激活转移函数

二维码 2-17
遗传算法

二维码 2-18
模拟退火算法

在具体应用中，选用何种数学方法更合适，需要将具体问题转换成数学问题，再根据问题和数据的特点、建模目的等来确定。对有意或正在从事智慧环境与数模仿真相关研究与应用的本科生、研究生、科研人员、研发者来说，具备扎实的数学基础，掌握一定的数学方法，对研究工作与应用开发十分有益。在此基础上，结合环境方面的专业知识，利用MAT-LAB等常用软件，能够显著提升数据处理和分析与环境建模、仿真、预测、优化、控制等方面的能力，助力平台开发、系统研发与智慧环境建设等工作。

参考文献

［1］ Srinivasan A，Vig L，Shroff G. Constructing generative logical models for optimisation problems using domain knowledge[J]. Machine Learning，2020，109（7）：1371-1392.

［2］ 张倩，胡红娟，李慧珍. 基于数学建模的常微分方程教学方法研究[J]. 信息系统工程，2021（5）：156-157，160.

［3］ 曹建莉，肖留超，程涛. 数学建模与数学实验[M]. 2版. 西安：西安电子科技大学出版社，2018.

［4］ 郭应焕. 蒙特卡罗方法简介[J]. 物理，1982，11（9）：525-531.

[5] 麻存义. 蒙特卡罗算法求排队库存系统的最优策略[J]. 科技资讯，2021，19（1）：39-41.

[6] 吴旭，范天泉. MATLAB Optimization 工具箱在现代回归分析方法中的应用[J]. 计量与测试技术，2004，31（1）：40-42.

[7] 庞聪，龙坤，罗棋，等. 基于 JavaScript 技术在最小二乘法拟合上的实现[J]. 软件，2016，37（6）：101-104.

[8] 郭斌，王斌，梁雪萍，等. 非线性最小二乘法拟合断层面参数及其 MatLab 实现[J]. 四川地震，2016（3）：29-33.

[9] 司守奎，孙玺菁. Python 数学实验与建模[M]. 北京：科学出版社，2020.

[10] 莫小琴. 基于最小二乘法的线性与非线性拟合[J]. 无线互联科技，2019，16（4）：128-129.

[11] 贺颖，常锦才. 折返插值法[J]. 中国科技论文，2018，13（2）：186-189.

[12] 左学武. 牛顿插值公式的一个应用[J]. 科教导刊，2009（7）：138，145.

[13] 王凤玲，陈庆林，孙丽男. Lagrange、Newton、Hermite 插值法 MATLAB 算法比较研究及应用[J]. 黑河学院学报，2015，6（6）：123-125.

[14] 陈素根. 融入课程思政的 Hermite 插值法教学设计与实践[J]. 安庆师范大学学报（自然科学版），2023，29（2）：110-114.

[15] 张金旺. 最优化方法在一类出版社资源优化配置中的应用[D]. 北京：首都师范大学，2007.

[16] 李群. 不确定性数学方法研究及其在经济管理中的应用[D]. 大连：大连理工大学，2002.

[17] 王海鹰，张乃良，刘蕴华. 多元约束非线性规划的区间方法[J]. 计算物理，1992，9（增刊1）：539-541.

[18] 李宝磊，吕丹桔，张钦虎，等. 基于多元优化算法的路径规划[J]. 电子学报，2016，44（9）：2242-2247.

[19] 张泉，郑浩然，朱逸群，等. 基于混合整数规划的数据中心冷却能耗优化[J]. 湖南大学学报（自然科学版），2024，51（9）：188-197.

[20] 李敏敏. 三类整数规划问题的分支定界算法研究[D]. 银川：北方民族大学，2023.

[21] 刘寿春，胡雁玲，洪文. 整数规划模型研究[J]. 皖西学院学报，2004，20（2）：6-8.

[22] 宾茂君，施翠云. Lingo 软件在整数规划教学过程中的应用[J]. 电脑知识与技术，2022，18（35）：106-108.

[23] 孙小玲，李端. 整数规划新进展[J]. 运筹学学报，2014，18（1）：39-68.

[24] 黄进. 基于近似动态规划算法的协同制造及运输调度研究[D]. 大连：大连海事大学，2020.

[25] 何琨，任硕，郭子杰，等. 基于贪心回溯的求解完全 0-1 背包问题局部动态规划算法[J]. 华中科技大学学报（自然科学版），2024，52（2）：16-21.

[26] 张宏喜，安琪，黎萍，等. 基于动态规划算法的资源应急分配优化模型[J]. 电子设计工程，2024，32（10）：154-158.

[27] 李凌峰. 神经网络权值和结构确定方法的探讨：以 Hermite 插值网络为例[D]. 广州：中山大学，2010.

[28] 乔智，姜群鸥，律可心，等. 无人机高光谱遥感和集成深度置信神经网络算法用于密云水库水质参数反演[J]. 光谱学与光谱分析，2024，44（7）：2066-2074.

[29] 姚俊杨，许继平，王小艺，等. 基于深度学习的湖库藻类水华预测研究[J]. 计算机与应用化学，2015，32（10）：1265-1268.

[30] 马丰魁，姜群鸥，徐藜丹，等. 基于 BP 神经网络算法的密云水库水质参数反演研究[J]. 生态环境学报，2020，29（3）：569-579.

[31] 刘金钢. 基于遗传算法的协方差交叉融合算法研究[D]. 哈尔滨：黑龙江大学，2022.

[32] 刘晓东，周媛媛，华祖林，等. 四叉树网格下水动力及物质输运数值模拟研究进展[J]. 水电能源科学，2014，32（11）：111-114.

[33] 姚新，陈国良. 模拟退火算法及其应用[J]. 计算机研究与发展，1990，27（7）：1-6.

[34] 冯玉蓉. 模拟退火算法的研究及其应用[D]. 昆明：昆明理工大学，2005.

[35] 李一平，施媛媛，姜龙，等. 地表水环境数学模型研究进展[J]. 水资源保护，2019，35（4）：1-8.

[36] 苗真. 参考向量引导的多目标粒子群优化算法的设计与应用[D]. 洛阳：河南科技大学，2022.

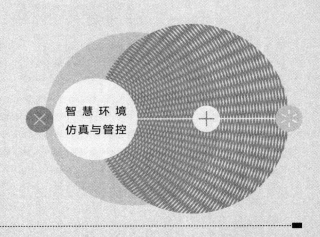

智慧环境
仿真与管控

第三章

污水处理系统数模仿真

3.1 物理处理单元数模仿真

通过重力或机械力作用使污水水质发生变化的处理过程称为污水的物理处理。物理处理可以单独使用，也可以与生物处理或化学处理联合使用。物理处理与生物处理或化学处理联合使用时又可称为一级处理或初级处理。有一些深度处理方法也采用物理处理。污水物理处理法的去除对象主要是污水中的悬浮物和漂浮物，采用的主要方法有筛滤截留法（筛网、格栅、过滤等）、重力分离法（沉砂池、沉淀池、隔油池、气浮池等）、离心分离法（旋流分离器、离心机等）。

3.1.1 沉淀过程数学模型

沉淀法是水处理中最基本的方法之一，是利用水中悬浮颗粒和水的密度差，在重力场作用下产生下沉作用，以实现固液分离的一种过程。在典型的污水处理过程中，沉淀法可用于以下几个方面。

（1）污水处理系统的预处理

沉砂池常用于去除污水中易沉降的无机性颗粒物。

（2）污水的初级处理

初沉池可较有效去除污水中的悬浮固体，同时去除一部分呈悬浮状态的有机物，以减轻后续生物处理构筑物的有机负荷。

（3）生物处理后的固液分离

二沉池主要用来分离浓缩悬浮生长生物处理工艺中的活性污泥、生物膜法中脱落的生物膜等，使处理后的出水得以澄清。

（4）污泥处理阶段的污泥浓缩

污泥浓缩池的作用是将来自二沉池的污泥或者二沉池及初沉池污泥一起进一步浓缩，以减小体积，减小后续构筑物的尺寸，降低处理负荷和运行成本等。

根据水中悬浮颗粒的性质、凝聚性能及浓度的不同，沉淀通常可分为自由沉淀、絮凝沉淀、成层沉淀和压缩沉淀四种类型。为了说明沉淀池的工作原理及分析水中悬浮颗粒在沉淀池内的运动规律，哈增（Hazen）和坎普（Camp）提出了理想沉淀池概念。理想沉淀池可划分为五个区域——进口区、沉淀区、缓冲区、出口区及污泥区，并作以下假定：

① 沉淀区过水断面上各点的水流速度均相同，水平流速为 v；

② 悬浮颗粒在沉淀区等速下沉，下沉速度为 u；

③ 在沉淀池的进口区，水流中的悬浮颗粒均匀分布在整个过水断面上；

④ 颗粒一经沉到缓冲区后，即认为已被去除。

根据上述假定，悬浮颗粒自由沉淀的迹线可用图 3-1 表示。

当某一颗粒进入沉淀池后，一方面随着水流在水平方向流动，其水平流速 v 等于水流速度：

$$v = \frac{Q}{A'} = \frac{Q}{Hb} \tag{3-1}$$

式中　v——颗粒的水平流速，m/s；

　　　Q——进水流量，m³/s；

　　　A'——沉淀区过水断面面积，m²；

　　　H——沉淀区水深，m；

　　　b——沉淀区宽度，m。

另一方面，颗粒在重力作用下沿垂直方向下沉，其沉速即是颗粒的自由沉降速度 u。颗粒运动的轨迹为其水平流速 v 和沉速 u 的矢量和。在沉淀过程中，轨迹是一组倾斜的直线，其坡度为 $i = \frac{u}{v}$。

从沉淀区顶部 x 点进入的颗粒中，必存在着某一粒径的颗粒，其沉速为 u_0，到达沉淀区末端时刚好能沉至池底。由图 3-1 可以看到，当颗粒沉速 $u_1 \geqslant u_0$ 时，无论这种颗粒处于进口端的什么位置，都可以沉到池底被去除，即图 3-1(a) 中的轨迹 xy 与 $x'y'$。当颗粒沉速 $u_1 < u_0$ 时，从沉淀区顶端进入的颗粒不能沉淀到池底，会随水流排出，如图 3-1(b) 中轨迹 xy''所示，而当其从水面下的某一位置进入沉淀区时，可以沉到池底而被去除，如图中轨迹 $x'y$ 所示。说明对于沉速 u_1 小于指定颗粒沉速 u_0 的颗粒，有一部分会沉到池底被去除。

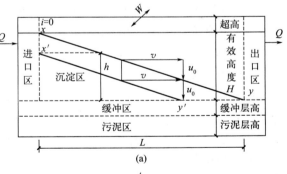

设沉速为 u_1 的颗粒占全部颗粒的 $\mathrm{d}P$，其中 $\frac{h}{H} \times \mathrm{d}P$ 的颗粒将从水中沉淀到池底而被去除。

在同一沉淀时间 t，下式成立：

$$h = u_1 t \tag{3-2}$$
$$H = u_0 t \tag{3-3}$$

故：

$$\frac{h}{H} = \frac{u_1}{u_0} \tag{3-4}$$

$$\frac{h}{H} \times \mathrm{d}P = \frac{u_1}{u_0}\mathrm{d}P \tag{3-5}$$

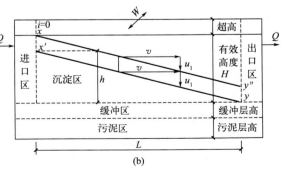

图 3-1　平流理想沉淀池示意图

而沉淀池能去除的颗粒包括 $u_1 \geqslant u_0$ 及 $u_1 < u_0$ 两部分，故沉淀池对悬浮颗粒的去除率为：

$$\eta = (1 - P_0) + \frac{1}{u_0} \int_0^{P_0} u_1 \mathrm{d}P \qquad (3-6)$$

式中　P_0——沉速小于 u_0 的颗粒占全部悬浮颗粒的比例，%；

　　　$1 - P_0$——沉速大于等于 u_0 的颗粒被去除的比例，%。

图 3-1 的运动轨迹中的相似三角形存在如下关系：

$$\frac{L}{H} = \frac{v}{u_0} \qquad (3-7)$$

$$v = \frac{L}{H} \times u_0 \qquad (3-8)$$

将式（3-8）代入式（3-1）得：

$$u_0 = \frac{Q}{Lb} = \frac{Q}{A} \qquad (3-9)$$

式中　Q/A——反映沉淀池效率的参数，一般称为沉淀池的表面水力负荷，或称沉淀池的溢流率，常用符号 q 表示，它的物理意义是在单位时间内通过沉淀池单位表面积的流量。

$$q = \frac{Q}{A} \qquad (3-10)$$

由式（3-9）及式（3-10）可以看出，理想沉淀池中，u_0 与 q 在数值上相同，但它们的物理意义不同。可见，只要确定需要去除颗粒的沉速 u_0，就可以求得理想沉淀池的溢流率（或表面水力负荷）。

此外，式（3-9）还表明，理想沉淀池的沉淀效率与池的表面积 A 有关，与池深 H、沉淀时间 t、池的体积 V 等无关。但实际沉淀池在池深和池宽方向都存在水流速度分布不均匀问题，并且由于存在温差、密度差、风力影响、水流与池壁摩擦力等，会产生紊流，实际沉淀池去除率要低于理想沉淀池。同时，增加池深有利于沉淀污泥的压缩，提高排泥浓度。

3.1.2 点沉降模型

二沉池是活性污泥系统的重要组成部分，用以澄清混合液并回收、浓缩活性污泥，其效果的好坏直接影响出水的水质和回流污泥的浓度，前期的研究工作主要集中在沉降过程数学模型的建立。Hazen 于 1904 年首先对沉降过程进行数学描述，他认为这些离散的颗粒在连续沉降的过程中具有相同的沉速，这个模型包括两种情况：静态和非静态。对于静态模型，Hazen 发现颗粒的去除率与连续溢流率函数的拐点处的某一值相关，在这个拐点处颗粒的沉降速度等于水力负荷率。在模拟非静态情况时，他把沉淀池分成一些完全相等的小单元，并假设这些单元内固液处于完全混合的状态。Camp 于 1936 年改进了 Hazen 的静态模型，包括解决了一个分布式的离散颗粒沉降速度问题。为了分析悬浮颗粒在实际沉淀池内的运动规律和沉淀效果，Camp 提出理想沉淀池概念并作了一系列假设。Hazen 及 Camp 的模型都有一个明显的缺点，就是有太多的假设，如理想的流动条件和沉淀池设计，没有湍流，不存在深度方向上的影响，颗粒的运动仅自由沉降等，然而这些假设在现有的模型中还在应用。

在以上研究基础上，英国物理学家 Kynch（金奇）建立了沉降理论。1952 年他发表了著名的论文《沉降理论》，这篇文章根据沉降波在悬浮液中的扩散建立了动态沉降理论。

Kynch 理论认为局部固液相对速度仅是固体体积浓度的函数，而这仅是上面所提污泥浓缩影响因素的一个方面。Kynch 理论的基本假设可归纳为以下三点：

① 在悬浮固体区的任何水平层内，悬浮固体的浓度是均匀的，这一层内的全部固体颗粒以同样的速度沉降；颗粒形状、大小及成分对沉降过程没有影响。

② 固体颗粒的沉降速度仅是颗粒附近局部浓度的函数。

③ 在整个沉淀高度范围内初始浓度为均匀的，或者沿沉淀深度逐渐增加。

3.1.3 Takacs 模型

Takacs 模型属于一维二沉池动态模型，它假设二沉池是中心进水，把二沉池由上至下分为 10 层（如图 3-2 所示）。第 1 层为二沉池的出水层；第 5 层为二沉池的进水层，也即从反应池流过来的混合液的进入层；第 10 层为底层，这一层以沉降作用为主，污泥浓度达到最大值，相当于实际二沉池中泥斗的最底层部分。

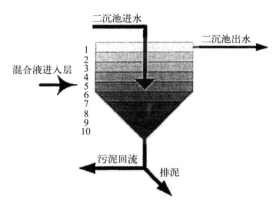

图 3-2　二沉池分层示意图

Takacs 模型假设同一层中污泥浓度 X 处处相同，而且每一层都达到物料平衡，由此得到关系式：

$$\text{单位时间内任一层的污泥质量} \left(\frac{\mathrm{d}X_i}{\mathrm{d}t}\right) A_i z_i \tag{3-11}$$

$$= \text{流动输入质量} - \text{流动输出质量} + \text{沉降输入质量} - \text{沉降输出质量}$$

式中，X_i、z_i、A_i 分别为二沉池第 i 层的浓度、高度与面积。

考虑顶层进水口、出水口与底部出水口这些边界条件，综合式（3-11）、固体通量理论（把二沉池中的固体通量分为两部分：污泥颗粒自身重力引起沉降而产生的通量与水体的流动产生的通量）与进水浓度 X_{in}、进水流量 Q_i 的计算关系式（设二沉池的出水流量为 Q_e，排泥量为 Q_w，回流量为 Q_r，则进水量 $Q_i = Q_e + Q_w + Q_r$），得到二沉池每一层的污泥浓度方程式，分别如下：

顶层（出水层，也即第 1 层）的污泥浓度方程式为：

$$\frac{\mathrm{d}X_1}{\mathrm{d}t} = \frac{\Phi_{\mathrm{up},2} - \Phi_{\mathrm{up},1} - \Phi_{\mathrm{s},1}}{z_1} \tag{3-12}$$

进水口以上的任一层（第 i 层，$1 < i < k$）中，污泥浓度方程式为：

$$\frac{\mathrm{d}X_i}{\mathrm{d}t} = \frac{\Phi_{\mathrm{up},i+1} - \Phi_{\mathrm{up},i} + \Phi_{\mathrm{s},i-1} - \Phi_{\mathrm{s},i}}{z_i} \tag{3-13}$$

进水层（第 k 层，通常 $k = 5$）中的污泥浓度方程式为：

$$\frac{\mathrm{d}X_k}{\mathrm{d}t} = \frac{Q_i X_{\mathrm{in}}/A_k - \Phi_{\mathrm{up},k} - \Phi_{\mathrm{dn},k} + \Phi_{\mathrm{s},k-1} - \Phi_{\mathrm{s},k}}{z_k} \tag{3-14}$$

进水层以下、底层以上的层（第 m 层，$k < m < 10$）中的污泥浓度方程式为：

$$\frac{\mathrm{d}X_m}{\mathrm{d}t} = \frac{\Phi_{\mathrm{dn},m-1} - \Phi_{\mathrm{dn},m} + \Phi_{\mathrm{s},m-1} - \Phi_{\mathrm{s},m}}{z_m} \tag{3-15}$$

底层（第 n 层，通常 $n = 10$）中的污泥浓度方程式为：

$$\frac{\mathrm{d}X_n}{\mathrm{d}t}=\frac{\Phi_{\mathrm{dn},n-1}-\Phi_{\mathrm{dn},n}+\Phi_{\mathrm{s},n-1}-\Phi_{\mathrm{s},n}}{z_n} \tag{3-16}$$

式中 $\Phi_{\mathrm{up},i}$ ——污泥固体颗粒因水流上升而产生的通量，$\Phi_{\mathrm{up},i}=Q_{\mathrm{e}}X_i/A_i$；

           $\Phi_{\mathrm{dn},i}$ ——污泥固体颗粒因水流下降而产生的通量，$\Phi_{\mathrm{dn},i}=(Q_{\mathrm{w}}+Q_{\mathrm{r}})X_i/A_i$；

           $\Phi_{\mathrm{s},i}$ ——污泥固体颗粒因自身重力而产生的通量，$\Phi_{\mathrm{s},i}=X_i v_{\mathrm{s}}$，$v_{\mathrm{s}}$ 为污泥固体颗粒的重力沉降速率。

$$v_{\mathrm{s}}=v_0 \mathrm{e}^{-r_{\mathrm{h}}(X-X_{\min})}-v_0' \mathrm{e}^{-r_{\mathrm{p}}(X-X_{\min})} \tag{3-17}$$

$$X_{\min}=f_{\mathrm{ns}}X_{\mathrm{in}} \tag{3-18}$$

式中 v_0 ——最大实际沉降速率，推荐值为 $474\mathrm{m/d}$；

           v_0' ——最大理论沉降速率，推荐值为 $250\mathrm{m/d}$；

           r_{h} ——阻止沉降的沉降参数，推荐值为 $0.576\mathrm{L/g}$；

           r_{p} ——低浓度时的沉降参数，推荐值为 $2.86\mathrm{L/g}$；

           f_{ns} ——悬浮固体中不可沉降部分所占的比例，推荐值为 0.00228。

二沉池中底层（第 10 层）的污泥浓度模拟值要远远高于其他几层的浓度值；从二沉池的进水层（第 5 层）以下到倒数第 2 层（第 9 层）这几层中，污泥浓度值都比较接近，且远小于反应池底层的污泥浓度；进水层以上的污泥浓度则明显小于二沉池进水层的污泥浓度，并依次降低，直到顶层（出水层），污泥浓度达到最小值。这主要是 Takacs 模型是分层考虑每一层在垂直方向的对流运动所引起的。Takacs 模型假设混合液进入二沉池后，在瞬间受对流运动作用，均匀分布于第 5 层这一体积内，因而其污泥浓度值要小于混合液浓度值；从二沉池进水层（第 5 层）以下到倒数第 2 层之间，因水流下降而从上一层进来的通量占主要作用，但同时又因自重作用，污泥向下一层运动，因此，这几层中有一定的污泥浓度，但又不会很高，与第 5 层比较接近；进水层以上的各层的计算公式中，则是以水流上升产生的通量为主，同时受一定自重产生的通量影响，因此这些层的污泥浓度明显小于进水层；到了出水层，由于没有一个上一层因自重而沉降进入所带来的污泥通量，因此污泥浓度值达到最小值；最后一层中则刚好相反，以水流下降产生的通量为主，而且没有因自重而流出的通量影响，所以污泥浓度值最大。

3.1.4　CFD 模型

计算流体力学（computational fluid dynamics，CFD）是流体力学的一个分支，将流体力学控制方程中的积分、微分项近似地表示为离散的代数形式，使其成为代数方程组，然后通过计算机求解这些离散的代数方程组，获得离散的时间/空间点上的数值解。近年来，CFD 模型模拟开始用于二沉池流体动力学理论研究、内部结构的优化等方面，数值模型模拟方法已成为研究二沉池流场特性、固相颗粒分布和运行参数优化的有力工具。

二沉池内的泥水混合液是一种固液两相体系，污泥在水中的沉淀行为本质上是固液两相相互作用的运动过程。二沉池内水力学信息的精确模拟，受混合液流变性质、外界动态因素、二沉池物理结构等多种因素影响，多种因素的耦合作用使得目前针对二沉池的数值模拟仍有较大的发展空间。目前关于二沉池的数值模拟更加精确化，且研究多基于实际二沉池工况，并考虑了回流比、混合液流变性质以及污泥沉降速度。二沉池数值模拟的研究内容逐渐细节化、动态化，更加符合实际工况，从而可以给出二沉池优化改良的建议。

3.1.4.1　二沉池数值模拟相关模型

现有的二沉池计算流体力学模型根据模型对液相水和固相污泥处理方法的不同可分为单

相模型和多相模型，单相模型将污泥和水的混合液看作单相介质，多相模型则将污泥和水分别看作固液两相来处理，多相模型又可分为欧拉-拉格朗日（E-L）模型、欧拉-欧拉（E-E）模型、混合（Mixture）模型和 VOF（volume of fluid）模型。

（1）单相模型

组分输运方程是将混合液看作单相介质，污泥作为附属物随水流动，液相水的动力学信息采用纳维-斯托克斯（N-S）方程求解，对污泥的沉降耦合模型进行求解，如下所示：

$$\frac{\partial C}{\partial t}+u\frac{\partial C}{\partial x}+v\frac{\partial C}{\partial y}=\frac{\partial}{\partial x}\left(V_{sx}\frac{\partial C}{\partial x}\right)+\frac{\partial}{\partial y}\left(V_{sy}\frac{\partial C}{\partial y}+V_sC\right) \tag{3-19}$$

式中　C——污泥浓度；

　　　V_{sx},V_{sy}——湍动能在 x 和 y 方向上的扩散系数；

　　　V_s——沉降速度。

同时需要包括密度状态和污泥沉降速度相关的附加方程，密度状态方程如下所示：

$$\rho=\rho_r+C\left(1-\frac{\rho_r}{\rho_p}\right) \tag{3-20}$$

式中　ρ_r——参考密度（清水），kg/m^3；

　　　ρ_p——颗粒密度，kg/m^3。

采用单相模型对二沉池进行水质模拟，其运算速度高于多相模型，组分输送方程在预测二沉池中的污泥浓度分布方面也优于多相模型，但由于运行条件、二沉池结构造成的局部流场流动特征的差异，建立广泛使用且能够对动力学过程精准预测的扩散系数模型存在较大的难度。由于计算量低的特点，使用单相模型可对二沉池结构的初期设计优化发挥重要作用。

（2）多相模型

二沉池内的泥水混合液是一种固液两相体系，污泥在水中的沉淀行为本质上是固液两相相互作用的运动过程，对污泥沉降过程的数值模拟依赖于对污泥输运现象和相间相互作用特征的准确描述。

① 欧拉-拉格朗日（E-L）模型。E-L 模型将液相视为连续相，通过欧拉方法处理，固相视为离散项，通过拉格朗日方法标记并追踪，离散相和连续相之间存在动量、质量和能量的传递。用 N-S 方程求解液相，计算 N-S 方程和牛顿第二定律方程中的动量传递项。该模型没有考虑悬浮颗粒间的相互作用，追踪大量颗粒的计算成本较高。

② 欧拉-欧拉（E-E）模型。在欧拉-欧拉方法中，不同的相被处理成相互贯穿的连续介质。由于一种相所占的体积无法再被其他相占有，因此引入相体积分数（phase volume fraction）的概念。将两相当作单独的流体介质处理，连续相和离散相均采用 N-S 方程求解，两相的方程由相体积分数耦合，且考虑两相的质量、动量、能量交换。该模型计算量大，只能考虑有限数量且尺寸较小的颗粒，且界面力通常是非线性的，因此收敛有时会很困难。

③ 混合（Mixture）模型。混合模型是较为常用的二沉池数值模拟数学模型，两相被当作单相处理，活性污泥与水分别为固相和液相，对复杂混合流体仅使用一个动量方程，不考虑多相模型中的相间关系，采用代数方程求解两相之间的滑移速度来描述离散相，与污泥沉降模型耦合后能够对二沉池中的污泥浓度进行预测。

该模型的质量守恒方程为：

$$\frac{\partial \rho_m}{\partial t}+\nabla\cdot(\rho_m v_m)=0 \tag{3-21}$$

$$v_m = \frac{\alpha_1 \rho_1 v_1 + \alpha_2 \rho_2 v_2}{\rho_m} \tag{3-22}$$

$$\alpha_1 + \alpha_2 = 1 \tag{3-23}$$

$$\rho_m = \alpha_1 \rho_1 + \alpha_2 \rho_2 \tag{3-24}$$

式中　ρ_m——混合液密度；

　　　v_m——混合液速度；

α_1、α_2——两相的体积分数。

动量方程为：

$$\frac{\partial \rho_m v_m}{\partial t} + \nabla \cdot (\rho_m v_m v_m) = -\nabla \cdot \rho_m + \nabla \cdot [\tau + \tau^t] - \nabla \cdot \left(\frac{\alpha_d}{1 - \alpha_d} \frac{\rho_d \rho_c}{\rho_m} v_s v_s \right) + \rho_m g \tag{3-25}$$

式中　v_s——污泥沉降速度；

　　　τ——黏性应力张量；

　　α_d——固体颗粒的总体积分数；

　　ρ_d——固体颗粒的密度；

　　ρ_c——水的密度；

　　τ^t——湍流应力张量。

污泥沉降模型表示为：

$$\frac{\partial \alpha_d}{\partial t} + \nabla \cdot (\alpha_d v_m) = -\nabla \cdot \left(\frac{\alpha_d \rho_c}{\rho_m} v_s \right) + \nabla \cdot \Gamma \nabla \alpha_d \tag{3-26}$$

式中　Γ——扩散系数。

该模型在建模过程中未考虑存在大量尺寸差异较大的固体颗粒，并且形状随着流过二沉池而变化。

④ VOF模型。VOF模型中两相被当作单独的流体介质处理，相间界面被追踪，通过连续性方程跟踪相间界面，并定义单相区域。对于每个域，求解一组带有动量交换项的特定相位 N-S 方程，可用来研究风与二沉池液相之间的相互影响。

针对污泥沉降过程进行研究时，需要耦合组分输运模型。

质量守恒方程：

$$\nabla \cdot u = 0 \tag{3-27}$$

动量守恒方程：

$$\frac{\partial}{\partial t}(\rho_m u) + \nabla \cdot (\rho_m u u) = \nabla \cdot (2\mu D) - \nabla p + \rho_m g + F \tag{3-28}$$

式中　u——流体的速度场；

　　　μ——两相的混合平均动力黏度；

　　ρ_m——两相的混合平均密度；

　　　p——压强；

　　　g——重力加速度；

　　　D——应变张量，如下式所示。

$$D_{i,j} = \frac{1}{2} \left(\frac{\partial u_i}{\partial x_j} + \frac{\partial u_j}{\partial x_i} \right) \tag{3-29}$$

流体体积输运方程：

$$\frac{\partial \varphi}{\partial t} + u \cdot \nabla \varphi = 0 \tag{3-30}$$

式中 φ ——流体体积函数。

两相混合平均密度及动力黏度如下所示：

$$\rho_m = \rho_1 \varphi + \rho_2 (1 - \varphi) \tag{3-31}$$

$$\mu_m = \mu_1 \varphi + \mu_2 (1 - \varphi) \tag{3-32}$$

虽然 VOF 模型较为成熟，但目前采用 VOF 模型针对二沉池上方风速及池内动力学行为的研究仍然存在如下问题：

a. 在二沉池水与上方空气界面上求解得到的速度为气液两相的加权平均速度，这种处理方式实际上是假设气液界面区域速度随着体积分数呈线性变化，和实际物理过程有较大差异；此外，气液两相的黏性存在差异，导致相同剪切应力条件下气液两相剪切层厚度不同，为了改善这种情况，在较粗网格条件下，可通过相对滑移作用来考虑气液的速度差异，这方面仍有待深入研究。

b. 商用计算流体力学软件如 FLUENT 等，由于缺少界面压缩的算法，对气液界面的模拟存在一定缺陷，得到的气液界面的厚度较实际二沉池厚。

c. 当考虑污泥沉降时，污泥沉降组分输运模型需要在液相区域求解，且在求解污泥浓度的过程中，气液界面位置处污泥浓度这一变量的差分算法需要进一步考虑。

3.1.4.2 污泥沉降速度

根据二沉池中污泥絮体颗粒的性质、凝聚性能及浓度的不同，沉淀可分为自由沉淀、絮凝沉淀、成层沉淀和压缩沉淀四种不同类型，如图 3-3 所示。

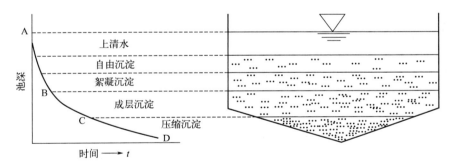

图 3-3 二沉池污泥沉降类型

随着二沉池中污泥浓度的增加，污泥沉降逐渐从自由沉淀过渡到压缩沉淀，对于沉降效果不佳的污泥可通过加入化学药剂进行絮凝强化沉淀，以更好地去除水中不易去除的杂质颗粒。此外，絮凝过程中形成的絮凝物形状不规则且具有渗透性，其沉降速度与污泥初始浓度和离子强度有关。整个沉降过程是一个清水区高度逐渐增加、浑液表面逐渐下降的过程，当清水区消失后，浑液表面的沉降速度就会有所减慢，进入压缩沉淀的阶段。

污泥沉降速度作为影响二沉池数值模拟结果的重要因素，影响二沉池内固液两相动力学信息的精确求解。目前应用较为广泛的沉降速度公式为指数率公式。包括以维西林德（Vesilind）模型为代表的单指数模型，该模型在低浓度下偏差较大，如下所示：

$$v_s = v_0 e^{-aX} \tag{3-33}$$

式中 v_0 ——最大理论沉降速率；

a——指数模型参数；

X——污泥浓度，mg/L。

为了克服低浓度造成的模拟偏差，出现了以 Takacs 为代表的双指数修正模型，如下所示：

$$v_s = v_0 (\mathrm{e}^{-r_H X} - \mathrm{e}^{-r_P X}) \tag{3-34}$$

式中　r_H——拥挤指数；

r_P——低浓度指数。

测定污泥沉淀速度，能够更加准确地对二沉池多相流动进行数值模拟研究。

3.1.4.3　二沉池数值模拟影响因素

（1）液相性质

低浓度污泥混合液呈现出牛顿流体的特性，高浓度（3%～10%）时污泥混合液呈现出非牛顿流体特性，针对这一现象，研究人员提出了幂律模型、宾汉模型、赫谢尔-巴尔克莱模型等。

（2）二沉池几何结构

二沉池几何结构的改变，如不同的二沉池类型、入口形状及挡板位置等，会影响二沉池内混合液流区长度及污泥分离效率。CFD 模型已经被广泛应用于研究几何特征（内部挡板结构）的影响和二沉池几何结构优化，入口区的结构优化包括优化入口挡板位置和浸没深度，出口区的结构优化包括优化出口堰的长度和位置。二沉池入口区、出口区及入口挡板位置的设计对二沉池内部流场和运行效率有着显著影响，优化池体结构不仅改变流场分布，还能提高悬浮物去除率。应用 CFD 模型研究池体结构可大大降低设计成本，因其经济性和高效性，已成为二沉池优化设计的新手段。

（3）温度

温度差异会造成二沉池水体的密度不同从而形成异重流，且季节性水温的变化也影响混合液黏度及密度，这将对二沉池污泥层厚度及混合液速度场产生影响。由温差产生的异重流不仅改变了污泥混合液的运动轨迹，而且影响了二沉池的实际运行效率，因此在二沉池运行过程中减小进水温差是提高二沉池处理效果的重要方法。

（4）风速

二沉池内混合液流动过程中，外界风场的作用会引起空气与混合液之间的动量交换，改变二沉池内混合液的流场结构，由于符合二沉池外流场分析要求的多相模型不能准确反映池内流场变化，且在实际中测量验证难度较大，所以还需改进 VOF 模型算法，准确追踪气液界面，植入适用于二沉池流动的气-液-固三相流动模型，提高地面风对二沉池流场影响的预测精度。

3.1.5　高效澄清池数模仿真

澄清池是一种利用悬浮物颗粒在静水中自然沉淀的原理，去除水中悬浮物的水处理构筑物。高效澄清池通过投加混凝剂，使原水中的悬浮物和胶体物质脱稳凝聚成微絮凝体。微絮凝体在澄清池中与回流泥渣相互碰撞、吸附，形成较大的絮凝体并沉淀下来。清水从澄清池上部流出，而沉淀下来的泥渣通过刮泥机刮入泥渣浓缩室，经浓缩后定期排出。对高效澄清池的数模仿真主要包括絮凝和砂滤两个过程。

3.1.5.1 絮凝

絮凝是水厂非常重要的常规工艺，能去除悬浮固体颗粒和浊度，同时在矾花的形成过程中还能一定程度地去除重金属、致病性微生物，以及一些有机物。基于紊流状态下絮凝速率的模型，同时加入矾花破裂的概念，得到了适用于连续搅拌反应器（CSTR）的絮凝的动力学模型，如下所示：

$$\frac{dc_n}{dt} = -K_A G c_n + K_B c_{n0} G^2 \tag{3-35}$$

式中　c_n——颗粒物数浓度，m^{-3}；

　　　c_{n0}——颗粒物数初始浓度，m^{-3}；

　　　K_A——矾花聚合常数；

　　　K_B——矾花破裂常数；

　　　G——速度梯度，s^{-1}。

为了使方程更具实用性，颗粒物数浓度和初始浓度（c_n 和 c_{n0}）可以被颗粒物质量浓度和初始质量浓度（c 和 c_0，g/m^3）所替代：

$$\frac{dc}{dt} = -K_A G c + K_B c_0 G^2 \tag{3-36}$$

颗粒物的弥散和颗粒本身的消减在絮凝过程中影响很小，可以忽略不计。悬浮颗粒在絮凝时，考虑矾花的形成和破裂，以及悬浮颗粒物的运移，在水中残留的和被矾花（固相）凝聚的悬浮颗粒浓度总方程如下所示：

$$\frac{\partial c}{\partial t} = -u \frac{\partial c}{\partial x} - f_2(c, c_s) = -u \frac{\partial c}{\partial x} - K_A G c + (K_B c_0) G^2$$

$$= -u \frac{\partial c}{\partial x} - K_A G \left(c - \frac{K_B}{K_A} G c_0 \right) = -u \frac{\partial c}{\partial x} - k_2 (c - c_e) \tag{3-37}$$

$$\frac{\partial c_s}{\partial t} = -u_s \frac{\partial c_s}{\partial x} - f_{2,s}(c, c_s) = -u \frac{\partial c_s}{\partial x} - f_2(c, c_s)$$

$$= -u_s \frac{\partial c_s}{\partial x} + K_A G \left(c - \frac{K_B}{K_A} G c_0 \right) = -u_s \frac{\partial c_s}{\partial x} - k_2 (c - c_e) \tag{3-38}$$

式中，c_s、c_e 分别为被矾花凝聚的、出水中的悬浮颗粒质量浓度，g/m^3。

3.1.5.2 砂滤

砂滤一般设置在絮凝之后，用于去除水中残留的颗粒和矾花。根据总方程通式，如忽略颗粒或矾花自身发生的弥散及消减，水中颗粒物浓度总方程可以简化为下式：

$$\frac{\partial c}{\partial x} + \frac{u}{\varepsilon} \frac{\partial c}{\partial x} + f_2(c, c_s) = 0 \tag{3-39}$$

式中，ε 为孔隙率。

在稳态下，传质函数可以由清洁滤床（初始新滤床）的过滤系数 λ_0 以及清洁滤床的最大孔隙占有率 ζ 等计算：

$$f_2(c, c_s) = k_2 c = \frac{u}{\varepsilon} \lambda_0 \left(c - \frac{c_s c}{\varepsilon_0 \rho_s \zeta} \right) \tag{3-40}$$

$$\frac{\partial c}{\partial x} = -\frac{u}{\varepsilon}\frac{\partial c}{\partial x} - \frac{u}{\varepsilon}\lambda_0\left(c - \frac{c_s c}{\varepsilon_0 \rho_s \zeta}\right) \tag{3-41}$$

3.2 生物处理单元数模仿真

3.2.1 活性污泥处理过程数模仿真

3.2.1.1 化学计量学

化学计量学是一门通过统计学或数学方法在化学体系的测量值与体系的状态之间建立联系的学科，可对化学量测数据进行处理和解析，从而获得化学体系的信息，解决复杂的化学问题，是对反应过程进行物料衡算和热量衡算的依据之一，主要研究化学反应中反应物与产物之间的定量关系。

（1）化学计量方程

① 表示各反应物、生成物在反应过程中量的变化关系的方程。

如：

$$2H_2 + O_2 \Longrightarrow 2H_2O$$

可以写成一般形式：

$$2H_2 + O_2 - 2H_2O = 0$$

一个由 n 个组分参与的反应体系，设反应组分（反应物及生成物）A_1，A_2，$\cdots$，A_n 间进行一个化学反应，根据反应前后反应体系的质量保持不变（核反应除外），即反应物减少的质量恒等于生成物生成的质量，其化学计量方程可以用下列通式表示：

$$\nu_1 A_1 + \nu_2 A_2 + \cdots + \nu_n A_n = 0 \tag{3-42}$$

或

$$\sum_{i=1}^{n} \nu_i A_i = 0 \tag{3-43}$$

式中　ν_i——组分 A_i 的化学计量数。A_i 为反应物时，$\nu_i < 0$；A_i 为生成物时，$\nu_i > 0$；A_i 为惰性组分时，则 $\nu_i = 0$。

注意：

a. 计量方程仅表示由反应引起的各反应物之间量的变化关系，与反应的实际历程无关。

b. 计量方程的化学计量数之间不应该含有除 1 以外的任何公因子。

c. 用一个计量方程即可描述各反应组分之间量变化关系的反应称为单一反应；必须用两个或以上的计量方程才能确定各反应组分在反应时量变化关系的反应，称为复合反应。

② 线性方程组。如果体系内有 m 个反应同时进行，则第 j 个反应和总反应的化学计量方程可表示为：

$$\sum_{i=1}^{n} \nu_{ij} A_i = 0, j = 1, 2, \cdots, m \tag{3-44}$$

式中　n——组分数；

　　　m——反应个数；

　　　ν_{ij}——组分 A_i 在第 j 个反应中的化学计量数。

③ 矩阵形式。复杂体系内的化学计量方程可用矩阵形式表示为：

$$
\begin{bmatrix}
\nu_{11} & \nu_{21} & \cdots & \nu_{n1} \\
\nu_{12} & \nu_{22} & \cdots & \nu_{n2} \\
\vdots & \vdots & & \vdots \\
\nu_{1m} & \nu_{2m} & \cdots & \nu_{nm}
\end{bmatrix}
\begin{bmatrix}
A_1 \\
A_2 \\
\vdots \\
A_n
\end{bmatrix}
=
\begin{bmatrix}
0 \\
0 \\
\vdots \\
0
\end{bmatrix}
\tag{3-45}
$$

（2）生物反应的化学计量学

化学反应平衡方程式是基于化学计量学建立的，是化学反应过程中反应物和产物之间的数量关系。微生物反应的几个特点使其化学计量式变得复杂。首先，微生物反应通常包括氧化反应和还原反应，而不仅仅是一种反应；其次，微生物在这里起两个作用，既作为反应的催化剂，同时又是反应的最终产物；最后，微生物同时进行许多反应，以便为细胞合成、维持细胞活性获取能量。下面说明如何书写生物反应的化学计量方程式，并使元素、电子、电荷以及能量平衡。

① 基质分配。微生物利用电子供体基质进行合成代谢，一部分电子（f_e^0）先传递给电子受体，用以提高能量，使其他电子（f_s^0）转化进入微生物细胞。f_e^0 和 f_s^0 的总和是 1。细胞也随着正常的代谢和被捕食而减少。f_s^0 中的一部分电子传递给电子受体产生更多的能量，其余部分转化成没有生物活性的细胞残余物。f_e^0 和 f_s^0 可以为产生能量和合成代谢之间的基质分配提供框架。首先转化成细胞的那部分（即 f_s^0）和用于产生能量的 f_e^0，可以为产生能量和合成代谢之间的基质分配提供框架。分配框架的一个非常重要的方面就是它以电子平衡为依据。因为电子流动产生细胞能量，用电子平衡的方式表达电子分配也是必要的。

因为基质中最初出现的一部分电子必然作为维持细胞生长的能量而被消耗，在考虑净产率时，用于合成的那部分电子是 f_s，而不是 f_s^0，用于产生能量的那部分电子是 f_e，而不是 f_e^0。并且，f_s 和 f_e 的和等于 1，$f_s < f_s^0$，同时 $f_e > f_e^0$。

② 能量反应。微生物从氧化还原反应获取生长和维持生命的能量。即使是从电磁辐射和太阳光获取能量的光合微生物，也通过氧化还原反应将光能转化成 ATP（三磷酸腺苷）和 NADH（还原型烟酰胺腺嘌呤二核苷酸）。

氧化还原反应总是包括一个电子供体和一个电子受体。通常认为电子供体是生物的食物基质。所有非光合生物（除某些原核生物以外）最常见的电子供体是有机物。但是，无机化能营养型原核生物利用还原性无机化合物，比如氨和硫化物，在能量代谢中作为电子供体。因此，原核生物具有多种代谢途径。好氧条件下，电子受体通常是分子氧。但是在厌氧条件下，一些原核生物在能量代谢中可以利用其他电子受体，包括硝酸盐、硫酸盐和二氧化碳。有些情况下，有机物用作电子受体，也作为电子供体，这种反应称为发酵。

反应能量学认为，只需要从电子供体向氧传递较少的电子，就可以产生合成新的生物量的能量。根据分配框架，f_e^0 小、f_s^0 大。实际产量和 f_s^0 成比例关系，好氧微生物应该比厌氧微生物的产率高。因此，反应能量学知识和能量反应，为反应计量学提供了重要的分析手段。在研究微生物生长的一个完全的计量学方程的过程中，建立能量反应是一个非常有意义的开端。半反应的方法是最直接的，特别是对于非常复杂的反应，并且和这里应用的反应能量学完全符合。

下面以丙氨酸（CH_3CHNH_2COOH）的还原半反应为例，介绍半反应的书写步骤。

步骤 1：在左边写出目标元素的氧化形式，在右边写出其还原形式，只有一种元素改变价态。

$$CO_2 \longrightarrow CH_3CHNH_2COOH$$

步骤 2：加入反应中消耗的和产生的物质。作为一个还原半反应，电子必须出现在等式左边。

$$CO_2 + H_2O + NH_3 + e^- \longrightarrow CH_3CHNH_2COOH$$

步骤 3：平衡还原的元素和除了氧和氢之外的所有其他元素。这时，碳和氮必然达到平衡。

$$3CO_2 + H_2O + NH_3 + e^- \longrightarrow CH_3CHNH_2COOH$$

步骤 4：通过添加或者减去水，平衡氧。这里不能用元素氧，因为氧不必改变其氧化状态。

$$3CO_2 + NH_3 + e^- \longrightarrow CH_3CHNH_2COOH + 4H_2O$$

步骤 5：引入 H^+ 以平衡氢。

$$3CO_2 + NH_3 + 12H^+ + e^- \longrightarrow CH_3CHNH_2COOH + 4H_2O$$

步骤 6：在等式左边添加足够的 e^-，平衡反应中的电荷。

$$3CO_2 + NH_3 + 12H^+ + 12e^- \longrightarrow CH_3CHNH_2COOH + 4H_2O$$

电子的系数必须等于被还原化合物的电子当量数，以丙氨酸为例，为 $12e^-$ eq。

步骤 7：在等式两边除以 e^- 的系数，将等式转化为电子当量形式。

$$\frac{1}{4}CO_2 + \frac{1}{12}NH_3 + H^+ + e^- \longrightarrow \frac{1}{12}CH_3CHNH_2COOH + \frac{1}{3}H_2O$$

注意：根据具体条件假设反应物，假设添加的反应物不同，所得的反应式也不同。如 NH_3 和 NH_4^+，在 pH 高于 9.3 时 NH_3 是主要存在形式，在 pH 低于 9.3 时 NH_4^+ 是主要存在形式。随着有机物的氧化，NH_4^+ 被释放出来，就要有一种带负电荷的物质形成来平衡电荷。有机物在中性条件下氧化时，这种物质通常是 HCO_3^-。在厌氧处理中，NH_4^+ 和 HCO_3^- 的关系对于控制 pH 非常重要。此外，酸和碱在等式的同一边不能同时出现，因为它们彼此中和。

（3）生物生长的总反应

细菌的生长包括两个基本反应，一个是产生能量的反应，另一个是细胞合成反应。电子供体给电子受体提供电子，产生能量。生物生长的总反应即为细菌能量反应式和合成反应式的加和。

电子供体半反应以 R_d 表示，电子受体半反应以 R_a 表示，细胞合成半反应以 R_c 表示。能量半反应以 R_e 表示，则有：

$$R_e = R_a - R_d \tag{3-46}$$

合成反应以 R_s 表示，则有：

$$R_s = R_c - R_d \tag{3-47}$$

生物生长总反应以 R 表示，则有：

$$R = f_e R_e + f_s R_s \tag{3-48}$$

用于能量生成反应和合成反应的电子分数之和必须等于1，即：

$$f_s + f_e = 1 \tag{3-49}$$

则式（3-48）可转化为：

$$R = f_e R_a + f_s R_c - R_d \tag{3-50}$$

这是一个普遍的方程式，可以用来建立微生物合成和生长的各种各样的化学计量式。以电子当量为基础得到这样一个方程式。换言之，这个方程式代表了微生物消耗电子供体的电子当量时，反应物的净消耗量和产物的产量。

二维码 3-1
常见的半反应表达式

3.2.1.2 生化反应动力学

生化反应是一种以生物酶为催化剂、在反应器内进行的化学反应，生化反应过程可用图 3-4 表示。

生化反应动力学的主要研究内容包括：

① 底物降解速率与底物浓度、生物量、环境因素等方面的关系；

② 微生物增长速率与底物浓度、生物量、环境因素等方面的关系；

③ 反应机理研究，从反应物过渡到产物所经历的途径。

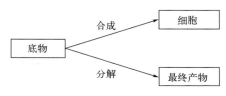

图 3-4　生化反应过程示意图

（1）反应速率

在生化反应中，通常用单位时间内底物的减少量、最终产物的增加量或细胞的增加量来表示生化反应速率。

如图 3-4 所示，生化反应过程可以用下式表示：

$$S \longrightarrow YX + ZP \tag{3-51}$$

$$\frac{\mathrm{d}X}{\mathrm{d}t} = -Y\left(\frac{\mathrm{d}S}{\mathrm{d}t}\right) \tag{3-52}$$

式中　S，X——底物、微生物细胞浓度；

　　　　P——最终产物浓度；

　　　　Z——最终产物的增加系数；

　　　　Y——产率系数，以生物量和降解的底物计，g/g。

对于单一反应而言，质量计量方程可以写为：

$$(-1)A + (-\Psi_2)A_2 + \cdots + (-\Psi_k)A_k + \Psi_{k+1}A_{k+1} + \Psi_{k+2}A_{k+2} + \cdots + \Psi_n A_n = 0 \tag{3-53}$$

则广义单一反应速率可定义为：

$$\frac{r_1}{-1} = \frac{r_2}{-\Psi_2} = \cdots = \frac{r_k}{-\Psi_k} = \frac{r_{k+1}}{\Psi_{k+1}} = \cdots = \frac{r_n}{\Psi_n} = r \tag{3-54}$$

式中　r——单位容积、单位时间内，某一组分反应消耗或生成物质的量。

对于复杂反应体系而言，存在多重反应，质量计量方程可写为：

$$(-1)A_1 + (-\Psi_{2,1})A_2 + \cdots + (-\Psi_{k,1})A_k + \Psi_{k+1,1}A_{k+1} + \cdots + \Psi_{n,1}A_n = 0$$

$$(+\Psi_{1,2})A_1 + (-\Psi_{2,2})A_2 + \cdots + (-1)A_k + \Psi_{k+1,2}A_{k+1} + \cdots + \Psi_{n,2}A_n = 0$$

$$\cdots\cdots$$

$$(-\Psi_{1,m})A_1 + (-\Psi_{2,m})A_2 + \cdots + (+\Psi_{k,m})A_k + \Psi_{k+1,m}A_{k+1} + \cdots + (-1)A_n = 0 \tag{3-55}$$

此时对于组分 i，总反应速率为：

$$r_i = \sum_{j=1}^{m} \Psi_{i,j} r_j \qquad (3-56)$$

（2）反应级数

反应速率与一种反应物 A 的浓度 S_A 成正比时，称这种反应对此种反应物为一级反应；反应速率与两种反应物 A、B 的浓度 S_A、S_B 成正比时，或与一种反应物 A 的浓度 S_A 的平方（S_A^2）成正比时，称这种反应为二级反应；反应速率与 $S_A S_B^2$ 成正比时，称这种反应为三级反应，也可称这种反应是 A 的一级反应或 B 的二级反应。

在生化反应过程中，底物的变化速率与底物的浓度有关，生化反应速率可由下式表示：

$$v = \frac{dS}{dt} = kS^n \qquad (3-57)$$

式中　k——反应速率常数，与温度有关；

　　　n——反应级数。

对式（3-57）取对数得：

$$\lg v = n \lg S + \lg k \qquad (3-58)$$

以 $\lg S$ 为横坐标，$\lg v$ 为纵坐标作图，所得直线的斜率即为反应级数 n 的数值。

反应速率不受反应物浓度影响时，称这种反应为零级反应。在温度不变的条件下，零级反应的反应速率为常数。

对于反应物 A 而言，零级反应：

$$v = \frac{dS_A}{dt} = k$$

$$S_A = S_{A0} + kt \qquad (3-59)$$

一级反应：

$$v = \frac{dS_A}{dt} = kS_A$$

$$\lg S_A = \lg S_{A0} + \frac{k}{2.3} t \qquad (3-60)$$

二级反应：

$$v = \frac{dS_A}{dt} = kS_A^2$$

$$\frac{1}{S_A} = \frac{1}{S_{A0}} - kt \qquad (3-61)$$

式中　v——反应速率；

　　　t——反应时间；

　　　k——反应速率常数，与温度有关。

（3）微生物生长和底物降解动力学

① 微生物增长速率。在生化反应中，当具备适宜微生物生长的营养条件及环境因子（温度及物理、化学条件）时，微生物在利用底物的同时得到增长，dX 表示反应时段 dt 内的微生物增长量，则微生物的增长速率表示为：

$$\frac{dX}{dt} = r_X \qquad (3-62)$$

式中 X——现有微生物群体浓度;

r_X——微生物增长速率。

从反应动力学的角度看,微生物的比增长速率可表示为:

$$\frac{dX}{dt}\frac{1}{X}=\frac{r_X}{X}=\mu \tag{3-63}$$

式中 μ——微生物的比增长速率。

某一时刻活性污泥系统中微生物的增长量,与该时刻的微生物浓度和微生物增长速率的关系为:

$$\frac{dX}{dt}=\mu X \tag{3-64}$$

② 底物利用速率。研究表明,底物利用速率与现有微生物群体浓度 X 成正比,可表示为:

$$\frac{dS}{dt}=qX \tag{3-65}$$

式中 S——底物浓度;

q——比底物利用速率。

微生物增长是底物降解的结果,两者之间存在一定的比例关系:

$$\frac{\Delta X}{\Delta S}=-Y \tag{3-66}$$

式中 Y——产率系数。

当 $\Delta S \to 0$ 时,可得下式:

$$\frac{dX}{dS}=-Y \tag{3-67}$$

对比式(3-64)、式(3-65)、式(3-67)有:

$$q=-\frac{\mu}{Y} \tag{3-68}$$

③ 微生物增长基本方程。对于异养微生物而言,底物既可起营养源作用,为微生物增长提供结构物质,又可起能源作用,为细胞功能提供能量。在时间增量 Δt 内被利用的底物的物料平衡可表达为:

$$\Delta S=(\Delta S)_s+(\Delta S)_e \tag{3-69}$$

对上式求导得:

$$\left(\frac{dS}{dt}\right)_u=\left(\frac{dS}{dt}\right)_s+\left(\frac{dS}{dt}\right)_e \tag{3-70}$$

式中 $\left(\dfrac{dS}{dt}\right)_u$——总底物利用速率;

$\left(\dfrac{dS}{dt}\right)_s$——用于合成的底物利用速率;

$\left(\dfrac{dS}{dt}\right)_e$——用于提供能量的底物利用速率。

对于微生物来说,维持生命所需的能量是通过内源代谢来满足的,内源代谢存在于代谢的整个过程中,因此,通过微生物的平衡可以写成:

$$\left(\frac{\mathrm{d}X}{\mathrm{d}t}\right)_{\mathrm{g}} = \left(\frac{\mathrm{d}X}{\mathrm{d}t}\right)_{\mathrm{s}} - \left(\frac{\mathrm{d}X}{\mathrm{d}t}\right)_{\mathrm{e}} \tag{3-71}$$

式中 $\left(\dfrac{\mathrm{d}X}{\mathrm{d}t}\right)_{\mathrm{g}}$ ——微生物净增长速率；

$\left(\dfrac{\mathrm{d}X}{\mathrm{d}t}\right)_{\mathrm{s}}$ ——微生物合成速率；

$\left(\dfrac{\mathrm{d}X}{\mathrm{d}t}\right)_{\mathrm{e}}$ ——内源呼吸时微生物自身氧化速率或内源代谢速率。

内源代谢速率与现阶段微生物量成正比，即：

$$\left(\frac{\mathrm{d}X}{\mathrm{d}t}\right)_{\mathrm{e}} = K_{\mathrm{d}}X \tag{3-72}$$

式中 K_{d} ——衰减系数或内源代谢系数。

微生物的合成速率可表示为：

$$\left(\frac{\mathrm{d}X}{\mathrm{d}t}\right)_{\mathrm{s}} = -Y\left(\frac{\mathrm{d}S}{\mathrm{d}t}\right)_{\mathrm{u}} \tag{3-73}$$

式中 Y ——被利用的单位底物量转换成微生物量的系数。

将式（3-72）和式（3-73）代入式（3-71）得：

$$\left(\frac{\mathrm{d}X}{\mathrm{d}t}\right)_{\mathrm{g}} = -Y\left(\frac{\mathrm{d}S}{\mathrm{d}t}\right)_{\mathrm{u}} - K_{\mathrm{d}}X \tag{3-74}$$

式（3-74）描述了微生物净增长速率和底物利用速率之间的关系，称为微生物增长基本方程。

3.2.1.3 活性污泥法数学模型

活性污泥法作为一种传统的污水生物处理法，能够有效降解污水中有机物，同时实现脱氮除磷，具有运行方式多样、可控制性良好等特点。生化处理系统中微生物的增长与底物降解的速率可用动力学理论描述，将动力学引入活性污泥系统，并结合系统的物料平衡，就可以建立活性污泥法的数学模型，从而对活性污泥系统进行科学的设计和运行管理。活性污泥法是一种好氧生物处理法，污水中有分子氧存在的情况下，利用好氧微生物降解有机物，微生物以污水中存在的有机污染物为底物进行好氧代谢，高能位的有机物经过一系列生化反应逐级释放能量，最终以低能位的无机物形式稳定下来，达到无害化要求。活性污泥法中微生物降解有机物的基本原理如图3-5所示。图3-5表明有机物被微生物摄取后，约有2/3用于合成新的细胞物质，进行微生物自身生长繁殖；约有1/3被分解，提供微生物生理活动所需

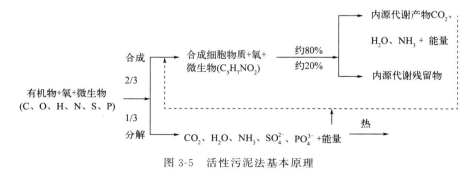

图 3-5 活性污泥法基本原理

要的能量。在活性污泥法发展的过程中，对其反应过程及反应机理的研究越来越深入，越来越多的学者建立了相应的数学模型，数学模型的演变过程实际上也是对活性污泥法机理研究的发展历史。

（1）机理模型

机理模型是在生化反应动力学基础上描述微生物生长和底物浓度之间关系的模型，是活性污泥法数学模型的理论基础。微生物机理模型的不断发展推动了活性污泥法数学模型的不断完善与补充。

① 米氏方程。为了研究酶与底物降解的关系，米夏埃利斯（Michaelis）和门藤（Menten）在大量动力学实验的基础上提出了米氏方程（Michaelis-Menten equation），这个方程是通过假定存在一个稳态反应条件而推导出来的，表示一个酶促反应的起始速率与底物浓度的关系。

$$v = v_{max} \frac{[S]}{K_m + [S]} \qquad (3-75)$$

式中　v——酶促反应速率；

　　　v_{max}——最大酶促反应速率，即酶被底物饱和时的反应速率；

　　　$[S]$——底物浓度；

　　　K_m——米氏常数。

K_m 值的物理意义为反应速率 v 达到 $\frac{1}{2} v_{max}$ 时的底物浓度（即 $K_m = [S]$），它只由酶的性质决定，不同酶往往有不同的 K_m，因此可以用 K_m 值来鉴别不同的酶。

当 $[S] \ll K_m$，即底物浓度非常小时，$[S]/(K_m + [S]) \longrightarrow [S]/K_m$，$v \rightarrow v_{max}[S]/K_m$，此时反应为一级反应，反应速率与底物浓度成正比，增加底物浓度可以适当提高反应速率。当 $[S] \gg K_m$，即底物浓度非常大时，反应速率接近某一恒定值，这是因为此时 $[S]/(K_m + [S]) \longrightarrow 1$，$v \rightarrow v_{max}$，酶几乎被底物饱和，反应相对于底物为零级反应，反应速率与底物浓度无关，增加底物浓度已经不能提高反应速率。

② 莫诺方程。莫诺（Monod）于 1942 年通过实验研究发现均衡生长的细菌的生长曲线与活性酶催化的生化反应曲线类似，并于 1949 年利用反应器经过研究得出，当外部电子受体以及适宜的物理、化学条件都具备时，微生物的比增长速率与底物的关系式（即 Monod 方程）为：

$$\mu = \mu_{max} \frac{[S]}{K_s + [S]} \qquad (3-76)$$

式中　μ——比增长速率；

　　　μ_{max}——最大比增长速率；

　　　$[S]$——底物浓度；

　　　K_s——饱和常数。

Monod 方程在形式上与米氏方程类似：当 $[S] \ll K_m$ 时，微生物增长为一级反应；当 $[S] \gg K_m$ 时，微生物比增长速率达到饱和。两者的区别在于米氏方程是一个生化反应速率表达式，而 Monod 方程是微生物群体的集群增长速率，可以进一步表示活性污泥的增殖。

Monod 方程是活性污泥法数学模型发展的基础，它的提出使废水生物处理工艺与设施的设计和运行更加理论化和系统化，提高了人们对废水生物处理机理的认识，进一步促进了生物处理设计理论的发展，但其实质上是一个经验公式，是在单一微生物对单一基质、微生物处于平衡生长且无毒性存在的理想状态下得出的结论，在实际过程中很难符合条件，因此Monod 方程存在其局限性，在实际应用中受到较大的限制。

（2）传统静态模型

传统静态模型采用的是生长-衰减机理，如图 3-6 所示。具有代表性的此类模型包括埃肯菲尔德（Eckenfelder）模型、麦金尼（McKinney）模型、劳伦斯-麦卡蒂（Lawrence-McCarty）模型等。

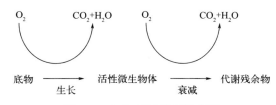

图 3-6　生长-衰减机理示意图

① Eckenfelder 模型。1955 年，Eckenfelder 观察间歇反应器中微生物生长情况后提出了 Eckenfelder 模型，将微生物生长分为对数增长期、减速增长期和内源代谢阶段。

当微生物处于对数增长期时，底物浓度高，微生物生长速率与底物浓度无关，为零级反应：

$$\frac{\mathrm{d}X}{\mathrm{d}t}=K_1X \tag{3-77}$$

当微生物处于减速增长期时，微生物生长受到底物不足的限制，微生物的增长与底物的降解为一级反应关系：

$$\frac{\mathrm{d}X}{\mathrm{d}t}=K_2SX \tag{3-78}$$

当微生物处于内源代谢阶段时，微生物靠呼吸代谢维持生存，进行自身氧化：

$$\frac{\mathrm{d}X}{\mathrm{d}t}=K_3X \tag{3-79}$$

式中　X——微生物浓度；

S——底物浓度；

K_1——对数增长速率常数；

K_2——减速增长速率常数；

K_3——内源呼吸衰减常数。

② McKinney 模型。20 世纪 60 年代，McKinney 提出了 McKinney 模型，与 Eckenfelder 模型相比，该模型忽略了微生物浓度对底物降解速率的影响，认为在活性污泥反应器中，微生物处于减速增长阶段，代谢过程为底物浓度控制，遵循一级反应动力学，可以表示为：

$$\frac{\mathrm{d}S}{\mathrm{d}t}=-K_mS \tag{3-80}$$

式中　K_m——底物去除速率常数。

McKinney 模型还首次提出了活性物质的概念，认为活性污泥由四部分组成：活性细胞 Ma，内源代谢残留有机物 Me，惰性颗粒有机物 Mi，无机颗粒有机物 Mii。这一概念的提出，为活性污泥模型的发展开拓了新的思路。

$$MLSS（混合液悬浮固体）=Ma+Me+Mi+Mii \tag{3-81}$$

在完全混合曝气池中，底物的去除速率是均匀的，则式（3-80）可写成：

$$\frac{S_0 - S_e}{t} = K_m S \tag{3-82}$$

利用式(3-82)，在进行活性污泥系统设计时，可以根据进出水浓度计算主要工艺参数，如曝气反应时间和曝气池体积等。

③ Lawrence-McCarty 模型。1970 年 Lawrence 和 McCarty 根据 Monod 方程提出了底物利用速率与反应器中微生物浓度及底物浓度之间的动力学方程，即劳-麦方程：

$$q = q_{max} \frac{[S]}{K_s + [S]} \tag{3-83}$$

式中　q——比底物利用速率；

　　q_{max}——最大比底物利用速率；

　　[S]——底物浓度；

　　K_s——饱和常数，也称半速率常数。

在建立活性污泥系统中底物降解与微生物增长的数学模型前，需要对反应系统作一些假设：

a. 曝气池处于完全混合状态；

b. 进水中的微生物浓度很小，可忽略；

c. 可生物降解的底物全部处于溶解状态；

d. 系统处于稳定状态；

e. 二沉池中无微生物活动；

f. 二沉池中没有污泥累积，泥水分离良好。

完全混合活性污泥法的工艺流程如图 3-7 所示，这也是建立活性污泥法数学模型的基础。图中虚线表示系统边界；Q、Q_w 分别表示流入系统的污水流量、剩余污泥排放流量；X_0、X、X_R、X_e 分别表示进水微生物浓度、曝气池中活性污泥浓度、回流污泥浓度、出水活性污泥浓度；S_0、S_e 分别表示进水和曝气池中有机底物浓度；V 表示曝气池体积；R 为污泥回流比，表示回流污泥流量与进水流量之比。图中流量单位为 m^3/d，浓度单位为 g/m^3，活性污泥浓度以 MLVSS（混合液挥发性悬浮固体）计。

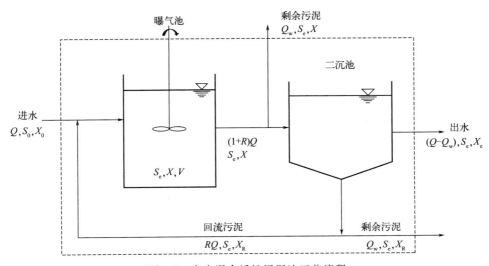

图 3-7　完全混合活性污泥法工艺流程

Lawrence 和 McCarty 将 Monod 方程引入污水生物处理中，提出了 Lawrence-McCarty 模型，基本方程式为：

$$\frac{\mathrm{d}X}{\mathrm{d}t} = Y\frac{\mathrm{d}S}{\mathrm{d}t} - K_d X \tag{3-84}$$

将式(3-64)、式(3-65) 代入式(3-84) 得：

$$\mu = Yq - K_d \tag{3-85}$$

Lawrence 和 McCarty 强调了污泥龄这一参数在活性污泥法中的重要性。污泥龄被定义为微生物在处理系统中的平均停留时间，用 θ_c 表示。

$$\theta_c = \frac{(X)_T}{(\Delta X/\Delta t)_T} \tag{3-86}$$

式中　　θ_c——污泥龄，d；

　　　　$(X)_T$——处理系统中总的活性污泥质量，kg；

$(\Delta X/\Delta t)_T$——每天从处理系统中排出的活性污泥质量，kg/d。

活性污泥中的微生物在降解有机底物的同时自身也在生长增殖，为了保持反应系统中活性污泥量的恒定，应排出一部分污泥，排出量等于增加量。污泥龄实质上就是曝气池中活性污泥全部更新一次所需要的时间。

根据污泥龄的定义，由图 3-7 可有下式：

$$\theta_c = \frac{XV}{(Q-Q_w)X_e + Q_w X_R} \tag{3-87}$$

在稳态条件下，系统活性污泥的物料平衡方程为单位时间进入量＝单位时间排出物量＋单位时间消耗物量＋单位时间积累物量，即：

$$QX_0 = [(Q-Q_w)X_e + Q_w X_R] + \left[-\left(\frac{\mathrm{d}X}{\mathrm{d}t}\right)_g V\right] + 0 \tag{3-88}$$

式中　　X_0——进水中微生物浓度［以 VSS（挥发性悬浮固体）计，余同］，g/m³；

　　　　X_e——出水中微生物浓度，g/m³；

　　　　X_R——回流污泥浓度，g/m³；

　　　　X——曝气池中活性污泥浓度，g/m³；

　　　　V——曝气池体积，m³；

　　　　Q——进水流量，m³/d；

　　　　Q_w——剩余污泥排放流量，m³/d；

$\left(\dfrac{\mathrm{d}X}{\mathrm{d}t}\right)_g$——活性污泥净增长速率，g/(m³·d)。

在假设的基础上，进水中微生物浓度忽略不计，且系统处于稳态，污泥浓度保持不变，随着底物降解，微生物量增长，则上式可变为：

$$(Q-Q_w)X_e + Q_w X_R = \left(\frac{\mathrm{d}X}{\mathrm{d}t}\right)_g V \tag{3-89}$$

将式(3-87) 代入整理得：

$$\frac{1}{\theta_c} = Yq - K_d \tag{3-90}$$

式中　　Y——活性污泥的产率系数，以 VSS 和 BOD_5（五日生化需氧量）计，g/g；

K_d——内源代谢系数，d^{-1}。

对照式(3-85)有：

$$\mu = \frac{1}{\theta_c} \tag{3-91}$$

式中　μ——活性污泥的比增长速率，以新、旧细胞质量计，$g/(g \cdot d)$。

式(3-90)被称为 Lawrence-McCarty 第一方程，反映了活性污泥系统的污泥龄与产率系数、底物的比降解速率及微生物内源呼吸速率之间的关系。从中可以看出，污泥龄是活性污泥系统设计和运行的重要参数，污泥龄不仅可以控制微生物的比增长速率、生理状态和底物的降解效果，而且影响着活性污泥系统的众多工艺参数。

将式(3-90)代入式(3-83)，可以得到出水有机底物浓度与污泥龄的关系如下所示：

$$S_e = \frac{K_s(1+K_d\theta_c)}{\theta_c(Yq_{max}-K_d)-1} \tag{3-92}$$

式中　S_e——出水中溶解性有机底物的浓度，以 BOD_5 计，g/m^3；

　　　K_s——饱和常数，以 BOD_5 计，g/m^3；

　　　q_{max}——最大比底物利用速率，以 BOD_5 和 VSS 计，$g/(g \cdot d)$。

在稳态条件下，对图 3-7 中曝气池列底物的物料平衡方程得：

$$QS_0 + RQS_e = (1+R)QS_e + \left(\frac{dS}{dt}\right)_u V + 0 \tag{3-93}$$

将式(3-90)代入解得曝气池污泥浓度为：

$$X = \frac{YQ(S_0-S_e)\theta_c}{V(1+K_d\theta_c)} \tag{3-94}$$

式中　X——曝气池污泥浓度；

　　　V——曝气池容积。

以 Lawrence-McCarty 模型为基础，不仅可以通过对活性污泥系统的物料衡算，推导出各参数间的关系式，而且强调了污泥龄这一设计、运行中的重要参数，由于污泥龄可以通过控制污泥的排放量来调节，因此增强了模型的实际操作性。

（3）动态模型

传统静态模型形式简单，动力学参数的测定和方程的求解也极为方便，但长期的工程应用结果表明，基于平衡状态的模型无法解决很多瞬时问题，忽视了重要的动态现象，而活性污泥系统具有典型的时变特征，静态模型也无法满足工程需要，因此需要发展动态模型。

美国的 J. F. Andrews（安德鲁）于 20 世纪 80 年代提出了 Andrews 模型，该模型提出了储存-代谢机理，较好地解释了有机物的快速去除现象、微生物增长速率随底物浓度变化的滞后效应，以及耗氧速率的瞬变响应特性。英国水研究中心（Water Research Center）提出了 WRC 模型，引入了存活-非存活细胞代谢机理，以此来解释 Monod 方程预测细胞浓度过高的情况。Andrews 模型和 WRC 模型提出了传统模型之外的新机理来解释某些现象，但存在未考虑代谢残余物的再利用、无法模拟氮和磷的降解等问题。国际水协会（International Water Association，IWA）针对这两个问题成立活性污泥通用模型国际研究小组，致力于开发新的活性污泥数学模型，先后推出了 ASM（Activated Sludge Model）系列三套模型，下面将对 ASM 模型进行详细的说明。

3. 2. 1. 4　ASM 模型

活性污泥法已经从简单地去除有机污染物发展到硝化、反硝化、生物脱氮或同时脱氮、除磷，甚至要解决有毒有害物质的抑制和降解问题，传统的静态模型已无法满足活性污泥法的发展要求。IWA 在传统模型的基础上开展专门研究，试图让活性污泥反应过程从一个黑箱模型慢慢变得透明，推出了 ASM 系列模型。经过多年的发展，目前活性污泥数学模型已经从 ASM1 发展到 ASM3，ASM1 模型包括污水中有机碳去除以及硝化和反硝化过程，ASM2 模型在 ASM1 的基础上增加了聚磷菌以及相应的厌氧、缺氧和好氧的过程反应，ASM2d 模型则将反硝化聚磷菌的反应过程加入模型中，ASM3 模型是对 ASM1 模型的改进，更适用于实际应用。

（1）模型基本框架——Petersen 矩阵

ASM 模型用来对活性污泥系统中的碳氧化、硝化和反硝化以及除磷等现象进行模拟，建立模型时需要确定表达上述过程的基本现象，以体现每个组分的活动，还要量化每个反应过程中的化学计量学和生化动力学，尽量保持原有模型符号并采用矩阵形式。

ASM 系列模型的基本建模步骤包括以下几步：

① 确定组分（包括有机组分、微生物、含氮组分、碱度等）；

② 定义反应过程；

③ 表达过程动力学；

④ 确定化学计量数。

模型中采用 Monod 方程来解释自养菌或异养菌的生长，与生长速率有关的单个过程之间的数量关系用化学计量数来描述。为了简化单位的换算，模型对全部有机组分和生物体统一采用 COD（化学需氧量）当量来表示，从而存在基质利用、生物体生长和氧消耗的 COD 平衡；含氮组分的单位统一用 N 表示；碱度用 HCO_3^- 表示，由于碱度本身不参与其他组分的反应，其单位不同对速率方程无影响。在计算过程中统一各组分的浓度单位，是求解方程的必要条件。

ASM 模型还创造性地采用矩阵形式来描述反应过程，不仅方便表达各组分及各反应过程的化学计量关系，而且便于计算机编程计算。建立矩阵的第一个步骤是确定模型中的相关组分，列于表头，表底列出它们对应的名称和单位。第二个步骤是定义发生在系统中的生物过程，即影响列表中组分转化和变化的过程，列于矩阵最左列。在矩阵对应行的最右列列出每个过程的动力学表达式或速率方程式。矩阵内的元素是化学计量数 ν_{ij}，描述了单个过程中各组分之间的数量关系。矩阵中约定：负号表示消耗，正号表示产生。在矩阵内，若干化学计量数将一特定组分的变化率与过程反应速率联系起来，对于组分 i 而言，总反应速率等于对应栏中化学计量数与各自的过程反应速率乘积的总和，即：

$$r_i = \sum_j \nu_{ij}\rho_j \qquad (3\text{-}95)$$

表 3-1 列出了 ASM 模型的基本格式。用 S 表示可溶性组分，X 表示不可溶组分或颗粒性组分。当组分不参与反应过程时，对应格中的 ν_{ij} 可不填。对于单个反应过程，化学计量数的总和为零。ρ_{ij} 为各反应过程对应的反应速率表达式。引入"开关函数"概念，以反映环境因素改变产生的抑制作用，避免那些具有开关型不连续特性的反应过程表达式在模拟过程中出现数值不稳定现象。

表 3-1　ASM 模型基本格式

反应过程 j	组分 i					过程反应速率 ρ
	1	2	…	i		
	S_1	X_1		S_i		
1	ν_{11}	ν_{21}	…	ν_{i1}		ρ_1
2	ν_{12}	ν_{22}	…	ν_{i2}		ρ_2
$\vdots$	$\vdots$	$\vdots$	$\vdots$	$\vdots$		$\vdots$
j	ν_{1j}	ν_{2j}	…	ν_{ij}		ρ_j

模型中的质量守恒定律表示为：

$$进入量-排出量+反应量=积累量 \tag{3-96}$$

数学形式表达为：

$$\frac{dM}{dt}=\frac{d(VC)}{dt}=Q_{in}C_{in}-Q_{out}C_{out}+rV \tag{3-97}$$

在模型方法的基础上，确定不同的组分及反应过程就形成了 ASM 系列模型。

（2）ASM 系列模型

① ASM1。活性污泥 1 号模型（Activated Sludge Model NO.1，ASM1）的推出在活性污泥数学模型发展史上是具有里程碑意义的事件。ASM1 着重于废水生物处理的基本原理、过程及动态模拟，首次将氮的去除纳入模型，采用了"死亡-再溶解"的机理解释，如图 3-8 所示，体现了对代谢残余物的再利用。

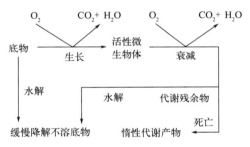

图 3-8　死亡-再溶解机理示意图

② ASM2。活性污泥 2 号模型（ASM2）是 ASM1 的延伸，不仅包括了有机物氧化及脱氮过程，还增加了生物除磷过程，共包含 19 种组分、19 个反应过程、22 个化学计量数及 42 个动力学参数。从 ASM1 到 ASM2，最主要的变化就是生物量具有细胞内部结构，不能再简单地用生物总量表示。除了生物过程，ASM2 中还包含两个化学过程来模拟磷的化学沉淀。ASM1 对所有颗粒性有机物和活性污泥的总质量浓度都是基于 COD 模拟的，而 ASM2 中包含了聚磷酸盐，聚磷酸盐对活性污泥系统的性能发挥了重要作用，但它并不表现为任何 COD，因此模型引进了总悬浮固体（total suspended solids，TSS）的概念，TSS 也包括污水处理厂进水中的无机颗粒固体和磷沉淀过程中产生的此类固体物质。

③ ASM3。活性污泥 1 号模型自推出以来，就成为许多科学和实践项目的主要参考依据，但在实际应用中，它的一些缺点也越来越明显，比如：

——pH 值对反应速率的影响未被考虑，只以碱度表示。

——衰减、水解和生长等过程常用于描述内源呼吸的系列反应，如生物体中化合物的贮存，微生物的死亡、捕食、衰减等。这一过程动力学参数难以评估。

——未反映好氧和缺氧状态下胞内 PHA（聚羟基脂肪酸酯）、脂类、糖原的贮存。

——未考虑硝化菌在好氧和缺氧状态下具有不同的衰减速率，在高泥龄和缺氧区容积较大的情况下，将导致最大硝化速率的预测偏差。

——不能直接预测经常需测定的 MLSS。

——在呼吸实验中经常得到较高的生物产率。

针对 ASM1 在实际应用中出现的问题，基于对有机物贮存实验认识的深化，IWA 推出了活性污泥 3 号模型（ASM3）。ASM3 涉及的主要反应过程和 ASM1 相同——以处理生活污水为主的活性污泥系统中的氧消耗、产污泥、硝化和反硝化作用等。针对 ASM1 的问题，ASM3 做了如下改进：

——简化了颗粒有机物水解过程，认为好氧条件和缺氧条件下具有相同的水解速率。

——增加了胞内贮存物组分，水解产物不再直接降解，而是先贮存再降解。

——异养菌生长不是基于易降解有机物等水解产物，而是基于胞内贮存物。

——微生物衰减改用内源呼吸理论，并扩大了 COD 的应用范围，不仅是有机物具有 COD，凡是有电子转移就产生 COD，叫作理论需氧量（ThOD）。

——不区分惰性颗粒有机物，取消了有机氮组分，改用组分属性矩阵间接计算，同时保证每个生化反应 ThOD、N、电荷三方面守恒。

——在反应速率表达式中增加了碱度等限制因素。

在 ASM1 中，COD 反应流程非常复杂，如图 3-9 所示。异养菌的死亡（衰减）、再生循环与硝化菌衰减的相互作用非常强烈。这两种衰减过程在反应细节上差异很大，这导致了 ASM1 中两种衰减速率意义的差异，且容易混淆。ASM3 对这两组生物体的所有转化过程都进行了清晰的区分，并以相同的模式进行描述，如图 3-10 所示。图 3-9 与图 3-10 中各参数解释见二维码 3-2 和二维码 3-4。

二维码 3-2
ASM1 详细介绍

二维码 3-3
ASM2 详细介绍

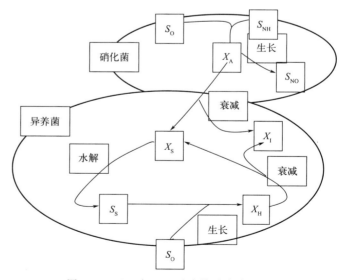

图 3-9　COD 在 ASM1 中的反应流程

在 ASM1 中，异养菌在一个循环的反应流程中利用 COD，衰减产物进入水解过程并且引发额外的生长。其结果是硝化菌的衰减增强了异养菌的生长，也难以将自养菌和异养菌完

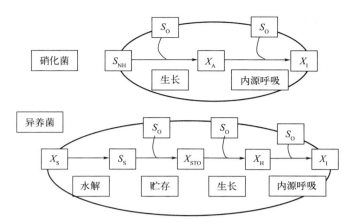

图 3-10 COD 在 ASM3 中的反应流程

全分离。氧进入该反应循环的入口只有两个。而 ASM3 对硝化菌和异养菌的反应过程进行了清晰的划分，COD 不会从一组反应进入另一组，氧可以从多个入口进入反应过程。

ASM3 模型取消了 ASM1 中的 S_{ND}、X_{ND} 和 X_P，增加了总悬浮固体 X_{SS}、异养菌的胞内贮存物 X_{STO} 以及氮气 S_{N_2}。反应过程方面，ASM3 对胞内反应过程进行了更为详细的描述，并可以根据环境条件对衰减过程进行优化调节。ASM3 降低了水解的重要性，并将溶解态与颗粒态有机氮的降解结合到水解、衰减和生长的过程中。

二维码 3-4
ASM3 反应过程

（3）ASM 建模及求解

下面把活性污泥流程模拟成连续搅拌反应器（CSTR），以活性污泥 1 号模型为例进行建模与求解。

① 模型假设与局限。当要模拟一个污水处理系统时，必须作出一定程度的简化和假设，以使模型易于应用，在活性污泥 1 号模型中，相关假设如下所示：

a. 系统运行的温度恒定；

b. pH 恒定而且接近中性；

c. 不考虑有机物组分性质的变化；

d. 不考虑 N、P 及其他无机营养物对有机物质去除及细胞生长的限制；

e. 反硝化校正因子对于给定的废水是恒定的；

f. 硝化反应的系数是恒定的；

g. 微生物的种群和浓度处于正常状态；

h. 二沉池内无生化反应。

模型在实际使用中还必须遵守一些约束条件，因为在数学上可行的，在实践中不一定可行。

a. 微生物的净生长速率和 SRT（污泥龄）必须在合适的范围内（3～30d），以保证微生物絮体的形成；

b. 污泥的沉降性能受进入二沉池中固体质量浓度的影响（以 COD 计，750～7500g/m³）；

c. 反应器曝气死区比例不应大于 50%，否则污泥沉降性能将会恶化；

d. 曝气反应器中，混合强度应与氧传输时单位体积消耗的功率成比例，不能太大。

② 工艺流程的模拟。图 3-11 所示的工艺流程可用来模拟各种连续流的活性污泥工艺，

假设每个反应器单元都是完全混合的。

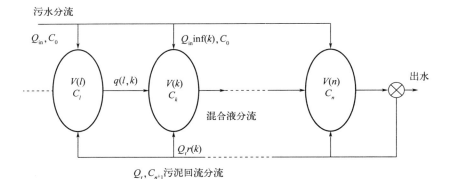

图 3-11　活性污泥系统工艺流程

图中符号设定如下所示：

反应池体积：$V(k)$；

反应池内组分浓度：C_k；

污水进入 k 池：流量 $Q_{in}\text{inf}(k)$［其中 Q_{in} 为进水流量，$\text{inf}(k)$ 为进入 k 池的比例］，浓度 C_0；

二沉池污泥进入 k 池：回流量 $Q_r r(k)$［其中 Q_r 为二沉池回流量，$r(k)$ 为二沉池回流到 k 池的比例］，浓度 C_{n+1}；

从第 l 池输入第 k 池的混合液：流量 $q(l,k)$，浓度 C_l；

从第 k 池输出到第 l 池的混合液：流量 $q(k,l)$，浓度 C_k。

③ 反应单元质量平衡方程。计算第 k 池的实际进水流量和浓度，实际出水流量等于进水流量，出水浓度等于反应器中的浓度。

$$Q_{j in}(k) = Q_{in}\text{inf}(k) + Q_r r(k) + \sum_l q(l,k) \tag{3-98}$$

$$C_{j in}(k) = [Q_{in}\text{inf}(k)C_0 + Q_r r(k)C_{n+1} + \sum_l q(l,k)C_l]/Q_{j in}(k) \tag{3-99}$$

第 k 池的质量平衡方程，即变化量＝输入量－输出量＋反应量，如下所示：

$$\frac{dC_i(k)}{dt}V(k) = Q_{j in}(k)[C_{ij in}(k) - C_i(k)] + V(k)\sum_j \nu_{ij}\rho_j \tag{3-100}$$

式中　$C_i(k)$——第 k 反应池中组分 i 浓度。

在计算 k 池进水浓度时，不仅需要这些未知数，而且需要知道二沉池回流污泥里组分 i 的浓度 $C_i(n+1)$。

假设二沉池仅仅发生固液分离，没有任何生化反应。它不改变溶解性组分浓度，对固体组分有浓缩作用。溶解性组分浓度用 S_i 表示，固体组分浓度用 X_i 表示，则：

$$S_i(n+1) = S_i \tag{3-101}$$

二沉池浓度是污泥龄的函数，忽略出水中的固体浓度，剩余污泥的固体物排放质量流量为：

$$M_\omega = \sum_k V(k) \times \text{TSS}(k)/\theta_c \tag{3-102}$$

式中　$\text{TSS}(k)$——反应池 k 中总悬浮固体浓度。

回流污泥中固体组分比例等同于反应池 n 的固体组分比例，污泥中组分 i 的比例可以表示为：

$$f_i = X_i(n)/\mathrm{TSS}(n) \tag{3-103}$$

固体组分 i 在回流污泥中的量为反应池 n 的输出量与剩余污泥排放量之差：

$$M_{i,\mathrm{r}} = (Q_\mathrm{r} + Q_\mathrm{in})X_i - M_\omega f_i \tag{3-104}$$

回流污泥中固体组分的浓度为：

$$X_i(n+1) = \frac{M_{i,\mathrm{r}}}{Q_\mathrm{r}} \tag{3-105}$$

对于溶解性组分：

$$C_{i,j\mathrm{in}}(k) = [Q_\mathrm{in}\inf(k)C_{i,0} + Q_\mathrm{r}r(k)C_{i,n} + \sum_l q(l,k)C_l]/Q_{j\mathrm{in}}(k) \tag{3-106}$$

对于非溶解性组分：

$$C_{i,j\mathrm{in}}(k) = [Q_\mathrm{in}\inf(k)C_{i,0} + r(k)M_{i,\mathrm{r}} + \sum_l q(l,k)C_l]/Q_{j\mathrm{in}}(k) \tag{3-107}$$

对每个反应池，都可以针对每个组分列出质量平衡方程。对含有 n 个反应池的流程，每个池子按照 ASM1 列出 13 种组分平衡方程，一共有 $13n$ 个方程和 $13n$ 个未知数，从而解得每个反应池中 13 种组分的浓度。对于稳态模拟求解，质量平衡方程的左边 $\Delta C = 0$，方程组有唯一数值解。对于非稳态情况，平衡方程的左边 $\Delta C = 0$，给定 $t = 0$ 时的组分浓度，能够得到后续时刻 t 的各池组分浓度数值解，许多时刻的数值解能够离散表示组分浓度的时间变化曲线。

④ ASM1 求解路线。ASM1 求解路线如图 3-12 所示。

⑤ 单一 CSTR 反应器的稳态数值解。对于单一 CSTR 反应器，系统在稳态情况下的质量平衡方程如下：

对于溶解性组分 S_i：

$$Q(S_{i,\inf} - S_i) + V\sum_j \nu_{ij}\rho_j = 0 \tag{3-108}$$

对于非溶解性组分 X_i：

$$QX_{i,\inf} - VX/\theta_\mathrm{c} + V\sum_j \nu_{ij}\rho_j = 0 \tag{3-109}$$

式中　Q——污水流量；

　　　V——反应池体积；

　　　θ_c——污泥龄。

令 $D_\mathrm{h} = 1/\theta_\mathrm{h} = Q/V$，$D_\mathrm{x} = 1/\theta_\mathrm{c}$，则上面两式可化为：

$$D_\mathrm{h}(S_{i,\inf} - S_i) + \sum_j \nu_{ij}\rho_j = 0 \tag{3-110}$$

$$D_\mathrm{h}X_{i,\inf} - D_\mathrm{x}X_i + \sum_j \nu_{ij}\rho_j = 0 \tag{3-111}$$

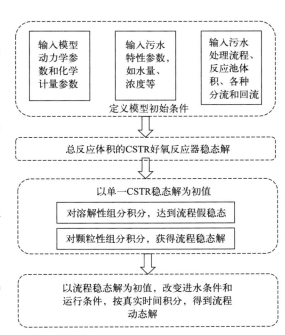

图 3-12　ASM1 求解路线

对于这样一个系统，还可以做如下简化：

——假定溶解氧充足，不必对此组分进行计算，所有好氧开关函数都为 1；

——低浓度的完全混合反应器内，生化反应可以用一级反应动力学表示，使质量平衡方程线性化。

此时可以对 ASM1 过程反应速率表达式进行线性化，如表 3-2 所示，表中参数解释见二维码 3-2。

表 3-2　ASM1 的线性化反应速率表达式

过程	反应速率表达式	系数
异养菌好氧生长	$\rho_1 = k_1 S_S$	$k_1 = \mu_h X_{B.H}/(K_S + S_S)$
异养菌缺氧生长	$\rho_2 = k_2 S_S$	$k_2 = 0$
自养菌好氧生长	$\rho_3 = k_3 S_{NH}$	$k_3 = \mu_A X_{B.A}/(K_{NH} + S_{NH})$
异养菌衰减	$\rho_4 = k_4 X_{B.H}$	$k_4 = b_{L.H}$
自养菌衰减	$\rho_5 = k_5 X_{B.A}$	$k_5 = b_{L.A}$
氨化	$\rho_6 = k_6 S_{ND}$	$k_6 = k_a X_{B.H}$
有机物水解	$\rho_7 = k_7 X_S$	$k_7 = k_h/(K_x + X_S/X_{B.H})$
有机氮水解	$\rho_8 = k_8 X_{ND}$	$k_8 = k_7$

给定参数 $k_1 \sim k_8$，这个方程可以直接求解，方程解可以看作 $k_1 \sim k_8$ 的函数。但是 $k_1 \sim k_8$ 本身又是解的函数，所以又需要重新计算 $k_1 \sim k_8$ 的值进行验证。如果新值和旧值不一致，就需要重新求解方程，然后重新验证 $k_1 \sim k_8$ 的值。一般来说，这个过程需要反复多次才能获得比较一致的结果，得到单一 CSTR 反应器的稳态数值解。

⑥ 串联 CSTR 反应器的动态解。以单一 CSTR 反应器的解作为串联 CSTR 反应器的初始浓度（$t = 0$），然后以一定的时间步长 Δt，利用组分的质量平衡方程组计算 $t = \Delta t$ 时刻各反应器中的组分浓度，以及后续时刻的浓度。

积分过程中，Δt 越小，迭代过程误差越小，计算工作量越大。Δt 较大，可以减少计算量，但有可能使迭代过程发散。

通过时间积分，在进水条件和运行条件不变的情况下，各池的组分浓度最后趋于稳定值，得到串联 CSTR 反应器的稳态解。

以上面稳态解的数值解为积分的初值条件，然后采用和上面相同的方法求取合适的积分步长，求得后续各个时刻的组分浓度，形成每种组分浓度的时间变化曲线。

在动态模拟过程中，由于污水和运行条件发生变化，在每次迭代过程中，每个反应池的进水量都要重新计算，大大增加了计算量。

按照 ASM1 列出 13 种组分平衡方程，得到 13 个方程的常微分方程组如下所示：

$$\frac{dS_I}{dt} = (S_{I_0} - S_{I_e})dh + \sum_j \nu_{ij}\rho_j$$

$$\frac{dS_S}{dt} = (S_{S_0} - S_{S_e})dh + \sum_j \nu_{ij}\rho_j$$

$$\frac{dX_I}{dt} = X_{I_0}dh - X_{I_e}dx + \sum_j \nu_{ij}\rho_j$$

$$\frac{\mathrm{d}X_S}{\mathrm{d}t} = X_{S_0}\mathrm{d}h - X_{S_e}\mathrm{d}x + \sum_j \nu_{ij}\rho_j$$

$$\frac{\mathrm{d}X_{B,H}}{\mathrm{d}t} = X_{B,H_0}\mathrm{d}h - X_{B,H_e}\mathrm{d}x + \sum_j \nu_{ij}\rho_j$$

$$\frac{\mathrm{d}X_{B,A}}{\mathrm{d}t} = X_{B,A_0}\mathrm{d}h - X_{B,A_e}\mathrm{d}x + \sum_j \nu_{ij}\rho_j$$

$$\frac{\mathrm{d}X_P}{\mathrm{d}t} = X_{P_0}\mathrm{d}h - X_{P_e}\mathrm{d}x + \sum_j \nu_{ij}\rho_j$$

$$\frac{\mathrm{d}S_O}{\mathrm{d}t} = (S_{O_0} - S_{O_e})\mathrm{d}h + \sum_j \nu_{ij}\rho_j$$

$$\frac{\mathrm{d}S_{NO}}{\mathrm{d}t} = (S_{NO_0} - S_{NO_e})\mathrm{d}h + \sum_j \nu_{ij}\rho_j$$

$$\frac{\mathrm{d}S_{NH}}{\mathrm{d}t} = (S_{NH_0} - S_{NH_e})\mathrm{d}h + \sum_j \nu_{ij}\rho_j$$

$$\frac{\mathrm{d}S_{ND}}{\mathrm{d}t} = (S_{ND_0} - S_{ND_e})\mathrm{d}h + \sum_j \nu_{ij}\rho_j$$

$$\frac{\mathrm{d}X_{ND}}{\mathrm{d}t} = X_{ND_0}\mathrm{d}h - X_{ND_e}\mathrm{d}x + \sum_j \nu_{ij}\rho_j$$

$$\frac{\mathrm{d}S_{ALK}}{\mathrm{d}t} = (S_{ALK_0} - S_{ALK_e})\mathrm{d}h + \sum_j \nu_{ij}\rho_j \tag{3-112}$$

应用四阶龙格-库塔法对上述微分方程组进行求解，通用性步骤为：$\dfrac{\mathrm{d}y}{\mathrm{d}t} = f(t,y)$。

已知 $t = t_n$，$y = y_n$，迭代计算步长为 h，则 $t = t_{n+1}$ 时：

$$y_{n+1} = y_n + 1/[6(k_1 + 2k_2 + 2k_3 + k_4)] \tag{3-113}$$

$$k_1 = hf(t_n, y_n) \tag{3-114}$$

$$k_2 = hf(t_n + h/2, y_n + k_1/2) \tag{3-115}$$

$$k_3 = hf(t_n + h/2, y_n + k_2/2) \tag{3-116}$$

$$k_4 = hf(t_n + h, y_n + k_3) \tag{3-117}$$

3.2.2 生物膜处理过程数模仿真

生物膜是附着于固体表面的微生物及微生物胞外多聚物形成的层状聚集体。生物膜实际上是自然固定化的细胞，它在自然界无处不在，而且在污染控制工程技术中变得越来越重要，如滴滤池、生物转盘和厌氧滤池。生物膜工艺不需要进行固液分离就可以使优势生物体通过自然的固定化作用保留并积累下来，因此操作运行简单、可靠而且稳定。

3.2.2.1 理想化的生物膜

建立模型时，必须获取生物膜的一个重要特征，即作为物质传递动力的膜内浓度梯度。这个特征可以用具有以下性质的理想化生物膜表示。这种表示方法易于使用，也比较接近实际。

① 生物膜内生物量密度 X_f 相同。

② 生物膜厚度 L_f 一致。

③ 生物膜表面和内部的传质阻力可能比较重要。扩散层有效厚度 L 代表外部传质阻力，

内部阻力用分子扩散表示。传质阻力导致的一个最重要结果是细菌在生物膜内"看到"的基质浓度（记作 S_f）常常低于混合液中的浓度（记作 S）。

与恒化器中的悬浮污泥类似，生物膜的完整模型必须包括限速基质和活性生物体的物质平衡与速率表达式。在生物膜模型中，因为基质梯度使膜内各处的物质浓度和反应速率都不相同，所以要针对生物膜内不同位置列出物质平衡和速率表达式。因此，模型化首先要从生物膜内开始研究。

尽管模型化首先要从膜内开始，但模型输出要能适用于反应器的物质平衡。这意味着模型输出应该给出对整个生物膜进行积分的总反应速率。这样，用总反应速率乘以反应器内的生物膜量就可以得到一个量纲为质量/时间的值。

（1）基质现象

生物膜内任一点的基质利用方式与悬浮生长时相同：

$$r_{ut} = -\frac{\hat{q} X_f S_f}{K + S_f} \tag{3-118}$$

基质进入生物膜是靠分子扩散，遵守菲克（Fick）第二定律：

$$r_{diff} = D_f \frac{d^2 S_f}{dz^2} \tag{3-119}$$

因为扩散和基质利用是同步的，结合式(3-86)和式(3-87)可以得到基质的总质量平衡方程。生物膜内浓度梯度为稳态时，基质的质量平衡方程为：

$$0 = D_f \frac{d^2 S_f}{dz^2} - \frac{\hat{q} X_f S_f}{K + S_f} \tag{3-120}$$

上式需要两个边界条件。第一个是固体接触表面的通量为零，即：

$$\left. \frac{dS_f}{dz} \right|_{z = L_f} = 0 \tag{3-121}$$

第二个边界条件是，在生物膜和水的交界面，基质必须通过该面从混合液进入生物膜外表面。外部的传质可以用 Fick 第一定律描述：

$$J = \frac{D}{L}(S - S_s) = D_f \left. \frac{dS_f}{dz} \right|_{z=0} = D \left. \frac{dS}{dz} \right|_{z=0} \tag{3-122}$$

一级反应动力学的求解如下。

当生物膜各处的 S_f 均远小于 K 时，基质通量和基质浓度梯度可以用完全闭合形式的解析解表示。生物膜内的一级反应动力学物质平衡微分方程（针对 S_f）为：

$$0 = D_f \frac{d^2 S_f}{dz^2} - k_1 X_f S_f \tag{3-123}$$

积分得到通量和 S_f 的解析解：

$$J = \frac{D_f S_s \tanh(L_f / \tau_1)}{\tau_1} \tag{3-124}$$

$$S_f = S_s \frac{\cosh[(L_f - z)/\tau_1]}{\cosh(L_f / \tau_1)} \tag{3-125}$$

已知 S_w 时的通解如下。

当生物膜两边界的浓度已知，即 S_s 和 S_w 已知时，可求得解析解：

$$J = \left[2\hat{q} X_f D_f \left(S_s - S_w + K \ln \frac{K + S_w}{K + S_s} \right) \right]^{1/2} \tag{3-126}$$

对于厚生物膜，S_w 接近零，可得到一个很有用的解：

$$J_{deep} = \left[2\hat{q} X_f D_f \left(S_s + K \ln \frac{K}{K + S_s} \right) \right]^{1/2} \tag{3-127}$$

（2）生物膜本身

对于厚生物膜，S_w 接近零，可得到一个很有用的解：

$$\frac{d(X_f dz)}{dt} = Y \frac{\hat{q} S_f}{K + S_f} (X_f dz) - b' X_f dz \tag{3-128}$$

3.2.2.2 稳态生物膜

尽管生物膜内任一点的生物量都存在净增长或净消减，稳态概念仍可以应用且非常重要。稳态概念用于生物膜的关键一点是必须将生物膜看作一个整体。稳态生物膜的基本含义为单位表面积上的生物量（$X_f L_f$）不随时间变化，但生物膜内任一点的微生物并不是稳态的。也就是说，当式（3-127）对整个生物膜厚度积分为零时，生物膜是稳态的。

$$0 = \int_0^{L_f} \frac{d(X_f dz)}{dt} = \int_0^{L_f} Y \frac{\hat{q} S_f}{K + S} X_f dz - \int_0^{L_f} b' X_f dz \tag{3-129}$$

根据稳态膜的定义，假设 X_f、K 和 b' 是常数，则可以求出每个积分项，如下所示：

$$\int_0^{L_f} \frac{d(X_f dz)}{dt} = \frac{d(X_f L_f)}{dt} = 0 \tag{3-130}$$

通量与 Y 相乘则得到单位面积的生长速率：

$$\int_0^{L_f} Y \frac{\hat{q} X S_f}{K + S_f} X_f dz = Y \int_0^{L_f} (-r_{ut}) dz = YJ \tag{3-131}$$

生物膜内微生物自身消耗速率是均匀的，因此：

$$\int_0^{L_f} b' X_f dz = b' X_f L_f \tag{3-132}$$

将式（3-130）和式（3-131）代入式（3-128）得到：

$$0 = YJ - b' X_f L_f \tag{3-133}$$

这是稳态生物膜的基本方程。它表明单位面积新生长的生物量与单位面积上自身消耗的量相平衡。式（3-133）可以写成其他形式。单位面积上的生物量可由下式求得：

$$X_f L_f = \frac{JY}{b'} \tag{3-134}$$

两边除以 X_f 得到生物膜厚度：

$$L_f = \frac{JY}{X_f b'} \tag{3-135}$$

稳态生物膜的概念是一种动态平衡。靠近外表面的地方，基质浓度比较高。靠近载体介质表面的地方，S_f 低。正增长速率的位置向负增长速率的位置输送微生物，而整个膜是稳态的。

3.2.2.3 完全混合生物膜反应器

完全混合生物膜反应器（completely mixed biofilm reactor，CMBR）是生物膜动力学用于限速基质和活性生物体物质平衡的最简单系统。有关参数的含义如下：

① 进水流量为 Q，基质浓度为 S_0。

② 反应器总体积为 V，液体比例为 h。

③ 假定所有生物反应均发生在生物膜内。

④ 生物膜比表面积记为 a。

⑤ 出水流量也等于 Q，出水基质浓度为 S。

⑥ 反应器和出水中活性生物量浓度为 X_a，全部来自生物膜的脱附。

⑦ 活性生物体在生物膜表面的沉积量极小。

CMBR 稳态的物质平衡式为：

$$hV \frac{\mathrm{d}S}{\mathrm{d}t} = 0 = Q(S_0 - S) - J_{SS} aV \tag{3-136}$$

式中，J_{SS} 为进入生物膜的基质通量。

生物膜中活性生物体的稳态平衡式为：

$$aV \frac{\mathrm{d}(X_f L_f)}{\mathrm{d}t} = 0 = Y J_{SS} aV - (b + b_{det}) X_f L_f aV \tag{3-137}$$

式中，b_{det} 为生物膜比脱附系数。

出水生物量浓度可以通过混合液中生物量的简单物料平衡式计算：

$$hV \frac{\mathrm{d}X_a}{\mathrm{d}t} = 0 = b_{det} X_f L_f aV - X_a Q \tag{3-138}$$

由此得到：

$$X_a = \frac{b_{det} X_f L_f aV}{Q} \tag{3-139}$$

3.2.3　厌氧消化过程数模仿真

厌氧消化技术是一种可将生物质废弃物转化为清洁可再生能源的技术，它具有良好的经济效益和环境效益，受到国内外普遍重视。高有机负荷率和低污泥产率是厌氧工艺所表现出的超过其他生物单元的诸多优点之一，产能则是厌氧工艺应用不断增加的主要驱动力。2002年，国际水协会推出了厌氧消化 1 号模型（Anaerobic Digestion Model No.1，ADM1），该模型集中了当时国际厌氧消化领域在结构化数学模型和工艺模拟方面最新的研究成果。该模型的应用有利于人们从动力学的角度深入了解厌氧生物处理这一动态过程，从而对厌氧工艺的设计、运行和优化控制提供理论指导和支持，有助于该技术实现工业化应用。

3.2.3.1　模型基础

（1）厌氧消化转化过程

厌氧消化的转化过程按其反应类型可分为两类。

① 生化过程。通常情况下，这些过程由胞内或胞外酶来催化，作用于混合液中的可用有机物质。复合物（如死亡生物）分解成颗粒性成分，并随后被酶水解为可溶性单体。这些都是胞外过程。由生物引起的可溶性物质的消化是胞内过程，这个过程导致生物生长和死亡。

② 物理-化学过程。这些过程并非由生物作媒介，包括离子结合/离散、气-液转换。沉淀是一个更进一步的物理-化学过程，并未包括在 ADM1 中。

生化反应方程是任何模型的核心，仅用这些方程来表达厌氧系统是可能的。然而为了描述物理-化学状态（如 pH 和气体浓度）对生化反应的影响，就必须将物理-化学转化包括在内。

ADM1 在将 COD 转化为中间产物的过程中，假设其中 10％生成颗粒性惰性混合物，其余 90％平均分解为碳水化合物、蛋白质和脂类。原始组分不同或单糖和氨基酸分解成不同的产物组分，COD 的流向将发生很大的变化。

ADM1 选择 COD 作为化学组分的基本单位，可用作浓缩流中污水特性的鉴定方法，可用于上流式和气体利用工业及碳氧化状态的内在平衡，并能与 ASM 部分兼容。物质的量单位（mol）可用于没有 COD 的组分，如无机碳和无机氮。单位选用详见表 3-3。

表 3-3　ADM1 单位选用

测量项目	单位	测量项目	单位
质量浓度（COD）	kg/m^3	距离	m
碳浓度（非 COD）	$kmol/m^3$	容积	m^3
氮浓度（非 COD）	$kmol/m^3$	能量	J（kJ）
压力	$10^5 Pa$	时间	d
温度	K		

（2）生化过程

生化反应的过程速率和化学计量矩阵形式与 ASM 形式相同。物理-化学速率方程（如气-液转换）在这里未被包括。COD 平衡隐含在矩阵中。在许多情况下，无机碳是异化作用或同化作用的碳源或产物，其速率常数可以表达成一个碳平衡：

$$\nu_{10,j} = \sum_{i=1\sim9,11\sim24} c(C_i)\nu_{i,j} \tag{3-140}$$

例如，$\nu_{10,6}$（氨基酸发酵的无机碳速率常数）为：

$$\nu_{10,6} = [-c(C_{aa}) + (1-Y_{aa})f_{va,aa} + (1-Y_{aa})f_{bu,aa}c(C_{bu}) + (1-Y_{aa})f_{pro,aa}c(C_{pro}) + (1-Y_{aa})f_{ac,aa}c(C_{ac}) + Y_{aa}c(C_{biom})] \tag{3-141}$$

式中　$c(C_i)$——组分 i 的无机碳浓度，以 C 和 COD 计，kmol/kg；

$c(C_{biom})$——生物的一般碳浓度，以 C 和 COD 计，0.0313kmol/kg。

分解和水解是胞外的非生物和生物过程，是复杂有机物分裂和溶解成可溶性底物的中间过程。底物是复杂的混合颗粒体及颗粒性碳水化合物、蛋白质和脂类。后三种底物也是混合颗粒体分解的产物。其他分解产物有惰性颗粒和可溶性惰性物质。碳水化合物、蛋白质和脂类的降解产物分别是单糖、氨基酸和长链脂肪酸。水解是酶促反应，采用一级反应动力学模型。

① 混合产物产酸。产酸（发酵）通常被定义为一个没有外加电子受体和供体的厌氧产酸过程，例如可溶性糖和氨基酸降解为较简单的产物。

ADM1 以葡萄糖作为模拟单体，葡萄糖最重要的降解产物及其化学计量反应如表 3-4 所示。

表 3-4　葡萄糖降解产物

序号	产物	反应	ATP/mol	条件
1	乙酸	$C_6H_{12}O_6 \longrightarrow 2CH_3COOH + 2CO_2 + 2H_2$	4	H_2 少
2	丙酸	$C_6H_{12}O_6 + 2H_2 \longrightarrow 2CH_3CH_2COOH + 2H_2O$	低	未观测到 H_2
3	乙酸,丙酸	$3C_6H_{12}O_6 \longrightarrow 4C_2H_5COOH + 2CH_3COOH + 2CO_2 + 2H_2O$	4/3	有些 H_2

序号	产物	反应	ATP/mol	条件
4	丁酸	$C_6H_{12}O_6 \longrightarrow CH_3CH_2CH_2COOH + 2CO_2 + 2H_2$	3	H_2 少
5	乳酸	$C_6H_{12}O_6 \longrightarrow 2CH_3CHOHCOOH$	2	有些 H_2
6	乙醇	$C_6H_{12}O_6 \longrightarrow 2CH_3CH_2OH + 2CO_2$	2	H_2 少

ADM1 中葡萄糖的水解产物包括乙酸、丙酸和丁酸，因为它们是单糖产酸形成的重要末端产物，随着水流方向发生不同程度的降解；未包括乳酸和乙醇，因为二者相对容易降解，在多数厌氧消化反应器中，二者的浓度比较低。

氨基酸的发酵途径主要有两种：斯提柯兰氏（Stickland）反应（氨基酸耦合氧化-还原反应）；氢离子或二氧化碳作为外部电子受体的单一氨基酸氧化。

Stickland 反应通常发生得更快，其特点如下：不同的氨基酸可分别作为电子供体、受体或二者兼具；电子供体失去一个碳原子形成 CO_2，并生成比原氨基酸少一个碳的羧酸；电子受体获得氢原子，形成与原氨基酸链长相同的羧酸；只有组氨酸不能通过 Stickland 反应被降解；因为缺乏电子受体，总氨基酸中通常有大约 10% 可通过非耦合氧化降解，这导致氢或甲酸产生。

② 有机酸降解。高级有机酸降解生成乙酸是一个氧化步骤，没有内部电子受体，必须利用外加的电子受体，如氢离子和二氧化碳，分别产生氢气和甲酸。氢和甲酸可被甲烷菌所消耗（ADM1 只把氢作为电子载体），这些反应从热力学角度来说都是可以发生的。

生物种群和组分：丙酸以上的脂肪酸厌氧降解主要途径是 β-氧化，每个氧化循环过程中有一个乙酸基被去除。最终含碳产物中具有偶数碳原子的只有乙酸。当脂肪酸碳原子为奇数时（如戊酸），1mol 底物产生 1mol 丙酸，大多数长链脂肪酸（LCFA）具有偶数碳原子，乙酸是主要含碳产物。丁酸和戊酸可由同一种微生物降解，而 LCFA 由专门微生物降解。有三种产乙酸菌群：分解丙酸产乙酸菌群；分解丁酸和戊酸产乙酸菌群；分解长链脂肪酸产乙酸菌群。模型只包括一种利用氢产甲烷的生物。同型产乙酸（即由 H_2 和 CO_2 转化为乙酸）、硫酸盐还原等过程也会使氢含量下降，但未包括在 ADM1 中。

③ 分解乙酸产甲烷。在这个主要的产甲烷步骤中，乙酸被分解成甲烷和二氧化碳：

$$CH_3COOH \longrightarrow CH_4 + CO_2 \quad \Delta G^0 = -31(kJ \cdot kmol/m^3)(\approx 0.25ATP) \tag{3-142}$$

两种微生物可利用乙酸产甲烷：乙酸浓度高于 $1mol/m^3$ 时，产甲烷八叠球菌属占优势；乙酸浓度低于 $1mol/m^3$ 时，髭毛甲烷菌属占优势。与产甲烷八叠球菌属相比，髭毛甲烷菌属具有较低的产率系数，较大的 K_m（最大比基质利用速率）和较小的 K_s（半速率常数），对 pH 更敏感。建议模型中用单一种群的分解乙酸产甲烷菌，根据应用和试验观测来改变动力学和抑制参数。

④ 抑制和毒性。反应毒性：杀生性抑制，通常是不可逆的，例如长链脂肪酸、清洁剂、醛、硝基化合物、氰化物、抗生素等。此外还会影响生物衰减速率。

抑制：非反应性毒性，通常是可逆的。例如产物抑制、弱酸/碱［包括 VFA（挥发性脂肪酸）、NH_3、H_2S］抑制、pH 抑制、阳离子抑制和任何其他破坏性物质。这会影响动力学吸收与生长（最大吸收量、产率、半速率常数）。抑制形式如下所示：

$$\rho_j = \frac{k_m S}{K_s + S} X I_1 I_2 \cdots I_n \tag{3-143}$$

式中，第一部分是不受抑制的 Monod 形式吸收；$I_1 I_2 \cdots I_n = f(S_{I,1,\cdots,n})$ 是抑制函数，这种抑制函数在模型中是无法采用的，因为抑制函数在吸收公式中是整体性的。

pH 变化对细胞正常功能的破坏，通常由游离酸或碱穿过细胞膜的被动运输和随后的离解引起。重要的游离酸或碱的抑制性化合物有：

游离有机酸［HAc（乙酸），HPr（丙酸），HBu（丁酸），HVa（戊酸）］：$pK_a = 4.7 \sim 4.9$ 时，主要产生甲烷的物质，在模型中表现为乙酸抑制。

游离氨（NH_3）：厌氧消化反应器中的主要游离碱，$pK_a = 9.25$，其抑制函数用于乙酸利用者。

硫化氢（H_2S）：其抑制作用比 HS^- 或 S^{2-} 强，但其 $pK_a = 7.25$，该游离酸的缓冲作用大于破坏细胞的作用。

在 ADM1 中，游离酸抑制的影响隐含于经验性 pH 函数中；游离氨的抑制隐含于由上限和下限组成的经验性 pH 函数中，或者包含于游离氨抑制函数中；H_2S 抑制未被包括在内。

⑤ 温度的影响。在厌氧消化中，对温度定义了三个主要运行范围：低温（4～15℃）、中温（20～40℃）和高温（45～70℃）。

温度主要通过五种方式影响生化反应：

a. 升高温度，可提高反应速率［由 Arrhenius（阿伦尼乌斯）公式预测得出］；

b. 温度高于最佳值以后，随着温度升高（对于中温，指 40℃ 以上；对于高温，指 65℃ 以上），反应速率下降；

c. 由于温度升高的情况下，用于细胞代谢和维持的能量也增加，所以产率降低，K_s 增大；

d. 由于热力学产率和生物种群的变化，产率和反应途径发生转变；

e. 由于处于溶解和维持状态的细胞增加，死亡速率增大。

帕夫洛斯泰西斯（Pavlostathis）和吉拉尔多-戈麦斯（Giraldo-Gomez）在 1991 年通过总结初沉污泥消化器内最小固体停留时间与温度关系的参数，给出了一个能够有效证明温度对动力学参数综合影响的经验公式：

$$t_{SR,min} = \frac{1}{0.267 \times 10^{[1-0.015(308-T)]} - 0.015}$$ （3-144）

式中　T——温度，K；

$t_{SR,min}$——防止污泥流失的最小固体停留时间。

（3）物理-化学过程

ADM1 中的物理-化学过程指的是厌氧反应系统中通常存在的非生物媒介的反应。根据相对动力学速率，可列出三种主要类型：液-液过程（即离子结合/离解，快速）；液-气过程（即液-气转换/溶解，快速/中速）；液-固过程（即沉淀/溶解，中速/慢速）。

在厌氧模型模拟时，物理-化学过程的重要性体现在以下几个方面：能表达许多生物抑制因子，如 pH、液相中的气体等；气体流量和碱度等依赖于物理-化学过程的正确估计；pH 的正确计算可以节省运行费用。

① 液-液过程。因为结合/离解过程非常快，故经常被称为平衡过程。通常采用负荷平衡的方式来表示酸-碱反应方程：

$$\sum S_{C^+} - \sum S_{A^-} = 0$$ （3-145）

式中 $\sum S_{C^+}$ ——总的阳离子当量浓度；

$\qquad \sum S_{A^-}$ ——总的阴离子当量浓度。

每个离子的当量浓度是其化合价与物质的量浓度的乘积。

在 ADM1 中，溶解性组分的负荷平衡按如下形式实现（有机酸项分母代表单位负荷的 COD 含量）：

$$S_{Cat^+}+S_{NH_4^+}+S_{H^+}-S_{HCO_3^-}-\frac{S_{Ac^-}}{64}-\frac{S_{Pr^-}}{112}-\frac{S_{Bu^-}}{160}-\frac{S_{Va^-}}{208}-S_{OH^-}-S_{An^-}=0$$

(3-146)

式中，S 代表浓度，下标 Cat^+ 为阳离子，An^- 为阴离子。

长链脂肪酸和氨基酸未被包括在酸-碱体系内。

酸-碱对的结合浓度表示成一个动态变量。对于无机碳来说，其形式如下：

$$S_{IC}-S_{CO_2}-S_{HCO_3^-}=0$$

(3-147)

式中，S_{IC} 为无机碳（IC）浓度。

其余的代数方程可以用酸-碱平衡方程来表示：

$$S_{HCO_3^-}-\frac{K_{a,CO_2}S_{IC}}{K_{a,CO_2}+S_{H^+}}=0$$

(3-148)

$$S_{VFA}-\frac{K_{a,VFA}S_{VFA,total}}{K_{a,VFA}+S_{H^+}}=0$$

(3-149)

$$S_{NH_4^+}-\frac{S_{H^+}S_{IN}}{K_{a,NH_4^+}+S_{H^+}}=0$$

(3-150)

$$S_{OH^-}-\frac{K_w}{S_{H^+}}=0$$

(3-151)

式中，K_{a,CO_2} 为 CO_2 的平衡常数；$K_{a,VFA}$ 为 VFA 的平衡常数；S_{VFA} 和 $S_{VFA,total}$ 分别为 VFA 和总 VFA 浓度；S_{IN} 为无机氮浓度。

② 液-气过程。以下三种气体是气相和液相之间重要的中间体，对于生物过程或输出影响很大。

H_2 ——溶解度相对较低，为 7.8×10^{-6} mol/($m^3 \cdot Pa$)；

CH_4 ——溶解度相对较低，为 1.4×10^{-5} mol/($m^3 \cdot Pa$)；

CO_2 ——溶解度相对较高，为 3.5×10^{-4} mol/($m^3 \cdot Pa$)。

相互接触的气相和液相之间将彼此达到相对的稳态。其液相浓度相对较低时，可用亨利定律来描述这种平衡关系：

$$K_H p_{gas,i,SS}-S_{liq,i,SS}=0$$

(3-152)

式中 $S_{liq,i,SS}$ ——溶解性组分 i 的稳态液相浓度，$kmol/m^3$；

$\qquad p_{gas,i,SS}$ ——溶解性组分 i 的稳态气相分压力，10^5 Pa；

$\qquad K_H$ ——亨利常数，$kmol/(m^3 \cdot 10^5 Pa)$。

比较难溶的气体，其转移阻力主要在液相，用气体转移动力学方程来描述液-气交换，最通用的方程遵循双膜理论，后经过公式推导，将质量流量表示为驱动力和速率方程的结合：

$$\rho_{T,i}=k_L a(S_{liq,i}-K_H p_{gas,i}) \tag{3-153}$$

式中　$k_L a$——总质量传递系数与比传递面积的乘积，d^{-1}；

　　　$\rho_{T,i}$——气体 i 的比质量传递速率。

③ 物理-化学参数随温度的变化。物理参数和化学参数随温度变化对系统产生的总体影响通常比生化反应变化引起的影响更加重要，因为平衡系数发生了改变。范特霍夫（Van't Holf）方程描述了平衡系数随温度的变化情况，假定反应热不受温度影响，对方程进行积分可得到：

$$\ln\frac{K_2}{K_1}=\frac{\Delta H^0}{R}\left(\frac{1}{T_1}-\frac{1}{T_2}\right) \tag{3-154}$$

式中　ΔH^0——标准温度和压力下的反应热；

　　　R——摩尔气体常数，8.314J/(mol·K)；

　　　K_1——参比温度 T_1(K) 时的已知平衡系数；

　　　K_2——温度 T_2(K) 时的未知平衡系数。

假定 $T_1 T_2 \approx T_1^2$，用 θ 代替 $\Delta H^0/(RT_1^2)$，则上式可简化为：

$$K_2=K_1 e^{\theta(T_2-T_1)} \tag{3-155}$$

3.2.3.2　单段 CSTR 中的模型实现

典型单槽消化反应器如图 3-13 所示。图中 q 为流量；V 为容积；S_i 为流体中溶解性组分 i 的质量浓度；X_i 为流体中颗粒性组分 i 的质量浓度。

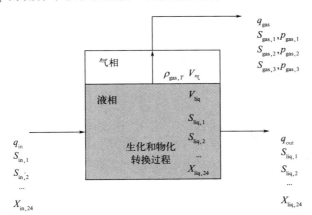

图 3-13　典型单槽消化反应器示意图

（1）液相方程

对于每个状态组分 i，其质量平衡可写成如下方程：

$$\frac{dVS_{liq,i}}{dt}=q_{in}S_{in,i}-q_{out}S_{liq,i}+V\sum_j\rho_j\nu_{i,j} \tag{3-156}$$

液相中氢、甲烷及二氧化碳的浓度计算应包含进来：

$$\rho_{T,H_2}=k_L a(S_{liq,H_2}-0.00078K_{H,H_2}p_{gas,H_2}) \tag{3-157}$$

$$\rho_{T,CH_4}=k_L a(S_{liq,CH_4}-0.00143K_{H,CH_4}p_{gas,CH_4}) \tag{3-158}$$

$$\rho_{T,CO_2}=k_L a(S_{liq,CO_2}-0.035K_{H,CO_2}p_{gas,CO_2}) \tag{3-159}$$

（2）气相方程

由恒定气体容积下的气相微分方程可得：

$$\frac{\mathrm{d}S_{gas,i}}{\mathrm{d}t} = -\frac{S_{gas,i}q_{gas}}{V_{gas}} + \rho_{T,i}\frac{V_{liq}}{V_{gas}} \tag{3-160}$$

由于气体传递动力学速率是在单位液体体积下测得的，所以上式需要 V_{liq}/V_{gas} 这一项，三种气体中每种组分的压力都可以利用理想气体定律进行计算（单位 $10^5 Pa$，分母为该气体的 COD 当量）：

$$p_{gas,H_2} = \frac{S_{gas,H_2}RT}{16} \tag{3-161}$$

$$p_{gas,CH_4} = \frac{S_{gas,CH_4}RT}{64} \tag{3-162}$$

$$p_{gas,CO_2} = S_{gas,CO_2}RT \tag{3-163}$$

假设反应器顶部空间水蒸气达到饱和，水蒸气压力与温度的关系可用下式描述：

$$p_{gas,H_2O} = 0.0313e^{5290\left(\frac{1}{298}-\frac{1}{T}\right)} \tag{3-164}$$

计算气体流量最普遍的方法是设其等于总的气体传递量，并用水蒸气校正：

$$q_{gas} = \frac{RT}{p_{gas}-p_{gas,H_2O}}V_{liq}\left(\frac{\rho_{T,H_2}}{16} + \frac{\rho_{T,CH_4}}{64} + \rho_{T,CO_2}\right) \tag{3-165}$$

式中　p_{gas}——装置顶部的气相总压力（正常为 101.3kPa）。

如果顶部压力是变化的，或者存在气体向下流动的过程，则气体流量可通过压力的控制回路进行计算：

$$p_{gas} = p_{gas,H_2} + p_{gas,CH_4} + p_{gas,CO_2} + p_{gas,H_2O} \tag{3-166}$$

$$q_{gas} = k_p(p_{gas}-p_{atm}) \tag{3-167}$$

式中　k_p——管道阻力系数；

　　　p_{atm}——大气压力。

（3）无机碳计算示例

① 采用微分代数方程（DAE）方法计算。溶解性无机碳 S_{IC} 的质量平衡方程为：

$$\frac{\mathrm{d}S_{liq,IC}}{\mathrm{d}t} = \frac{q_{in}S_{in,IC}}{V_{liq}} - \frac{q_{out}S_{liq,IC}}{V_{liq}} + \sum_j \rho_j\nu_{10,j} - \rho_{T,CO_2} \tag{3-168}$$

S_{IC} 的自由和离子部分（S_{CO_2} 和 $S_{HCO_3^-}$）可作为代数方程组的一部分进行计算：

$$S_{IC} - S_{CO_2} - S_{HCO_3^-} = 0 \tag{3-169}$$

$$S_{HCO_3^-} - \frac{K_{a,CO_2}S_{IC}}{K_{a,CO_2} + S_{H^+}} = 0 \tag{3-170}$$

② 采用微分方程（DE）算法计算。计算中不直接用溶解性无机碳 S_{IC}，S_{CO_2} 和 $S_{HCO_3^-}$ 是动力学变量，其动力学方程分别为：

$$\frac{\mathrm{d}S_{liq,CO_2}}{\mathrm{d}t} = \frac{q_{in}S_{in,CO_2}}{V_{liq}} - \frac{q_{out}S_{liq,CO_2}}{V_{liq}} + \sum_j \rho_j\nu_{10,j} - \rho_{T,CO_2} + \rho_{A/B,CO_2} \tag{3-171}$$

$$\frac{\mathrm{d}S_{liq,HCO_3^-}}{\mathrm{d}t} = -\frac{q_{out}S_{liq,HCO_3^-}}{V_{liq}} - \rho_{A/B,CO_2} \tag{3-172}$$

同样，另有一个酸-碱反应的速率方程：

$$\rho_{A/B,CO_2} = k_{A/B,CO_2}(S_{liq,HCO_3^-} - S_{liq,H^+} - k_{a,CO_2}S_{liq,CO_2}) \tag{3-173}$$

式中　$\rho_{A/B,CO_2}$——由 HCO_3^- 生成 CO_2 的速率（A 为酸度，B 为碱度，A/B 为酸碱比），kmol/(m³·d)。

二维码 3-5
ASM 与 ADM1 结合

3.2.3.3　ADM1 与 ASM 的结合

在对厌氧工艺和好氧工艺共同进行模拟时（可采用同一模型，如链接式模型或分布式模型），为了比较两者的动力学参数，把相同的模拟方式用于 ASM 和 ADM1，并允许二者使用通用状态，效果可能是令人满意的。共同使用 ASM 和 ADM1 模型的方案主要包括图 3-14 所示的四种情形。

(a) 在活性/初沉污泥消化器等体系内　　　　　　(b) 在前发酵等体系内

(c) 在具有回流的活性/初沉污泥消化器等体系内　　(d) 在EBPR(强化生物除磷)系统中的厌氧区或厌氧氨氧化区

图 3-14　ASM 和 ADM1 结合的方案

3.2.3.4　ADM1 模型的研究进展

二维码 3-6
ADM1 研究进展

随着厌氧发酵原理研究的不断深入，ADM1 逐步完善，已经被证明是优化厌氧消化工艺设计、模拟和预测厌氧消化的有效工具。但是和其他模型一样，ADM1 也存在一定的局限性，这就决定了在不同条件下、应用于不同模拟对象时必须对其进行适当的拓展和改进。具体进展见二维码。

3.3　深度处理单元数模仿真

3.3.1　消毒过程数模仿真

污水消毒是生活污水和某些工业废水处理系统中杀灭有害病原微生物的水处理过程。生活污水和某些工业废水中不但存在大量细菌，并常含有病毒、阿米巴孢囊等。它们通过一般的废水处理过程还不能被有效去除。城市污水处理系统中普通生物滤池只能除去80%～90%的大肠杆菌，活性污泥法也只能除去90%～95%。为了防止疾病的传播，污水（废水）一般经机械、生化二级处理后，有时仍需要进行消毒处理，常用的消毒处理方法有紫外消毒法、臭氧消毒法、加氯消毒法等。

3.3.1.1　紫外消毒动力学

紫外消毒法是通过紫外线（UV）辐射微生物，使生物体内的核酸［DNA（脱氧核糖核酸）和 RNA（核糖核酸）］吸收紫外线的光能，损伤和破坏核酸的功能使微生物致死，从而达到消毒的目的。灭菌过程几乎不受酸碱性和水温等水体环境因素的影响，具有操作简单、灭菌效果好且稳定的特点。

动力学模型可用来评价紫外灭菌效果。UV 消毒动力学模型的建立与紫外剂量、微生物自身特征密切相关。选取合适的动力学模型，确定与模型参数关系密切的影响因素是当前利用模型精确模拟紫外消毒效果的关键。

（1）Chick-Watson 模型

Chick（奇克）和 Watson（沃森）是最早研究化学消毒速率方程模型的学者，他们认为消毒反应与化学反应类似，反应速率与微生物浓度和消毒剂浓度有关，在消毒剂浓度一定的情况下，消毒反应是关于残余微生物浓度的一级反应。Chick-Watson 模型如下所示：

$$\lg(N_0/N_t)=kD_t \tag{3-174}$$

式中　N_0——反应时间为 0 时微生物的浓度，CFU[1]/mL；

　　　N_t——反应时间为 t 时微生物的浓度，CFU/mL；

　　　k——灭活速率常数；

　　　D_t——试样所受紫外照射剂量，mJ/cm^2。

（2）Card 模型

Card（卡德）方程式是能够比较完美地描述污水紫外线消毒效果的数学模型，可以预测和评价一定条件下的微生物灭活效果，如下所示：

$$-\frac{\mathrm{d}N}{\mathrm{d}t}=\frac{kCN}{1+\alpha Ct} \tag{3-175}$$

式中　N——微生物的浓度，CFU/mL；

　　　t——辐射时间，s；

　　k,α——常数，cm^2/(mW·s)；

　　　C——紫外辐射强度，mW/cm^2。

令 $a=1/b$，$k/a=n$，将上式积分得：

$$N=N_0\left(1+\frac{Ct}{b}\right)^{-n} \tag{3-176}$$

b 和 n 值的变化反映了影响因素对消毒效果的影响规律和程度。

（3）Collins-Selleck 模型

Collins-Selleck（柯林斯-赛力克）模型对滞后和拖尾现象均有体现，如下所示：

$$\lg(N_0/N_t)=-\lg T+n\lg D_t \tag{3-177}$$

式中　T——方程系数；

　　　n——方程系数。

（4）Hom 模型

Hom（霍姆）对 Chick-Watson 拟一级速率定律进行了经验推广，得到 Hom 模型。Hom 模型既适用于模拟与一级动力学规律一致的灭活曲线，又能拟合与一级动力学规律有偏差的灭活曲线。Hom 模型如下所示：

$$\lg[\ln(N_0/N_t)]=\lg K+n\lg D_t \tag{3-178}$$

式中　K——致死系数。

（5）Biphasic 模型

Biphasic 模型（两相模型）可以分为两部分，其中一部分表示消毒曲线的一阶线性，另

---

[1] CFU：菌落形成单位。

一部分表示消毒曲线的拖尾现象，如下所示：

$$\lg(N_0/N_t) = -\lg\left[(1-x)e^{(-k_1 D_t)} + xe^{(-k_2 D_t)}\right] \tag{3-179}$$

式中　x——微生物对紫外灭活的抗性；

　　　k_1——微生物对紫外灭活的敏感性；

　　　k_2——微生物初始浓度对紫外灭活的敏感性。

3.3.1.2　臭氧氧化消毒动力学

臭氧在处理水中的反应，主要是与无机还原性物质、有机物的氧化反应和对微生物的致死与失活作用。通常认为，臭氧消毒过程是微生物组织表面有机物与臭氧分子之间的反应，不受臭氧向细胞组织内扩散的影响，反应速率仅与微生物数量和臭氧剂量有关。

臭氧对真菌的灭活过程包括两个速率不同的灭活阶段，灭活第一阶段中存在羟基自由基，第二阶段符合 Chick-Watson 模型。臭氧灭活不同微生物的对比如表 3-5 所示。

表 3-5　臭氧灭活不同微生物的对比

种类	名称	k 值	CT 值[①]	实验条件
真菌	曲霉	0.199L/(mg·min)	5.65(mg·min/L)	20℃,pH=7.0,PBS(磷酸盐缓冲液),20mmol/L t-BuOH(叔丁醇)
	木霉	0.209L/(mg·min)	2.36(mg·min/L)	
	青霉	0.204L/(mg·min)	0.82(mg·min/L)	
病毒	柯萨奇病毒	$(4.4\pm1.4)\times10^5$ L/(mol·s)	0.008(mg·min/L)	22℃,pH=6.5,PBS,20mmol/L t-BuOH
	人类腺病毒 2 型	$(9.0\pm1.2)\times10^5$ L/(mol·s)	0.0041(mg·min/L)	
	埃可病毒 11 格雷戈里毒株	$(1.9\pm0.2)\times10^5$ L/(mol·S)	0.0019(mg·min/L)	
细菌	嗜肺军团菌	0.423L/(mg·s)	—	7℃,pH=7.0,污水
	枯草芽孢杆菌	1.41L/(mg·min)	2.5(mg·min/L)	26℃,pH=7.04,河水
	蜂房芽孢杆菌	2.33min^{-1}		25℃,pH=7.09,水库水
	蜡状芽孢杆菌	2.10min^{-1}		
	梭状芽孢杆菌	1.97min^{-1}		
隐孢子虫	细小隐孢子虫	$k_1=2.10\pm0.17$ $k_2=0.797\pm0.0049$ L/(mg·min)	4.52(mg·min)/L	20℃,pH=7.0,PBS

① CT 值是用于衡量消毒剂消毒效果的概念，是消毒剂浓度（C）与接触时间（T）的乘积。

由表 3-5 可知，臭氧对真菌、病毒、细菌、隐孢子虫均有较好的消毒效果，真菌达到 3log 灭活（微生物数量降低 3 个数量级变为原来的千分之一，也即灭活率为 99.9%）所需的 CT 值远高于病毒，最难控制。

3.3.1.3　氯消毒动力学

自由氯、一氯胺和二氧化氯是目前饮用水处理中常用的消毒剂。氯以经济、易操作管理和技术成熟的优点在消毒剂中占据了首要地位。一氯胺的消毒能力虽然远低于氯，但其具有不产生氯臭和氯酚臭、消毒副产物少、消毒时间长等优点，适用于出厂时投加以保证管网中有足够的余氯；二氧化氯消毒能力强、持续时间长、消毒副产物少的优点使其成为国际社会公认的氯系列消毒剂最理想的换代产品。

消毒效果受 pH 值和反应温度的影响，使用 Chick-Watson 模型的缺点在于需要分开确定每个 pH 和温度组合的灭活速率常数，将 Chick-Watson 模型中灭活速率常数 k 表示为 pH 和温度的函数，则灭活速率常数为：

$$k = R\alpha^{pH}\beta^{T} \tag{3-180}$$

式中　R，α，β——常数，通过回归分析获得。

因此，Chick-Watson 模型可表示为：

$$\lg(N_0/N_t) = R\alpha^{pH}\beta^{T}Ct \tag{3-181}$$

两边同时取对数得：

$$\lg[\lg(N_0/N_t)] = \lg R + pH\lg\alpha + T\lg\beta + \lg(Ct) \tag{3-182}$$

在通过实验得出动力学模型的基础上，进行实际水质条件下的研究，建立与实际条件对应的动力学模型，以指导实际饮用水厂的消毒。

3.3.2　生物活性炭滤池数模仿真

生物活性炭滤池广泛应用于对消毒副产物的去除。评估生物活性炭滤池对某种污染物的去除率可以为饮用水安全提供保障，避免超标。建立生物活性炭滤池的模型来预测和评估其运行效果是一种省时省力的方法。

3.3.2.1　模型机理

建立生物活性炭滤池的模型需要包括传质过程、物理过程及生物过程，如图 3-15 所示。

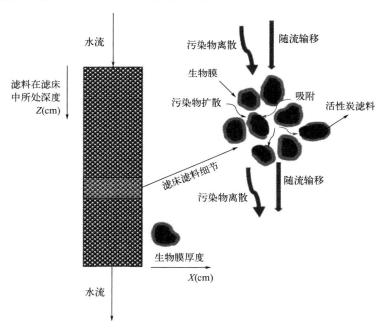

图 3-15　生物活性炭滤池概念示意

为模拟污染物降解的过程，结合生物活性滤池的作用机理，模型可以分成以下几个主要方面：水流状态的模拟、生物降解过程的模拟、不同相（水流和生物膜）之间物质传输的模拟、滤料在污染物去除过程中所起作用（活性炭吸附）的模拟。

3.3.2.2 模型假设

在建立模型之前，需要对模型做以下假设：

① 水流在滤床中以平推流流动；

② 水流相和生物膜相之间污染物和氧气达到动态平衡；

③ 生物降解在有氧状态下发生；

④ 生物降解的速率主要受污染物浓度和氧气浓度的影响；

⑤ 污染物以及氧气在生物膜中的传质只依靠扩散机理；

⑥ 生物膜密度和厚度在整个滤池中保持一致；

⑦ 由于生物膜厚度相较于滤料直径可以忽略，生物膜将以一个平面进行模拟；

⑧ 污染物在生物膜中的扩散系数由经验公式或在水中的扩散系数推算而得；

⑨ 滤料没有被生物膜完全覆盖，未覆盖的部分应考虑吸附机理；

⑩ 吸附等温线是线性关系。

3.3.2.3 模型建立与求解

生物活性炭滤池对污染物降解的模型公式在表述上包括两个部分：液相（水流）中的传质过程和生物膜中的传质过程（图 3-16）。水流中的传质过程又包括随流输移、污染物离散、滤料对水中污染物的吸附和生物膜对水中污染物的吸附。生物膜中的传质过程则包括生物膜对污染物的降解和污染物在生物膜中的扩散。

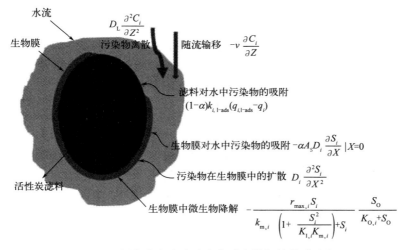

图 3-16 污染物在水中及生物膜中详细的传质过程

综合图 3-16 中的传质过程，可得生物活性炭滤池的总模型为：

$$\frac{\partial C_i}{\partial t} = D_L \frac{\partial^2 C_i}{\partial Z^2} - v \frac{\partial C_i}{\partial Z} - \frac{1-\varepsilon}{\varepsilon} \left[-\alpha A_S D_i \frac{\partial S_i}{\partial X} \Big|_{X=0} + (1-\alpha) k_{i,\text{l-ads}} (q_{i,\text{l-ads}} - q_i) \right] +$$

$$D_i \frac{\partial^2 S_i}{\partial X^2} - \frac{r_{\max,i} S_i}{k_{m,i} \left(1 + \frac{S_i^2}{K_{I,i} k_{m,i}}\right) + S_i} \frac{S_O}{k_{O,i} + S_O}$$

$$(3\text{-}183)$$

式中 C_i——污染物在液相中的浓度（i 代表不同的污染物），mg/cm^3；

t——时间，s；

D_L——液相中的扩散系数，cm^2/s；

Z——滤料在滤床中所处深度，cm；

v——表观速度，cm/s；

ε——滤床的孔隙率；

α——滤料被生物膜覆盖的比例；

A_S——单位生物膜的表面积，cm^{-1}；

D_i——污染物 i 在生物膜中的扩散系数，cm^2/s；

X——生物膜厚度，cm；

S_i——污染物 i 在生物膜中的浓度，mg/cm^3；

$k_{i,l\text{-}ads}$——污染物 i 在液相与滤料之间的传质系数，s^{-1}；

$q_{i,l\text{-}ads}$——污染物 i 在滤料上的平衡浓度，mg/cm^3；

$r_{max,i}$——污染物 i 的反应速率常数，$mg/(cm^3 \cdot s)$；

$k_{m,i}$——消耗污染物 i 而生长的生物膜的反应速率常数，mg/cm^3；

$K_{I,i}$——抑制生物膜消耗污染物 i 生长的速率常数，mg/cm^3；

$k_{O,i}$——受氧气影响的生物膜生长速率常数，mg/cm^3；

S_O——生物膜中的氧气浓度，mg/cm^3。

根据上述模型，确定污染物的各个参数值。有的是现场实际测量数据，有的可以通过公式估算或查阅文献得到，有的则需在模型拟合中进行数值校准。确定参数的估算方法之后，通过已有污染物的进出水浓度试验数据，对偏微分方程求解，并进行模型数据拟合，同时对无法确定的参数值进行校准。通过线上求解法（MOL），在给定的初始条件下，把偏微分方程离散成一组常微分方程，用常微分方程积分方法求解。

3.3.3 臭氧-活性炭深度处理系统数模仿真

臭氧-活性炭对有机物的去除包括三个过程：臭氧氧化、活性炭吸附和生物降解。即在对有机物的去除上先发挥臭氧的强氧化能力将有机物氧化成可被生物降解的小分子有机物，接着利用活性炭良好的吸附能力将其吸附，再由吸附在活性炭上的生物对吸附的物质进行生物降解。臭氧分解后产生的氧可提高水中溶解氧含量，使水中溶解氧呈饱和状态或接近饱和状态，又为活性炭处理中的生物降解提供必要条件。

二维码 3-7
臭氧-活性炭深度处理系统的数模仿真

臭氧-活性炭在有机物降解过程中，臭氧的氧化作用主要是将大分子的疏水性有机物氧化分解为小分子量有机物，活性炭吸附的主要是中间分子量的有机物，微生物的主要作用是去除小分子易生物降解的亲水性有机物，三种工艺协调作用。生物活性炭的吸附作用和生物降解作用相互影响，生物对活性炭的再生影响着活性炭的吸附能力，同时活性炭的吸附能力以及活性炭的微孔结构和表面基团性质又影响着炭床上的生物分布。

3.4 污水处理系统数模仿真案例

3.4.1 基于 ASM2d 模型开发的模拟程序 ASM2G

本案例从模型分析、模拟软件剖析、模拟程序自编、模型参数和组分的确定、实际工艺的结果模拟与工艺优化比较等方面进行研究，基于 ASM2d 模型开发了 ASM2G 程序来模拟设计污水处理厂。

3.4.2 臭氧接触池深度处理数模仿真

本案例通过构建臭氧接触池仿真模型掌握污水厂原出水中的污染物去除规律，优化工艺运行参数，并模拟池内的气液分布情况，优化池体构造，在不改变基本构造的基础上对池体进行合理优化，全方位为臭氧接触池的优化运行提供理论依据。

二维码 3-8
基于 ASM2d 模型
开发的模拟程序
ASM2G

二维码 3-9
臭氧接触池深度
处理数模仿真

参考文献

［1］ 李自改，张宏，徐贵华. 污水处理厂二沉池数值模型研究进展［J］. 环境工程技术学报，2022，12（5）：1534-1540.

［2］ 张双翼，杨坤，张东，等. 水厂部分工艺的动力学模型基本思路及现有模拟软件介绍［J］. 净水技术，2020，39（增刊1）：56-63.

［3］ Rittmann B E，McCarty P L. 环境生物技术：原理与应用［M］. 文湘华，王建龙，译. 北京：清华大学出版社，2012.

［4］ 高廷耀，顾国维，周琪. 水污染控制工程：下［M］. 4 版. 北京：高等教育出版社，2015.

［5］ 国际水协废水生物处理设计与运行数学模型课题组. 活性污泥数学模型［M］. 张亚雷，李咏梅，译. 上海：同济大学出版社，2002.

［6］ 国际厌氧消化工艺数学模型课题组. 厌氧消化数学模型［M］. 张亚雷，周雪飞，译. 上海：同济大学出版社，2004.

［7］ Fedorovich V，Lens P，Kalyuzhnyi S. Extension of Anaerobic Digestion Model No. 1 with processes of sulfate reduction［J］. Applied Biochemistry and Biotechnology，2003，109（1-3）：33-45.

［8］ Batstone D J，Keller J，Steyer J P. A review of ADM1 extensions，applications，and analysis：2002-2005［J］. Water Science and Technology，2006，54（4）：1-10.

［9］ Tugtas A E，Tezel U，Pavlostathis S G. An extension of the Anaerobic Digestion Model No. 1 to include the effect of nitrate reduction processes［J］. Water Science and Technology，2006，54（4）：41-49.

［10］ Tugtas A E，Tezel U，Pavlostathis S G. A comprehensive model of simultaneous denitrification and methanogenic fermentation processes［J］. Biotechnology and Bioengineering，2010，105（1）：98-108.

［11］ Britton A，Koch F A，Mavinic D S，et al. Pilot-scale struvite recovery from anaerobic digester supernatant at an enhanced biological phosphorus removal wastewater treatment plant［J］. Journal of Environmental Engineering and Science，2005，4（4）：265-277.

［12］ Batstone D J，Keller J. Industrial applications of the IWA anaerobic digestion model No. 1（ADM1）［J］. Water Science and Technology，2003，47（12）：199-206.

［13］ Zhang Y，Piccard S，Zhou W. Improved ADM1 model for anaerobic digestion process considering physico-chemical reactions［J］. Bioresource Technology，2015，196：279-289.

［14］ Wang R Y，Li Y M，Wang W H，et al. Effect of high orthophosphate concentration on mesophilic anaerobic sludge digestion and its modeling［J］. Chemical Engineering Journal，2015，260：791-800.

［15］ Musvoto E V，Wentzel M C，Ekama G A. Integrated chemical-physical processes modelling-Ⅱ. Simulating aeration treatment of anaerobic digester supernatants［J］. Water Research，2000，34（6）：1868-1880.

［16］ Rodríguez J，Kleerebezem R，Lema J M，et al. Modeling product formation in anaerobic mixed culture fermentations［J］. Biotechnology and Bioengineering，2006，93（3）：592-606.

［17］ Rodríguez J，Lema J M，van Loosdrecht M C M，et al. Variable stoichiometry with thermodynamic control in ADM1［J］. Water Science and Technology，2006，54（4）：101-110.

［18］ Penumathsa B K V，Premier G C，Kyazze G，et al. ADM1 can be applied to continuous bio-hydrogen production using a variable stoichiometry approach[J]. Water Research，2008，42（16）：4379-4385.

[19] Xiao X，Sheng G P，Mu Y，et al. A modeling approach to describe ZVI-based anaerobic system[J]. Water Research，2013，47（16）：6007-6013.

[20] Hierholtzer A，Akunna J C. Modelling start-up performance of anaerobic digestion of saline-rich macro-algae[J]. Water Science and Technology，2014，69（10）：2059-2065.

[21] Zonta Z，Alves M M，Flotats X，et al. Modelling inhibitory effects of long chain fatty acids in the anaerobic digestion process[J]. Water Research，2013，47（3）：1369-1380.

[22] 冯海宁，许冬雨，董怡琳，等. 紫外消毒动力学模型及影响因素[J]. 净水技术，2020，39（6）：83-89.

[23] 张双翼. 生物活性炭滤池对污染物去除效果预测模型建立方法的介绍[J]. 净水技术，2019，38（增刊2）：15-18.

[24] 高群丽. 臭氧用于污水厂深度处理的运行与优化研究[D]. 唐山：河北理工大学，2022.

[25] 郭亚萍. 活性污泥法处理城市生活污水的 ASM2d 模型研究[D]. 上海：同济大学，2005.

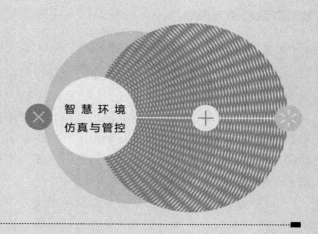

第四章

水环境与水生态数模仿真

4.1 水环境系统的数模仿真

水环境数学模型的基本原理是基于计算机技术，对气象条件、水动力条件、水质边界条件等因素进行定量化约束，通过求解方程组，获得所求参数的时空分布特征及迁移转化规律，并以此为基础，进一步分析和判别各环境因子之间的相互关系，以及根据研究需要，进行模拟与预测等方面的应用。通常，研究水环境问题的手段主要包括野外观测、室内试验和数值模拟。其中，应用数学模型的手段，在解决水环境问题中扮演着越来越重要的角色。水环境数学模型的应用已不是从前的仅仅模拟水动力过程，或简单地模拟与预测水质变量；其如今的应用非常广泛，涵盖水质模拟与预测、水环境容量计算、水系规划方案和应急预案制定等诸多方面，解决问题的综合性、系统性和复杂程度越来越高。数学模型的研究和应用已成为水环境生态领域的热点。

4.1.1 水环境模型概述

下面从空间维数出发，分别介绍一维模型、二维模型和三维模型。一维河道水动力学模型所模拟河道范围较大，河道断面形态多样，地形条件多变，计算中不仅要考虑区间降雨产流、人类活动的取用耗排、多河道交汇分流、冰冻融雪、地下水作用等对水量平衡的影响，同时需要考虑各种水工构筑物、桥梁等对动量和能量产生的影响。因此，一维河道水动力学模型在实际应用中对上述问题的处理方法也处于不断拓展之中。为得到宽广水域或更为精细的水流运动时空特性，可采用二维模型、准三维模型和三维模型。三维水动力学模型一般有静水压强和动水压强两种计算模式，其中采用 Boussinesq（布辛涅斯克）近似及静水压力假定推导的控制方程，并进行分层计算的模型为准三维模型。采用垂向平均或侧向平均方法，则形成平面二维水动力学模型及垂向二维水动力学模型。在海岸、河口、湖泊、大型水库等广阔水域地区，水平尺度远大于垂向尺度，水力参数（如流速、水深等）在垂直方向的变化要小于水平方向的变化，其流场可用沿水深的平均流动量来表示，适合采用平面二维水动力学模型。窄深河流水域、深水湖泊及水库宽深比小，水动力学参数的垂向变化比水平横向的变化大，可以采用垂向二维水动力学模型。

4.1.1.1 水环境一维模型概述

一维河道水流及水质数值模型中，变量以断面平均值的形式进行定义，其在理论及实践中都比较成熟，基本上能够满足实际工程的需要，且模型计算成本低，可快速方便地进行长河段、长时间的洪水和河床演变预报。因此，它是至今使用较为广泛的一种模型。但是，一维数学模型不能给出各物理量在断面上的具体分布，因而在模拟河口和港湾等水域的流动和冲淤、存在植物的河道的水流紊流特征、河床底部变形等问题时，需要采用更为复杂的二维甚至三维数学模型。

一维明槽非恒定流的控制方程称为圣维南方程，圣维南方程是具有两个独立自变量（位置和时间）和两个从属变量（水深和流速）的一阶拟线性双曲线型微分方程。这类方程目前在数学上尚无精确的解析解法，因而实践中常用数值解法。目前采用的数值方法主要有差分法和特征线解法。

（1）一维水动力模型

在假定压力按静水压力分布、流速在断面上均匀分布的情况下，河道水流一维非恒定流方程为：

$$\begin{cases} \dfrac{\partial A}{\partial t} + \dfrac{\partial Q}{\partial s} = q_{\mathrm{L}} \\ \dfrac{1}{gA}\dfrac{\partial Q}{\partial t} + \dfrac{1}{gA}\dfrac{\partial}{\partial s}\left(\dfrac{Q^2}{A}\right) + \cos\theta\,\dfrac{\partial h}{\partial s} - (i - J_{\mathrm{f}}) = 0 \end{cases} \tag{4-1}$$

式（4-1）称为圣维南方程，其中第一式为连续方程，第二式为动量方程。式中，A 为过流面积；t 为时间；Q 为流量；s 为河道长度；q_{L} 为侧向入流量；g 为重力加速度；θ 为渠底和水平面的夹角；h 为水深；i 为槽底坡度（$i = \sin\theta$）；J_{f} 为摩阻坡度，$J_{\mathrm{f}} = \dfrac{n^2 Q^2}{A^2 R^{4/3}}$，其中 n 为曼宁粗糙系数，R 为水力半径。在不考虑侧向流入流出，渠底倾角 θ 比较小（$\cos\theta \approx 1$）的情况下，圣维南方程可写作如下形式：

$$\begin{cases} \dfrac{\partial A}{\partial t} + \dfrac{\partial Q}{\partial s} = 0 \\ \dfrac{\partial v}{\partial t} + v\dfrac{\partial v}{\partial s} + g\dfrac{\partial h}{\partial s} = g(i - J_{\mathrm{f}}) \end{cases} \tag{4-2}$$

式中，v 为对应 y 轴的流速。

圣维南方程还可以用其他因变量组合来表示。以 h（水深）、Q 为因变量可以写为

$$\begin{cases} B\dfrac{\partial h}{\partial t} + \dfrac{\partial Q}{\partial s} = 0 \\ \dfrac{1}{gA}\dfrac{\partial Q}{\partial t} + \dfrac{2Q}{gA^2}\dfrac{\partial Q}{\partial s} + \left(1 - \dfrac{BQ^2}{gA^3}\right)\dfrac{\partial h}{\partial s} - i - \dfrac{Q^2}{gA^3}\dfrac{\partial A}{\partial s}\Big|_h + \dfrac{Q^2}{K^2} = 0 \end{cases} \tag{4-3}$$

式中，B 为水面宽度，$B = \dfrac{\partial A}{\partial h}$；$K$ 为流量模数，$K = AC\sqrt{R}$，其中 C 为谢才系数，R 为水力半径；$\dfrac{\partial A}{\partial s}\Big|_h$ 为水深固定时断面的沿程变化项，对于棱柱形明槽，$\dfrac{\partial A}{\partial s}\Big|_h = 0$。

以 z（水位）、Q 为因变量时，圣维南方程可写为：

$$\begin{cases} B\dfrac{\partial z}{\partial t}+\dfrac{\partial Q}{\partial s}=0 \\[3mm] \dfrac{\partial Q}{\partial t}+\dfrac{2Q}{A}\dfrac{\partial Q}{\partial s}+\left[gA-B\left(\dfrac{Q}{A}\right)^2\right]\dfrac{\partial z}{\partial s}-\left(\dfrac{Q}{A}\right)^2\dfrac{\partial A}{\partial s}\bigg|_z+g\,\dfrac{Q^2}{AC^2R}=0 \end{cases} \tag{4-4}$$

以 h、v 为因变量时，圣维南方程可写为：

$$\begin{cases} \dfrac{\partial h}{\partial t}+v\,\dfrac{\partial h}{\partial s}+\dfrac{A}{B}\dfrac{\partial v}{\partial s}+\dfrac{1}{B}v\,\dfrac{\partial A}{\partial s}\bigg|_h=0 \\[3mm] \dfrac{\partial v}{\partial t}+v\,\dfrac{\partial v}{\partial s}+g\,\dfrac{\partial h}{\partial s}=g(i-J_\mathrm{f}) \end{cases} \tag{4-5}$$

（2）一维水质模型

纵向一维水质模型的基本方程为：

$$\frac{\partial(AC)}{\partial t}+\frac{\partial(uAC)}{\partial x}=\frac{\partial}{\partial x}\left(AD_x\,\frac{\partial C}{\partial x}\right)+Af(C)+AS(C) \tag{4-6}$$

式中，C 为污染物的断面平均浓度；u 为对应 x 轴的流速；A 为断面面积；D_x 为污染物纵向离散系数；$f(C)$ 为生化反应项；$S(C)$ 为污染物排放源项。

纵向一维水温模型的基本方程为：

$$\frac{\partial(AT)}{\partial t}+\frac{\partial(uAT)}{\partial x}=\frac{\partial}{\partial x}\left(AD_{Tx}\,\frac{\partial T}{\partial x}\right)+AS(T) \tag{4-7}$$

式中，T 为水温；D_{Tx} 为水温纵向离散系数；$S(T)$ 为温度源项。

4.1.1.2 水环境二维模型概述

实际河道的水流运动及污染物在空间中多呈三维分布，描述三维水流运动的数学方程是 N-S 方程。一般情况下，直接求解 N-S 方程比较困难，在有些情况下甚至是不可能的。为了满足实际工程应用的需求，通常会将三维 N-S 方程简化为相对简单的二维模型再进行数值求解。河道水环境的二维模型分为平面二维模型和垂向二维模型两种。对于海岸、河口、湖泊、大型水库、内河等水域，其水平尺度远大于垂向尺度，各水力参数在垂直方向的变化可用沿水深方向的平均量表示，因而可采用基于垂向平均的平面二维数学模型进行模拟。平面二维水流数学模型能够克服一维数学模型无法反映水流速度、水沙含量等物理量沿河宽方向变化特征这一不足之处，目前在工程中得到了较为广泛的应用，且已逐步走向成熟。

（1）二维水动力模型

对于水深远小于平面几何尺寸的流动，可通过二维浅水方程进行求解，该方程可通过三维 N-S 方程沿水深积分获得。根据浅水环流的具体特点，可以提出一些假定以简化数学物理模型。基本假定如下：

① 水体是不可压缩的。

② 水深远小于研究区域的平面尺寸，水流沿水深平均化，各主要物理量在 z 方向上和 x、y 方向上相比是小量，于是 z 方向动量方程中所有加速度项和应力项可略去不计，通过 z 方向的动量方程可得到如下静水压力方程。

$$p=\rho g(\zeta-z)+p_\mathrm{a} \tag{4-8}$$

式中，ζ 为自由液面的高度；p_a 为水面上的大气压强。

③ 设水面波是长波，波长远大于水深，自由水面波动相对水深为小量。

根据以上假定，对 x、y 方向的动量方程沿水深方向积分，进行平均化处理后，可以建立如下浅水方程：

$$\begin{cases} \dfrac{\partial h}{\partial t}+\dfrac{\partial q_x}{\partial x}+\dfrac{\partial q_y}{\partial y}=0 \\[2mm] \dfrac{\partial q_x}{\partial t}+\dfrac{\partial}{\partial s}(uq_x)+\dfrac{\partial}{\partial y}(uq_y)-fq_y-gh\left(\dfrac{\partial h}{\partial x}+\dfrac{\partial z_b}{\partial x}\right) \\[2mm] \qquad -\left(\dfrac{\partial T_{xx}}{\partial x}+\dfrac{\partial T_{yx}}{\partial y}\right)-\dfrac{1}{\rho}(\tau_x^s-\tau_x^b)=0 \\[2mm] \dfrac{\partial q_y}{\partial t}+\dfrac{\partial}{\partial s}(vq_x)+\dfrac{\partial}{\partial y}(vq_y)-fq_x-gh\left(\dfrac{\partial h}{\partial y}+\dfrac{\partial z_b}{\partial y}\right) \\[2mm] \qquad -\left(\dfrac{\partial T_{yy}}{\partial y}+\dfrac{\partial T_{xy}}{\partial x}\right)-\dfrac{1}{\rho}(\tau_y^s-\tau_y^b)=0 \end{cases} \tag{4-9}$$

式中，$q_x=u_xh$；$q_y=u_yh$；f 为科里奥利参数，$f=2\Omega\sin\phi$，Ω 为地球自转角速度，ϕ 为纬度；τ_i^s 为水面风应力，$i=x,y$；τ_i^b 为河道底部阻力，$i=x,y$；T_{ij} 为水体总应力，$i,j=x,y$，包含水体黏性应力、紊动应力和离散应力。

利用浅水方程可求解 h、q_x 和 q_y 三个变量。自由表面的风应力由水流和大气的耦合条件决定，在工程中可近似地应用下列经验公式计算：

$$\begin{cases} \tau_x^s=C_o\rho_aU^2\cos\beta \\[2mm] \tau_y^s=C_o\rho_aU^2\sin\beta \end{cases} \tag{4-10}$$

式中，C_o 为无量纲风应力系数；ρ_a 为大气密度；U 为风速，一般取水面上方 10m 高处风速值；β 为风向与 x 坐标的夹角。在计算潮流时，可不考虑风力对水流的摩擦力，令 $\tau_i^s=0$。

底部摩擦力与速度的平方成正比，可用下列公式进行计算：

$$\tau_i^b=C_f\rho q_i\sqrt{q_x^2+q_y^2} \tag{4-11}$$

式中，摩擦系数 C_f 由水深和水底条件选定，可取 $C_f=g/C^2$，则式（4-11）可写为：

$$\tau_i^b=\frac{\rho g q_i\sqrt{q_x^2+q_y^2}}{C^2} \tag{4-12}$$

式中，C 为谢才系数。

类似二维层流的黏性流动，可建立水体总应力的近似关系：

$$T_{ij}=\varepsilon\left(\frac{\partial q_i}{\partial x_j}+\frac{\partial q_j}{\partial x_i}\right) \tag{4-13}$$

式中，ε 为广义涡动黏性系数，它与流体的物理性质和流动状态有关。

（2）二维水质模型

平面二维水温数学模型的基本方程为：

$$\frac{\partial(hT)}{\partial t}+\frac{\partial(uhT)}{\partial x}+\frac{\partial(vhT)}{\partial y}=\frac{\partial}{\partial x}\left(D_{Tx}h\frac{\partial T}{\partial x}\right)+\frac{\partial}{\partial y}\left(D_{Ty}h\frac{\partial T}{\partial x}\right)+hS(T) \tag{4-14}$$

式中，T 为水温；h 为水深；u 为对应于 x 轴的平均流速分量；v 为对应于 y 轴的平均流速分量；D_{Tx} 为横向的水温紊动扩散系数；D_{Ty} 为纵向的水温紊动扩散系数；$S(T)$ 为温度源项。

平面二维水质数学模型的基本方程为：

$$\frac{\partial(hC)}{\partial t}+\frac{\partial(uhC)}{\partial x}+\frac{\partial(vhC)}{\partial y}=\frac{\partial}{\partial x}\left(D_x h\frac{\partial C}{\partial x}\right)+\frac{\partial}{\partial y}\left(D_y h\frac{\partial C}{\partial x}\right)+hS(C)+hf(C) \quad (4\text{-}15)$$

式中，C 为污染物浓度；D_x 为纵向污染物紊动扩散系数；D_y 为横向污染物紊动扩散系数；$S(C)$ 为污染物源（汇）项强度；$f(C)$ 为污染物生化反应项。

类似地，立面二维水温数学模型的基本方程为：

$$\frac{\partial(BT)}{\partial t}+\frac{\partial(BuT)}{\partial x}+\frac{\partial(BwT)}{\partial y}$$
$$=\frac{\partial}{\partial x}\left(BD_{Tx}\frac{\partial T}{\partial x}\right)+\frac{\partial}{\partial z}\left(BD_{Tz}\frac{\partial T}{\partial z}\right)+BS(T)+\frac{1}{\rho C_p}\frac{\partial(B\varphi)}{\partial z} \quad (4\text{-}16)$$

式中，T 为水温；B 为宽度；u 为水平方向的流速分量；w 为垂直方向的流速分量；D_{Tx} 为横向的水温紊动扩散系数；D_{Tz} 为垂向的水温紊动扩散系数；φ 为太阳热辐射通量；ρ 为水体密度；C_p 为水的定压比热容；$S(T)$ 为温度源项。

同理，立面二维水质数学模型的基本方程为：

$$\frac{\partial(BC)}{\partial t}+\frac{\partial(BuC)}{\partial x}+\frac{\partial(BwC)}{\partial z}=\frac{\partial}{\partial x}\left(BD_x\frac{\partial C}{\partial x}\right)+\frac{\partial}{\partial z}\left(BD_z\frac{\partial C}{\partial z}\right)+BS(C)+Bf(C)$$

$$(4\text{-}17)$$

式中，C 为污染物浓度；D_x 为横向污染物紊动扩散系数；D_z 为垂向污染物紊动扩散系数；$S(C)$ 为污染物源（汇）项；$f(C)$ 为污染物反应项。

对于式(4-9)、式(4-14)～式(4-17)中出现的运动黏性系数、紊动扩散系数等参数值，根据需要可以采用紊流模型来确定。

4.1.1.3 水环境三维模型概述

在宽阔且较深的海岸、河口地区，研究潮流运动、海岸演变及泥沙运动时，通常的二维数值模型不能满足要求。针对河道中的疏浚抛泥、油膜运动、水质污染扩散等一些专门课题，需要采用三维数值模拟技术。另外，实际工程中的水流泥沙运动都具有三维性，只有建立三维水沙数学模型才能很好地满足要求。相对于一维、二维数值模型，三维数值模型与实际水流运动原理更接近，能够对局部河段水流运动情况做更精细的模拟，对植被水流、水沙运动、河床冲淤变化等问题进行全面精确的分析，从而更好地满足工程需求。但是，三维数学模型的发展至今仍然缓慢，有许多问题有待进一步研究。三维水流数学模型节点多，结构复杂，计算工作量大，不易开展应用和研究。一维、二维数学模型的研究相对比较成熟，在工程实际中也得到了较好的应用，基本能够解决工程实际中遇到的大多数问题。

（1）三维水动力模型

对于不可压缩黏性流体的三维流动，如果不考虑流场中的温度变化，可通过下列基本方程描述。

连续方程：

$$\frac{\partial u_i}{\partial x_i}=0 \quad (4\text{-}18)$$

动量方程：

$$\rho\left(\frac{\partial u_i}{\partial t}+u_j\frac{\partial u_i}{\partial x_j}\right)=\rho f_i+\frac{\partial P_{ij}}{\partial x_j} \quad (4\text{-}19)$$

本构方程：

$$P_{ij} = -p\delta_{ij} + \mu\left(\frac{\partial u_i}{\partial x_j} + u_j\,\frac{\partial u_j}{\partial x_i}\right) \tag{4-20}$$

式中，下标 $i=1,2,3$，分别表示 x、y、z 三个方向；j 为求和指标，$j=1,2,3$；u_i 分别为 $i=1,2,3$（在直角坐标系 xyz 中为 x、y、z）方向上的速度分量；P_{ij} 为应力分量，即面积力分量，由动水压强和黏性应力张量组成，第一个下标 i 表示作用面的法线方向，第二个下标 j 表示应力分量的作用方向；μ 为动力黏性系数；ρf_i 为单位体积力分量，其中，f_i 为单位质量力；δ_{ij} 为单位张量，当 $i=j$ 时，$\delta_{ij}=1$，当 $i\neq j$ 时，$\delta_{ij}=0$；p 为动水压强（在各个方向上大小相等）。

把式（4-20）代入式（4-19）得到：

$$\frac{\partial u_i}{\partial t} + u_j\,\frac{\partial u_i}{\partial x_j} = f_i - \frac{1}{\rho}\frac{\partial p}{\partial x_i} + v\,\frac{\partial^2 u_i}{\partial x_i^2} \tag{4-21}$$

将连续方程［式（4-18）］和运动方程［式（4-21）］写成矢量形式，则为：

$$\mathrm{div}\boldsymbol{v} = 0 \tag{4-22}$$

$$\frac{\partial \boldsymbol{v}}{\partial t} + \boldsymbol{v}\cdot\nabla\boldsymbol{v} = \boldsymbol{f} - \frac{1}{\rho}\mathrm{grad}p + \nu\,\nabla^2\boldsymbol{v} \tag{4-23}$$

式中，$\boldsymbol{v}$ 为速度矢量，$\boldsymbol{v} = u_1\boldsymbol{i} + u_2\boldsymbol{j} + u_3\boldsymbol{k}$，$\boldsymbol{i}$、$\boldsymbol{j}$、$\boldsymbol{k}$ 分别为 x、y、z 方向的单位矢量（对于 x、y、z 直角坐标系）；$\nabla = (\partial/\partial x)\boldsymbol{i} + (\partial/\partial y)\boldsymbol{j} + (\partial/\partial z)\boldsymbol{k}$；$\nu = \mu/\rho$ 为运动黏性系数。式（4-23）反映了作用于单位质量流体各项力的平衡关系。等式右侧第一项称为质量力项，第二项称为压力梯度项，第三项为黏性力项。惯性力项则由恒定项（左侧第一项）及对流项（左侧第二项）组成。边界条件可根据具体问题相应给出，在边界上给出速度或压力的边界条件。

（2）三维水质模型

三维水温数学模型的基本方程为：

$$\frac{\partial T}{\partial t} + \frac{\partial(uT)}{\partial x} + \frac{\partial(vT)}{\partial y} + \frac{\partial(wT)}{\partial z} = \frac{\partial}{\partial x}\left(D_{Tx}\frac{\partial T}{\partial x}\right) + \frac{\partial}{\partial y}\left(D_{Ty}\frac{\partial T}{\partial y}\right) + \frac{\partial}{\partial z}\left(D_{Tz}\frac{\partial T}{\partial z}\right) + S(T) + \frac{\varphi}{\rho C_p}$$

$$\tag{4-24}$$

式中，T 为水温；D_{Tx} 为 x 方向上的水温紊动扩散系数；D_{Ty} 为 y 方向上的水温紊动扩散系数；D_{Tz} 为 z 方向上的水温紊动扩散系数；u 为 x 方向上的速度分量；v 为 y 方向上的速度分量；w 为 z 方向上的速度分量；φ 为热交换反应式；ρ 为水体密度；C_p 为水的定压比热容；$S(T)$ 为温度源（汇）项。

同理，三维水质数学模型的基本方程为：

$$\frac{\partial C}{\partial t} + \frac{\partial(uC)}{\partial x} + \frac{\partial(vC)}{\partial y} + \frac{\partial(wC)}{\partial z} = \frac{\partial}{\partial x}\left(D_x\frac{\partial C}{\partial x}\right) + \frac{\partial}{\partial y}\left(D_y\frac{\partial C}{\partial y}\right) + \frac{\partial}{\partial z}\left(D_z\frac{\partial C}{\partial z}\right) + S(C)$$

$$\tag{4-25}$$

式中，C 为污染物浓度；D_x 为 x 方向上的污染物紊动扩散系数；D_y 为 y 方向上的污染物紊动扩散系数；D_z 为 z 方向上的污染物紊动扩散系数；$S(C)$ 为污染物源（汇）项。

式中出现的紊动黏性系数、紊动扩散系数等参数根据需要可以采用紊流模型来确定，如涡黏性紊流模型、k-ε 双方程紊流模型、雷诺应力紊流模型和代数应力紊流模型等。

对于形如式（4-25）的对流扩散方程的数值解，可以利用算子分裂法把对流项和扩散项分开求解。含有对流项的部分，属于双曲线型微分方程，可以利用适合求解双曲线型方程的数值方法进行求解，如拉格朗日算法或基于泰勒展开的高精度格式，取得稳定并且精度适合的结果。对于扩散部分，采用一般中心格式就可以获得精度合理的稳定解。

4.1.2 河流数模仿真

4.1.2.1 河流水温模型

水温是影响水质过程的重要因素，溶解氧浓度、非离子氨浓度以及耗氧系数、复氧系数等都与水温有关。另外，过高的水温或过快的水温变化都会影响水生生物正常生长和水体的功能。发电厂、化工厂等排放的热水，可能会形成热污染。水体水温变化除了受工业污染源影响外，还与一系列热交换过程有关，包括同大气的热量交换和河床的热量交换等。因此，研究水体温度的变化规律，建立温度模型，预测水温的时空变化，是水环境分析研究的重要内容。

水温实质上是热能在水体中的一种反应，可依据微元水体的热量平衡和迁移扩散原理，建立河流水温迁移基本方程。河流水温模型，与水质模型一样，也分为零维、一维、二维和三维。对于河流来说，最常用到的是纵向一维水温模型。

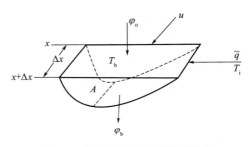

图 4-1　薄片水体的热量平衡分析

薄片水体的热量平衡分析如图 4-1 所示。从水体中任取一薄片，$\tilde{q}$ 为侧面入流量；T_i 为入流 $\tilde{q}$ 的温度；φ_o 为通过水表面的热通量交换；φ_b 为通过水底面的热通量交换；f 为平均水深；C_p 为水的定压比热容；D、E 分别为热分子扩散系数和紊动扩散系数；ρ 为水的密度；A 为过水断面的面积；$T(x,t)$ 为 t 时刻 x 处的水温；T_b 为水底面的温度。

（1）侧向源引起的热增量

$$\tilde{q}T_i C_p \rho \Delta x \, dt - \tilde{q}T C_p \rho \Delta x \, dt = \tilde{q}(T_i - T)C_p \rho \Delta x \, dt \tag{4-26}$$

（2）φ_o 引起的热增量

$$\varphi_o b \Delta x \, dt \tag{4-27}$$

式中，b 为薄片水体在垂直于水流方向的横向宽度；$b\Delta x$ 为热通量的作用面积。

（3）φ_b 通过底面引起的热增量

$$\varphi_b b \Delta x \, dt \tag{4-28}$$

（4）对流引起的热增量

$$TuA\, dt \rho C_p \big|_x - TuA\, dt \rho C_p \big|_{x+\Delta x} = -\frac{\partial}{\partial x}(TuA\rho)\bigg|_x dt C_p \Delta x \tag{4-29}$$

（5）热分子扩散引起的热增量

根据 Fick 定律，

$$P_1 = -\rho C_p DA \frac{\partial T}{\partial x}$$

$$(P_1 \big|_x - P_1 \big|_{x+\Delta x})dt = -\frac{\partial P_1}{\partial x}\bigg|_x dt \Delta x = \rho C_p \frac{\partial}{\partial x}\left(DA \frac{\partial T}{\partial x}\right)\Delta x \, dt \tag{4-30}$$

（6）紊动扩散引起的热增量

根据 Fick 定律，

$$P_2 = -\rho C_p EA \frac{\partial T}{\partial x}$$

上述各项作用引起的总的热增量为：

$$(P_2\mid_x - P_2\mid_{x+\Delta x})dt = -\frac{\partial P_2}{\partial x}\bigg|_x dt \Delta x = \rho C_p \frac{\partial}{\partial x}\Big(EA \frac{\partial T}{\partial x}\Big)\Delta x dt \tag{4-31}$$

$$\tilde{q}(T_i - T)C_p \rho \Delta x dt + \varphi_o b \Delta x dt + \varphi_b b \Delta x dt - \frac{\partial}{\partial x}(TuA\rho)dt C_p \Delta x$$

$$+ \rho C_p \frac{\partial}{\partial x}\Big(DA \frac{\partial T}{\partial x}\Big)\Delta x dt + \rho C_p \frac{\partial}{\partial x}\Big(EA \frac{\partial T}{\partial x}\Big)\Delta x dt \tag{4-32}$$

另外，对于微元柱体，在 dt 时段内热量的变化量为：

$$[TA(x, t+dt) - TA(x+dt)]\Delta x \rho C_p = \frac{\partial(TA)}{\partial t}\Delta x \rho C_p dt \tag{4-33}$$

根据微元水体的热量平衡原理，式(4-32) 与式(4-33) 相等，整理得：

$$\frac{\partial(TA)}{\partial t} = \tilde{q}(T_i - T) + \frac{\varphi_o + \varphi_b}{\rho C_p}b - \frac{\partial}{\partial x}(TuA) + \frac{\partial}{\partial x}\Big[(D+E)A \frac{\partial T}{\partial x}\Big] \tag{4-34}$$

对于均匀河段，A、u 为常数，将 $A = fb$（f 为平均水深）代入上式并整理得：

$$\frac{\partial T}{\partial t} + u \frac{\partial T}{\partial t} = \frac{\partial}{\partial x}\Big[(D+E)\frac{\partial T}{\partial x}\Big] + \frac{\tilde{q}(T_i - T)}{A} + \frac{\varphi_o + \varphi_b}{\rho C_p f} \tag{4-35}$$

上式为河流一维水温迁移转化方程。

4.1.2.2 河流 BOD-DO 模型

河水中溶解氧（DO）是决定水质洁净程度的重要参数之一，而排入河流的生化需氧量（BOD）在衰减过程中将不断消耗 DO，同时空气中的氧气又不断溶解到河水中。BOD-DO 模型描述了河流中 BOD 和 DO 的消长变化规律，是研究较为成熟的水质模型。下面介绍四个常用的 BOD-DO 模型。

（1）斯特里特-费尔普斯（Streeter-Phelps）模型

Streeter 和 Phelps 于 1925 年提出了描述一维河流中 BOD 和 DO 消长变化规律的模型（S-P 模型）。建立 S-P 模型有以下基本假设：河流中 BOD 的衰减和溶解氧的复氧都是一级反应；水体中溶解氧的减少只由 BOD 降解引起，其减少速率与 BOD 降解速率相同；河流中溶解氧的来源则是大气复氧，复氧速率与氧亏成正比。

S-P 模型是 BOD 和 DO 的耦合模型，由上述假设，稳态的一维 BOD-DO 水质模型如下：

$$u \frac{dL}{dx} = k_s \frac{d^2 L}{dx^2} - K_1 L \tag{4-36}$$

$$u \frac{dC}{dx} = k_s \frac{d^2 C}{dx^2} - K_1 L + K_2(C_s - C) \tag{4-37}$$

$$L(x)\mid_{x=0} = L_0, \quad L(x)\mid_{x=\infty} = 0$$
$$C(x)\mid_{x=0} = C_0, \quad C(x)\mid_{x=\infty} = C_s$$

式中，L 为 x 处河水 BOD 浓度，mg/L；C 为 x 处河水溶解氧浓度，mg/L；C_s 为河水在某温度时的饱和溶解氧浓度，mg/L；u 为河水平均流速，m/s；K_1 为 BOD 的衰减系数，d^{-1}；K_2 为河水复氧系数，d^{-1}；k_s 为河流弥散系数，m^2/s。

（2）托马斯（Thomas）模型

在一维稳态河流中，S-P 模型假设水中溶解氧的减少速率与 BOD 降解速率相同，这不完全正确。由于悬浮物的沉淀或上浮，水体中 BOD 的减少速率会高于或低于水中氧的消耗速率。Thomas 在 S-P 模型的基础上，增加一项因悬浮物的沉淀与上浮引起的 BOD 速率变化，其模型为：

$$u\frac{dL}{dx} = k_s\frac{d^2L}{dx^2} - (K_1 + K_3)L \tag{4-38}$$

$$u\frac{dC}{dx} = k_s\frac{d^2C}{dx^2} - K_1L + K_2(C_s - C) \tag{4-39}$$

$$L(x)\big|_{x=0} = L_0, \quad L(x)\big|_{x=\infty} = 0$$
$$C(x)\big|_{x=0} = C_0, \quad C(x)\big|_{x=\infty} = C_s$$

不考虑弥散作用，模型为：

$$u\frac{dL}{dx} = -(K_1 + K_3)L \tag{4-40}$$

$$u\frac{dC}{dx} = -K_1L + K_2(C_s - C) \tag{4-41}$$

初始条件不变，由式（4-40）和式（4-41）得模型的解，注意到初始条件，得：

$$L(x) = L_0 e^{-\left(\frac{K_1+K_3}{u}\right)x} \tag{4-42}$$

将式（4-42）代入式（4-41）得：

$$\frac{dC}{dx} + \frac{K_2}{u}C = K_2C_s - K_1L_0 e^{-\left(\frac{K_1+K_3}{u}\right)x} \tag{4-43}$$

式（4-43）为一阶线性非齐次常系数微分方程，其通解为：

$$C(x) = e^{-\int\frac{K_2}{u}dx}\left\{\int\left[K_2C_s - K_1L_0 e^{-\left(\frac{K_1+K_3}{u}\right)x}\right]e^{\int\frac{K_2}{u}dx}dx + A\right\} \tag{4-44}$$

A 为任意常数，注意到初始条件，解上式得最终 C 的解为：

$$C = C_s - (C_s - C_0)\exp\left(-\frac{K_2}{u}x\right) + \frac{K_1L_0}{K_1 + K_3 - K_2} \times \left\{\exp\left[-\left(\frac{K_1+K_3}{u}\right)x\right] - \exp\left(-\frac{K_2}{u}x\right)\right\} \tag{4-45}$$

式中，K_3 为 BOD 沉浮系数，d^{-1}。K_3 可正可负，正值表示河流中悬浮物的沉淀，负值表示与沉淀效应相反的冲刷作用。式（4-42）和式（4-45）为托马斯模型的解。

（3）多宾斯-坎普（Dobbins-Camp）模型

对一维稳态河流水质方程，在托马斯模型的基础上，进一步考虑：底泥释放和地表径流所引起的 BOD 变化，其变化速率以 R 表示；由藻类光合作用增氧和呼吸作用耗氧以及地表径流引起的 DO 变化，其变化速率以 P 表示。不考虑弥散作用，Dobbins-Camp 稳态模型如下：

$$\begin{cases} u\frac{dL}{dx} = -(K_1 + K_3)L + R \\ u\frac{dC}{dx} = -K_1L + K_2(C_s - C) - P \\ L\big|_{x=0} = L_0, \quad C\big|_{x=0} = C_0 \end{cases} \tag{4-46}$$

式中，R 为底泥释放和地表径流引起的 BOD 变化率，$mg/(L \cdot d)$；P 为藻类光合、呼吸作用或地表径流所引起的 DO 变化率，$mg/(L \cdot d)$；其他符号意义同前。

应用边界条件 $L|_{x=0}=L_0$，$C|_{x=0}=C_0$，得到该模型的解为：

$$L(x)=L_0 F_1 + \frac{R}{K_1+K_3}(1-F_1) \tag{4-47}$$

$$C=C_s-(C_s-C_0)F_2+\frac{K_1}{K_1+K_3-K_2}\left(L_0-\frac{R}{K_1+K_3}\right)(F_1-F_2)$$

$$-\left[\frac{P}{K_2}+\frac{K_1 R}{K_2(K_1+K_3)}\right](1-F_2) \tag{4-48}$$

其中

$$F_1=\exp\left[-\left(\frac{K_1+K_3}{u}\right)x\right], \quad F_2=\exp\left(-\frac{K_2}{u}x\right)$$

Dobbins-Camp 模型中，当参数 R、P 为零时，该模型即为 Thomas 模型。当参数 K_3 也为零时，该模型即为 S-P 模型。

（4）奥康纳（O'Connor）模型

对一维稳态河流，在 Thomas 模型的基础上，O'Connor 将总的 BOD 分解为碳化耗氧量（L_C）和硝化耗氧量（L_N）两部分，不考虑弥散作用，其稳态方程组为：

$$\begin{cases} u\dfrac{dL_C}{dx}=-(K_1+K_3)L_C \\[2mm] u\dfrac{dL_N}{dx}=-K_N L_N \\[2mm] u\dfrac{dC}{dx}=-K_1 L_C-K_N L_N+K_2(C_s-C) \end{cases} \tag{4-49}$$

式中，L_C 为 x 处河水碳化合物 BOD（CBOD）浓度，mg/L；L_N 为 x 处河水氮化合物 BOD（NBOD）浓度，mg/L；K_1 为 CBOD 的衰减系数，d^{-1}；K_2 为河水复氧系数，d^{-1}；K_3 为 CBOD 的沉浮系数，d^{-1}；K_N 为 NBOD 的衰减系数，d^{-1}；其他符号意义同前。

在 $L_C(x=0)=L_{C_0}$，$L_N(x=0)=L_{N_0}$，$C(x=0)=C_0$ 的边界条件下，可求得 O'Connor 模型的解为：

$$L_C=L_{C_0}\exp\left[-\left(\frac{K_1+K_3}{u}\right)x\right] \tag{4-50}$$

$$L_N=L_{N_0}\exp\left(-\frac{K_N}{u}x\right) \tag{4-51}$$

$$C=C_s-(C_s-C_0)\exp\left(-\frac{K_2}{u}x\right)+\frac{K_1 L_0}{K_1+K_3-K_2}\times\left\{\exp\left[-\left(\frac{K_1+K_3}{u}\right)x\right]-\exp\left(-\frac{K_2}{u}x\right)\right\}$$

$$+\frac{K_N L_{N_0}}{K_N-K_2}\left[\exp\left(-\frac{K_N x}{u}\right)-\exp\left(-\frac{K_2 x}{u}\right)\right] \tag{4-52}$$

4.1.3　湖、库数模仿真

4.1.3.1　湖、库水温模型

对于深水湖泊和水库，温度在水平方向基本均匀一致，垂直方向则表现出很大的变化，

对此可建立垂向一维水温模型来研究。下面依据热量交换和热量平衡原理建立模型。

微层体积元示意如图 4-2 所示。从水体中沿水平方向取出一个微薄水层，称微层体积元，其厚度为 dz，纵向距离（库长方向）为 L，平均宽度为 b，水平面积为 A。该微元体纵向的单位水深入流流量为 q_i，相应水温为 T_i，出流流量为 q_o，相应水温为 T；沿垂直方向，下界面入流流量为 $Q(z)$，质量流量为 $M(z)$，相应水温为 $T(z)$，上界面出流流量为 $Q(z+dz)$，质量流量为 $M(z+dz)$，相应水温为 $T(z+dz)$；从下界面流入的扩散热通量为 $P(z)$，从上界面流出的热通量为 $P(z+dz)$；下界面太阳垂直辐射热通量为 $\varphi(z)$，上界面为 $\varphi(z+dz)$；上、下水平界面的面积分别为 $A(z+dz)$、$A(z)$。依据热平衡原理建立水体水温垂向一维方程，即：

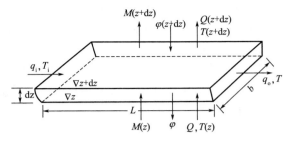

图 4-2　微层体积元示意

$$\frac{\partial T}{\partial t}+\frac{1}{A}\frac{\partial(QT)}{\partial z}=\frac{1}{A}\frac{\partial}{\partial z}\left(AE_m\frac{\partial T}{\partial z}\right)+\frac{1}{A}(q_iT_i-q_oT)-\frac{1}{\rho C_p A}\frac{\partial(A\varphi)}{\partial z} \tag{4-53}$$

式中，z 为垂直坐标，向上为正；T 为水温，$T=T(z,t)$；Q 为垂直方向的流量；E_m 为水中热分子扩散系数；q_i、q_o 分别为单位深度上的入、出流流量；T_i 为入流 q_i 的温度；A 为某高程处的水平截面面积；φ 为水下某高程处的太阳垂直辐射通量；ρ 为水的密度；C_p 为水的定压比热容。

上述热平衡计算中，密度 ρ、定压比热容 C_p 和分子扩散系数认为是常数。式（4-53）即为水体垂向一维对流水温迁移方程或称垂向一维热迁移方程。假设 u_{in} 和 u_{out} 分别表示流入、流出的流速分布，则

$$q_i=b(z)u_{in},\quad q_o=b(z)u_{out}$$

根据连续性原理，满足下式：

$$\frac{\partial Q}{\partial z}=bu_{in}-bu_{out} \tag{4-54}$$

由此，式（4-53）可简化为：

$$\frac{\partial T}{\partial t}+u\frac{\partial T}{\partial z}=\frac{1}{A}\frac{\partial}{\partial z}\left(AE_m\frac{\partial T}{\partial z}\right)+\frac{1}{A}bu_{in}(T_i-T)-\frac{1}{\rho C_p A}\frac{\partial(A\varphi)}{\partial z} \tag{4-55}$$

式中，u 为垂向水流速度。

φ 按下式计算：

$$\varphi=\varphi_I(1-\beta)\exp\left[-\rho\eta(z_s-z)\right] \tag{4-56}$$

式中，z_s、z 分别为水面及水面下某一界面的高程；φ_I 为水面的太阳净辐射，等于总入射量减去反射量；β 为 φ_I 在表面被吸收的分数，约 $0.4\sim0.5$；η 为消光系数，对不同的湖泊略有不同，一般为 $0.1\sim2.0\text{m}^{-1}$。

式（4-53）用于库面最上层的计算时，还应在右侧加上一项反映水面对太阳辐射（$\beta\varphi_I$）、大气辐射（$G-R_G$）、水面辐射（$-S$）、蒸发和传导散热（$-\varphi_E$ 和 $-\varphi_C$）的水温增加率 Δ，即：

$$\Delta=\frac{\beta\varphi_I+(G-R_G)-S-\varphi_E-\varphi_C}{\rho C_p(dz)_s} \tag{4-57}$$

式中，Δ 为水表面总的热交换引起表层 $(dz)_s$ 的增温率；β 为水表面对太阳净辐射的吸收率；$(dz)_s$ 为水表面微层的厚度。

水体与大气之间的热交换过程，包括三个重要部分，分别是辐射热通量、蒸发热通量和传导热通量，即

$$\varphi_A = \varphi_R - \varphi_E - \varphi_C \tag{4-58}$$

式中，φ_A 为水体从大气接收的总的净热通量；φ_R 为辐射净热通量；φ_E 为蒸发热通量；φ_C 为传导热通量。下面简要介绍得到广泛使用的计算方法。

（1）辐射净热通量

$$\varphi_R = (I - R_I) + (G - R_G) - S \tag{4-59}$$

式中，I 为入射的太阳短波辐射；R_I 为 I 被水面反射的部分；G 为入射大气长波辐射；R_G 为 G 被水面反射的部分；S 为由水面发出的长波辐射热通量。式中，太阳的净辐射、大气的净辐射和水面向大气发出的辐射可依据有关的定律和公式计算确定。

（2）蒸发热通量

根据能量守恒原理，水面蒸发热通量的计算公式为：

$$\varphi_E = \rho L E \tag{4-60}$$

式中，φ_E 为水面蒸发热通量；ρ 为水体密度；L 为水的蒸发潜热，随水面温度 T_s 变化，$L = 2491 - 2.177 T_s$；E 为水面蒸发率。水面蒸发率 E 可依据资料掌握情况选择适当的方法计算。

（3）传导热通量

水气交界面上的传导热通量与蒸发热通量关系密切，可近似推导得到如下计算公式：

$$\varphi_C = \frac{C_b p (T_s - T_a)}{e_s - e_a} \varphi_E \tag{4-61}$$

式中，φ_C、φ_E 分别为传导热通量和蒸发热通量；e_s、e_a 分别为由水面温度计算的饱和水气压和水面上方 2.0 m 处的实际水气压；T_s、T_a 分别为水面温度和水面上方 2.0 m 处的气温；p 为水面上的大气压；C_b 为波文（Bowen）比。

4.1.3.2 湖、库 BOD-DO 模型

（1）混合型湖、库 BOD-DO 模型

假设：

① 湖、库水体是一个完全混合反应器，水流进入该系统瞬时完全均匀混合分散到整个水体。

② 单位时间流入、流出水体的流量分别记作 Q_I 和 Q；流入的 BOD 和 DO 浓度分别记作 L_I 和 C_I；流出的 BOD 和 DO 浓度是 t 时刻水体的浓度，分别记作 $L(t)$ 和 $C(t)$。

③ BOD 的衰减符合一级反应动力学，衰减系数为 K_1，复氧系数为 K_2；由沉淀、絮凝、冲刷、再悬浮等因素引起的单位时间内 BOD 的变化率为 K_3；单位时间单位面积内底泥释放 BOD 的强度为 $\delta_1 [\mathrm{mg/(m^2 \cdot s)}]$。

④ 单位水体光合作用产生溶解氧的速率为 $p_2 [\mathrm{mg/(m \cdot s)}]$；单位面积底泥平均耗氧速率为 $\delta_2 [\mathrm{mg/(m^2 \cdot s)}]$；生物体呼吸消耗溶解氧速率强度为 $R [\mathrm{mg/(m^3 \cdot s)}]$；复氧的速率与氧亏成正比；BOD 降解引起溶解氧的变化率为 $-K_1 L$。

根据质量守恒原理和上述假设，混合型湖、库水体 BOD-DO 数学模型为：

$$V \frac{\mathrm{d}L}{\mathrm{d}t} = Q_1 L_1 - QL - \delta_1 A + K_3 VL - K_1 VL \quad (t > 0) \tag{4-62}$$

$$V \frac{\mathrm{d}C}{\mathrm{d}t} = Q_1 C_1 - QC - \delta_2 A + K_2(C_s - C)V + p_2 VC - K_1 L - RVC \quad (t > 0) \tag{4-63}$$

初始条件 $L(t)|_{t=0} = L_0$，$C(t)|_{t=0} = C_0$。V 为湖、库容积；C_s 为某温度下溶解氧饱和浓度，mg/L；L_0、C_0 分别为给定的 BOD 和 DO 初始浓度。

式(4-62) 和式(4-63) 可简化为：

$$\frac{\mathrm{d}L}{\mathrm{d}t} + \overline{A_1} L = \overline{B_1}(t) \tag{4-64}$$

$$\frac{\mathrm{d}C}{\mathrm{d}t} + \overline{A_2} C = \overline{B_2}(t) \tag{4-65}$$

式中，

$$\overline{B_1} = \frac{Q_1 L_1 + \delta_1 A}{V}$$

$$\overline{A_1} = \frac{Q}{V} - K_3 + K_1$$

$$\overline{B_2} = \frac{Q_1 C_1}{V} + \delta_2 A + K_2 C_s - K_1 L$$

$$\overline{A_2} = \frac{Q}{V} + K_2 - p_2 + R$$

微分方程式(4-64) 和式(4-65) 满足初始条件的特解为：

$$L(t) = \mathrm{e}^{-\int_0^t \overline{A_1} \mathrm{d}t} \left[\int_o^t \mathrm{e}^{\int_0^t \overline{A_1} \mathrm{d}t} \overline{B_1}(t) \mathrm{d}t + L_0 \right] \tag{4-66}$$

$$C(t) = \mathrm{e}^{-\int_0^t \overline{A_2} \mathrm{d}t} \left[\int_o^t \mathrm{e}^{\int_0^t \overline{A_2} \mathrm{d}t} \overline{B_2}(t) \mathrm{d}t + C_0 \right] \tag{4-67}$$

当 $\overline{A_i}$、$\overline{B_i}(i = 1, 2)$ 为常数时，式(4-66) 和式(4-67) 满足初始条件，可简化为

$$L(t) = \frac{\overline{B_1}}{\overline{A_1}} + \left(L_0 - \frac{\overline{B_1}}{\overline{A_1}} \right) \mathrm{e}^{-\overline{A_1} t} \tag{4-68}$$

$$C(t) = \frac{\overline{B_2}}{\overline{A_2}} + \left(C_0 - \frac{\overline{B_2}}{\overline{A_2}} \right) \mathrm{e}^{-\overline{A_2} t} \tag{4-69}$$

$$C_s = \frac{468}{31.6 + T} \tag{4-70}$$

式中，T 为湖、库水温。

在湖、库水质稳定状态下，式(4-62) 和式(4-63) 中 $\frac{\mathrm{d}L}{\mathrm{d}t} = 0$，$\frac{\mathrm{d}C}{\mathrm{d}t} = 0$，则可直接求得 BOD 和 DO 浓度：

$$L = \frac{Q_1 L_1 + \delta_1 A}{V \left(\frac{Q}{V} - K_3 + K_1 \right)} \tag{4-71}$$

$$C = \frac{Q_1 C_1 + \delta_2 A + K_2 C_s V - K_1 L}{V \left(\frac{Q}{V} - p_2 + K_2 + R \right)} \tag{4-72}$$

（2）分层湖、库 BOD-DO 模型

由于湖、库水体水温沿水深发生明显变化，水体出现分层现象。湖、库底层远离大气，使水体的曝气作用受到严重影响，水库水温随着水深增加逐渐降低，而且 DO 浓度也随着深度逐渐减少，在深度方向上出现温跃层，并有效阻止上下两层的混合，因此将湖、库分成上下两层来讨论 BOD-DO 的变化规律是完全必要的。上层温度高的称为富光层，下层温度低的称为贫光层。

假定：

① 表层 BOD：流量 Q_1，浓度 L_1；衰减符合一级反应动力学，衰减系数为 K_1，表层和底层之间将发生混合和交换，交换系数为 E'_{12}；水面面积 A 沿深度不变，流出量为 Q，其浓度为表层 BOD 浓度 $L_1(t)$；地表径流引起的 BOD 变化率为 p_2。

② 底层 BOD：表层和底层之间将发生混合和交换；单位时间单位面积内底泥释放 BOD 的强度为 $\delta_1[\mathrm{mg/(m^2 \cdot s)}]$；BOD 的衰减符合一级反应动力学，衰减系数为 K_1；沉淀、絮凝、冲刷、再悬浮等因素所引起的单位时间内 BOD 的变化率为 K_3。

③ 表层 DO：单位水体光合作用产生溶解氧的速率为 $p[\mathrm{mg/(m^3 \cdot s)}]$；单位水体生物呼吸消耗溶解氧的速率为 $R[\mathrm{mg/(m^3 \cdot s)}]$；复氧的速率与氧亏成正比；地表径流引起的 DO 变化率为 $p_1[\mathrm{mg/(m^3 \cdot s)}]$；BOD 降解引起的溶解氧变化率与 BOD 降解变化率相同。

④ 底层 DO：单位水体生物呼吸消耗溶解氧的速率为 $R[\mathrm{mg/(m^3 \cdot s)}]$；单位面积泥沙平均耗氧速率为 $S_B[\mathrm{mg/(m^2 \cdot s)}]$；表层和底层将发生混合与交换，交换系数为 E'_{12}；由 BOD 降解引起溶解氧的耗氧率与 BOD 降解引起的变化率相同。

根据上述假设条件和质量守恒定律，可得分层湖、库的 BOD-DO 数学模型。

① BOD 数学模型：设 $L_1(t)$ 和 $L_2(t)$ 分别表示表层和底层 BOD 浓度，则

$$\begin{cases} 表层：V_1 \dfrac{\mathrm{d}L_1}{\mathrm{d}t} = Q_1 L_1 - QL - E'_{12}(L_2 - L_1) - K_1 V_1 L_1 + p_2 V_1 \\[2mm] 底层：V_2 \dfrac{\mathrm{d}L_2}{\mathrm{d}t} = E'_{12}(L_1 - L_2) - K_1 V_2 L_2 + \delta_1 A - K_3 V_2 L_2 \\[2mm] 初始条件：L_1|_{t=0} = L_{10}, \quad L_2|_{t=0} = L_{20} \end{cases} \quad (4\text{-}73)$$

② DO 数学模型：设 $C_1(t)$ 和 $C_2(t)$ 分别表示表层和底层 DO 浓度，则

$$\begin{cases} 表层：V_1 \dfrac{\mathrm{d}C_1}{\mathrm{d}t} = Q_1 C_1 - QC_1 - E'_{12}(C_2 - C_1) - K_1 V_1 L_1 + K_2(C_s - C_1)V_1 \\[2mm] 底层：V_2 \dfrac{\mathrm{d}C_2}{\mathrm{d}t} = E'_{12}(C_1 - C_2) - K_1 V_2 L_2 + S_B A - R V_2 \\[2mm] 初始条件：C_1|_{t=0} = C_{10}, \quad C_2|_{t=0} = C_{20} \end{cases} \quad (4\text{-}74)$$

式中，V_1 和 V_2 分别为水库表层和底层的水体体积，$\mathrm{m^3}$；E'_{12} 为垂直方向混合系数，$\mathrm{m^2/s}$，$E'_{12} = \dfrac{E_{1,2} A_{1,2}}{H_{1,2}}$，$E_{1,2}$ 为垂直方向扩散系数（$\mathrm{m^2/s}$），$A_{1,2}$ 为交界面积，$\mathrm{m^2}$；C_s 为某温度下溶解氧饱和浓度，$\mathrm{mg/L}$，一般随着水库水温 T 变化；K_2 为复氧系数。

定解问题式(4-73) 和式(4-74) 耦合构成了分层湖、库 BOD-DO 数学模型。当系数为常数时，可求得解析解，一般可用龙格-库塔法求得数值解。

（3）湖、库垂向一维 BOD-DO 与水温耦合模型

众所周知，BOD-DO 的浓度变化与水温的变化有密切的关系，而湖、库水温随着深度

变化比较明显。要精确描绘 BOD-DO 的浓度垂向变化规律，就必须建立垂向一维 BOD-DO 水温耦合模型。

已知水库垂向一维 BOD-DO 数学模型为：

$$
\begin{cases}
\dfrac{\partial L}{\partial t}=\dfrac{\partial}{\partial z}\left(\overline{D_z}\dfrac{\partial L}{\partial z}\right)-u_z\dfrac{\partial L}{\partial z}-K_1 L-K_3 L+\delta_B+S_B \quad (z_s<z<z_b,t>0)\\
\qquad\qquad\qquad L\big|_{t=0}=L_0 \quad (z_s<z<z_b)\\
\dfrac{\partial L}{\partial z}\bigg|_{z=z_s}=0,\quad \dfrac{\partial L}{\partial z}\bigg|_{z=z_b}=0 \quad (z_s<z<z_b,t>0)
\end{cases}
\tag{4-75}
$$

$$
\begin{cases}
\dfrac{\partial C}{\partial t}=\dfrac{\partial}{\partial z}\left(\overline{D_z}\dfrac{\partial C}{\partial z}\right)-u_z\dfrac{\partial C}{\partial z}-K_1 L+K_2(C_s-C_1)+p_D-\delta_D+S_D \quad (z_s<z<z_b,t>0)\\
\qquad\qquad\qquad C\big|_{t=0}=C_0 \quad (z_s<z<z_b)\\
C\big|_{z=z_s}=C_s,\quad \dfrac{\partial C}{\partial z}\bigg|_{z=z_b}=0 \quad (t>0)
\end{cases}
$$

$$\tag{4-76}$$

在前面讨论该方程的分析解时，假定 K_1 和 K_2 为常数，在实际情况中，它们是变化的，是温度的函数，具有以下关系：

$$
K_1(T)=K_1(20)\times 1.047^{T-20},\quad K_2(T)=K_2(20)\times 1.047^{T-20}
\tag{4-77}
$$

式中，$K_1(20)$ 和 $K_2(20)$ 分别表示 20℃时 K_1 和 K_2 的值，并且 $C_s=\dfrac{468}{31.6+T}$。

已知水库垂向一维水温模型为：

$$
\begin{cases}
\dfrac{\partial T}{\partial t}+\dfrac{1}{\rho c A}\dfrac{\partial}{\partial z}(\rho c Q_z T)=\dfrac{1}{\rho c A}\dfrac{\partial}{\partial z}\left[\rho c A(D+E)\dfrac{\partial T}{\partial z}\right]+\dfrac{B(u_i T_i-u_o T_o)}{A}-\dfrac{1}{\rho c A}\dfrac{\partial}{\partial z}(\varphi_z A)\\
\qquad\qquad\qquad T\big|_{t=0}=T_0(z) \quad (z_s<z<z_b)\\
\dfrac{\partial T}{\partial z}\bigg|_{z=z_b}=0,\quad \dfrac{\partial T}{\partial z}\bigg|_{z=z_s}=-\dfrac{\varphi_z}{\rho c D_z} \quad (t>0)
\end{cases}
$$

$$\tag{4-78}$$

式中，z 和 t 分别为高程和时间；T 为 t 时刻高程 z 处的水温；D 和 E 分别为热分子扩散系数和紊动扩散系数；A 为高程 z 处的水库水平面积；ρ 和 c 分别为水的密度和比热容；u_i 和 u_o 分别为入、出流流速；T_i 和 T_o 分别为入、出流水温；B 为高程 z 处水库宽度；Q_z 为水库垂向流量；φ_z 为高程 z 处的太阳辐射热通量。

其中，$D_z=D+E$，$K_1(T)$、$C_s(T)$ 的表达式是 BOD-DO 与水温模型的耦合项。

4.1.3.3 湖、库富营养化模型

湖、库富营养化是指水体接纳过量的氮、磷等营养性物质，使水体中藻类以及其他水生生物异常繁殖，水体透明度和溶解氧变化，造成湖、库水体恶化，加速湖、库老化，从而使湖、库生态和水功能受到阻碍和破坏，危害水资源的利用的现象。我国湖、库星罗棋布，类型繁多，随着工业生产的发展和城市化程度的提高，若不采取相应的措施，水体富营养化将日趋严重。为了保护湖、库的水质，科学地利用水资源，必须对湖、库的富营养化状况进行有效的监测、评价和预测。造成水体富营养化的因素很多，其中最主要的是氮和磷元素，这已被众多的试验和监测资料所证实。因此本节主要研究氮、磷元素在水体中的迁移规律。水

体中的氮、磷元素主要来源于生活污水、工业废水、家畜排泄物和农业径流等。按供给源的分布，可分为点源、线源和面源。来自大气和底泥中的氮、磷元素，也是水体中富营养化物质的主要来源之一。

（1）湖、库总磷数学模型

如果一个水库或湖泊中各点的水质变化不大，其水质变化仅与时间有关，这种情况下，为了确定水库或湖泊整体水质随时间变化的规律，把一个水库或湖泊水体视作一个完全混合的反应器，水流进入水库或湖泊这个系统后就立即完全分散到整个系统，其中各水团是完全混合均匀的，根据以上假定，水体中的总磷只依赖于时间，与空间的位置无关。

设 $P_I(t)$ 和 $P(t)$ 表示输入和输出水库（或湖泊）的总磷浓度变化规律，其单位为 mg/L；Q_I 和 Q 分别表示入库和出库的流量，其单位为 m^3/s；P_I、Q_I、Q 为光滑的函数；V 表示水库容积，其单位为 m^3；k_P 为总磷的沉降率，其单位为 s^{-1}。把水库或湖泊视作均衡体，考虑 $[t, t+dt]$ 时段内总磷质量的变化。

在 dt 时段内由于入库、出库流量及沉降，总磷的质量增量为：

$$(Q_I P_I - QP - k_P VP)\big|_t \, dt \tag{4-79}$$

另外，在 dt 时段内，由于浓度增加，总磷的质量增量为：

$$[P(t+dt) - P(t)]V = \frac{dP}{dt}\bigg|_t \, dt V \tag{4-80}$$

根据质量守恒定律，得到总磷浓度所满足的微分方程为：

$$V\frac{dP}{dt} = Q_I P_I - QP - k_P VP \tag{4-81}$$

这也是总磷的质量平衡方程。

设总磷的初始浓度为 P_0，即

$$P\big|_{t=0} = P_0 \tag{4-82}$$

则混合型水库（或湖泊）总磷的数学模型为：

$$\begin{cases} V\dfrac{dP}{dt} = Q_I P_I - QP - k_P VP \\ P\big|_{t=0} = P_0 \end{cases} \tag{4-83}$$

式（4-83）是一阶线性非齐次常微分方程。将式（4-83）改写为如下形式：

$$\frac{dP}{dt} + \left(\frac{Q}{V} + k_P\right)P = \frac{Q_I P_I}{V} \tag{4-84}$$

利用一阶线性非齐次常微分方程的通解公式，得到式（4-83）的通解为：

$$P(t) = e^{-\int\left(\frac{Q}{V}+k_P\right)dt}\left[\int e^{\int\left(\frac{Q}{V}+k_P\right)dt}\frac{Q_I P_I}{V}dt + C\right] \tag{4-85}$$

当 P_I、Q_I、Q 为常数时，根据式（4-85），利用初始条件，可得总磷数学模型式（4-83）的解为：

$$P(t) = \frac{\dfrac{Q_I P_I}{V}}{\dfrac{Q}{V} + k_P} + \left(P_0 - \frac{\dfrac{Q_I P_I}{V}}{\dfrac{Q}{V} + k_P}\right)e^{-\left(\frac{Q}{V}+k_P\right)t} \tag{4-86}$$

令 $q = \dfrac{Q}{V}$，$V = AH$，$L = \dfrac{Q_I P_I}{V}$，代入式（4-86）得到：

$$P(t) = \frac{L}{H(q + k_P)}\left\{1 - \left[1 - \frac{P_0(q + k_P)H}{L}\right]e^{-(q + k_P)t}\right\} \tag{4-87}$$

式中，L 为水库面积负荷总磷的浓度；q 为水力冲刷速率，L/a；H 为水库平均水深，m。

当 $t \to +\infty$ 时，得到：

$$P(t) = \frac{L}{H(q + k_P)} \tag{4-88}$$

由式（4-88）可知，如果知道 L、H、k_P 和 q，则可计算出水体的总磷浓度。式（4-88）称为瓦伦韦德（Vbllenweider）模型。

（2）总磷浓度与富营养化状态的统计相关模型

大量的观测资料和统计分析表明，水体叶绿素 a 含量与总磷浓度有着密切的关系，而水体中叶绿素 a 的含量直接反映浮游植物的生长水平，也可反映水体中的富营养化状态。因此，建立总磷浓度与水体叶绿素 a 浓度的统计模型，是研究水质富营养化的一个重要途径。

下面介绍应用世界经济合作与发展组织（OECD）综合数据建立磷负荷与叶绿素 a 年平均含量和年峰值含量的统计模型。

设 $\overline{\text{chla}}$、$\overline{\text{chla}}_{\max}$ 表示叶绿素 a 年平均含量和年峰值含量，mg/m^3；$\overline{P}$ 表示水体年平均总磷浓度，mg/m^3；n、r 表示样本数量和相关系数。

$$\overline{\text{chla}} = 0.28\overline{P}^{0.95}, \quad n = 99, \quad r = 0.88 \tag{4-89}$$

$$\overline{\text{chla}}_{\max} = 0.64\overline{P}^{1.05}, \quad n = 50, \quad r = 0.90 \tag{4-90}$$

利用 OECD 浅水湖与水库数据，建立冲刷系数校正过的磷输入浓度与叶绿素 a 年平均含量、年峰值含量的回归方程为：

$$\overline{\text{chla}} = \frac{0.54\overline{P}_j}{(1 + t_w)^{0.72}}, \quad n = 22, \quad r = 0.87 \tag{4-91}$$

$$\overline{\text{chla}}_{\max} = \frac{0.77\overline{P}_j}{(1 + t_w)^{0.86}}, \quad n = 21, \quad r = 0.88 \tag{4-92}$$

式中，t_w 为水滞留时间，L/d；$\overline{P}_j$ 为年平均总磷输入浓度，mg/m^3。

狄龙（Dillon）和雷葛乐（Rigler）根据北美、欧洲和日本各种类型的湖泊资料，建立春季平均总磷浓度和夏季平均叶绿素 a 含量的相关方程为：

$$\lg[\text{chla}] = 1.449\lg[P_s] - 1.196 \tag{4-93}$$

类似的研究成果还有：

a. 巴特斯奇（Bartsch）和伽斯塔特（Gakstatter）

$$\lg[\text{chla}] = 0.807\lg[P] - 0.194 \tag{4-94}$$

b. 腊斯特（Rast）和李（Lee）

$$\lg[\text{chla}] = 0.76\lg[P] - 0.259 \tag{4-95}$$

c. 史密思（Smith）

$$\lg[\text{chla}] = 1.55\lg[P_s] - 1.55\left(\frac{6.404}{0.0204(\text{TN/TP}) + 0.338}\right) \tag{4-96}$$

d. 湖北省环保所（1985）

$$\lg[\text{chla}] = 1.06\lg[P_s] - 0.53 \tag{4-97}$$

（3）氮迁移转化模型

在水环境中，氨氮和亚硝酸盐被氧化成硝酸盐氮的过程中，硝化菌起了很大作用。另外，由于弥散、对流作用及源汇作用，NH_4^+-N、NO_2^--N、NO_3^--N 的浓度不断变化。下面建立 NH_4^+-N、NO_2^--N、NO_3^--N 的浓度所满足的微分方程。

设 NH_4^+-N、NO_2^--N、NO_3^--N 的浓度分别为 C_{N1}、C_{N2}、C_{N3}。氮的硝化是一个分两阶段进行的过程。首先氨被第一群自养细菌氧化成亚硝酸盐氮（NO_2^-），然后亚硝酸盐氮被第二群自养细菌氧化成硝酸盐氮（NO_3^-），这个过程可以用下列方程表示：

$$\frac{dC_{N1}}{dt} = -k_{N1}C_{N1}, \quad \frac{dC_{N2}}{dt} = k_{N1}C_{N1} - k_{N2}C_{N2}, \quad \frac{dC_{N3}}{dt} = -k_{N2}C_{N2} \tag{4-98}$$

式中，k_{N1} 是氨氮氧化成亚硝酸盐氮的速率常数，k_{N2} 是亚硝酸盐氮氧化成硝酸盐氮的速率常数。

$$NH_4^+ + \frac{3}{2}O_2 \xrightarrow{\text{亚硝化菌}} NO_2^- + 2H^+ + H_2O \tag{4-99}$$

$$NO_2^- + \frac{1}{2}O_2 \xrightarrow{\text{硝化菌}} NO_3^- \tag{4-100}$$

式（4-99）和式（4-100）相加即得：

$$NH_4^+ + 2O_2 \xrightarrow{\text{亚硝化菌和硝化菌}} NO_3^- + 2H^+ + H_2O \tag{4-101}$$

另外，影响三氮迁移转化的主要因素还有弥散作用和对流作用。弥散作用可用 Fick 定律描述，即：

$$p_j = -E\,\mathrm{grad}\,C_{N_j} \quad (j=1,2,3) \tag{4-102}$$

在水体中，任取微元体进行三氮的质量平衡分析，在 dt 时段内，微元体内的增量由四部分组成。

a. 弥散引起的增量为：

$$\mathrm{div}(E\,\mathrm{grad}\,C_{N_1})\,dx\,dy\,dz\,dt \tag{4-103}$$

b. 对流引起的增量为：

$$-\mathrm{div}(VC_{N_1})\,dx\,dy\,dz\,dt \tag{4-104}$$

c. 亚硝化菌作用引起的增量为：

$$\left.\frac{dC}{dt}\right|_{\text{化动}}dx\,dy\,dz\,dt \tag{4-105}$$

d. 源汇项作用引起的增量为：

$$I_{N_1}\,dx\,dy\,dz\,dt \tag{4-106}$$

另外，微元体内 NH_4^+-N 的增加所需要的 NH_4^+-N 的质量为：

$$[C_{N_1}(x,y,z,t+dt)-C_{N_1}(x,y,z,t)]\,dx\,dy\,dz = \frac{\partial C_{N_1}}{\partial t}dx\,dy\,dz\,dt \tag{4-107}$$

根据质量守恒定律得：

$$\frac{\partial C_{N_1}}{\partial t} = \mathrm{div}(E\,\mathrm{grad}\,C_{N_1}) - \mathrm{div}(VC_{N_1}) + \left.\frac{dC_{N_1}}{dt}\right|_{\text{化动}} + I_{N_1} \tag{4-108}$$

同理可得：

$$\frac{\partial C_{N_2}}{\partial t} = \mathrm{div}(E\,\mathrm{grad}\,C_{N_2}) - \mathrm{div}(VC_{N_2}) + \left.\frac{dC_{N_2}}{dt}\right|_{\text{化动}} + I_{N_2} \tag{4-109}$$

$$\frac{\partial C_{N_3}}{\partial t} = \mathrm{div}(E\,\mathrm{grad}C_{N_3}) - \mathrm{div}(VC_{N_3}) + \frac{dC_{N_3}}{dt}\bigg|_{\text{化动}} + I_{N_3} \tag{4-110}$$

式(4-108)、式(4-109)和式(4-110)分别为氨氮、亚硝酸盐氮和硝酸盐氮的迁移转化模型。

4.1.4 河口数模仿真

主要介绍河口 BOD-DO 模型和河口水-沙-床耦合模型，具体见二维码。

二维码 4-1　　　二维码 4-2
河口 BOD-DO 模型　河口水-沙-床耦合模型

4.1.5 海洋系统的数模仿真

4.1.5.1 海洋溢油油粒子模型

伴随着海上石油开发强度的上升，近年来各类平台溢油事故的发生风险也大大地提高了。这不但会造成经济和资源的大量损失，还会导致海洋生态环境受到剧烈的污染，已经引起了全球范围的密切关注。针对海洋溢油事故的监测和防治，国内外已经用各种方法进行了大量的研究。溢油模型主要用于在溢油发生后，预测发生地点的溢油的扩散和漂移特性以及风化的问题，从而为污染治理提供必要的依据。

油粒子模型主要是将海面的溢油油膜看成大量离散的油粒子的集合，其中的每个粒子分别代表了一定的油量。在海面的水流以及紊动作用的影响下，油粒子会随之进行扩散漂移运动。在油粒子模型中，油膜的运动被分为平流过程和紊动扩散过程两个部分。其中，平流过程有着拉格朗日性质，一般用拉格朗日追踪法来描述模拟；紊动扩散过程主要由剪切流和湍流引起，属于随机运动的一种，所以可用随机行走的技术来描述和模拟，也就是把湍流看作一种随机场，而每个油粒子在湍流场中的运动都类似于流体中分子所做的布朗运动，属于一种结合了随机性与确定性的方法。由于海面溢油的自身扩散过程的持续时间一般比较短，而平流与湍流扩散的持续时间要长很多，所以油粒子的模型应用非常广泛。

（1）平流过程

油粒子模式的平流过程有拉格朗日性质，主要受到水流平流和风场的影响，所以可以使用拉格朗日的粒子追踪模型来描述。结合风场和洋流之类的环境因素对粒子运动起到的作用，粒子的平流轨迹追踪模型可以由下式表示：

$$\frac{\mathrm{d}\vec{S_i}}{\mathrm{d}t} = \vec{U_c} + \vec{U_w} \tag{4-111}$$

式中，$\vec{S_i}$ 表示油粒子的位置，$\vec{S_i} = x\vec{i} + y\vec{j}$；$\vec{U_w}$ 表示风的漂流速度；$\vec{U_c}$ 表示水流的流动。求解此平流过程方程时通常有两种数值方法，分别为欧拉法与龙格-库塔法。下面简要介绍这两种方法。

a. 欧拉法。欧拉法是比较常见的求微分方程数值解的方法，这种方法的优点在于求解的过程比较简单，计算速度也较快，但缺点也很明显，就是精度不高，只有一阶的精度，所以当时间步长较大时，其计算结果的误差也会较大，截断误差为 $O(x^2)$。对式(4-111)利用欧拉法求解可以得到：

$$\vec{S_i^{n+1}} = \vec{S_i^n} + [\vec{U_c}(S_i^n, t^n) + \vec{U_w}(S_i^n, t^n)]\Delta t \tag{4-112}$$

式中，i 代表位置；n 代表时间；Δt 代表时间步长。显然欧拉法的计算过程相对简单，其精度也相对较低。

b. 龙格-库塔法。相比欧拉法，四阶龙格-库塔法的精度更高，它并非简单地通过两点来确定曲线斜率变化，而是先求出多个点的斜率值，然后对这些斜率值进行加权平均以获得平均斜率进而提高算法的精度。龙格-库塔法的每一次计算需要先得到四次函数值，可以表示如下：

$$\vec{a_i} = [\overrightarrow{U_c}(S_i^n, t^n) + \overrightarrow{U_w}(S_i^n, t^n)]\Delta t \tag{4-113}$$

$$\vec{b_i} = \left[\overrightarrow{U_c}\left(S_i^n + \frac{1}{2}\vec{a_i}, t^{n+\frac{1}{2}}\right) + \overrightarrow{U_w}\left(S_i^n + \frac{1}{2}\vec{a_i}, t^{n+\frac{1}{2}}\right)\right]\Delta t \tag{4-114}$$

$$\vec{c_i} = \left[\overrightarrow{U_c}\left(S_i^n + \frac{1}{2}\vec{b_i}, t^{n+\frac{1}{2}}\right) + \overrightarrow{U_w}\left(S_i^n + \frac{1}{2}\vec{b_i}, t^{n+\frac{1}{2}}\right)\right]\Delta t \tag{4-115}$$

$$\vec{d_i} = [\overrightarrow{U_c}(S_i^n + \vec{c_i}, t^{n+\frac{1}{2}}) + \overrightarrow{U_w}(S_i^n + \vec{c_i}, t^{n+\frac{1}{2}})]\Delta t \tag{4-116}$$

$$\overrightarrow{S_i^{n+1}} = \overrightarrow{S_i^n} + \frac{1}{6}(\vec{a_i} + \vec{b_i} + \vec{c_i} + \vec{d_i}) \tag{4-117}$$

从上式中可以看到，存在 $t^{n+\frac{1}{2}}$ 时刻的速度，它可以利用插值法得到。为了保证四阶的精度，流速插值需要与时间插值保持具有相近精度的格式。

在时间步长比较大时，使用龙格-库塔法求解微分方程得到的数值解，相比欧拉法得到的数值解，与解析解之间的偏差要小得多。

（2）紊动扩散过程

由海面剪切流及湍流所引起的油粒子紊动扩散过程可用随机走动的方法来描述和模拟。根据湍流的基本扩散理论，油粒子云团随机走动的方差可用下式表示：

$$\langle \gamma^2 \rangle = \sigma^2(t + \Delta t) - \sigma^2(t) \tag{4-118}$$

$$\langle \gamma^2 \rangle \approx \frac{d\sigma^2}{dt}\Delta t \tag{4-119}$$

式中，$\langle\ \rangle$ 表示对所有的粒子求平均值；σ^2 表示粒子的扩散方差；t 表示扩散的时间。由于扩散系数 K 的定义是粒子扩散的方差随时间的变化率，所以可以得到：

$$K = \frac{1}{2}\frac{d\sigma^2}{dt} \tag{4-120}$$

在一维的空间中，扩散系数 K 和随机走动的方差间有着如下关系：

$$\langle x'^2 \rangle = 2K\Delta t \tag{4-121}$$

由上式可以进一步得到表示每一步随机走动的距离公式：

$$x' = R_0^1\sqrt{2K\Delta t} \tag{4-122}$$

式中，R_0^1 表示服从 $(0,1)$ 正态分布的随机数，将其转换为均随机数后，上式即可表示为：

$$x' = R_{-1}'^1\sqrt{6K\Delta t} \tag{4-123}$$

式中，$R_{-1}'^1$ 表示 $(-1, 1)$ 区间内均匀分布的随机数。

与一维空间不同，在二维的情况下，每一步的随机走动距离表示为：

$$\gamma_x = R_0^1\sqrt{12D_x\Delta t}\cos\theta \tag{4-124}$$

$$\gamma_y = R_0^1\sqrt{12D_y\Delta t}\sin\theta \tag{4-125}$$

式中，R_0^1 表示服从正态分布的随机均匀数；D_x、D_y 分别表示在 x、y 方向上的水平扩散系数；θ 表示随机分布的角度，$\theta = 2\pi R_0^1$。

以上所述的粒子紊动随机扩散过程是对油膜的扩散与传统的无规则布朗运动进行了类比，实际上粒子的扩散是一定时间内无间断的正态分布的过程，而它的增量是相互独立的。传统的布朗运动可以使用蒙特卡罗法来模拟，但是利用这种方法只能得到 Fick 扩散，粒子云团的方差会随着时间呈线性增加。Okubo（大久保）与 Osborme（奥斯伯恩）等人在实际的观测和研究中发现，海面上的浮标在很大范围内的轨迹属于非 Fick 扩散，即其粒子云团的方差与时间呈非线性增加的关系，并得到赫斯特指数在 0.8 左右。研究还发现对于流中的粒子，其运动是连续的，具有拉格朗日记忆性。下面对布朗运动的基本原理稍作描述。

a. 一般布朗运动。传统的布朗运动 $B(t)$ 可以用高斯白噪声 $W(x)$ 的积分形式表示，如下所示：

$$B(t) = \int_{-\infty}^{t} W(x)\,\mathrm{d}x \tag{4-126}$$

式中，$W(x)$ 表示互不相关的正态分布 $N(0,1)$，在传统的粒子扩散模型中，一般使用大量粒子的随机走动过程模拟粒子的扩散规律，粒子云团的方差 σ_c^2 和模拟的时间 t 成正比，以下式表示：

$$\sigma_c^2 = 2Dt \tag{4-127}$$

式中，D 表示扩散系数。用此种方法只能够得到 Fick 扩散。由于 $W(x)$ 互不相关，所以可以对布朗运动进行离散化处理，即将 $B(t)$ 简化为随机变量 $W(x)$ 的叠加，如下所示：

$$B(t_i) = \sum_{j=1}^{i} W(t_j), \quad t_i = i\Delta t \tag{4-128}$$

进而可以得到每一步随机走动 $W(t_i)$ 的标准差的公式为：

$$\sigma_p = \sqrt{2D\Delta t} \tag{4-129}$$

b. 分数布朗运动。分数布朗运动（Fractional Brownian Motion，FBM）是由 Mandelbrot（芒德布罗）最早提出的，其与一般布朗运动在表达式上很相近，都是一系列的随机过程的积分形式，如下所示：

$$B_H(t) = \frac{1}{\Gamma\left(H + \frac{1}{2}\right)} \int_{-\infty}^{t} (t-x)^{H-\frac{1}{2}} R(x)\,\mathrm{d}x \tag{4-130}$$

其中，$\Gamma\left(H + \frac{1}{2}\right)$ 表示伽马函数，H 代表赫斯特指数。显然能看出每个时刻的 FBM 运动模型的结果都不是独立的，即模型中每一步的值都与其之前的整个轨迹有关，模型的记忆性也由此显现出来。另外，在实际情况中，上式中的无穷下限积分并不会出现，而且无穷下限积分是发散的，在 $t=0$ 时，$B_H(0)=0$，因此上式可以变形为：

$$B_H(0) = \frac{1}{\Gamma\left(H + \frac{1}{2}\right)} \int_{-\infty}^{t} (-x)^{H-\frac{1}{2}} R(x)\,\mathrm{d}x \tag{4-131}$$

$$B_H(t) - B_H(0) = \frac{1}{\Gamma\left(H + \frac{1}{2}\right)} \left\{ \int_{-\infty}^{t} ((t-x)^{H-\frac{1}{2}} - (-x)^{H-\frac{1}{2}}) R(x)\,\mathrm{d}x \right. \tag{4-132}$$
$$\left. + \int_{0}^{t} (t-x)^{H-\frac{1}{2}} R(x) \right\}$$

这里采用有限记忆的离散式来近似代替 FBM 以对上式求解：

$$B_H(i) - B_H(i-1) = \frac{1}{\Gamma\left(H + \frac{1}{2}\right)} \left\{ \sum_{j=i-M}^{i-2} \left[(i-j)^{H-\frac{1}{2}} - (i-j-1)^{H-\frac{1}{2}} \right] R(j) + R(i-1) \right\} \tag{4-133}$$

$$B_H(i) - B_H(0) = \sum_{i=1}^{t_i} B_H(i) - B_H(i-1) \tag{4-134}$$

式中，M 代表分数布朗运动中的有限记忆值，其数值越大就越接近准确值；$R(j)$、$R(i-1)$ 代表服从高斯概率分布的随机分布。分数布朗运动模型的粒子云团的标准差可由下式表示：

$$\sigma_f = (2D_f t)^H \tag{4-135}$$

由上述内容可以看出，当 $H=0.5$ 时，FBM 模型相当于一般布朗运动，所以可以将一般布朗运动看作分数布朗运动当 $H=0.5$ 时的一个特殊情况。文献中提出了一个在布朗运动中过去与未来之间与时间相关的函数 $C(t)$，如下所示：

$$C(t) = 2^{2H-1} - 1 \tag{4-136}$$

通过分析此函数可以看出，在普通布朗运动的情况下，运动过程之间是相互独立即没有任何相关性的；而当 $H>1/2$ 时，过去与未来之间存在正相关效应，即假如过去是增长的，那么将来也会保持增长趋势，若过去是衰减的，则将来也会呈衰减趋势；当 $H<1/2$ 时，过去与未来之间存在负相关效应，两者的趋势与之前完全相反，从而表明了 FBM 的记忆性。

Okubo 在文献中指出标准差是用于描述扩散现象的最为稳定的参数之一。二维平面中粒子云团在 x、y 两个方向上的标准差可以用下列公式进行计算：

$$\sigma_x = \sqrt{\frac{1}{N-1}\sum_{i=1}^{N}(x_i - \bar{x})^2} \tag{4-137}$$

$$\sigma_y = \sqrt{\frac{1}{N-1}\sum_{i=1}^{N}(y_i - \bar{y})^2} \tag{4-138}$$

$$\sigma = \sqrt{\frac{\sigma_x^2 + \sigma_y^2}{2}} \tag{4-139}$$

式中，x_i、y_i 均表示粒子的坐标；$\bar{x}$、$\bar{y}$ 表示粒子云团的中心位置，其中 $\bar{x} = \frac{1}{N}\sum_{i=1}^{N}x_i$，$\bar{y} = \frac{1}{N}\sum_{i=1}^{N}y_i$。

作为一种用于研究水体紊动情况的方法，分数布朗运动已经得到了广泛的应用。

（3）油粒子预测模型

通过以上对油粒子云团平流过程与扩散过程的分析，可以综合得到粒子在经过一个时间步长之后，其位置的表达式：

$$X_i = X_{i-1} + \int_{t_{i-1}}^{t_{i-1}+\Delta t} V_x \, dt + \Delta X_f \tag{4-140}$$

$$Y_i = Y_{i-1} + \int_{t_{i-1}}^{t_{i-1}+\Delta t} V_y \, dt + \Delta Y_f \tag{4-141}$$

式中，V_x、V_y 分别表示平流过程的速度；ΔX_f、ΔY_f 分别为分数布朗运动在每一步长中随机走动的距离。

根据上述公式能够计算得到任意时刻每个粒子所在的位置，由此进一步可以得到整个油粒子的轨迹，根据得到的油粒子轨迹图便可统计得到溢油扩散的总面积以及溢油油膜的厚度。

4.1.5.2 海洋沉积物碳循环过程数值模型

海洋沉积物不仅是各种不同来源有机碳的重要埋藏场所，也是一个十分活跃的生物地球化学反应器，在全球海洋碳循环中扮演着重要角色。相对传统的地球化学测试和定性描述方法，数值模型可以突破时间和空间的限制，定量获取海洋沉积物中各个碳循环过程的反应速率及其通量，因此日益受到学界的重视。

有机质的降解过程受诸多因素共同控制，但是目前的模型工作还无法将这些因素全部统筹到模型当中。海洋沉积物有机质降解模型的研究自 1964 年伯纳（Berner）首次提出 1-G 有机质降解模型开始，而后约根森（Jorgensen）对 1-G 模型进行了拓展，建立了多-G 模型。在此基础上，米德尔堡（Middelburg）和布德罗（Boudreau）等人先后在 1989 年和 1991 年提出了 Power 有机质降解模型和基于伽马（Gamma）分布函数的连续性有机质降解模型。

现阶段有机质降解模型的理论基础为衰退方程：

$$\frac{\mathrm{d}G}{\mathrm{d}t} = -kG \rightarrow G(t) = G(0)\mathrm{e}^{-kt} \tag{4-142}$$

式中，$G(t)$ 为有机质降解过程中 t 时刻的含量；k 为一阶动力学降解系数；$G(0)$ 为沉积物-海水界面处有机质的含量。动力学常数 k 直接反映了有机质的活性。当有机质活性越高时，k 的数值越大，有机质降解越快，沉积物有机质含量垂直剖面上的下降梯度越陡。通过对有机质活性的不同描述方式，衍生出了三类主要的有机质降解模型。

（1）离散性有机质降解模型（G model）

离散性有机质降解模型即将有机质活性成分划分成有限个组分，每个组分按照不同的一阶动力学降解系数进行有机质的降解过程。1964 年，Berner 首次提出了 1-G 海洋沉积物有机质降解模型，其中 G（Group）代表有机质活性划分的组分（类别），1 代表类别的个数。Berner 认为沉降到沉积物表层的有机质具有相同的活性，并按相同的一阶动力学常数 k_1 进行降解。求解可得到，1-G 模型中海洋沉积物中有机质降解的数学表达式为：

$$G(t) = G(0)\mathrm{e}^{-kt} \tag{4-143}$$

但是，考虑到有机质组成的差异，以及影响有机质活性的众多因素，后续模拟研究发现，单一的有机质活性组分划分并不能很好地模拟沉积物中有机质的降解过程。在 1-G 模型的基础上，1978 年 Jorgensen 进行了拓展，将有机质活性划分为更多的类别，衍生出了多-G 模型（mutli-G）。多-G 模型的数学表达式如下：

$$G(t) = f_1 G(0)\mathrm{e}^{-k_1 t} + f_2 G(0)\mathrm{e}^{-k_2 t} \tag{4-144}$$

$$G(t) = f_1 G(0)\mathrm{e}^{-k_1 t} + f_2 G(0)\mathrm{e}^{-k_2 t} + f_3 G(0)\mathrm{e}^{-k_3 t} \tag{4-145}$$

$$G(t) = \sum_{i=1}^{N} f_i G(0)\mathrm{e}^{-k_i t} \tag{4-146}$$

式中，f_i 为各活性占整体的比例（所有的 f_i 之和为 1），为各活性组分对应的降解系数。最常用的多-G 模型为 2-G 和 3-G 模型。当将有机质活性划分为 2 个类别时，即为 2-G 模型 [式(4-144)]；划分为 3 个类别时，即为 3-G 模型 [式(4-145)]。

由于 1-G 模型具有简单的数学表达形式，其不仅是最早的有机质降解模型，同时也是目前最常用的有机质降解模型。自 20 世纪 90 年代开始，得益于计算机算力的不断发展和提高，多-G 模型被广泛地应用于海洋沉积物中有机质的降解过程。需要指出的是，多-G 模型常常用来模拟稳态条件下（模拟时间内，沉降到模拟站站点沉积物表层的有机质含量相同，并且具有相同的活性）表层（<1m）沉积物中有机质的降解过程。

（2）连续性有机质降解模型（Reactive Continuum Model，RCM）

在过去的 20 多年中越来越多的海洋沉积物及其孔隙水数据被用来分析时间变化（季节性、年度）或大深度空间尺度（10～100m）内沉积物中的生物地球化学过程，这势必增加了对解决大尺度上有机质降解动态的模型的需求。此外，离散性有机质降解模型难以体现出有机质活性在大时间尺度内随时间衰退的特征，故催生了连续性有机质降解模型的发展，并应用到深层沉积物中有机质降解过程的模拟。

连续性有机质降解模型是在离散性有机质降解模型基础上的拓展。根据离散性有机质降解模型中各活性组分、一阶动力学降解系数的分布，可以在坐标轴中作出不同活性组分有机质的分布。若将有机质活性划分为无限个组分，其组分的分布可以通过一个连续的分布函数 $[g(k,0)]$ 表示，则基于该分布函数可构建连续性有机质降解模型：

$$\frac{dG}{dt} = -\int_0^{+\infty} G(0)g(k,0)k\,dk \rightarrow G(t) = G(0)\int_0^{+\infty} g(k,0)e^{-kt}\,dk \tag{4-147}$$

式中，$g(k,0)$ 表示沉积物-海水界面处有机质的活性分布。

考虑到有机质活性 k 的数值必须大于 0，选取的连续性分布函数必须为正半轴分布，因此一些常见的统计学分布并不适用于构建连续性有机质降解模型，如正态分布、瑞利分布和柯西分布。1991 年，Boudreau 用 Gamma 分布函数代替式（4-147）中的 $g(k,0)$，构建了首个连续性有机质降解模型：

$$g(k,0) = \frac{a^v k^{v-1} e^{-ak}}{\Gamma(v)} \rightarrow G(t) = G(0)\left(\frac{a}{a+t}\right)^v \tag{4-148}$$

式中，$\Gamma(v)$ 为 Gamma 函数；v 为 Gamma 分布的形状系数；a 为表层沉积物中有机质的表观年龄。此外，还有基于 Beta 分布函数的连续性有机质降解模型，但是考虑到 Beta 分数函数复杂的表达方式，该模型并没有在实际中得到广泛的应用。

（3）Power 有机质降解模型（Power Model）

无论是离散性有机质降解模型还是连续性有机质降解模型，都是依据衰退方程［式（4-142）］得到的严格的理论数学模型。在海洋地球化学的研究过程中，通过对较大数据量的搜集和挖掘，往往可以迅速发现不同研究变量之间的联系并依此建立相关的经验公式。沉积物中有机质的降解与其埋藏过程密切相关。因为活性大的有机质降解速率快，故沉积物有机质的整体活性随埋藏时间的增加而呈现降低的趋势。Middelburg 搜集了大量有机质数据［包括实验室培养条件下新鲜的海洋浮游类中有机质的降解数据，分布于全球大陆架（水深<200m）、大陆坡（水深 200～2000m）和远洋（水深>2000m）沉积物中有机质的剖面数据］，并模拟计算出不同时间尺度下的有机质活性变化，研究揭示了沉积物有机质活性明显随时间衰退的演化特征，并且两者在双对数坐标系中表现出良好的线性关系，依此建立了 Power 有机质降解模型，如下所示：

$$k(t) = p(a_p + t)^{-q} \tag{4-149}$$

式中，p 和 q 分别是有机质活性在双对数坐标系中线性关系的截距和斜率；a_p 是表层沉积物中有机质的表观年龄。将式（4-149）代入式（4-142）中得到：

$$G(t) = G(0)e^{\frac{p}{1-q}[a_p^{1-q} - (a_p+t)^{1-q}]} \tag{4-150}$$

从数学的角度出发，Power 模型和 RCM 是等价的。因为在式（4-150）中，选取特定的模型参数时，Power 模型和连续性有机质降解模型的数学表达式是一样的。此外，与 G 模型相比，连续性有机质降解模型与 Power 模型都可以体现出有机质活性随时间无限衰退的特征。但是，考虑到 G 模型将有机质划分为有限个活性组分，因此 G 模型无法体现出沉积物中有机质活性随埋藏深度递减的特点。

上述三种模型都是通过刻画沉积物-海水界面处的活性分布特征来描述有机质的降解过程，活性分布的差异性决定了沉积物有机质总体降解速率的不同。由于不同模型对有机质活性的描述不同，故通过表观活性来体现沉积物中有机质的活性特征。综合考虑有机质的表观活性（$\langle k \rangle$）及有机质活性的分布特征，通过对不同活性组分对整体降解速率的贡献进行加权，其数学表达式如下：

$$\langle k \rangle = \int_0^{+\infty} g(k,0)k\,\mathrm{d}k \tag{4-151}$$

式（4-151）适用于所有的通过活性分布描述有机质降解的模型。

当为离散性有机质降解模型时，式（4-151）可写为：

$$\langle k \rangle = \sum_{i=1}^{N} f_i k_i \tag{4-152}$$

当为基于 Gamma 分布的连续性有机质降解模型（γ-RCM）时，式（4-151）可写为：

$$\langle k \rangle = p a_\mathrm{p}^{-q} \tag{4-153}$$

上述不同数学模型已经被广泛应用于模拟和量化全球海洋沉积物中有机质的降解过程，表征了了不同海区沉积物有机质活性的分布特征。

4.1.6 地下水系统的数模仿真

4.1.6.1 地下水模型概述

（1）地下水渗流的连续性方程

设 $q(x,y,z,t)$ 和 $h(x,y,z,t)$ 分别表示渗流区域内任意点（x,y,z）在任意时刻 t 的渗流速度和水头，M 表示渗流区域内单位体积所含的水质量，ρ 表示水的密度，则各向异性介质中达西定律的微分形式为

$$q = [K]J \tag{4-154}$$

式中，

$$q = \begin{bmatrix} u \\ v \\ w \end{bmatrix}, J = \begin{bmatrix} -\dfrac{\partial h}{\partial x} \\ -\dfrac{\partial h}{\partial y} \\ -\dfrac{\partial h}{\partial z} \end{bmatrix} \tag{4-155}$$

其中，u，v，w 为渗流速度 q 的三个分量；J 为水力梯度；$[K]$ 为渗透系数张量，即

$$[K] = \begin{bmatrix} K_{xx} & K_{xy} & K_{xz} \\ K_{yx} & K_{yy} & K_{yz} \\ K_{zx} & K_{zy} & K_{zz} \end{bmatrix} \tag{4-156}$$

其中，K_{xx}，K_{xy}，$\cdots$，K_{zz} 是用来表征各向异性介质传导能力的参数。在无旋的情况下，$[K]$ 是一个二阶对称张量。

如果坐标轴方向取成渗透系数张量的主轴方向，则达西定律的微分形式可简写为：

$$\begin{cases} u = -K_{xx}\dfrac{\partial h}{\partial x} \\[2mm] v = -K_{yy}\dfrac{\partial h}{\partial y} \\[2mm] w = -K_{zz}\dfrac{\partial h}{\partial z} \end{cases} \qquad (4\text{-}157)$$

二维情形为：

$$\begin{cases} u = -K_{xx}\dfrac{\partial h}{\partial x} \\[2mm] v = -K_{yy}\dfrac{\partial h}{\partial y} \end{cases} \qquad (4\text{-}158)$$

在渗流区域内任取一光滑闭曲面 S，它所包含的区域记为 Ω，则从 t_1 到 t_z 流入闭曲面 S 的水的质量增量 Δm 为：

$$\Delta m = \int_{t_1}^{t_2}\iint_{S} -\rho q\vec{n}\,\mathrm{d}S\,\mathrm{d}t$$

式中，$\vec{n}$ 为曲面的外侧单位法向量，曲面的外侧单位法向量如图 4-3 所示。

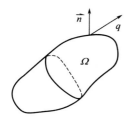

图 4-3　曲面的外侧
单位法向量

另外，在时间段 $(t_1,\ t_2)$ 内，区域 Ω 中水质量的增量为：

$$\iiint_{\Omega}[M(x,y,z,t_1)-M(x,y,z,t_2)]\,\mathrm{d}\Omega = \iiint_{\Omega}\left(\int_{t_1}^{t_2}\frac{\partial M}{\partial t}\,\mathrm{d}t\right)\mathrm{d}\Omega$$

根据质量守恒定律，得到

$$\int_{t_1}^{t_2}\iint_{S} -q\rho\vec{n}\,\mathrm{d}S = \iiint_{\Omega}\left(\int_{t_1}^{t_2}\frac{\partial M}{\partial t}\,\mathrm{d}t\right)\mathrm{d}\Omega \qquad (4\text{-}159)$$

由高斯散度定理

$$\int_{t_1}^{t_2}\iint_{S} -q\rho\vec{n}\,\mathrm{d}S = \int_{t_1}^{t_2}\iint_{\Omega}\mathrm{div}(\rho q)\,\mathrm{d}\Omega \qquad (4\text{-}160)$$

将式（4-187）代入式（4-186），并交换式（4-186）右端的积分次序，得到

$$\int_{t_1}^{t_2}\left[\iint_{\Omega}\mathrm{div}(\rho q)\,\mathrm{d}\Omega\right]\mathrm{d}t = \int_{t_1}^{t_2}\left(\iiint_{\Omega}\frac{\partial M}{\partial t}\,\mathrm{d}\Omega\right)\mathrm{d}t$$

或

$$\int_{t_1}^{t_2}\left\{\iiint_{\Omega}\left[\frac{\partial M}{\partial t}+\mathrm{div}(\rho q)\right]\mathrm{d}\Omega\right\}\mathrm{d}t = 0$$

由 t_1、t_2 和 Ω 的任意性，得到

$$\frac{\partial M}{\partial t}+\mathrm{div}(\rho q)=0 \qquad (4\text{-}161)$$

这就是渗流区域内任意点任意时刻所满足的连续性方程。若坐标轴的方向取为渗透系数张量的主轴方向，则连续性方程的数量形式为

$$\frac{\partial}{\partial x}\left(\rho K_{xx}\frac{\partial h}{\partial x}\right)+\frac{\partial}{\partial y}\left(\rho K_{yy}\frac{\partial h}{\partial y}\right)+\frac{\partial}{\partial z}\left(\rho K_{zz}\frac{\partial h}{\partial z}\right)=\frac{\partial M}{\partial t} \qquad (4\text{-}162)$$

（2）承压水三维流的偏微分方程

为了推导方便，把均衡单元取为立方体 $\Delta x\Delta y\Delta z$，而且立方体的面平行于坐标面，立方体如图 4-4 所示，显然均衡单元中所含水的质量为

$$M = \rho n \, \Delta x \, \Delta y \, \Delta z \qquad (4\text{-}163)$$

假定承压含水层具有压缩性，且符合弹性理论，水的密度 ρ 和介质的孔隙度 n 都是压力 p 的函数，同时假定压缩与膨胀主要发生在垂直方向上，所以 Δx 和 Δy 可以认为是不变的，只有 Δz 随压力 p 变化，设抽水压力 p 减少 $\mathrm{d}p$，引起水的密度 ρ 减小 $\mathrm{d}\rho$，骨架的应力 σ 增加了 $\mathrm{d}\sigma$，从而使这个单元的孔隙度减少 $\mathrm{d}n$，为了计算 $\dfrac{\partial M}{\partial t}$，对式（4-163）关于时间求导，得：

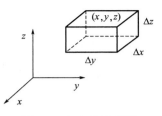

图 4-4　立方体示意图

$$\frac{\partial M}{\partial t} = \left(\rho n \, \frac{\partial \Delta z}{\partial t} + \rho \Delta z \, \frac{\partial n}{\partial t} + \Delta z n \, \frac{\partial \rho}{\partial t} \right) \Delta x \, \Delta y \qquad (4\text{-}164)$$

经过计算，得到：

$$\begin{cases} \dfrac{\partial \Delta z}{\partial t} = -\alpha \Delta z \, \dfrac{\partial \sigma}{\partial t} \\[2mm] \dfrac{\partial n}{\partial t} = -(1-n)\alpha \, \dfrac{\partial \sigma}{\partial t} \\[2mm] \dfrac{\partial \rho}{\partial t} = \rho \beta \, \dfrac{\partial p}{\partial t} \end{cases} \qquad (4\text{-}165)$$

式中，α 为骨架弹性压缩系数；β 为水的弹性压缩系数。

又知

$$\frac{\partial \sigma}{\partial t} = -\frac{\partial p}{\partial t} \qquad (4\text{-}166)$$

将式（4-165）、式（4-166）代入式（4-164），得到：

$$\frac{\partial M}{\partial t} = \rho (\alpha + n\beta) \Delta x \, \Delta y \, \Delta z \, \frac{\partial p}{\partial t} \qquad (4\text{-}167)$$

由于水头 $h = z + \dfrac{p}{\rho g}$，而 z 不随时间变化，所以 $\dfrac{\partial h}{\partial t} = \dfrac{1}{\rho g} \dfrac{\partial p}{\partial t}$，即

$$\frac{\partial p}{\partial t} = \rho g \, \frac{\partial h}{\partial t} \qquad (4\text{-}168)$$

将式（4-168）代入式（4-167），得到：

$$\frac{\partial M}{\partial t} = \rho^2 g (\alpha + n\beta) \frac{\partial h}{\partial t} \qquad (4\text{-}169)$$

将式（4-169）代入连续性方程［式（4-162）］，得到

$$\rho^2 g (\alpha + n\beta) \frac{\partial h}{\partial t} = \frac{\partial}{\partial x} \left(\rho K_{xx} \, \frac{\partial h}{\partial x} \right) + \frac{\partial}{\partial y} \left(\rho K_{yy} \, \frac{\partial h}{\partial y} \right) + \frac{\partial}{\partial z} \left(\rho K_{zz} \, \frac{\partial h}{\partial z} \right) \qquad (4\text{-}170)$$

令 $S_s = \rho(\alpha + n\beta)$，称为比贮水系数，则可写成：

$$S_s \, \frac{\partial h}{\partial t} = \frac{\partial}{\partial x} \left(K_{xx} \, \frac{\partial h}{\partial x} \right) + \frac{\partial}{\partial y} \left(K_{yy} \, \frac{\partial h}{\partial y} \right) + \frac{\partial}{\partial z} \left(K_{zz} \, \frac{\partial h}{\partial z} \right) \qquad (4\text{-}171)$$

这就是承压水三维流的偏微分方程。水头 h 是未知函数，它是二阶线性偏微分方程，从数学上分类它属于抛物线型偏微分方程。

若含水层是水平等厚的，将式（4-198）两端分别乘以含水层的厚度 M，并令

$$T_{xx} = K_{xx}M, \ T_{yy} = K_{yy}M, \ T_{zz} = K_{zz}M$$

则式（4-171）可写成

$$S \frac{\partial h}{\partial t} = \frac{\partial}{\partial x}\left(T_{xx} \frac{\partial h}{\partial x}\right) + \frac{\partial}{\partial y}\left(T_{yy} \frac{\partial h}{\partial y}\right) + \frac{\partial}{\partial z}\left(T_{zz} \frac{\partial h}{\partial z}\right) \tag{4-172}$$

式中，T_{xx}，T_{yy}，T_{zz} 分别表示导水系数张量 $\boldsymbol{T}$ 的主分量；$S = S_s M$ 表示贮水系数。

若含水层为均质各向同性的，则 $T_{xx} = T_{yy} = T_{zz} = T$（常数），于是式（4-172）可简化为

$$\frac{S}{T} \frac{\partial h}{\partial t} = \frac{\partial^2 h}{\partial x^2} + \frac{\partial^2 h}{\partial y^2} + \frac{\partial^2 h}{\partial z^2} \tag{4-173}$$

若承压含水层地下水流动是二维流，则 $\frac{\partial h}{\partial z} = 0$，于是式（4-172）变为

$$S \frac{\partial h}{\partial t} = \frac{\partial}{\partial x}\left(T_{xx} \frac{\partial h}{\partial x}\right) + \frac{\partial}{\partial y}\left(T_{yy} \frac{\partial h}{\partial y}\right) \tag{4-174}$$

这就是承压水二维非稳定流的偏微分方程。

若承压含水层地下水流动是稳定的，即 $\frac{\partial h}{\partial z} = 0$，则式（4-172）变为

$$\frac{\partial}{\partial x}\left(T_{xx} \frac{\partial h}{\partial x}\right) + \frac{\partial}{\partial y}\left(T_{yy} \frac{\partial h}{\partial y}\right) + \frac{\partial}{\partial z}\left(T_{zz} \frac{\partial h}{\partial z}\right) = 0 \tag{4-175}$$

这就是承压水三维非稳定流的偏微分方程。

若承压含水层地下水流动是二维稳定流，$\frac{\partial h}{\partial z} = 0$，则

$$\frac{\partial}{\partial x}\left(T_{xx} \frac{\partial h}{\partial x}\right) + \frac{\partial}{\partial y}\left(T_{yy} \frac{\partial h}{\partial y}\right) = 0 \tag{4-176}$$

这就是承压水二维非稳定流的偏微分方程。

若承压含水层是等厚、均质且各向同性，则式（4-176）可写成

$$\frac{\partial^2 h}{\partial x^2} + \frac{\partial^2 h}{\partial y^2} + \frac{\partial^2 h}{\partial z^2} = 0 \tag{4-177}$$

（3）潜水含水层地下水运移偏微分方程

为了研究推导出潜水含水层地下水流的二维微分方程，有以下四个假定条件：

a. 潜水面比较平缓；

b. 垂直流速可以忽略不计，或者说水头不随深度变化；

c. 在同一条垂直线上的水平流速相等；

d. 含水层的底板是水平的。

以上四条假定称为裴布依-福希海默（Dupuit-Forcheimer）假定，下面在以上假定的条件下推导潜水二维水头所满足的微分方程。

取含水层的底板为 xOy 平面，坐标系取法如图 4-5 所示。设 $h(x,y,t)$ 为平面区域内任意一点（x，y）任意时刻 t 的水头，这时底板到潜水面的高度等于水头。在所考虑的潜水含水层中，任取一个微柱体 $ABCDEFGH$，如图 4-5 所示，其中心线通过点（x，y）与 $ABCD$ 面和 $EFGH$ 平行于 xOh 平面；$AFED$ 与 $BGHC$ 面平行于 yOh 平面，$ABGF$ 面位于底板面，底边长为 dx、dy，微柱体的高度近似看成潜水面的高度 h。微柱体如图 4-5 所示。

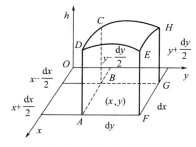

图 4-5　微柱体示意图

根据达西定律，在 dt 时间段内沿 x 轴方向的水量增

量为

$$\frac{\partial}{\partial x}\left(Kh\,\frac{\partial h}{\partial x}\right)\mathrm{d}x\,\mathrm{d}y\,\mathrm{d}t$$

同理，在 $\mathrm{d}t$ 时间段内沿 y 轴方向的水量增量为

$$\frac{\partial}{\partial y}\left(Kh\,\frac{\partial h}{\partial y}\right)\mathrm{d}x\,\mathrm{d}y\,\mathrm{d}t$$

因此，总的水量增量为

$$\left[\frac{\partial}{\partial x}\left(Kh\,\frac{\partial h}{\partial x}\right)+\frac{\partial}{\partial y}\left(Kh\,\frac{\partial h}{\partial y}\right)\right]\Bigg|_{(x,y,t)}\mathrm{d}x\,\mathrm{d}y\,\mathrm{d}t$$

另外，同一微柱体内，在 $\mathrm{d}t$ 时间段内，水头的变化引起水量的增量为

$$S_y\,\frac{\partial h}{\partial t}\mathrm{d}x\,\mathrm{d}y\,\mathrm{d}t$$

式中，S_y 为潜水含水层给水度。

根据水量均衡原理，应有

$$\frac{\partial}{\partial x}\left(Kh\,\frac{\partial h}{\partial x}\right)+\frac{\partial}{\partial y}\left(Kh\,\frac{\partial h}{\partial y}\right)=S_y\,\frac{\partial h}{\partial t} \tag{4-178}$$

这就是潜水二维非稳定流方程。

若含水层是倾斜的，并且近似满足以上假定条件，且假定底板标高方程为

$$B=B(x,y)$$

则只要将 h 换成 $(h-B)$，即得含水层倾斜情况下的潜水二维非稳定流方程为

$$\frac{\partial}{\partial x}\left[K(h-B)\frac{\partial h}{\partial x}\right]+\frac{\partial}{\partial y}\left[K(h-B)\frac{\partial h}{\partial y}\right]=S_y\,\frac{\partial h}{\partial t} \tag{4-179}$$

对于不满足 Dupuit-Forcheimer 假定条件的潜水含水层，其水头应满足三维微分方程，该方程与三维承压水微分方程形式完全一样，即水头 $h(x,y,z,t)$ 所满足的微分方程为

$$S_s\,\frac{\partial h}{\partial t}=\frac{\partial}{\partial x}\left(K_{xx}\,\frac{\partial h}{\partial x}\right)+\frac{\partial}{\partial y}\left(K_{yy}\,\frac{\partial h}{\partial y}\right)+\frac{\partial}{\partial z}\left(K_{zz}\,\frac{\partial h}{\partial z}\right) \tag{4-180}$$

但由于对于潜水含水层，潜水层所承受的压力比承压情形小，因此，弹性释放与由于潜水面下降而疏干出来的水量相比是微不足道的，从而对潜水含水层，可以认为弹性释放系数近似为零。所以在潜水含水层区域内部的点，其水头 $h(x,y,z,t)$ 满足的方程为

$$\frac{\partial}{\partial x}\left(K_x\,\frac{\partial h}{\partial x}\right)+\frac{\partial}{\partial y}\left(K_y\,\frac{\partial h}{\partial y}\right)+\frac{\partial}{\partial z}\left(K_z\,\frac{\partial h}{\partial z}\right)=0 \tag{4-181}$$

潜水面是潜水含水层的顶部边界，如图 4-6 所示，它是变化的并且是未知的，而承压含水层的顶部边界也是它的顶板，是已知的和不变的，因此在进行三维计算时，承压和无压的差别表现为边界条件的不同，而不是方程本身。因此对潜水含水层来说，困难主要集中在对潜水面边界条件的处理上。

根据水头的定义

$$h(x,y,z,t)=z+\frac{p}{\rho g} \tag{4-182}$$

在潜水面上的点都满足压力 $p=0$ 的条件，即

$$h(x,y,z,t)=z \tag{4-183}$$

因此方程

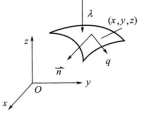

图 4-6　潜水面

$$F(x,y,z,t)=h-z=0$$

就是潜水面的隐式方程。

潜水面所满足的微分方程为

$$S_y \frac{\partial h}{\partial t}=K_{xx}\left(\frac{\partial h}{\partial x}\right)^2+K_{yy}\left(\frac{\partial h}{\partial y}\right)^2+\frac{\partial}{\partial z}\left[K_{zz}\left(\frac{\partial h}{\partial z}\right)^2\right]-\frac{\partial h}{\partial z}(K_{zz}+\lambda)+\lambda \tag{4-184}$$

式中，λ 为降雨入渗强度，它表示单位时间内向单位水平面积注入的水量。

（4）关于饱和流和非饱和流的微分方程

不论是饱和带还是非饱和带，水的运动均满足质量守恒原理，而且实验证明在非饱和带中达西定律仍然成立，因此可以统一建立饱和带与非饱和带微分方程。

在潜水面处水压等于大气压力，在潜水面之上水压力小于大气压力。若取大气压力为零，则它们分别由 $p=0$、$p<0$、$p>0$ 表征，所以在统一地研究饱和流与非饱和流时取压力水头 $\varphi=\frac{p}{\rho g}$ 为因变量是方便的，此时总水头为

$$h=z+\varphi \tag{4-185}$$

根据连续性方程［式（4-162）］，只要计算 M 即可，对于饱和带和非饱和带，M 可统一表示为

$$M=S_f n\rho \tag{4-186}$$

式中，n 为介质的孔隙度；ρ 为水的密度；S_f 为孔隙度中含水的百分比。对于非饱和带，$S_f<1$；对于饱和带，$S_f=1$。此外，再引进一个量

$$\theta=S_f n \tag{4-187}$$

它表示单位体积的均衡体中水所占的体积，称为含水率。

经计算

$$\frac{\partial M}{\partial t}=\frac{\partial}{\partial t}(S_f n\rho)=\left[\frac{\rho\theta}{n}(\alpha'+n\beta')+\rho C\right]\frac{\partial\varphi}{\partial t} \tag{4-188}$$

式中，$\alpha'=\alpha\rho\beta$，$\beta'=\beta\rho g$，$\theta=S_f n$。

将式（4-188）代入连续性方程［式（4-162）］，得到饱和带与非饱和带水流微分方程为

$$\frac{\partial}{\partial x}\left(K_{xx}\rho\frac{\partial\varphi}{\partial x}\right)+\frac{\partial}{\partial y}\left(K_{yy}\rho\frac{\partial\varphi}{\partial y}\right)+\frac{\partial}{\partial z}\left(K_{zz}\rho\frac{\partial\varphi}{\partial z}\right)=\left[\frac{\rho\theta}{n}(\alpha'+n\beta')+\rho C\right]\frac{\partial\varphi}{\partial t} \tag{4-189}$$

这就是统一描述饱和流与非饱和流的方程，其中 ρ、K、n、C、α'、β' 均为 φ 的函数，因此是一个非线性的偏微分方程。

对于非饱和区，式（4-189）右端方括号中表示弹性释放的第一项与第二项 ρC 相比可以忽略不计，β 也可以近似看作常数，方程变成

$$C\frac{\partial\varphi}{\partial t}=\frac{\partial}{\partial x}\left(K_{xx}\frac{\partial\varphi}{\partial x}\right)+\frac{\partial}{\partial y}\left(K_{yy}\frac{\partial\varphi}{\partial y}\right)+\frac{\partial}{\partial z}\left[K_{zz}\left(\frac{\partial\varphi}{\partial z}+1\right)\right] \tag{4-190}$$

这就是非饱和带水流的微分方程。

式（4-190）也可以写成以含水率 θ 为未知数的方程：

$$\frac{\partial\theta}{\partial t}=\frac{\partial}{\partial x}\left(D_x\frac{\partial\theta}{\partial x}\right)+\frac{\partial}{\partial y}\left(D_y\frac{\partial\theta}{\partial y}\right)+\frac{\partial}{\partial z}\left(D_z\frac{\partial\theta}{\partial z}\right)+D'_z\frac{\partial\theta}{\partial z} \tag{4-191}$$

式中，$D_x=K_{xx}\frac{\partial\varphi}{\partial\theta}$，$D_y=K_{yy}\frac{\partial\varphi}{\partial\theta}$，$D_z=K_{zz}\frac{\partial\varphi}{\partial\theta}$，$D'_z=\frac{\mathrm{d}K_{zz}}{\mathrm{d}\theta}$。

（5）孔隙、裂隙流微分方程

假设多孔介质存在原生的孔隙，同时又有次生的裂隙，由于存在裂隙，岩石的渗透性往往增加许多倍，地下水主要储存在孔隙中，但地下水运动主要在裂隙中进行。针对这种情况，1960 年巴伦布拉特（Barenblatt）等提出了这种岩石具有孔隙、裂隙双重性的观点，并在此基础上导出了孔隙、裂隙流微分方程。

假设：

a. 岩石在原生孔隙的基础上存在范围广泛的随机分布裂隙，二者都充满整个区域，形成了两个重叠的连续流，即具有"二重"构造，因此在渗流区域的每一点上都有两个水头，一是孔隙水头 h，二是裂隙水头 h^*。

b. 孔隙和裂隙的交换量 $Q_{pf} = C(h - h^*)$，其中 Q_{pf} 表示单位体积的含水层在单位时间内从孔隙流到裂隙中的水量，C 是比例常数，C 的值与孔隙和裂隙的渗透性及它们的几何特征有关。

c. 裂隙中水的流动服从达西定律。

在渗流区域内取以（x，y，z）为中心、底面平行于坐标面的微元体，在（t，$t+dt$）时段内进行水量均衡分析，设比流量为 $q = (q_x, q_y, q_z)^T$，在 dt 时段内微元体水量的增量为

$$-\left(\frac{\partial q_x}{\partial x} + \frac{\partial q_y}{\partial y} + \frac{\partial q_z}{\partial z}\right)\Bigg|_{(x,y,z,t)} \mathrm{d}x\,\mathrm{d}y\,\mathrm{d}z\,\mathrm{d}t$$

根据达西定律，将 $q_x = -K_{xx}\dfrac{\partial h^*}{\partial x}$，$q_y = -K_{yy}\dfrac{\partial h^*}{\partial y}$，$q_z = -K_{zz}\dfrac{\partial h^*}{\partial z}$ 代入上式，得到

$$\left[\frac{\partial}{\partial x}\left(K_{xx}\frac{\partial h^*}{\partial x}\right) + \frac{\partial}{\partial y}\left(K_{yy}\frac{\partial h^*}{\partial y}\right) + \frac{\partial}{\partial z}\left(K_{zz}\frac{\partial h^*}{\partial z}\right)\right]\Bigg|_{(x,y,z,t)} \mathrm{d}x\,\mathrm{d}y\,\mathrm{d}z\,\mathrm{d}t$$

该时段内由微元体增加的水量使水头发生变化所需水量又等于蓄水量：

$$S_s\frac{\partial h}{\partial t}\Bigg|_{(x,y,z,t)} \mathrm{d}x\,\mathrm{d}y\,\mathrm{d}z\,\mathrm{d}t + S_y^*\frac{\partial h^*}{\partial t}\Bigg|_{(x,y,z,t)} \mathrm{d}x\,\mathrm{d}y\,\mathrm{d}z\,\mathrm{d}t$$

式中，S_s 和 S_y^* 分别是孔隙和裂隙的比贮水系数。

按水量均衡原理，应有

$$\left[\frac{\partial}{\partial x}\left(K_{xx}\frac{\partial h^*}{\partial x}\right) + \frac{\partial}{\partial y}\left(K_{yy}\frac{\partial h^*}{\partial y}\right) + \frac{\partial}{\partial z}\left(K_{zz}\frac{\partial h^*}{\partial z}\right)\right]\Bigg|_{(x,y,z,t)} \mathrm{d}x\,\mathrm{d}y\,\mathrm{d}z\,\mathrm{d}t$$

$$= \left(S_s\frac{\partial h}{\partial t} + S_y^*\frac{\partial h^*}{\partial t}\right)\Bigg|_{(x,y,z,t)} \mathrm{d}x\,\mathrm{d}y\,\mathrm{d}z\,\mathrm{d}t \tag{4-192}$$

由 $\mathrm{d}x\,\mathrm{d}y\,\mathrm{d}z\,\mathrm{d}t$ 的任意性，得到方程

$$\frac{\partial}{\partial x}\left(K_{xx}\frac{\partial h^*}{\partial x}\right) + \frac{\partial}{\partial y}\left(K_{yy}\frac{\partial h^*}{\partial y}\right) + \frac{\partial}{\partial z}\left(K_{zz}\frac{\partial h^*}{\partial z}\right) = S_s\frac{\partial h}{\partial t} + S_y^*\frac{\partial h^*}{\partial t} \tag{4-193}$$

再由假定 b

$$S_s\frac{\partial h}{\partial t} = -Q_{pf} \tag{4-194}$$

或

$$S_s\frac{\partial h}{\partial t} = -C(h - h^*) \tag{4-195}$$

为了消去 h，把上式改写成

$$\frac{\partial(h-h^*)}{\partial t}+r(h-h^*)=-\frac{\partial h^*}{\partial t} \qquad (4\text{-}196)$$

式中，$r=\dfrac{C}{S_s}$，这是关于 $(h-h^*)$ 的一阶线性非齐次微分方程，按其一阶线性非齐次常微分方程解的公式，方程的解为

$$h-h^*=-\int_0^t e^{-r(t-\tau)}\frac{\partial h^*}{\partial \tau}d\tau \qquad (4\text{-}197)$$

得到

$$S_s\frac{\partial h}{\partial t}=C\int_0^t e^{-r(t-\tau)}\frac{\partial h^*}{\partial \tau}d\tau \qquad (4\text{-}198)$$

以此代替式(4-220)右端第一项，得到裂隙水头 h^* 所满足的微分方程：

$$\frac{\partial}{\partial x}\left(K_{xx}\frac{\partial h^*}{\partial x}\right)+\frac{\partial}{\partial y}\left(K_{yy}\frac{\partial h^*}{\partial y}\right)+\frac{\partial}{\partial z}\left(K_{zz}\frac{\partial h^*}{\partial z}\right)=S^*\frac{\partial h^*}{\partial t}+C\int_0^t e^{-r(t-\tau)}\frac{\partial h^*}{\partial \tau}d\tau$$

$$(4\text{-}199)$$

式中，S^* 为裂隙系统的储水系数。这个方程在石油工程中有广泛的应用。

4.1.6.2　多孔介质中溶质运移模型

（1）溶质对流

地下水在多孔介质中运动，挟带着溶质，这种溶质随着地下水的运动称为溶质的对流。当地下水的流动符合达西定律时，对流通量密度 J_c 为

$$J_c=qC \qquad (4\text{-}200)$$

式中，q 为比流量，它表示单位时间通过单位面积（垂直流动方向）的水量；C 表示单位体积内的溶液中所含溶质的质量。

根据达西定律

$$q=-K\,\mathrm{grad}h \qquad (4\text{-}201)$$

于是

$$J_c=-CK\,\mathrm{grad}h \qquad (4\text{-}202)$$

设 J_c 的三个分量为 J_{cx}、J_{cy}、J_{cz}，则

$$\begin{cases} J_{cx}=-CK\dfrac{\partial h}{\partial x} \\[2mm] J_{cy}=-CK\dfrac{\partial h}{\partial y} \\[2mm] J_{cz}=-CK\dfrac{\partial h}{\partial z} \end{cases} \qquad (4\text{-}203)$$

在各向异性介质中

$$\begin{cases} J_{cx}=-C\left(K_{xx}\dfrac{\partial h}{\partial x}+K_{xy}\dfrac{\partial h}{\partial y}+K_{xz}\dfrac{\partial h}{\partial z}\right) \\[2mm] J_{cy}=-C\left(K_{yx}\dfrac{\partial h}{\partial x}+K_{yy}\dfrac{\partial h}{\partial y}+K_{yz}\dfrac{\partial h}{\partial z}\right) \\[2mm] J_{cz}=-C\left(K_{zx}\dfrac{\partial h}{\partial x}+K_{zy}\dfrac{\partial h}{\partial y}+K_{zz}\dfrac{\partial h}{\partial z}\right) \end{cases} \qquad (4\text{-}204)$$

对于一维流动

$$J_c = -CK \frac{\mathrm{d}h}{\mathrm{d}x} \tag{4-205}$$

若实际平均流速为 u，则

$$q = nu \tag{4-206}$$

于是

$$J_c = unC \tag{4-207}$$

式中，n 是有效孔隙度。

式(4-206)表示溶质随地下水对流运动时产生溶质运移，应该注意，溶质随着地下水运动时，存在溶质的扩散作用。

（2）溶质分子扩散

溶质在整个溶液中的不均匀分布，使得溶液中存在浓度梯度，即便没有流动，溶质也会从浓度高的地方扩散到浓度低的地方，从而使浓度趋于均一。由 Fick 定律，扩散通量 J_d 与浓度梯度成正比，即

$$J_d = -D_d \mathrm{grad}C \tag{4-208}$$

对于一维流动

$$J_d = -D_d \frac{\mathrm{d}C}{\mathrm{d}x} \tag{4-209}$$

但地下水不是充满整个空间，而仅仅是充满多孔介质的孔隙，故有

$$J_d = -D_d n \frac{\mathrm{d}C}{\mathrm{d}x} \tag{4-210}$$

对于一般情况

$$J_d = -nD_d \mathrm{grad}C \tag{4-211}$$

式中，D_d 为溶质在水中的扩散系数。

对于土体中溶质的扩散系数

$$D' = -\tau D_d \tag{4-212}$$

J. Bear（贝尔）认为 τ 相当于粒状介质中孔隙的弯曲度，其值为 0.67，所以 D' 远比 D_d 小。

严格来说，D' 还与含水率 θ 和浓度 C 的平方有关，对于非饱和带水，D' 随着 θ 的减小而减小，即

$$D' = D'(\theta, C) \tag{4-213}$$

于是在土体中，式(4-210)变为

$$J_d = -nD'(\theta, C) \mathrm{grad}C \tag{4-214}$$

一维情形

$$J_d = -nD'(\theta, C) \frac{\mathrm{d}C}{\mathrm{d}x} \tag{4-215}$$

（3）机械弥散

当流体在多孔介质中流动时，位于孔隙中心的运动速度最大，而在孔隙壁上，由于摩阻的影响，速度变小，其次，通道口径大小不均一，引起沿通道轴的最大速度之间存在差异，而且孔隙通道弯弯曲曲，流动方向也不断变化，导致流进的溶液发生混合，不同浓度的溶液混合，使溶质浓度趋于平均化。这种特有的物质运移现象称为机械弥散。机械弥散是由微观速度不均一造成的，当流速适当大时，机械弥散作用超过分子扩散作用，但当流速很小时，

分子扩散便是主要的。显然混合后的弥散通量与浓度梯度 C 和孔隙度 n 成正比，即

$$J_h = -nD_h \text{grad} C \qquad (4\text{-}216)$$

式中，D_h 为机械弥散系数。

一维情形，若流动方向为 x 方向，则

$$J_h = -nD_d \frac{dC}{dx} \qquad (4\text{-}217)$$

由于扩散与弥散从效果而言是类似的，于是定义

$$D = D' + D_h \qquad (4\text{-}218)$$

称为水动力弥散系数。

（4）介质对溶质的吸附和离子交换

由于地下水中的溶质与含水层的固体骨架发生相互作用，带负电荷胶体吸附阳离子，带正电荷胶体吸附阴离子，胶体微粒上原来吸附的离子和溶液中的离子发生交换作用，如某研究用 NaCl 水溶液作示踪剂，发现水中 Ca^{2+}、Mg^{2+} 增加，表明土层骨架中 Ca^{2+}、Mg^{2+} 被 Na^+ 代替，这说明基质对溶质有吸附作用。所以液相中的溶质可能被固相吸附，固相中的物质也可能由于溶解或离子交换而进入液相。

单位体积骨架的吸附量可用弗罗因德利希（Freundlich）方程表示

$$F = K'_d C^N \qquad (4\text{-}219)$$

式中，K'_d、N 为常数。

（5）化学反应和生物过程

含有不同化学成分的流体之间以及流体与固体骨架之间均可能产生化学反应，产生沉淀，从而使某种溶质的浓度发生变化。生物过程，例如有机物的腐败、细菌的增殖等也会产生类似作用。

（6）放射性衰变

流体中含有放射性物质时，放射性物质在运移过程中会随着时间发生衰变，从而自动降低浓度，浓度的衰变率为

$$\frac{dC}{dt} = -\lambda C \qquad (4\text{-}220)$$

式中，λ 为衰变常数。

（7）溶质源和汇

溶质在运移过程中，若所考虑多孔介质区域中存在源和汇，则对溶质浓度分布常有很大影响。源会增加溶质浓度，汇则会减少溶质浓度。

4.2 水环境生态修复技术数模仿真

不考虑外部影响条件下，生态系统是一个具备自我调控能力的科学系统，所以在通常情况下，生态系统能保持自身的生态平衡。理论上，一个生态系统对外界干扰在一定程度和阈值内是具有自动适应和自调控能力的。生态系统的结构越复杂，物种数目越多，自我调节能力就越强，但其调节能力有一定的局限性，超过了限度，调节也就失去了作用。自然、半自然的人工生态系统等各种生态系统的自主控制的研究，将有助于阐明自然和人类活动导致的一系列生态环境影响，理解生物多样性的广泛的重要性，以及种群和生态系统之间的影响机理，探索外部因素对生态系统的制约，将生态系统的运行规律研究透彻。生态系统的自主调

节功能是有限的，强烈的外部干扰，如地震、泥石流等自然灾害，大规模人为工程的建设，有毒物质的排放，特定的生物人工干涉等外部因素都可能导致生态系统的自我调节功能遭到破坏，使生态系统平衡被打破，甚至出现危机。而生态系统危机是威胁人类生存、造成地区生态结构和功能乃至整个生物圈不均衡的关键因素。因此我们应该重视人类活动造成的系统逆向演化及其对系统结构的影响，重视生物资源恢复途径，防止人类与环境关系的不协调，用生态系统的理论和方法科学管理生态系统，维持系统健康。

经济和工业迅猛发展，人们追求良好自然环境的观念也随之加深，近年来国家大力推动河道水生态治理工作，逐步对已损坏的自然环境进行修复。国内学者也已经意识到水利工程与周围水域生态环境之间的制约影响，意识到开展流域生态治理的必要性。

随着计算机技术的发展，数模仿真技术不断完善。20 世纪 60 年代以来，水动力及泥沙数值模型理论和技术获得了突破性的进展，推动了河道演变动力学的研究进程，并应用到实际工程问题中，为解决河流的诸多问题提供了精准高效的计算方法。与物理模型相比，数模仿真方法应用面广、适应性强，不受相似比尺的限制，提高了模型计算效率和精度，减少了人力、物力的消耗。

本节将从人工增氧技术、植物修复技术和底泥修复技术三个方面介绍数模仿真在工程中的应用情况。

4.2.1 人工增氧生态修复技术数模仿真

水体富营养化和黑臭问题的产生都有一个共同原因，即水体处于缺氧状态。溶解氧浓度是一个既能体现水中生物生长状态又能用于水质修复和维持的重要指标。如果水体溶解氧浓度较低，甚至处于厌氧状态，一方面，水生动植物不能正常健康地生长，甚至会死亡；另一方面容易导致水体底泥中的磷、重金属（如铁、锰）、总氮以及有机物的过量释放，并在水体中积累，可能会激发藻类的生长并引起富营养化，同时也会导致水体黑臭。所以，使用增氧设备对水体进行增氧是有效解决水体富营养化和黑臭问题的重要措施之一。虽然试验是得到不同因子的影响效果与规律的最直接手段，但是这种方式存在耗时、耗力和测量区域有限等不足，会影响结论的准确性和推广性，因此，有必要对人工增氧系统进行数值模拟计算，为后期增氧工况组合提供理论与技术基础，并弥补试验的不足。

4.2.1.1 氧传质模型计算理论

曝气充氧过程是氧由气相向液相传递的氧传质过程，常用的评价增氧性能的技术指标有4 个，分别为标准氧总传质系数、标准氧传质速率、标准曝气效率和标准氧传质效率。

（1）标准氧总传质系数

曝气增氧试验的理论基础源于 Lewis（刘易斯）和 Whitman（惠特曼）提出的双膜理论，结合溶解氧质量输移模型，氧体积传质系数 $K_L\alpha_T$ 被用来衡量水体的增氧效率，其基本方程为：

$$\frac{dC}{dt} = K_L\alpha_T(C^*_{\infty,T} - C_0) \tag{4-221}$$

式中，C_0 为进行增氧前水体中溶解氧的初始浓度，一般为 0；C 为增氧过程中某测量时间点的溶解氧浓度，mg/L；$K_L\alpha_T$ 为温度为 T 时水体的氧体积传质系数，h^{-1}；$C^*_{\infty,T}$ 为温度为 T 时水体溶解氧的饱和浓度，mg/L；t 为扩散器的增氧时间，h。

在测量过程中，溶解氧浓度随时间变化，每个工况中可以得到一系列的溶解氧浓度和时间实测数据。通过高斯-牛顿法的非线性回归分析对实测数据进行拟合，可得到每个工况下的 $C_{\infty,T}^*$、$K_L\alpha_T$ 值。

实际试验中，每个工况下的水体温度不同，因此，需要对每个工况下氧体积传质系数进行温度修正，修正后标准氧总传质系数计算公式为：

$$K_L\alpha_{20} = K_L\alpha_T C^{(T-20)} \tag{4-222}$$

式中，$K_L\alpha_{20}$ 为 20 ℃时的氧体积传质系数，h^{-1}；θ 为温度修正经验系数，一般取为 1.024；T 为测量时的水体温度（取测试过程中的平均温度），℃。

（2）标准氧传质速率

标准氧传质速率（standard oxygen transfer rate，SOTR，也称为标准充氧能力）是评价增氧系统性能的重要指标，是指在 20 ℃和标准大气压下，单位时间内向溶解氧浓度为 0 的水中传递氧气的质量，计算公式为：

$$SOTR = K_L\alpha_{20}(C_{\infty,20}^* V \times 10^3) \tag{4-223}$$

式中，SOTR 为标准充氧能力，kg/h；$C_{\infty,T}^*$ 为温度为 T 时水体溶解氧的饱和浓度，mg/L；V 为试验水体体积，m^3。

由于水体饱和溶解氧浓度容易受水温、气压和水质等因素的影响，通过 ASCE（美国土木工程师协会）标准中的方法，进行温度和气压修正，如下所示：

$$C_{\infty,20}^* = C_{\infty,T}^*(1/\tau\Omega) \tag{4-224}$$

式中，

$$\Omega = P_b/P_s \tag{4-225}$$

$$\tau = C_{sT}^*/C_{s20}^* \tag{4-226}$$

$$C_{sT}^* = 14.59 - 0.3955T + 0.0072T^2 - 0.0000619T^3 \tag{4-227}$$

式中，C_{s20}^* 为 20 ℃、1.0atm（1atm=101.325kPa）和 100%相对湿度下的溶解氧饱和浓度值，kg/m^3；C_{sT}^* 为试验水温 T、1.0atm 和 100%相对湿度下的溶解氧饱和浓度值，mg/L；Ω 为压力校正因子；P_b 为试验时气体的绝对压力，kPa；P_s 为标准大气压，101.325kPa；τ 为温度校正系数。

（3）标准曝气效率

标准曝气效率（standard aeration efficiency，SAE，也称为动力效率）是指在试验工况、20℃和标准大气压下，消耗单位有用功传递到水中的氧气质量，单位为 kg/(kW·h)，计算公式为：

$$SAE = \frac{SOTR}{N_T} \tag{4-228}$$

$$N_T = \frac{q_b P}{3600 \times 1000} \tag{4-229}$$

$$q_b = q_{b0}\sqrt{\frac{T_b P_{b0}}{T_{b0} P_b}} \tag{4-230}$$

式中，N_T 为曝气充氧过程消耗的理论功率，kW；P 为进气管的气体压力，Pa；q_b 为实际流量，m^3/h；q_{b0} 为测试时流量计的流量，m^3/h；P_{b0} 为 101.325kPa；P_b 为测试时气体的绝对压力，kPa；T_b 为测试时气体的热力学温度，K；T_{b0} 为标定刻度时的热力学温度，293.15K。

（4）标准氧传质效率

标准氧传质效率（standard oxygen transfer efficiency，SOTE，也称为氧利用率）是指在标准状态下的增氧过程中，水体溶解氧浓度达到饱和后，单位时间内进入水体的氧气量占曝气系统总的供氧量的比例，以%表示。可由下式计算得到：

$$SOTE = \frac{SOTR}{0.21 \times 1.43 \times q} \times 100\%$$ (4-231)

$$q = q_b \frac{P_b T_s}{P_s T_b}$$ (4-232)

式中，0.21 为氧气在空气中的体积分数；1.43 为氧气的密度，kg/m^3；q 为一个标准大气压、20℃时曝气装置的曝气量，m^3/h；q_b 为气体的实际流量，m^3/h；T_s 取 293.15K；P_b 为测试时的绝对压强；P_s 取 101.325kPa；T_b 为测试时气体的热力学温度，K。

4.2.1.2 人工增氧系统的数模仿真模型构建

计算流体力学（computational fluid dynamics，CFD）是一种计算机与流体信息相结合的数值模拟研究方法。下面以 OpenFOAM 软件对人工增氧生态修复工程中的增氧过程的压强、流速等流体特性进行数值模拟分析，对工况条件改变所产生的影响进行预测，以获取人工增氧生态修复工程实施的最优参数。interFoam 是 OpenFOAM 软件中最基础、最完善的二相流求解器，该瞬态求解器基于有限体积法原理，使用有界压缩的流体体积法（VOF）对自由液面进行追踪和捕捉，对于空间离散则采用有限体积法（FVM）。

陈薇等基于 OpenFOAM 软件的二相流求解器，以 DEDALE 试验为研究对象，对气-水两相流的局部参数进行模拟，空泡份额、气相速度、液相速度等分布特性的拟合结果与实验值均比较符合，验证了 OpenFOAM 二相流模型的准确性。柴翔基于 OpenFOAM 对两相流动进行数值模拟，开发出了基于二相流模型的泡状流动的计算程序，并对垂直上升管内部两相流动的问题进行了数值分析，发现现有的两相浮升力模型和壁面力模型不能对空泡份额近壁面处的峰值做出正确的预测。谢宇宁以微气泡扩散曝气系统为研究对象，采用 OpenFOAM 软件对人工增氧曝气流量的工况进行数值计算，通过对数值模拟得到的结果与试验现场的曝气现象和流速值进行验证分析，得到了所建立的模型对实际试验情况拟合效果较好的结论。Samkhaniani 等采用 OpenFOAM 软件，基于 interFoam 求解器，添加了能量方程及 Tanasawa（田泽）传质模型，针对单个或多个气泡的凝聚特征进行了建模研究。

（1）数值模拟对象

构建试验水池，x、y、z 轴分别为水池的长、宽、高，确定增氧装置类型和淹没水深。

OpenFOAM 软件自带的 blockMesh 网格生成程序可以创建均匀或非均匀分布的直线或曲线网格。网格的点、面、块和边界信息定义在 constant/polyMesh 文件夹下的 blockMeshDict 文件中。blockMesh 的原则是将计算对象分解成一个或多个六面体块（block），每个六面体块有 8 个顶点，位于六面体的 8 个角上，由标准链表 vertices 指定计算域内所有的六面体块顶点。

（2）生成网格并定义边界

试验水池的计算域被分为 18 个块，共有 48 个顶点，以直线连接各顶点。每个六面体块通过其顶点、每个方向的网格数量以及每个方向上的网格单元膨胀率等信息进行定义。本计算域内的六面体块由非均匀网格组成，因为对空气与水体的交界面、扩散器曝气区域与水体的交界面都经过了加密处理。

在完成计算域的网格定义后，需要对网格的边界类型进行定义。在 boundary 文件中，将水池的前后、左右面定义为固壁，类型为 wall；除了扩散器区域外，将水池底部也定义为固壁，类型为 wall；将水池顶部定义为 atmosphere，类型为 patch；将扩散器曝气区域定义为 inlet，类型为 patch。完成计算域的网格和边界类型定义后，使用 blockMesh 命令对计算域自动划分网格，然后使用 checkMesh 命令检查网格。

（3）设置初始场

计算域内涉及气相和液相，通过相分数 α_{water} 和 α_{air} 进行初始相场的设置，公式如下。当 α 在 0 到 1 之间，表示是自由表面，即相界面。初始场信息通过 system 文件夹下的 setFieldsDict 进行定义，然后使用 setFields 命令设置初始场。计算域的分相中，红色为水相，蓝色为气相，白色为水相与气相的交界面。

$$\alpha_{water} = \begin{cases} 1 & \text{水} \\ 0 & \text{空气} \end{cases} \tag{4-233}$$

$$\alpha_{air} = \begin{cases} 1 & \text{空气} \\ 0 & \text{水} \end{cases} \tag{4-234}$$

4.2.1.3 人工增氧系统的数值模拟计算方法

（1）控制方程

对不可压缩的两相流动进行数值计算，不涉及热量的交换，因此控制方程只需要考虑连续性方程和动量方程。

连续性方程：

$$\nabla \cdot \vec{U} = 0 \tag{4-235}$$

动量方程：

$$\frac{\partial \vec{U}}{\partial t} \nabla \cdot (\vec{U}\vec{U}) = \nabla \frac{p}{\rho} + \nabla \cdot (\nabla \vec{U}) \tag{4-236}$$

式中，$\vec{U}$ 表示速度矢量；p 表示压力；ρ 表示液体密度，t 表示时间。

（2）流体体积法（VOF）

在气液两相流自由界面模拟中，方法主要分为拉格朗日动网格法、欧拉固定网格法和混合方法。其中，欧拉方法通过固定网格隐式或显式描述界面；MAC（标记网格）法通过标记流体存在性追踪界面，为经典方法；流体体积法利用体积分数严格保证质量守恒，擅长捕捉界面破碎、融合等复杂拓扑变化，广泛应用于工业级气泡流模拟；Level Set（水平集）算法以符号距离函数刻画光滑界面，适用于高精度曲率计算（如表面张力主导流动），但需额外修正质量守恒。拉格朗日动网格法通过移动网格直接追踪界面，精度高但受限于大变形引起的网格畸变，多用于小尺度变形问题（如液滴振荡）。混合方法（如粒子网格法）结合欧拉流场求解与拉格朗日界面追踪，兼顾效率与细节捕捉。实际应用中，流体体积法因高效性和鲁棒性成为模拟复杂流动的首选，水平集算法多用于高精度界面表征，而动网格和混合方法则针对特定需求补充优化。

VOF 方法中，相方程定义为：

$$\frac{\partial \alpha}{\partial t} + \nabla \cdot (\alpha \vec{u}) = 0 \tag{4-237}$$

式中，α 为相分数，α_{water} 为水相分数，α_{air} 为气相分数；$\vec{u}$ 表示流速。

为了能更精确地捕捉自由表面，引入人工压缩项 $\nabla \cdot [\alpha(1-\alpha)\vec{u_r}]$：

$$\frac{\partial \alpha}{\partial t} + \nabla \cdot (\alpha\vec{u}) + \nabla \cdot [\alpha(1-\alpha)\vec{u_r}] = 0 \tag{4-238}$$

式中，u_r 为人工压缩项中的界面速度场。

OpenFOAM 中人工压缩项的系数用变量 cAlpha 来表示，当 cAlpha＝0 时，表示不使用该人工压缩项，即略去人工压缩项。

（3）PIMPLE 算法

N-S 方程通常通过对压力和速度进行解耦计算来求解，而压力与速度的耦合一般采用结合了 SIMPLE 算法和 PISO 算法的 PIMPLE 算法。在有限体积离散中，差分格式获得时间项的离散，可以得到某个时间点的流场信息。PIMPLE 算法可以处理相邻两个时间点流场变化大的情况，将每个时间步长内看作稳态流动，使用 SIMPLE 稳态算法求解，最后一步求解时间步长的推进则采用标准的 PISO 算法。

SIMPLE 算法在进行迭代求解之前，首先给出压力的初始近似值，然后通过近似值求解动量方程来获取速度场。然而，该速度场并不一定满足连续性方程，因此需要通过连续性方程对压力进行修正。为了达到这个目的，压力修正值会重复应用于动量方程的求解，直到得到满足连续性方程的速度场。

PISO 算法是对 SIMPLE 算法的改进，它引入了压力隐式算子分割法。在 SIMPLE 算法的压力修正步骤之后，PISO 算法增加了一个速度修正步骤，以使迭代方程显式满足质量守恒方程，同时使隐式满足动量守恒方程。

（4）设置控制文件

数值计算的控制文件主要有时间控制文件（controlDict）、计算离散格式选择文件（fvSchemes）、求解及算法控制文件（fvSolution），储存在 system（系统）文件夹内。在 controlDict 文件中，可以对时间步长、输入输出时间、场数据的读取和写入进行控制。startTime（初始时间）指定为 0，endTime（结束时间）指定为 100，deltaT（时间步长）指定为 0.001，writeControl（写入控制）指定为自动调整时间步（adjustableRun Time）。其中时间步长（deltaT）的设置，为了达到数值稳定以及时间计算精度，柯朗数 Co 应该小于 1。自动调整时间步长的模型，取最大柯朗数为 1。fvSchemes 文件中的时间格式、散度格式和拉普拉斯格式等的设置采用算例的默认设置。方程的求解器、残差、算法等在 fvSolution 文件中进行控制，同样采用算例的默认设置。控制文件设置完成后，执行 interFoam 命令，即可进行计算域的数值计算。通过 paraFoam 命令即可对数值计算结果进行查看和可视化处理。

4.2.2　水环境植物修复技术数模仿真

在湖泊和河流的生态修复技术中，利用水生植物群落进行生态环境修复是一种常用的手段，该方法能够利用较低的成本在对当地水生环境风险很小的情况下达到湖泊河道水体净化效果，同时还能保持或提高当地生态稳定性和生物多样性，是拥有广阔发展前景的水体修复技术，近年来水生植物在富营养湖泊的修复工程中得到广泛应用。

短期修复效果良好并不代表长期结果好，因此使用具有水利、水质及生态模块的模型对水生植物的修复进行区位选择和远期、近期效果预测，可以为生态修复规划设定提供科学依据和手段。此外，人为工程建设会对自然水生态系统带来突发性的影响，建设初期通过模型研究可以为以后的工程设计和采用植物修复技术进行生态修复的方案确定提供数据支撑。

用水文-水质水生态模型对水生植物各种时期的情况进行模拟，多采用湖泊生态模型。湖泊水动力生态模型可大致分成：静态模型、复合动态模型、最小动态模型、特优组分模型。

作为最初的水动力生态模型系统，静态模型以多年的现场调研经验和数据为基础，辅以生态研究的数理统计内部计算方式，进行内部系统的主题构建，通过模型数值计算方式对湖泊富营养化的发展趋势进行简单的预测。静态模型主要模拟对象为水体中总氮（TN）、总磷（TP）、叶绿素浓度等水质基础变量，通过该类模型能够进行出入流的变量变化模拟，但简单的 TN、TP、叶绿素浓度参数不能准确地表征湖泊生态环境，模拟结果与实际存在很大差异。

经过对模拟计算方式的不断改善和对模块功能的不断提升，在原有模型的基础上提出了"复合动态模型"概念，这类模型如今比较常见，代表有：PCLake、WASP、IPH-ECO、AEM3D 等。这些模型通过自行包含或耦合的方式增加浮游植物、水生植物、透明度等模拟限制条件，以提高生态系统模拟的准确率。

最小动态模型通过对大型水生植物中的沉水植物进行更加细致的研究，细化了水体透明度与营养物质浓度的相关问题，关注沉水植物在水体底部的生存与生长的相关性。特优组分模型则在湖泊生态动态模型的基础上针对研究内容进行了细化，对于浮游植物、鱼类等进行了特殊需求的细化，用于拟合各研究方向的具体状况。

湖泊生态系统模型经历了由静态到动态结构的逐步演变的过程。此外，其发展方向还伴随维度的变化，经历了从零维到三维的转变，从最早的关于估算总磷负荷的输入-输出零维模型发展到后来用于模拟深水湖泊中溶解氧、营养盐等垂直分布的一维模型，如 SALMO（Simulation of an Analytical Lake Model，湖泊分析模型）等。但是一维模型在模拟大型浅水湖泊时存在问题，因为浅水湖泊在垂直方向上水体均匀混合，无明显的分层现象，为此出现了应用广泛的 CE-QUAL-W2 等一系列二维模型，但是完整的湖泊空间结构应该能够体现出更为真实的水动力特征，为此需要构建基于湖泊流体动力学的三维模型，目前三维模型已经成为模拟的主流方向，如 EFDC（Environmental Fluid Dynamics Code，环境流体动力学模型）、ELCOM（Estuary and Lake Computer Model，河口与湖泊计算机模型）、Delft-3D、MIKE 等。

4.2.2.1 植物修复技术的数模仿真模型介绍

AEM3D 模型为 ELCOM-CAEDYM 模型的整合升级版，其中 ELCOM 模型为三维水动力模型，用于模拟水体三维流场和水温等水文数据。ELCOM 在模拟不同深度分层水体的临时状态时，运用了水动力学和热力学的原理。在求解非恒定雷诺平均 N-S 方程时，采用了半隐式方法，并结合欧拉-拉格朗日二次离散化方法和守恒限流的标量迁移方法。计算动量的水平对流时，以欧拉-拉格朗日法为基础，并通过共轭梯度法来求解自由面的高度。计算标量的垂直湍流迁移时，运用基于湍流动能平衡的混合层模型。该模型忽略分子垂直方向上的扩散作用，水面热交换则由标准总体迁移模型控制。自由面上迁移的能量可分为不可穿透性成分和可穿透性短波辐射两种。不可穿透性效应作为水体表面混合层的温度源，穿透性效应则遵循指数衰减和消光系数法则。

控制方程组为：

动能传输公式：

$$\frac{\partial U_a}{\partial t} + U_j \frac{\partial U_a}{\partial x_j} = -g \left\{ \frac{\partial \eta}{\partial x_a} + \frac{1}{\rho_0} \frac{\partial}{\partial x_a} \int_z^n \rho \, dz \right\} + \frac{\partial}{\partial x_1} \left\{ v_1 \frac{\partial U_a}{\partial x_1} \right\} + \frac{\partial}{\partial x_2} \left\{ v_2 \frac{\partial U_a}{\partial x_2} \right\}$$

$$+ \frac{\partial}{\partial x_3} \left\{ v_3 \frac{\partial U_a}{\partial x_3} \right\} - \varepsilon_{a\beta} f \, U_\beta \qquad (4\text{-}239)$$

式中，U_a、U_β 表示不同方向上的速度分量；v_1、v_2、v_3 分别代表 x、y、z 方向上的流速；t 为时间；g 为重力加速度；ρ_0 为密度；f 为科里奥利参数；U_j 表示速度分量；x_a 为空间坐标；α、β 代表不同的坐标方向；z 表示高度或深度；n 表示法向量或单位向量；$\varepsilon_{a\beta}$ 为莱维-齐维塔符号；η 为自由表面高度。

传输标量：

$$\frac{\partial C}{\partial t} + \frac{\partial}{\partial x_j}(CU_j) = \frac{\partial}{\partial x_1} \left\{ k_1 \frac{\partial C}{\partial x_1} \right\} + \frac{\partial}{\partial x_2} \left\{ k_2 \frac{\partial C}{\partial x_2} \right\} + \frac{\partial}{\partial x_3} \left\{ k_3 \frac{\partial C}{\partial x_3} \right\} + S_c \qquad (4\text{-}240)$$

式中，C 是浓度；S_c 表示源/汇项；k_1、k_2、k_3 分别代表 x、y、z 方向上的扩散系数。

生态模型 CAEDYM（Computational Aquatic Ecosystem Dynamics Model）基于生态系统食物链规律和营养盐循环规律而建立，可用于模拟碳/氮/磷的循环，水生植物、浮游植物、浮游动物、鱼类、细菌、底栖动物等的生命过程。这是一个基于过程的水质模型，与ELCOM 耦合时，在每个 ELCOM 设定的时间步长之后更新生化过程。它是一个通用的生物地球化学模型，可以处理物种或群体特有的生态相互作用。它具有独特的盐度算法，能够模拟各种水生环境。

CAEDYM 模型在营养循环模拟过程中的常用参数如下：

① 温度：

$$C_g^T(T) = v_g^{T-20} + v_g^{k_g(T-a_g)} + b_g \qquad (4\text{-}241)$$

式中，a_g 为藻类生长温度系数；b_g 为藻类生长温度补偿系数；k_g 为与组类 g 相关的温度调节系数；g 为组类标识符。

② 溶解氧：

$$C_g^{DO}(DO) = \frac{DO}{K_{DOg} + DO} \qquad (4\text{-}242)$$

式中，K_{DOg} 为藻类分解所需溶解氧的半饱和常数。

③ 沉积物通量释放：

$$f_g^{DSF}(T, DO, pH) = f_{SED}^{T2}(T) S_g \left(\frac{K_{DOS\text{-}g}}{K_{DOS\text{-}g} + DO} + \frac{|pH - 7|}{K_{pHS\text{-}g} + |pH - 7|} \right) \frac{1}{Z_{bot}} \qquad (4\text{-}243)$$

式中 $\quad f_g^{DSF}(T, DO, pH)$——沉积物中气体 g 的通量释放速率，由温度（T）、溶解氧浓度（DO）和 pH 值共同决定，mg/（m²·d）；

$\quad\quad f_{SED}^{T2}(T)$——温度 T 下的基础沉积物释放速率函数，表示温度对沉积物释放过程的直接影响，mg/（m²·d）；

$\quad\quad K_{DOS\text{-}g}$——与溶解氧相关的半饱和常数，反映溶解氧浓度对气体释放的抑制作用强度，mg/L；

$\quad\quad K_{pHS\text{-}g}$——与 pH 相关的半饱和常数，用于调节 pH 偏离中性（7）时对通量释放的影响强度；

S_g——藻类生物量浓度，影响沉积物中气体的释放量，mg/L；

Z_{bot}——底层深度，表示水体底层的厚度，用于将通量标准化为单位面积释放量，m；

T——温度，直接影响沉积物释放速率的物理参数，℃ 或 K；

DO——溶解氧浓度，抑制或促进气体释放的关键环境因子，mg/L；

pH——水体的酸碱度，通过偏离中性程度影响通量释放。

④ 再悬浮：

$$f_g^{RES}(g_{sed}) = \alpha_g(\tau - \tau_{cg})\frac{g_{sed}}{K_{sed-g} + g_{sed}} \tag{4-244}$$

式中　$f_g^{RES}(g_{sed})$——气体或物质 g 的再悬浮通量，表示在切应力作用下从沉积层释放到水体的速率，与沉积层藻类生物量 g_{sed} 相关，mg/(m²·d)；

α_g——再悬浮速率常数，反映单位切应力差对再悬浮速率的贡献强度，mg/(m²·d·Pa)；

τ——切应力，表示水流对沉积物表面的剪切力，驱动再悬浮过程，Pa；

τ_{cg}——蓝藻再悬浮临界切应力，当实际切应力 τ 超过此阈值时，再悬浮才会发生，Pa；

g_{sed}——沉积层中藻类生物量，直接影响再悬浮潜力，生物量越高，再悬浮通量越大，mg/L 或 g/m²；

K_{sed-g}——藻类再悬浮半饱和常数（单位与 g_{sed} 一致），表示再悬浮速率达到最大值一半时所需的藻类生物量，用于调节分式项的饱和效应。

⑤ 有机物分解：

$$f_g^{DSP}(T, DO, B^*, g) = \{\mu_{DEC_g}f_B^{T1}(T)\min[f_B^{DOB}(DO), f_B^{BAC}(B)^*]\}g \tag{4-245}$$

式中　$f_g^{DSP}(T, DO, B^*, g)$——有机物 g 的分解速率，由温度（T）、溶解氧浓度（DO）、标准化菌群参数（B^*）及有机物浓度（g）共同决定，mg/(L·d)；

μ_{DEC_g}——有机物 g 分解的最大速率，表示理想条件下（无限制因素时）的分解能力，d⁻¹；

$f_B^{T1}(T)$——温度修正函数（无量纲），描述温度对分解速率的调节作用，通常为温度升高时的指数或线性响应；

$f_B^{DOB}(DO)$——溶解氧修正函数（无量纲），反映溶解氧浓度对分解速率的限制效应（如低氧条件下分解速率降低）；

$f_B^{BAC}(B)^*$——菌群活性修正函数的标准化值（无量纲），可能与微生物群落 B 的丰度或活性相关，上标 * 表示归一化处理；

B^*——标准化菌群参数（无量纲或 CFU/L），用于量化微生物对分解的贡献，可能是菌群浓度或活性的标准化值；

g——有机物 g 的浓度或质量，直接影响分解速率的基数值，mg/L。

模型的率定采用蒙特卡罗法与人工调参相结合的方式，首先通过蒙特卡罗法的自动率定方式对 AEM3D 模型进行初步率定，然后使用人工手动调参进行后期再次率定验证，两种方法的组合可筛选出符合具体情景的 AEM3D 模型参数组。评价率定后的模型参数是否适用，可应用模型的模拟值与监测的实测值计算均方根误差（RMSE）、相关系数（R）来进行。R 的计算公式如下：

$$R = \frac{\sum\limits_{i=1}^{n}(x_i - \bar{x})(y_i - \bar{y})}{\sqrt{\sum\limits_{i=1}^{n}(x_i - \bar{x})^2}\sqrt{\sum\limits_{i=1}^{n}(y_i - \bar{y})^2}} \tag{4-246}$$

R 代表模拟值与实测值的相关性，R 值越大，模拟效果越好。根据已应用该模型的案例，R 在 0.3 以上表明该参数可用于近期模拟，需要进一步率定；R 在 0.5 以上表明该参数可用于近远期模拟；R 在 0.7 以上表示该参数模拟效果极佳。

RMSE 的计算公式如下：

$$\text{RMSE} = \sqrt{\frac{1}{n}\sum_{i=1}^{n}(S_i - O_i)^2} \tag{4-247}$$

式中，O_i 为实测值；S_i 为模拟值；n 为样本数。RMSE 代表样本的离散程度，RMSE 越小，模拟效果越好。

4.2.2.2 植物修复技术的数模仿真模型构建

（1）地形边界

纵向：按照深度将水体在纵向上划分层数。

横向：按照平面分布，将水体分成 200m×200m 或 1000m×1000m 的网格。200m×200m 模型精度较高，需要模拟运算的点位多，适合短期预测使用，根据采样点位区域特征进行分区。1000m×1000m 网格因为精度较低，模拟运算时点位较少，适合长期运算，可以利用插值法赋值。

（2）出入流文件

汇总出入湖河流的水位、流量和水质数据，配置模型的入流文件。AEM3D 模型出入流文件包含每条河流的逐日流量、水温、溶解氧、氨氮、硝态氮、正磷酸盐、溶解性有机氮（DONL）、颗粒态有机氮（PONL）、溶解性有机磷（DOPL）、颗粒态有机磷（POPL）浓度，通过经验公式计算：

$$\text{PONL（或 DONL）} = \frac{\text{TN} - \text{NH}_4^+ - \text{NO}_3^-}{2} \tag{4-248}$$

$$\text{POPL（或 DOPL）} = \frac{\text{TP} - \text{PO}_4^{3-}}{2} \tag{4-249}$$

（3）气象数据

气象文件作为 AEM3D 模型的边界条件，是输入文件最重要的一部分。该模型需要的气象数据主要包括顺序日期（〈年〉〈历日〉）、太阳辐射（W/m^2）、相对湿度（%）、降雨（m/d）、风速（m/s）、风向（16 风向）、气温（℃）、大气压（hPa），模型中需要的云量和饱和蒸气压可由气象数据通过下面的公式计算得到：

云量计算公式：

$$\text{TC} = \left(\frac{1 - \dfrac{E_{实}}{E_{晴}}}{a}\right)^{b/c} \tag{4-250}$$

式中，TC 为云量；$E_{实}$ 为实测太阳辐射，W/m^2；$E_{晴}$ 为晴空太阳辐射，W/m^2；$a=0.99$；$b=1.0$；$c=1.5$。

饱和蒸气压的计算公式：

$$e_a = \left(\frac{h}{100}\right)\exp\left\{\gamma + \left[2.303\left(\frac{\alpha q_D}{q_D + \beta}\right)\right]\right\} \tag{4-251}$$

式中，e_a 为蒸气压，hPa；h 为空气相对湿度，%；q_D 为干球气温，℃；$\alpha=7.5$；$\beta=237.3$；$\gamma=0.7858$。

气象数据导入及格式如下：

TIME：顺序日期格式为（〈年〉〈历日〉），设定为七位数且小数点后保留三位小数，年份占四位，历日占三位，其中年份需要写完整，历日为 1～366 之间的数值（根据平、闰年份变化），小数点后三位为某一具体时刻。

ATM_PRESS：大气压强（hPa），该值可由气象数据按照式（4-278）转换得到饱和蒸气压，在模型设定中单位为 hPa，小数点后保留 3 位。

REL_HUM：相对湿度，指空气中水汽压与相同温度下饱和水汽压的百分比，用于式（4-278）换算饱和蒸气压。

RAIN：降雨量，逐日总降雨量，单位 m/d，说明模拟当天降雨情况，模型中数值精度为保留 3 位小数。

WIND_SPEED：平均风速，表示输入步长时间上的风速平均值，单位为 m/s，模型中数值精度为保留 3 位小数。

WIND_DIR：风向，指风吹来的方向。模型中使用阿拉伯数字表示相应数值的度数，例如 225.000 代表从正北方向开始顺时针转动 225° 的方向。

SOLAR_RAD：太阳辐射，也称短波辐射（SW），指输入时间步长上短波辐射的平均功率通量密度，单位为 W/m^2，模型中数值精度为保留 3 位小数。

AIR_TEMP：气温，输入时间步长上的平均温度，单位为℃，模型中数值精度为保留 3 位小数。

CLOUDS：云量，指云遮蔽天空视野的覆盖率，该模型中使用小数表示云量，模型中数值精度为保留 3 位小数。

（4）模型初始文件和配置文件

AEM3D 模型初始设定文件内要预设一些参数，在 Time controls 内设定 start_date_cwr（模拟开始时间）、del_t（模拟间隔）、iter_max（模拟段数）、CAEDYM_INTERVAL（输出间隔）。

在 Simulation module controls 控制界面内选择需要模拟的选项，包括 iheat_input、iatmstability、iice、irain、iflow、iunderflow、ibubbler、itemperature、isalinity 等，在需要模拟的模块前标"1"，表示模块开启，"0"表示关闭。Input controls 和 Output controls 界面需要入流河流、出流河流、气象、水面营养物质、水生动植物、浮游动植物等数据。Debugging controls 主要输出输入数据中出现的数据及代码错误。

（5）结果输出

AEM3D 模型模拟结果在原始程序中输出的最终文件为 .nc 文件，该文件打开方式较为单一，且不容易进行进一步的加工与处理，同时产出的文件为数据文件，可视化较差，故使用特定软件进行最后出图的可视化操作，该编译软件可直接读取 .nc 文件内的数据，然后根据需要进行数据导出和图片的选择。

4.2.2.3 植物修复技术的数值模拟算例分析

以滇池调水工程对滇池水生植物的存活与生长情况的研究为例对
AEM3D 模型的实际应用进行说明，具体见二维码。

二维码 4-3
植物修复技术的数
值模拟算例分析

4.2.3 水环境底泥修复技术数模仿真

湖泊沉积物是水体生态系统的重要组成部分，是由于土壤冲刷、大
气沉降、河岸或河底侵蚀等因素而积累在水体底部的，含有对人类或环
境健康有毒或有危险物质的土壤、沙、有机物或者矿物，是水体的各种营养物、污染物
的源或汇。沉积物是湖泊污染的主要内源。外源得到控制后，沉积物中的营养盐可能成
为湖泊富营养化的主导因子，它不仅加速湖泊的沼泽化，而且对湖泊水质及生态系统
造成严重威胁。因此研究湖泊沉积物-水界面的交换机理对湖泊的水环境治理具有重要
意义。

Smith 等在污染物质量守恒的基础上提出了饱和变形多孔介质中污染物的一维运移理
论，将太沙基固结理论与污染物运移理论相结合并进行了计算，获得了污染物浓度随时间变
化的解析解；Peters 等考虑了土体的大变形，利用质量守恒方程推导了污染物在多孔介质中
的渗流和运移方程，对比解析解结果发现，污染物穿过大变形多孔介质的运移时间比刚性多
孔介质中短；Arega 等为分析污染物通过覆盖系统的运移，提出退化材料坐标系下底泥固结
和牵连坐标系下考虑污染物吸附、降解的对流扩散模型；张志红等在固结与污染物运移方程
结合的基础上，提出了污染物在饱和枯土防渗层中运移和转化的一维数学模型，在合理简化
的基础上提出了污染物在防渗层中随深度分布的解析解；郑健等采用多场耦合有限元分析软
件通过试验测定底泥与覆盖层相关参数，并建立覆盖条件下氯离子在变形多孔介质中运移的
数学模型。

污染物在变形多孔介质中的运移计算主要包括两种方法，即数学解析法和数值计算法。

数学解析法从基本的偏微分方程出发，根据已知的初始和边界条件运用数理方程的基本
理论来求方程的解析解。实用上常常将三维问题空间平均化，按二维问题或一维问题处理，
或者忽略一些次要的因素而求其近似解。即使这样，能获得解析解的问题也是有限的，因此
必须采用其他求解途径。

数值计算法常用于求解比较复杂的污染物混合输移的实际问题，可用于解析法难以求解
和用实际法难以模拟的各种问题，而且求解快，可以进行各种预测情况下的数学实验。该方
法的准确性取决于所建立的数学模型及所采用的计算方法和特性参数值。数值模拟的离散求
解方法各不相同，但都有共同的特点，即首先把计算区域划分成许多控制体或网格，然后在
这些小块上把微分方程离散成代数方程，再把小块上的代数方程汇合成总体代数方程组，最
后在一定的初（边）值条件下求解此方程组，从而求得计算区域内各节点的物理量。所以数
值模拟的正确性和精确度取决于网格的划分、方程的离散、初（边）值条件、代数方程组的
求解以及所建模型的物理理论依据是否正确合理等几个因素。

4.2.3.1 底泥污染物运移理论及计算方程

底泥污染涉及垂直方向的污染物输移，属于三维问题。根据紊动扩散理论，包含底泥污
染的三维对流-扩散方程为：

$$\frac{\partial C}{\partial t}+\frac{\partial (Cu)}{\partial x}+\frac{\partial (Cv)}{\partial y}+\frac{\partial (Cw)}{\partial z}+\frac{\partial (C\omega_c)}{\partial z}=\frac{\partial}{\partial x}\left(D_x\frac{\partial C}{\partial x}\right)+\frac{\partial}{\partial y}\left(D_y\frac{\partial C}{\partial y}\right)+\frac{\partial}{\partial z}\left(D_z\frac{\partial C}{\partial z}\right)-K_cC$$

$$(4\text{-}252)$$

式中，u、v、w 分别为 x、y、z 方向的流速分量，m/s；C 为污染物浓度，mg/L；ω_c 为污染物在重力及风力扰动作用下的综合沉降速度；D_x、D_y、D_z 分别为污染物扩散系数；K_c 为污染物综合降解系数。

由于浅水湖泊的水流和水质在垂直方向混合比较充分，可认为其水力变量及污染物浓度沿水深不变，垂线流速为 0。通过紊动扩散及污染物沉降作用产生的底泥污染发生在底部后迅速在垂向混合。因此，与悬移质泥沙相似，积分后的方程表达式，即包含底泥污染的水平二维水质基本方程为：

$$\frac{\partial (Ch)}{\partial t}+\frac{\partial (Cuh)}{\partial x}+\frac{\partial (Cvh)}{\partial y}=\frac{\partial}{\partial x}\left(D_xh\frac{\partial C}{\partial x}\right)+\frac{\partial}{\partial y}\left(D_yh\frac{\partial C}{\partial y}\right)-K_cCh+\left(D_z\frac{\partial C}{\partial z}\Big|_{0^+}-\omega_cC_{0^+}\right)$$

$$(4\text{-}253)$$

式中，u、v 分别为 x、y 方向的垂线平均流速，m/s；C 为污染物垂线平均浓度，mg/L；h 为水深，m；C_{0^+} 为湖水底部的污染物浓度，mg/L；ω_c 为污染物在重力及风力扰动作用下的综合沉降速度；K_c 为污染物综合降解系数。

根据紊动扩散理论，当空间不同部位存在污染物浓度差时，污染物将从浓度大的一方向浓度小的一方扩散，其扩散强度与浓度梯度及扩散系数有关，而扩散系数的大小取决于紊动强度。如果底泥的污染物浓度大于湖水污染物浓度或有风力扰动，底泥污染物将向湖水扩散。与此同时，污染物随着悬移质泥沙在重力作用下落入湖底，增加底泥污染物浓度。

（1）湖底界面上的浓度梯度

$$\frac{\partial C}{\partial z}\Big|_{0^+}=\frac{C_b-C}{\Delta z}$$

$$(4\text{-}254)$$

式中，C_b 指底泥污染物浓度；C 为水中污染物浓度。

（2）污染物浓度输移率

$$D_z\frac{\partial C}{\partial z}\Big|_{0^+}=\frac{D_z}{\Delta z}(C_b-C)=W_c(C_b-C)$$

$$(4\text{-}255)$$

式中，W_c 为单位深度扩散系数，可看作底泥污染物向上的扩散速度，由实测资料率定；C_b 随空间、时间而变化。

底泥污染物浓度变化方程为：

$$\frac{\partial C_b}{\partial t}=-K_bC_b-\frac{W_c}{h}(C_b-C)+\frac{\omega_c}{h}C$$

$$(4\text{-}256)$$

式中，h 为湖水深，m；K_b 为底泥污染物衰减系数，d^{-1}，与温度、水流等条件有关；C_b 为底泥污染物浓度，mg/L；C 为水中污染物浓度，mg/L；ω_c 为污染物在重力及风力扰动作用下的综合沉降速度，cm/s；W_c 为单位深度扩散系数，m^2/s。

二维水流-水质-底泥污染模型最终表达形式为：

$$\frac{\partial h}{\partial t}+\frac{\partial (hu)}{\partial x}+\frac{\partial (hv)}{\partial y}=0$$

$$(4\text{-}257)$$

$$\frac{\partial (hu)}{\partial x}+\frac{\partial (huu+ghh/2)}{\partial x}+\frac{\partial (huv)}{\partial y}=gh(S_{0x}-S_{fx})$$

$$(4\text{-}258)$$

$$\frac{\partial(hv)}{\partial t}+\frac{\partial(huv)}{\partial x}+\frac{\partial(hvv+ghh/2)}{\partial y}=gh(S_{0y}-S_{fy}) \tag{4-259}$$

$$\frac{\partial(hC_i)}{\partial t}+\frac{\partial(huC_i)}{\partial x}+\frac{\partial(hvC_i)}{\partial y}=\frac{\partial}{\partial x}\left(D_{xi}h\frac{\partial C_i}{\partial x}\right)+\frac{\partial}{\partial y}\left(D_{yi}h\frac{\partial C_i}{\partial y}\right)-K_{ci}C_ih-W_{ci}(C_{bi}-C_i)+S_i$$

$$\tag{4-260}$$

$$\frac{\partial C_{bi}}{\partial t}=-K_{bi}C_{bi}-\frac{W_{ci}}{h}(C_{bi}-C_i)+\frac{\omega_{ci}}{h}C_i \tag{4-261}$$

式中，C_i 为不同污染物组分的垂线平均浓度，mg/L；S_{0x} 为 x 向的水底底坡；S_{fx} 为 x 向的摩阻坡度；S_{0y} 为 y 向的水底底坡；S_{fy} 为 y 向的摩阻坡度；D_{xi} 为 x 向各污染物的扩散系数，m^2/s；D_{yi} 为 y 向各污染物的扩散系数，m^2/s；K_{ci} 为各污染物的综合降解系数，d^{-1}；S_i 为各污染物的源汇项，其内容随组分而变。

含底泥污染的二维水流-水质方程采用有限体积法求解，底泥污染物浓度变化方程采用有限差分法求解。

4.2.3.2 底泥修复技术的数值模拟算例分析

以玄武湖调水期监测方案研究为例，对二维水流-水质-底泥污染模型的实际应用进行说明，见二维码。

二维码 4-4
底泥修复技术的数
值模拟算例分析

4.3 水环境生态健康评价模型及应用

在气候变化和人类活动的影响下，污染物负荷、水利工程建设、外来物种入侵、土地利用方式改变等压力导致水生态系统发生一系列转变，影响其生物群落结构组成、生态功能和生态系统服务，从而威胁到水环境生态健康。水环境生态健康评价是对水生态系统进行全面、系统、科学的研究和评估，旨在了解和分析人类活动对水生态系统造成的影响，为水资源的合理利用和生态保护与修复提供科学依据，对于及时发现和预防污染问题、保护生物多样性、维持生态平衡具有重要意义。

水环境生态健康评价在不同国家和地区的实施情况存在显著差异，这些差异主要受到地理、气候、经济发展水平以及环境保护法规等因素的影响。在发达国家，水环境生态健康评价的研究和实践开始较早，已经形成了较为完善的评价体系和法规标准，为水环境生态健康评价提供了详细的指导和技术规范。20 世纪 70 年代以来，英国、美国、欧盟、澳大利亚等相继提出标准化的技术方法，在本土开展水生态评价项目。如 1977 年英国开发了河流无脊椎动物预测及分类系统（River Invertebrate Prediction And Classification System，RIV-PACS），于 20 世纪 90 年代建立了河流保护评价系统（System for Evaluating Rivers for Conservation，SERCON），开展了河流栖息地调查（River Habitat Survey，RHS）；美国于 20 世纪 80 年代开发了基于生物完整性指数的快速生物评价规程（Rapid Bioassessment Protocols，RBPs），开展了国家监测与评价项目（EMAP）；欧盟于 2000 年发布《欧洲水框架指令》（European Water Framework Directive，WFD），启动 STAR 项目（河流分类标准化项目）和 AQEM 项目（利用大型底栖动物开发和测试欧洲河流生态质量综合评估系统的项目）；澳大利亚于 20 世纪末开发了基于河流无脊椎动物预测及分类系统的澳大利亚河流评价计划（Australian River Assessment Scheme，Aus Riv AS），提出溪流状况指数（Index of Stream Condition，ISC）和流域健康诊断指标。

相比之下，发展中国家在水环境生态健康评价方面可能面临更多挑战。这些挑战包括资金和技术限制、环境保护法规不完善、监测能力不足等。然而，许多发展中国家正在通过国际合作和技术支持，逐步建立和完善自己的水环境生态健康评价体系。我国水生态健康评价工作相较发达国家起步较晚，主要研究集中在水生态健康评价方法、评价体系及评价的基础理论方面。随着我国对水生态问题的认识不断深化和对水生态环境质量的要求日益提高，对水生态评价的重视程度也持续提升，学者围绕水生态评价对特定的生物类群以及特定水域做了大量工作，提出了以水生生物、水质、栖息地和生态需求作为四要素的水生态评价指标体系。目前，已经开展了重要河湖的水生态环境质量监测，积累了大量的监测数据，利用大型底栖动物、着生藻类、浮游植物、浮游动物、鱼类、水生维管束植物等水生生物的监测结果，进行了水生态健康的评价。

水生态健康评价从最初的物理、化学评价，发展到单一物种评价，再拓展到某一类群的评价，最后到整个生态系统的综合评价，其理论体系和方法逐渐完善和发展。根据评价目标对象范围，可将水环境生态健康评价方法分为基于关键指示种的评价方法、基于类群的评价方法和基于水生态系统的评价方法。

近年来，综合考虑水生态系统水质特征、物理结构、生物结构和生态服务功能的多指标评价方法用于评估水环境生态健康已经成为研究的趋势和方向，并应用于水生态保护和管理。多指标体系法可以全面揭示生态系统健康问题，从不同角度、不同尺度描述生态环境系统的基本特征，并结合物理、化学和生态病理学方法，综合反映生态系统在压力下的结构、功能和恢复力。但指标体系的建立还没有统一的方法，为解决评价指标归类不明确等问题，许多学者开发并应用一些框架体系，规范评价指标的选取方法，取得了较好的评价结果。生态系统健康评估框架主要可以分为三类，包括活力组织弹性（VOR）及其拓展模型、压力状态响应（PSR）及其拓展模型、基于生态完整性指标框架的评价。在评价对象方面，VOR模型多用于城市生态系统健康评价、湿地生态系统健康评价，生态完整性指标框架多用于水生态系统健康评价，而PSR模型适用于多种生态系统的健康评价。本节将重点介绍基于生物完整性指数、压力状态响应框架及生态完整性指标的水环境生态健康评价模型及其应用。

4.3.1 基于生物完整性指数的水环境生态健康评价模型及其应用

水生生物数量庞大，种类繁多，构成了关系错综复杂的网络，关键物种的相关指标仅是对其局部的描述。当水生态系统受损时，一般会在水生生物类群的整体结构和功能上有所体现，基于类群的水生态评价因更具敏感性和综合性而广受推崇。

4.3.1.1 生物完整性指数及其应用

在多指标体系中，生物完整性指数（index of biological integrity，IBI）是目前水生态系统健康评价中应用最广泛的指标之一。生物完整性指数最早由Karr（卡尔）于1981年提出，它由多个生物状况参数组成，通过比较参数值与参考系统的标准值得出该水生态系统的健康程度。生物完整性指数中每个生物状况参数都对一类或几类干扰反应敏感，因此可定量描述人类干扰与生物特性之间的关系，间接反映水生态系统健康受到影响的程度。用IBI评价水生态系统健康优于用单一指数评价的原因是，单一指数反映水生态系统受干扰后的敏感程度及范围不同，综合各个生物状况参数构建IBI可以更加准确和完全地反映系统健康状况和受干扰的强度。最初IBI是以鱼类为研究对象建立的，随后扩展到底栖无脊椎动物、周丛生物、着生藻类、浮游生物以及高等维管束植物。

生物完整性指数的构建及应用见二维码。

4.3.1.2 生物群落完整性 O/E 模型及其应用

O/E 模型（Observed/Expected Model），即观察值与期望值模型，是一种常用于生态学和环境科学的评估工具，主要用于评估生物群落的完整性和生态系统的健康状况。该模型通过比较在特定环境条件下实际观察到的生物群落（observed，O）与在没有人类干扰或其他压力因素影响下预期应有的生物群落（expected，E）之间的差异来工作。

二维码 4-5　二维码 4-6
生物完整性指　生物完整性指
数的构建　　　数的应用

O/E 模型的构建及应用见二维码。

4.3.2 压力状态响应模型及其应用

4.3.2.1 压力状态响应模型构成

二维码 4-7　二维码 4-8
O/E 模型的构建　O/E 模型的应用

压力状态响应（Pressure-State-Response，PSR）框架模型最初由加拿大统计学家 Rapport（拉波特）和 Friend（弗兰德）提出，后来在 20 世纪 80 年代和 90 年代由世界银行、联合国粮农组织、联合国开发计划署、联合国环境规划署联合开展的土地质量指标（Land Quality Indicators，LQI）研究项目中得到进一步开发，用于研究环境问题。它是一个概念性框架，由互为因果关系的压力、状态和响应三部分组成：人类活动对生态环境资源产生压力；生态环境资源因压力改变其原有的性质或自然资源的数量（状态）；人类通过技术及管理政策对这些变化作出反应（响应）。压力指标、状态指标和响应指标之间有时没有明确的界线，在分析应用过程中，必须把压力指标、状态指标和响应指标结合起来考虑，而不能仅仅依赖某一项指标。

目前已经开发出许多拓展模型，包括驱动力压力状态影响（Driver-Pressure-State-Impact，DPSI）、驱动力压力状态影响响应（Driver-Pressure-State-Impact-Response，DPSIR）模型等。这类模型具有明确的因果逻辑，即人类活动对环境施加一定的压力，环境状态相应地发生变化，人类社会对这些变化做出响应以恢复环境质量或防止环境退化。

驱动力指标常包括社会经济驱动力；压力指标常包括降水变化率（自然压力）和人口密度、水资源利用率（人类活动）；状态指标常指生物群落特征、水资源特征和水环境特征，包括生物完整性指数、水文连通性、流量变异程度、富营养化程度；响应指标常包括污水处理率、农田灌溉水有效利用系数、植被覆盖率。

PSR 评价指标体系提供的主要是一种评价思路，它非常强调各国、各地区在实际应用过程中要结合具体情况，通过补充、完善来灵活运用。PSR 模型这种新颖的评估思路表现出强大的应用生命力，目前已广泛运用于河流生态系统管理、城市河流健康评价、水生生物多样性评估等方面。PSR 相关框架模型重点强调基于各种指标体系的生态系统质量与人类活动之间的因果关系，注重评估生态系统的状态与外部干扰，其缺点是会忽略生态系统内部的稳定性。

4.3.2.2 基于 PSR 模型的长江口生态系统健康评价

以长江口生态系统健康评价为例，对 PSR 模型的实际应用进行说明，详见二维码。

4.3.3 基于生态完整性的水环境生态健康评价模型及其应用

2010 年以来，我国全面进入水生态健康保护的水环境与生态学研究阶段。经过一系列的发展、调整，包含物理生境、理化性质和水生生物等因

二维码 4-9
基于 PSR 模型的长江口生态系统健康评价

素的生态完整性框架已经被证明可以有效评估水生态健康状况。自然生态系统都是由多要素构成的统一整体，完整性是自然生态系统的重要特征之一，生态系统各要素既有各自内在的结构、功能与变化规律，又与其他要素相互耦合。生态完整性强调结构完整、功能健康，具有不断演化与进化的能力，即自组织能力，且符合人类的价值判断。结构完整强调生态系统的全部，包括成分、组成与过程。功能健康强调生态系统的整体特性，相比于物种，其更关注群落，特别是能量流动、营养循环和生产力。自组织生态系统试图建立有序的结构，是动态与平衡的。

生态完整性具有一个相对清晰的概念框架，能够对应物理生境、理化性质、水生生物三大要素，确定科学且具代表性的指标从而提高水生态状况监测与评价的效率，其指标分类简单，易于应用。生态完整性通过对水生生态系统中不同水生态指标（生物和非生物）的监测，基于受损与未受损"参考"生态系统的比较，给多个指标赋分，并按其对生态系统的影响及重要性赋予权重，由数学方法形成综合评价指数，对水生态健康和生物种群受威胁状况进行全面评估。

二维码 4-10
生态完整性评价
指标体系构建及
相关应用

生态完整性评价指标体系构建及相关应用见二维码。

参考文献

[1] 高峰. 引汉济渭水源区水环境模拟及生态修复研究[D]. 西安：西安理工大学，2021.

[2] 张小雅. 汾河中游生态修复核心区液压坝群对河道冲淤变化影响的数值研究[D]. 太原：太原理工大学，2022.

[3] 李涛，龚逸，蔡浩瀚，等. 黑臭水体底泥处理技术发展现状[J]. 水处理技术，2024，50（4）：8-11，31.

[4] Schindler D W, Hecky R E, Findlay D L, et al. Eutrophication of lakes cannot be controlled by reducing nitrogen input：Results of a 37-year whole-ecosystem experiment[J]. Proceedings of the National Academy of Sciences of the United States of America，2008，105（32）：11254-11258.

[5] Cao J X, Sun Q, Zhao D H, et al. A critical review of the appearance of black-odorous waterbodies in China and treatment methods[J]. Journal of Hazardous Materials，2020，385：121511.

[6] 严应政. 曝气设备的氧转移效率[J]. 西北建筑工程学院学报（自然科学版），2001，18（2）：54-58.

[7] 住房和城乡建设部. 微孔曝气器清水氧传质性能测定[M]. 北京：中国标准出版社，2015.

[8] 谢宇宁. 微气泡扩散曝气系统的增氧性能试验与数值模拟[D]. 广州：华南理工大学，2018.

[9] ASCE. Measurement of Oxygen Transfer in Clean Water[M]. New York：American Society of Civil Engineers，2007.

[10] 张自杰. 排水工程：下[M]. 北京：中国建筑工业出版社，1996.

[11] 张恩臻. 数值模拟两相流求解器 interFoam 的应用[J]. 科技视界，2015（7）：5-6.

[12] 柴翔. 基于 OpenFOAM 对两相流动的数值研究[D]. 上海：上海交通大学，2011.

[13] Samkhaniani N, Ansari M R. Numerical simulation of bubble condensation using CF-VOF[J]. Progress in Nuclear Energy，2016，89：120-131.

[14] 杨非. 悬挂链移动曝气工作机理与数值模拟研究[D]. 北京：机械科学研究总院，2012.

[15] Scardovelli Ruben, Zalesky S. Direct numerical simulation of free-surface and interfacial flow[J]. Annual Review of Fluid Mechanics，1999，31（1）：567-603.

[16] Hirt C W, Nichols B D. Volume of fluid（VOF）method for the dynamics of free boundaries[J]. Journal of Computational Physics，1981，39（1）：201-225.

[17] 王乐. 污水处理构筑物内多相流数值模拟及机理研究[D]. 成都：西南交通大学，2020.

[18] 王福军. 计算流体动力学分析：CFD 软件原理与应用[M]. 北京：清华大学出版社，2004.

[19] 徐少鲲. 基于开源软件 OpenFOAM 的数值波浪水槽建立及应用[D]. 天津：天津大学，2009.

[20] 杨井志成，罗菊花，陆莉蓉，等. 东太湖围网拆除前后水生植被群落遥感监测及变化[J]. 湖泊科学，2021，33（2）：507-517.

[21] 应炎杰 . 滇池水生植被修复数值模拟研究 [D]. 苏州：苏州科技大学，2021.

[22] Hamilton D，Stuart M. Wave-induced shear stresses，plant nutrients and chlorophyll in seven shallow lakes [J]. Freshwater Biology，2003，38：159-168.

[23] Jeppesen E，Torben L L，Timo K，et al. Impact of submerged macrophytes on fish-zooplankton interactions in lakes [J]. Ecological Studies，1998，131：91-114.

[24] Roos A M D，Persson L. Physiologically structured models -from versatile technique to ecological theory [J]. Oikos，2001，94（1）：51-71.

[25] 刘永，郭怀成，范英英，等 . 湖泊生态系统动力学模型研究进展 [J]. 应用生态学报，2005（6）：1169-1175.

[26] 聂晶 . 水库水体总磷三维数学模型及其应用 [D]. 长春：吉林大学，2005.

[27] 卢嘉 . 基于 ELCOM-CAEDYM 耦合模型的淀山湖营养状调控的研究 [D]. 上海：东华大学，2012.

[28] 丁正锋，钱新，张玉超，等 . ELCOM 模型在流溪河水库水温模拟中的应用 [J]. 环境保护科学，2009，35（4）：30-33.

[29] 肖志强 . 基于 DYRESM-CAEDYM 模型对千岛湖水环境的数值模拟研究 [D]. 广州：暨南大学，2018.

[30] 殷雪妍，严广寒，汪星 . 太湖湖滨带水生植被恢复技术集成与应用浅析 [J]. 华东师范大学学报（自然科学版），2021（4）：26-38.

[31] Phukan U J，Mishra S，Shukla R K. Waterlogging and submergence stress：Affects and acclimation [J]. Critical Reviews in Biotechnology，2016，36（5）：956-966.

[32] 王明净，杜展鹏，段仲昭，等 . 河湖生态系统生态用水优化研究：以滇池流域为例 [J]. 生态学报，2021，41（4）：1341-1348.

[33] 于少鹏，孙广友，窦素珍，等 . 东平湖水生植物的衰退及南水北调工程对其影响 [J]. 中国环境科学，2005（2）：200-204.

[34] 计勇 . 浅水湖泊二维水流-水质-底泥耦合模型研究与应用 [D]. 南京：河海大学，2005.

[35] Smith D W. One-dimensional contaminant transport through a deforming porous medium：Theory and a solution for a quasi-steady-state problem [J]. International Journal for Numerical and Analytical Methods in Geomechanics，2000，24（8）：693-722.

[36] Peters G P，Smith D W. Solute transport through a deforming porous medium [M]//Computational Mechanics-New Frontiers for the New Millennium. Amsterdam：Elsevier，2001：783-788.

[37] Arega F，Hayter E. Coupled consolidation and contaminant transport model for simulating migration of contaminants through the sediment and a cap [J]. Applied Mathematical Modelling，2008，32（11）：2413-2428.

[38] 张志红，李涛，赵成刚，等 . 考虑土体固结变形的污染物运移模型 [J]. 岩土力学，2008（06）：1435-1439.

[39] 郑健 . 覆盖层作用下底泥固结与污染物运移试验模拟和理论分析 [D]. 杭州：浙江大学，2015.

[40] 窦国仁 . 紊流力学：上 [M]. 北京：人民教育出版社，1981.

[41] Stoddard J L，Larsen D P，Hawkins C P，et al. Setting expectations for the ecological condition of streams：The concept of reference condition [J]. Ecological Applications，2006，16（4）：1267-1276.

[42] Poikane S，Salas Herrero F，Kelly M G，et al. European aquatic ecological assessment methods：A critical review of their sensitivity to key pressures [J]. Science of the Total Environment，2020，740：140075.

[43] Brosed M，Jabiol J，Chauvet E. Towards a functional assessment of stream integrity：A first large-scale application using leaf litter decomposition [J]. Ecological Indicators，2022，143：109403.

[44] 水利部 . 河湖健康评估技术导则：SL/T 793—2020 [S].

[45] 王业耀，阴琨，杨琦，等 . 河流水生态环境质量评价方法研究与应用进展 [J]. 中国环境监测，2014，30（4）：1-9.

[46] Wright J F，Armitage P D，Furse M T，et al. Prediction of invertebrate communities using stream measurements [J]. Regulated Rivers：Research & Management，1989，4（2）：147-155.

[47] Raven P J，Holmes N T H，Dawson F H，et al. Quality assessment using river habitat survey data [J]. Aquatic Conservation：Marine and Freshwater Ecosystems，1998，8（4）：477-499.

[48] Barbour M T，Gerritsen J，Snyder B D，et al. 溪流及浅河快速生物评价方案：着生藻类、大型底栖动物及鱼类 [M]. 郑丙辉，刘录三，李黎，译 . 2 版 . 北京：中国环境科学出版社，2011.

[49] 马丁·格里菲斯. 欧盟水框架指令手册 [M]. 水利部国际经济技术合作交流中心，译 . 北京：中国水利水电出版社，2008.

[50] Verdonschot P F M，Moog O. Tools for assessing European streams with macroinvertebrates：Major results and

conclusions from the STAR project[J]. Hydrobiologia, 2006, 566 (1): 299-309.

[51] Jones J I, Davy-Bowker J, Murphy J F, et al. Ecological monitoring and assessment of pollution in rivers ［M］// Ecology of Industrial Pollution. Cambridge: Cambridge University Press, 2010: 126-146.

[52] Smith M J, Kay W R, Edward D H D, et al. AusRivAS: Using macroinvertebrates to assess ecological condition of rivers in Western Australia[J]. Freshwater Biology, 1999, 41 (2): 269-282.

[53] 曹家乐, 张亚辉, 张瑾, 等. 国内外水生态健康评价研究进展[J]. 环境工程技术学报, 2022, 12 (5): 1402-1410.

[54] 易雨君, 叶敬旴, 丁航, 等. 水生态评价方法研究进展及展望[J]. 湖泊科学, 2024, 36 (3): 657-669.

[55] Martinez-Haro M, Beiras R, Bellas J, et al. A review on the ecological quality status assessment in aquatic systems using community based indicators and ecotoxicological tools: What might be the added value of their combination? [J]. Ecological Indicators, 2015, 48: 8-16.

[56] Diaz S, Settele J, Brondizio E S, et al. Pervasive human-driven decline of life on Earth points to the need for trans-formative change[J]. Science, 2019, 366 (6471): eaax3100.

[57] 赵艳民, 秦延文, 马迎群, 等. 基于 PSR 的长江口生态系统的健康评价[J]. 环境工程, 2021, 39 (10): 207-212.

[58] 周晓蔚, 王丽萍, 郑丙辉. 长江口及毗邻海域生态系统健康评价研究[J]. 水利学报, 2011, 42 (10): 1201-1217.

[59] 叶属峰, 刘星, 丁德文. 长江河口海域生态系统健康评价指标体系及其初步评价[J]. 海洋学报 (中文版), 2007 (4): 128-136.

[60] 易雨君, 丁航, 叶敬旴. 基于生态完整性的水生态健康评价研究综述[J]. 水资源保护, 2024, 40 (5): 1-10.

[61] Karr J R, Dudley D R. Ecological perspective on water quality goals[J]. Environmental Management, 1981, 5 (1): 55-68.

[62] Karr J R. Ecological integrity and ecological health are not the same[J]. Engineering within ecological constraints, 1996, 97: 109.

[63] Karr J R. Assessment of biotic integrity using fish communities[J]. Fisheries, 1981, 6 (6): 21-27.

[64] Kerans B L, Karr J R. A benthic index of biotic integrity (B-IBI) for rivers of the Tennessee valley[J]. Ecological Applications, 1994, 4 (4): 768-785.

[65] Barbour M T, Gerritsen J, Griffith G E, et al. A framework for biological criteria for Florida streams using benthic macroinvertebrates[J]. Journal of the North American Benthological Society, 1996, 15 (2): 185-211.

[66] Hill B H, Herlihy A T, Kaufmann P R, et al. Use of periphyton assemblage data as an index of biotic integrity[J]. Journal of the North American Benthological Society, 2000, 19 (1): 50-67.

[67] 廖静秋, 黄艺. 应用生物完整性指数评价水生态系统健康的研究进展[J]. 应用生态学报, 2013, 24 (1): 295-302.

[68] 部星晨, 张琪, 苏巍, 等. 基于浮游植物生物完整性指数的金沙江下游河流生态健康评价[J]. 水生态学杂志, 2025, 46 (1): 11-19.

[69] 高琦, 倪晋仁, 赵先富, 等. 金沙江典型河段浮游藻类群落结构及影响因素研究[J]. 北京大学学报 (自然科学版), 2019, 55 (03): 571-579.

[70] 陈凯, 陈求稳, 于海燕, 等. 应用生物完整性指数评价我国河流的生态健康[J]. 中国环境科学, 2018, 38 (04): 1589-1600.

[71] 吴俊燕, 和雅静, 陈凯, 等. 基于 O/E 模型的浅水湖泊生态系统健康评价[J]. 中国环境监测, 2022, 38 (01): 27-35.

[72] 陈凯, 刘祥, 陈求稳, 等. 应用 O/E 模型评价淮河流域典型水体底栖动物完整性健康的研究[J]. 环境科学学报, 2016, 36 (7): 2677-2686.

[73] 陈美球, 刘桃菊, 许莉. 基于 PSR 框架模型的流域生态系统健康评价研究现状及展望[J]. 江西农业大学学报 (社会科学版), 2011, 10 (3): 83-89.

[74] Jafary P, Sarab A A, Tehrani N A. Ecosystem health assessment using a fuzzy spatial decision support system in taleghan watershed before and after dam construction[J]. Environmental Processes, 2018, 5 (4): 807-831.

[75] Malekmohammadi B, Jahanishakib F. Vulnerability assessment of wetland landscape ecosystem services using driver-pressure-state-impact-response (DPSIR) model[J]. Ecological Indicators, 2017, 82: 293-303.

[76] Su Y F, Li W M, Liu L, et al. Health assessment of small-to-medium sized rivers: Comparison between comprehensive indicator method and biological monitoring method[J]. Ecological Indicators, 2021, 126: 107686.

[77] Pagan J，Pryor M，Deepa R，et al. Sustainable development tool using meta-analysis and DPSIR framework：Application to savannah river basin, U. S[J]. JAWRA Journal of the American Water Resources Association，2020，56（6）：1059-1082.

[78] Zhao Y W，Zhou L Q，Dong B Q，et al. Health assessment for urban rivers based on the pressure，state and response framework：A case study of the Shiwuli River[J]. Ecological Indicators，2019，99：324-331.

[79] Tu J B，Wan M M，Chen Y S，et al. Biodiversity assessment in the near-shore waters of Tianjin city，China based on the Pressure-State-Response（PSR）method[J]. Marine Pollution Bulletin，2022，184：114123.

[80] Rapport D J，Singh A. An EcoHealth-based framework for state of environment reporting[J]. Ecological Indicators，2006，6（2）：409-428.

[81] 茅志昌，潘定安，沈焕庭. 长江河口悬沙的运动方式与沉积形态特征分析[J]. 地理研究，2001（2）：170-177.

[82] 陈耀辉，刘守海，何彦龙，等. 近30年长江口海域生态系统健康状况及变化趋势研究[J]. 海洋学报，2020，42（4）：55-65.

[83] 彭文启，刘晓波，王雨春，等. 流域水环境与生态学研究回顾与展望[J]. 水利学报，2018，49（9）：1055-1067.

[84] 孙福红，郭一丁，王雨春，等. 我国水生态系统完整性研究的重大意义、现状、挑战与主要任务[J]. 环境科学研究，2022，35（12）：2748-2757.

[85] Carrillo-Garcia D M，Kolb M. Indicator framework for monitoring ecosystem integrity of coral reefs in the western Caribbean[J]. Ocean Science Journal，2022，57（1）：1-24.

[86] Cai W W，Zhou Z Y，Xia J H，et al. An advanced index of ecological Integrity（IEI）for assessing ecological efficiency of restauration revetments in river plain[J]. Ecological Indicators，2020，108：105762.

[87] da Silveira Prudente B，Santos Pompeu P，Montag L. Using multimetric indices to assess the effect of reduced impact logging on ecological integrity of Amazonian streams[J]. Ecological Indicators，2018，91：315-323.

[88] 王锦东，苏海磊，李会仙，等. 典型流域生态完整性评价和应用研究进展[J]. 环境工程，2022，40（10）：233-241.

[89] 古小超，王子璐，赵兴华，等. 河流生态环境健康评价技术体系构建及应用[J]. 中国环境监测，2023，39（3）：87-98.

[90] 廖迎娣，范俊浩，张欢，等. 长江下游平原河网地区生态护岸对河流生态系统影响的评价指标体系[J]. 水资源保护，2022，38（4）：189-194.

[91] 高学平，胡泽，闫晨丹，等. 考虑水力连通性的水系连通评价指标体系构建与应用[J]. 水资源保护，2022，38（2）：41-47.

[92] Sagova-Mareckova M，Boenigk J，Bouchez A，et al. Expanding ecological assessment by integrating microorganisms into routine freshwater biomonitoring[J]. Water Research，2021，191：116767.

[93] 王华，李思琼，曾一川，等. 长江流域微塑料生态风险综合评估[J]. 水资源保护，2024，40（2）：107-116.

[94] Ndatimana G，Nantege D，Arimoro F O. A review of the application of the macroinvertebrate-based multimetric indices（MMIs）for water quality monitoring in lakes[J]. Environmental Science and Pollution Research，2023，30（29）：73098-115.

[95] 贺瑶，孙长顺，侯易明，等. 基于流域底栖动物完整性指数评价延河的水生态健康[J]. 应用生态学报，2024，35（3）：806-816.

[96] 潘丽波，黄雪妍，刘晶晶，等. 基于鱼类生物完整性的赤水河健康评估研究[J]. 环境科学研究，2023，36（8）：1532-1542.

[97] 张丰博，胡鹏，闫龙，等. 南水北调西线工程上线水源区大型底栖动物群落结构及环境驱动因子[J]. 水资源保护，2024，40（1）：135-141.

[98] 盛祥锐，罗遵兰，孙光，等. 基于浮游植物的生物完整性指数开发与验证：以永定河北京段为例[J]. 环境科学学报，2024，44（2）：489-500.

[99] 王雪，黄锦平，苏玉萍，等. 基于浮游植物生物完整性指数的福建省水库健康状态评价[J]. 水利水电科技进展，2024，44（2）：54-60，86.

[100] 许宜平，王子健. 水生态完整性监测评价的基准与参照状态探究[J]. 中国环境监测，2018，34（6）：1-9.

[101] 何洪林，任小丽，张黎，等. 基于"参照系-现状-变化量"的生态系统评估方法[J]. 生态学报，2023，43（5）：2049-2060.

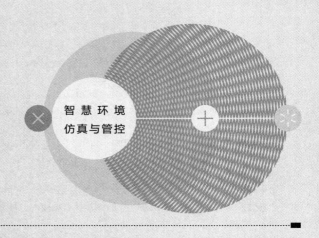

智慧环境
仿真与管控

第五章

大气环境污染控制过程数模仿真

大气污染是指人类活动或自然过程导致大气中的某些物质浓度超过正常水平，对人类健康、环境和生态系统造成危害的现象。进入大气并会直接或间接影响人类健康、环境和生态系统的物质为大气污染物。常见大气污染物包括大气颗粒物〔如 TSP（总悬浮颗粒物）、PM_{10}（可吸入颗粒物）、$PM_{2.5}$（细颗粒物）等〕、二氧化硫（SO_2）、二氧化氮（NO_2）、一氧化碳（CO）、臭氧（O_3）等。我国《环境空气质量标准》（GB 3095—2012）中对这些污染物规定了环境空气浓度限值，并依据区域功能要求不同，将环境空气功能区划分为两类：一类区（包括自然保护区、风景名胜区和其他需要特殊保护的区域）执行一级浓度限值，二类区（包括居住区、商业交通居民混合区、文化区、工业区和农村地区）执行二级浓度限值。此外，针对工业企业等污染源排放的大气污染物，另有相应的排放标准进行管控，如《铸造工业大气污染物排放标准》（GB 39726—2020）、《锅炉大气污染物排放标准》（GB 13271—2014）、《加油站大气污染物排放标准》（GB 20952—2020）、《油品运输大气污染物排放标准》（GB 20951—2020）及《大气污染物综合排放标准》（GB 16297—1996）等。

二维码 5-1
环境空气污染物
基本项目浓度限值表

污染物在大气中的浓度和分布主要受三个因素影响：污染源的排放量，受体点距离排放源的远近，大气对污染物的扩散能力。因此，在大气污染控制、规划与评估过程中，深入理解大气污染扩散的影响因素、运动规律及其机理与模型至关重要。

大气污染扩散是指污染物在大气中的传播和扩散过程。空气污染物的散布是在大气边界层的流场中进行的，或者说，空气污染物的散布过程就是大气输送与扩散的结果。在实际生活中可以感觉到风速时大时小，沿主导风向上下左右无规律摆动。大气的这种无规律运动称为湍流，污染物在随风输运过程中因大气湍流作用而在横向和垂直方向上不断增大与周围空气的混合范围，即大气扩散，因此，大气扩散属于湍流扩散，大气湍流扩散过程是大气污染扩散过程。大气湍流扩散是大气环境污染控制的重要研究内容。

5.1 大气湍流扩散的影响因素

大气湍流扩散过程受多种因素影响，包括污染物性质、地形因素、气象因素等。

人类活动和工业排放等因素会导致大气中的污染物浓度增加，从而加剧大气污染的扩散。污染物性质会影响大气污染的扩散。例如，污染物的分子量、挥发性、水溶性等性质会影响其在空气中的扩散和传输。

地形因素也会对大气污染的扩散产生影响。例如，地形的高低起伏、山谷和盆地等地形特征会影响大气的流动及其强度，从而影响污染物的扩散。

气象因素是影响大气污染扩散的主要因素。气温、温度层结、气压等气象热力学因素及风向、风速等气象动力学因素都会对大气污染的扩散产生影响。温度层结影响大气垂直方向的流动情况，决定着大气的稳定度。地面构筑物不同，温度层结不同。在对流层内，随高度增加，气温递减，空气上层冷、下层暖，大气在垂直方向不稳定时，对流作用显著，能使污染物在垂直方向上扩散稀释。在近地低层大气，有时出现气温分布与标准大气情况下的气温分布相反的情况，即气温随高度增加而升高——逆温。逆温层使近地低层大气上热下冷，大气稳定，不能发生对流作用，使大气污染物不能在垂直方向扩散稀释，因而容易造成大气污染。在不稳定层结，大气污染物湍流运动充分发展，可将大气层内污染物迁移至较远距离，有利于污染物的扩散。当发生稳定层结时，则情况相反。逆温层在近地面高度出现时会限制近地面的湍流运动；在对流层的某一高度平面出现，则会阻碍这一高度平面下方湍流垂直运动的发展，当湍流运动被抑制时，对污染物的扩散不利，将会出现局地污染物浓度过大的现象。所以，温度层结影响大气稳定度，大气稳定度影响大气污染物的扩散，逆温层是分析污染物扩散浓度的重要条件。气温和气压的变化也会影响大气的稳定性和湍流强度，从而影响污染物的扩散，逆温层和低气压环境会阻止污染物扩散，加剧大气污染。风向会影响污染物的扩散和传输，风速则会影响污染物的扩散速度。垂直方向风速分布不均匀及地面粗糙度产生风，风是大气湍流扩散的气象动力因素，风造成大气湍流。湍流的定义有多种。Von Karman（卡门）和 I. G. Taylor（泰勒）认为湍流是流体或气体中出现的一种无规则流动现象，当流体流过固体边界或不同速度的流体相互流过时会产生湍流；Hinze（欣策）认为湍流的各个量在时间和空间上都表现出随机性；周培源认为湍流是一种不规则的涡旋（eddy）运动。湍流至今没有严格的科学定义，笼统地讲，大气湍流是大气因为种种原因而形成的不规则、无序的随机运动。

近地层大气湍流产生的主要原因有热力原因与动力原因。热力原因是地面的太阳加热使暖空气上升，形成湍涡，温度垂直分布决定大气的垂直稳定度，从而引起湍流；动力原因是大气垂直方向上的风速梯度不同和地面粗糙度不同，地面对气流的摩擦拖曳力产生风切变，演变为湍流。

风、湍流是决定污染物在大气中稀释扩散的最直接的因素。风对污染物的作用体现为风向和风速两方面的影响。风向影响污染物的水平迁移扩散方向，污染物在风的输送下从污染源向下风向飘移；风速改变大气中污染物与空气混合的速率从而改变了大气中污染物的稀释程度，风速的大小决定了大气扩散稀释作用的强弱，风速越高，大气内污染物被输送距离越远，污染物与空气混合的比例越高，浓度越低。污染物在大气中的浓度与污染物排放量成正比，与平均风速成反比，风速增大一倍，下风向污染物浓度将降低一半。风速随高度的分布规律有对数律、指数律。为综合考虑风向、风速对空气污染物的输送扩散影响，要用到风向频率和污染系数。风向频率为一定时间内（年或月），某风向出现次数占各风向出现总次数的比例，即风向频率$=\dfrac{\text{某风向出现次数}}{\text{各风向出现总次数}}\times100\%$，通常计算出各风向的风向频率，绘制风向玫瑰图。污染系数P表示风向、风速综合作用对空气污染物扩散的影响程度，$P=\dfrac{\text{风向频率}}{\text{该风向的平均风速}}$，$P$越大，某下风向污染越严重。湍流会大大加快流动中的动量与能量交换，提高混合效果，显著影响阻力变化和物质扩散效率。把湍流想象成是由许多湍涡形成的，湍涡的不规则运动与分子运动极为相似。不同的是，分子的运动以分子为单位，湍流运动则以湍涡为单位，湍涡运动速度比分子运动大得多，比分子扩散快$10^5\sim10^6$倍。气流做湍流运动时，流体的主要脉动物理属性（速度、温度等）随时间和空间以随机方式发生变化，当污染物在顺风情况下输送时，也会向其他方向进行扩散和迁移。在大气湍流的作用下，湍流涡旋不断将污染物推向周围空气中，也使周围空气与污染物不断混合，使污染物扩散的分布发生变化，输送距离的范围变大，污染物浓度不断降低。因此，污染物在湍流作用下向周围逐渐扩散、稀释，如烟云很容易被湍涡拆开或撕裂变形，因此烟团扩散很快。

通常，风以平流输送为主，风速大时，湍流大。风速越大，湍流越强，污染物扩散速度越快，污染物浓度越低。没有湍流运动，污染物扩散不快。无湍流时，污染物单靠分子扩散，扩散速度很慢；有湍流时，扩散运动的方向和大小均极不规则，使流场各部分间强烈混合，加快了扩散速度。若只有风，无湍流，从烟囱中排出的废气像一支超长的"烟管"保持同样粗细，吹向下风方向，很少扩散。

综上所述，风速大小和湍流强度的大小决定着大气中污染物的稀释速率，其他气象因子都是通过风和湍流的作用间接影响空气污染。风影响污染物的水平输送，可以根据测定风速来计算。湍流有不规则性、随机性、涡旋结构、耗散性、连续性、流动性、记忆特性、间歇性、猝发等特征，比较复杂，而对流层中，大气一般处于湍流状态，因此，大气湍流对污染物在大气中的稀释和扩散起着决定性作用，研究大气污染扩散需要研究大气湍流，有必要掌握大气湍流的运动规律与作用机理。

5.2 大气湍流扩散应用理论与模型

掌握大气湍流扩散模型，可推导出大气中污染物的运动方程，从而建立起大气污染物在湍流中的浓度变化计算模型，为大气污染物的浓度预测计算、大气污染控制、大气污染防治规划、大气质量评价、大气污染控制工程建设等提供重要的理论依据。大气湍流扩散应用理论是大气湍流扩散模型的理论基础。许多学者研究了湍流的特征、规律，包括数学、力学、物理、工程等领域，分成几个流派，如以 G. I. Taylor（泰勒）等为代表的英国剑桥学派、以 L. Prantdl（普朗特）等为代表的德国哥廷根学派、以 T. von Karman（卡门）等为代表的美国加州理工学派、以 A. N. Kolmogorov（柯尔莫哥洛夫）等为代表的俄罗斯学派及以周培源等为代表的中国北京大学学派等，多种科学理念交叉、碰撞，建立了不少湍流规律、扩散理论与计算模型。著名的有：瑞士数学家、物理学家莱昂哈德·欧拉（Leonhard Euler）基于连续介质（流体微团）假设和牛顿第二定律提出的欧拉方程，这是描述理想流体运动的基本方程，它在流体力学中应用较广，是流体力学的重要基础，成为一些大气湍流扩散理论、定律或方程的基础；由法国力学家纳维（Claude-Louis-Marie-Henri Navier）、英国物理学家和数学家斯托克斯（George Gabriel Stokes）等为主研究得到的黏性不可压缩流体运动基本方程组的 N-S 方程（Navier-Stokes 方程），用于描述黏性不可压缩流体运动的基本规律，由流体的欧拉方程、流体中单位空气气块的动量守恒及牛顿第一定律、牛顿第二定律及黏性定律等推导出黏性流体层流状态时的运动方程，它被认为适用于流体的所有运动状态，在湍流研究中得到应用；雷诺方程表达了质量守恒原理，以连续性方程为基础，表征黏性液体运动时，其不可压缩流体微团在湍流运动时的速度、作用力等物理量随时空的运动平均行为规律，是描述流体在管道或流动器件中运动规律的重要方程之一，在流体力学研究中具有重要的应用价值；此外，还有边界层理论、湍涡能量串级理论、湍流混合长理论、湍能衰变规律等理论的发展。这些理论是大气湍流扩散应用理论与模型的基础，对于大气湍流扩散的研究、应用有重要作用。一些大气湍流扩散理论结合大气污染物的理化性质，发展为大气污染物湍流扩散模型，应用于大气湍流扩散的污染物浓度计算与预测、控制等。

目前应用较广泛的大气湍流扩散应用理论有梯度输送理论、湍流统计理论、湍流相似理论。

5.2.1 梯度输送理论

梯度输送理论是最早用于描述湍流扩散的理论之一，结合力学、数学方面对流体流动、湍流特征规律的研究基础，通过泰勒（G. I. Taylor）统计方法与菲克（A. Fick）扩散理论类比而建立，菲克扩散理论是以傅里叶的固体热传导定律为基础推导而得的。

傅里叶定律是法国数学家、物理学家让·巴普蒂斯·约瑟夫·傅里叶（Baron Jean Baptiste Joseph Fourier）提出的固体中热传导规律定律：在导热现象中，单位时间内通过与传输方向相垂直的单位面积上的热量与垂直于该截面方向上的温度变化率和截面面积成正比，热量传递的方向与温度升高的方向相反。

在 x 方向上，傅里叶定律表示为：

$$J_T = -\kappa \frac{\mathrm{d}T}{\mathrm{d}x} \tag{5-1}$$

式中，J_T 为热流密度的数值，表示在与传输方向相垂直的单位面积上在 x 方向上的传热速率，单位 W/m^2；κ 是热导率，为比例常数，表示输运特性，单位 $W/(m \cdot K)$。

$\boldsymbol{J}_T$ 是一个向量，可分解为 x、y、z 分量：

$$\boldsymbol{J}_T = -\kappa \, \boldsymbol{\nabla} T = -\kappa \left(\vec{i} \, \frac{\mathrm{d}T}{\mathrm{d}x} + \vec{j} \, \frac{\mathrm{d}T}{\mathrm{d}y} + \vec{k} \, \frac{\mathrm{d}T}{\mathrm{d}z} \right) \tag{5-2}$$

$\vec{i}$、$\vec{j}$、$\vec{k}$ 表示 x、y、z 方向的单位矢量；"$-$" 表示传热方向与温度梯度方向相反，热流密度垂直于等温面且沿温度降低的方向；$\mathrm{d}T/\mathrm{d}x$ 表示 x 方向上的温度梯度，T 为温度。

傅里叶定律是一个向量表达式，后续研究者认为其不仅适用于固体的热传导，还可推广应用于所有物质，以及任何状态（包括固体、液体与气体）。

德国科学家阿道夫·菲克（Adolf Fick）认为分子扩散的规律与傅里叶固体热传导规律类似，皆可用相同的数学方程式描述，因而参照傅里叶建立的热传导方程，建立了描述物质从高浓度区向低浓度区迁移的扩散方程，具体如下：设扩散沿 x 方向进行，单位时间内通过垂直于扩散方向 x 的单位截面积的扩散物质的量即扩散通量 J 与该截面处的浓度梯度 $\frac{\partial C}{\partial x}$ 成正比，浓度梯度越大，扩散通量越大。数学表达式如下：

$$J = \frac{\mathrm{d}m}{A \, \mathrm{d}t} = -D \left(\frac{\partial C}{\partial x} \right) \tag{5-3}$$

式中，J 是扩散通量，单位是 $kg/(m^2 \cdot s)$；D 为扩散系数，m^2/s；C 为扩散物质的体积浓度，原子数$/m^3$ 或 kg/m^3；$\dfrac{\partial C}{\partial x}$ 为浓度梯度；"$-$" 号表示扩散方向为浓度梯度的反方向，即物质由高浓度区向低浓度区扩散。菲克第一定律可用来成功地解释常见的各种扩散现象，成为人们研究一般扩散现象的经典公式。对于三维的扩散体系，作为矢量的扩散通量 $\boldsymbol{J}$ 可分解为 x、y、z 坐标轴方向上的三个分量 J_x、J_y、J_z，此时扩散通量可写成：

$$\boldsymbol{J} = \vec{i} J_x + \vec{j} J_y + \vec{k} J_z = -D\left(\vec{i}\,\frac{\partial c}{\partial x} + \vec{j}\,\frac{\partial c}{\partial y} + \vec{k}\,\frac{\partial c}{\partial z}\right) \tag{5-4}$$

或

$$\boldsymbol{J} = -\boldsymbol{D}\,\nabla C \tag{5-5}$$

式中，$\vec{i}$、$\vec{j}$、$\vec{k}$ 表示 x、y、z 方向的单位矢量；$\boldsymbol{J}$ 为扩散通量，是一个三维向量场；$\boldsymbol{D}$ 为扩散系数，是一个二阶张量；C 为浓度，是一个数量场；∇ 为倒三角算符。

以上方程为描述扩散现象的菲克第一定律。该定律表明：在任何浓度梯度驱动的扩散体系中，物质将沿其浓度场决定的负梯度方向进行扩散，扩散流大小与浓度梯度成正比。该方程描述的是宏观扩散现象，不涉及扩散系统内部原子运动的微观过程。扩散方程中浓度 C 是位置和时间的函数；扩散系数 $\boldsymbol{D}$ 反映扩散系统的特性，理论上是一个含有 9 个分量的二阶张量，与扩散系统的结构对称性密切相关。湍流的垂直流动使污染物在垂直方向上产生浓度梯度，进而导致其扩散，该规律适用于稳定的大气层。

大气湍流扩散梯度输送理论是通过与菲克扩散理论的类比而建立的。由于雷诺湍流运动方程组中，运动方程和连续性方程中共有十多个未知数，因而方程组不闭合而无法求解，为使方程组闭合以求解扩散方程，利用湍流半经验理论：假定大气湍流引起的污染物扩散类似于分子扩散，可用菲克定律中的分子扩散方程来描述空气污染物在湍流流场中的扩散分布，即流体湍流引起的动量通量与局地风速梯度成正比，比例系数即湍流交换系数变成湍流扩散系数（K），对于任意物理量 S，有 $\overline{\rho u' S'} = \rho K\,\dfrac{\partial \overline{S}}{\partial x}$，将物理量（风速、浓度等）的脉动量和平均量联系起来，结合欧拉方法、雷诺平均方程来构建污染物湍流扩散浓度关系模型。该理论也称 K 理论。

设流场中微元的体积为 $dx\,dy\,dz$，单位时间内受 x、y、z 方向的风速输送而流入、流出导致该微元内产生的污染物质量总变化量为 $-\left[\dfrac{\partial(\rho u)}{\partial x} + \dfrac{\partial(\rho v)}{\partial y} + \dfrac{\partial(\rho w)}{\partial z}\right]dx\,dy\,dz$，微元单位时间内的污染物质量变化量即变化率为 $\dfrac{\partial \rho}{\partial t}dx\,dy\,dz$。根据污染物质量守恒得连续性方程：

$$\frac{\partial \rho}{\partial t}dx\,dy\,dz + \left[\frac{\partial(\rho u)}{\partial x} + \frac{\partial(\rho v)}{\partial y} + \frac{\partial(\rho w)}{\partial z}\right]dx\,dy\,dz = 0 \tag{5-6}$$

C 为空气污染物浓度，有湍流扩散方程：

$$\frac{\partial C}{\partial t} + \frac{\partial(Cu)}{\partial x} + \frac{\partial(Cv)}{\partial y} + \frac{\partial(Cw)}{\partial z} = 0 \tag{5-7}$$

且

$$\frac{\partial C}{\partial t} = -\nabla \cdot (C\vec{V}) \tag{5-8}$$

$$\frac{dC}{dt} + C\,\nabla \cdot \vec{V} = 0 \tag{5-9}$$

湍流运动引起速度、浓度脉动，将速度和浓度写为平均值与脉动值之和，即：

$$C = \bar{C} + C' ; u = \bar{u} + u' ; v = \bar{v} + v' ; w = \bar{w} + w' \tag{5-10}$$

式中，C、C'、$\bar{C}$ 分别为污染物的瞬时浓度值、脉动值、平均值；其他物理量与上述雷诺平均方程中物理意义相同。

代入上述连续性方程，取平均值，整理得：

$$\frac{d\bar{C}}{dt} dx\,dy\,dz = \frac{\partial \bar{C}}{\partial t} dx\,dy\,dz + \left(\bar{u}\,\frac{\partial \bar{C}}{\partial x} + \bar{v}\,\frac{\partial \bar{C}}{\partial y} + \bar{w}\,\frac{\partial \bar{C}}{\partial z} \right) dx\,dy\,dz$$
$$= -\left(\frac{\partial \overline{u'C'}}{\partial x} + \frac{\partial \overline{v'C'}}{\partial y} + \frac{\partial \overline{w'C'}}{\partial z} \right) dx\,dy\,dz \tag{5-11}$$

上式表示的是单位时间内通过单位面积向 x、y、z 方向输送的扩散物质的平均质量即局地质量通量 $\frac{d\bar{C}}{dt} dx\,dy\,dz$ 等于局地变化 $\frac{\partial \bar{C}}{\partial t} dx\,dy\,dz$ 与平流输送 $\left(\bar{u}\,\frac{\partial \bar{C}}{\partial x} + \bar{v}\,\frac{\partial \bar{C}}{\partial y} + \bar{w}\,\frac{\partial \bar{C}}{\partial z} \right) dx\,dy\,dz$，也等于湍流扩散量 $\left(\frac{\partial \overline{u'C'}}{\partial x} + \frac{\partial \overline{v'C'}}{\partial y} + \frac{\partial \overline{w'C'}}{\partial z} \right) dx\,dy\,dz$。

也即：

$$\frac{d\bar{C}}{dt} = \frac{\partial \bar{C}}{\partial t} + \left(\bar{u}\,\frac{\partial \bar{C}}{\partial x} + \bar{v}\,\frac{\partial \bar{C}}{\partial y} + \bar{w}\,\frac{\partial \bar{C}}{\partial z} \right) = -\left(\frac{\partial \overline{u'C'}}{\partial x} + \frac{\partial \overline{v'C'}}{\partial y} + \frac{\partial \overline{w'C'}}{\partial z} \right) \tag{5-12}$$

根据 K 理论假定的湍流中物理量变化规律类似分子扩散可得，污染物局地质量通量输送（动量通量）与污染物的浓度梯度成正比、方向相反，因而有如下关系模型：

$$\begin{cases} \rho \overline{u'C'} = -\rho K_x \, \frac{\partial \bar{C}}{\partial x} \\[2mm] \rho \overline{v'C'} = -\rho K_y \, \frac{\partial \bar{C}}{\partial y} \\[2mm] \rho \overline{w'C'} = -\rho K_z \, \frac{\partial \bar{C}}{\partial z} \end{cases} \tag{5-13}$$

式中，K_x、K_y、K_z 分别为 x、y、z 三个方向的比例系数，也即湍流扩散系数。

代入污染物局地质量通量计算模型，最终得到普遍形式的大气污染物湍流扩散梯度输送方程：

$$\frac{d\bar{C}}{dt} = \frac{\partial}{\partial x}\left(K_x\,\frac{\partial \bar{C}}{\partial x} \right) + \frac{\partial}{\partial y}\left(K_y\,\frac{\partial \bar{C}}{\partial y} \right) + \frac{\partial}{\partial z}\left(K_z\,\frac{\partial \bar{C}}{\partial z} \right) \tag{5-14}$$

该方程实质上是流体中污染物质量守恒定律在扩散过程中的具体体现，表示通过平均运动和湍流扩散实现的物质交换过程，流体中某污染物的分布变化由湍流扩散主导。

需注意的是，湍流扩散系数 K 即 K_x、K_y、K_z 为未知数，需要作一定假设和简化，并结合一定的边界条件等才能求解出方程，且边界条件过于复杂时无法求出严格的分析解。因此，在实际应用时，只能在特定条件下求出该大气污染物湍流扩散梯度输送方程的近似解，得到大气污染物浓度预测模型，再根据实际情况修正。

基于此，取最简单的情况来推导、求解方程。假设流场的湍流扩散系数 K_x、K_y、K_z 不随时间与位置而变化，均为常数。取坐标系 z 轴垂直向上，x 轴与平均风向一致即风速 $\bar{u} \neq 0$，$\bar{w} = \bar{v} = 0$，则上述大气污染物湍流扩散梯度输送方程可简化为：

$$\frac{\partial \bar{C}}{\partial t} + \bar{u}\,\frac{\partial \bar{C}}{\partial x} = K_x\,\frac{\partial^2 \bar{C}}{\partial x^2} + K_y\,\frac{\partial^2 \bar{C}}{\partial y^2} + K_z\,\frac{\partial^2 \bar{C}}{\partial z^2} \tag{5-15}$$

若平均风速很小，则可忽略风速影响，上式进一步简化为：

$$\frac{\partial \bar{C}}{\partial t} = K_x \frac{\partial^2 \bar{C}}{\partial x^2} + K_y \frac{\partial^2 \bar{C}}{\partial y^2} + K_z \frac{\partial^2 \bar{C}}{\partial z^2} \tag{5-16}$$

（1）瞬时点源的解

① 无风瞬时点源的解——静止烟团模式。假定大气是静止的，即 $\bar{u} = \bar{w} = \bar{v} = 0$，湍流扩散系数为常数，并且各向同性，即 $K_x = K_y = K_z = K$，若在 $t = 0$ 时，在坐标原点释放污染物的源强为 Q（mg），则污染物的浓度变化计算模型为：

$$\frac{\partial \bar{C}}{\partial t} = K \left(\frac{\partial^2 \bar{C}}{\partial x^2} + \frac{\partial^2 \bar{C}}{\partial y^2} + \frac{\partial^2 \bar{C}}{\partial z^2} \right) \tag{5-17}$$

若排放的污染物在扩散过程中既不增加也不损失，在整个空间中总量保持不变，即满足连续性条件，则

$$\iiint_{-\infty}^{\infty} \bar{C} \, \mathrm{d}x \, \mathrm{d}y \, \mathrm{d}z = Q \tag{5-18}$$

取边界条件：a. 对于排放源（原点）以外的空间任一点，在开始排放的瞬间，污染物尚未扩散到该点之前，浓度为零，即 $t \to 0$ 时，$r > 0$ 处，$\bar{C} \to 0$，$r = 0$ 处，$\bar{C} \to \infty$；b. 当扩散时间足够长时，污染物向无穷空间扩散，各点浓度趋于零，即 $t \to \infty$ 时，$\bar{C} \to 0$。

基于以上条件，静止烟团的大气污染物湍流扩散梯度输送方程 $\frac{\partial \bar{C}}{\partial t} = K \left(\frac{\partial^2 \bar{C}}{\partial x^2} + \frac{\partial^2 \bar{C}}{\partial y^2} + \frac{\partial^2 \bar{C}}{\partial z^2} \right)$ 的解也即大气污染物湍流扩散梯度输送浓度计算模型为：

$$\bar{C}(x, y, z, t) = \frac{Q}{8(\pi K t)^{3/2}} \mathrm{e}^{-\frac{1}{4Kt}(x^2 + y^2 + z^2)} = \frac{Q}{8(\pi K t)^{3/2}} \mathrm{e}^{-\frac{r^2}{4Kt}} \tag{5-19}$$

该式表示在原点（0，0，0）、$t = 0$ 时瞬间排放的烟团，通过大气的湍流扩散，在空间某点 (x, y, z) 处、$t = t$ 时形成的污染物浓度。

若令 $\sigma_x^2 = 2K_x t$，$\sigma_y^2 = 2K_y t$，$\sigma_z^2 = 2K_z t$，则无风瞬时点源的大气污染物湍流扩散梯度输送浓度计算模型为：

$$\bar{C}(x, y, z, t) = \frac{Q}{(2\pi)^{3/2} \sigma_x \sigma_y \sigma_z} \mathrm{e}^{-\frac{x^2}{2\sigma_x^2} - \frac{y^2}{2\sigma_y^2} - \frac{z^2}{2\sigma_z^2}} \tag{5-20}$$

式中，σ_x、σ_y、σ_z 为 x、y、z 方向上浓度分布的标准差，称为扩散参数。

② 有风瞬时点源的解——移动烟团模型。原坐标系中坐标为 (x, y, z) 的一点，在移动坐标系中的坐标是 $[(x - \bar{u}t), y, z]$，大气总是处于运动状态，取一个平均风速 $\bar{u} \neq 0$ 沿 x 轴移动的坐标系，将点源放在移动坐标系的原点上，则有风时点源的解可由无风瞬时点源的一般解得到，相对于无风瞬时点源，有风时的状态只是坐标系上 x 轴方向的位置变化，x 变成了 $(x - \bar{u}t)$，y、z 不变。由此，得到有风瞬时点源的解为：

$$\bar{C}(x, y, z, t) = \frac{Q}{(2\pi)^{3/2} \sigma_x \sigma_y \sigma_z} \mathrm{e}^{-\frac{(x - \bar{u}t)^2}{2\sigma_x^2} - \frac{y^2}{2\sigma_y^2} - \frac{z^2}{2\sigma_z^2}} \tag{5-21}$$

上式为有风瞬时点源的大气污染物湍流扩散梯度输送浓度计算模型。

（2）有风时连续点源的解——无界情况下的扩散模型

原点取在烟囱口上，坐标系设置如下：取平均风向为 x 轴方向，y 轴为水平方向即与 x 轴垂直，z 轴垂直向上。有风时，平流输送项比 x 方向上的湍流扩散项的作用大，即 $\bar{u} \frac{\partial \bar{C}}{\partial x} \gg K_x \frac{\partial^2 \bar{C}}{\partial x^2}$，所以 x 方向的湍流扩散项可忽略不计，$K_x = K_y = K_z = K$ 为常数。在定

常条件下，$\dfrac{\partial \overline{C}}{\partial t}=0$，于是大气污染物扩散方程由 $\dfrac{\partial \overline{C}}{\partial t}=K\left(\dfrac{\partial^2 \overline{C}}{\partial x^2}+\dfrac{\partial^2 \overline{C}}{\partial y^2}+\dfrac{\partial^2 \overline{C}}{\partial z^2}\right)$ 变为：

$$\overline{u}\,\frac{\partial \overline{C}}{\partial x}=K_y\frac{\partial^2 \overline{C}}{\partial y^2}+K_z\frac{\partial^2 \overline{C}}{\partial z^2} \tag{5-22}$$

边界条件为：$x,y,z\to\infty$ 时，$\overline{C}\to 0$；$x,y,z\to(0,0,0)$ 时，$\overline{C}\to\infty$。

连续条件：

$$\iiint_{-\infty}^{\infty}\overline{u}q\,\mathrm{d}y\mathrm{d}z=Q \tag{5-23}$$

在此条件下，求得

$$C(x,y,z)=\frac{Q}{2\pi u\sigma_y\sigma_z}\mathrm{e}^{-\frac{y^2}{2\sigma_y^2}-\frac{z^2}{2\sigma_z^2}} \tag{5-24}$$

此式为定常条件有风时连续点源的大气污染物湍流扩散梯度输送浓度计算模型（无界）。

大气湍流扩散过程中，下风向的 y、z 方向浓度呈正态分布。下风距离增加，σ_y、σ_z 随之增大，污染物散布范围扩大，浓度降低。实际过程中，连续点源的湍流扩散是有界扩散，在应用中，用烟流宽度 $2y_0$ 和高度表示水平和铅直扩散范围。这里，烟流宽度 $2y_0$ 是沿 y 轴污染物浓度下降到等于轴线浓度 10% 处的两点间距离。当污染物沿 y 方向为正态分布时，y 处的浓度 C 计算模型如下：

$$C=C_0\mathrm{e}^{-\frac{y^2}{2\sigma_y^2}} \tag{5-25}$$

由

$$\frac{C_0}{10}=C_0\mathrm{e}^{-\frac{y^2}{2\sigma_y^2}} \tag{5-26}$$

得

$$y_0=2.15\sigma_y \tag{5-27}$$

同理，得

$$z_0=2.15\sigma_z \tag{5-28}$$

式中，C_0 为中心轴线上的浓度，y_0 为烟流半宽，z_0 为烟流半高。

大气污染物湍流梯度输送扩散模型的优势是能利用实际风场资料而不求助于假设，能较系统客观地求解出空气污染物的分布，并易于加入源变化、化学变化和其他迁移清除过程，因而适用于区域性较大尺度的大气输送与扩散沉积问题的处理。梯度输送理论在实际中很有用，许多实用大气模式由此而来。需要注意的是，模型假定湍流扩散系数 K_x、K_y、K_z 为常数，风速 u 与高度无关，湍流场均匀定常，这些与实际大气情况存在差异。此外，湍流梯度输送理论（K 理论）将湍流扩散类比为分子扩散并没有严格的物理依据。该理论适用于湍涡尺度小的情形，对于大尺度湍涡的情况不适用。实际大气情况中，有时会发生逆梯度输送，对此，需要用到非局地湍流输送理论（如非局地 K 理论、穿越理论、湍流统计理论与模型等）。在此，不一一叙述推导。

5.2.2 湍流统计理论

湍流统计理论通过研究湍流脉动场的统计性质（如湍强）来描述流场中扩散物质的散布规律，从研究个别流体微团的运动历程入手，确定扩散的各项统计性质。扩散问题统计处理的根本目标是找出描述粒子位移的概率分布，即上述扩散粒子的散布方差，再找出概率分布函数的具体形式。其难点在于湍流场的非定常性、非均一性。

连续扩散的湍流统计理论的核心思路是从源点位置 r_0、t_0 时刻释放粒子。取 x 坐标与平均风向一致，则 t 时刻粒子所处下风位置为 $x=\bar{u}(t-t_0)$，在此过程中，将速度分解为平均量和脉动量之和，即 $u=\bar{u}+u',v=\bar{v}+v',w=\bar{w}+w'$，进一步分析 y 方向由脉动速度 v' 造成的位移及其统计平均性质。

拉格朗日轨迹法通过追踪质点在流体中的空间运动物理量变化来分析其运动轨迹。三维空间中单个流体质点（第 i 个流体质点，$i=1,2,3,\cdots$）的位置坐标 $[x_i(t),y_i(t),z_i(t)]$，$x_i(t)$、$y_i(t)$、$z_i(t)$ 是时间 t 的函数，通过对时间求导数，可以得到每个流体质点的运动速度和加速度，如 x 方向的速度 $V_x=V_x(a,b,c,t)=\dfrac{\partial x(a,b,c,t)}{\partial t}$、加速度 $a_x=a_x(a,b,c,t)=\dfrac{\partial V_x(a,b,c,t)}{\partial t}=\dfrac{\partial^2 x(a,b,c,t)}{\partial t^2}$。式中，$a$、$b$、$c$、$t$ 为拉格朗日变量，(a,b,c) 为拉格朗日坐标，用于描述质点位移，并由位移导出质点的速度和加速度等。拉格朗日系统中，脉动速度的概率密度函数为：

$$p^{L}=p^{L}(u^{L},X_1,X_2,X_3,t) \tag{5-29}$$

拉格朗日相关表示用拉格朗日表达式做相关统计，拉格朗日相关系数 $R_L(\xi)$ 表示湍流运动轨迹上两个时间点 t、$t+\xi$ 之间的速度相关性，其模型为：

$$R_L(t,t+\xi)=\frac{\overline{u'_A(t)u'_B(t+\xi)}}{\sqrt{\overline{u'_A(t)^2}}\sqrt{\overline{u'_B(t+\xi)^2}}} \tag{5-30}$$

式中，下标 L 表示拉格朗日和欧拉系统的参量；下标 A、B 表示轨迹上对应时间 t 和 $(t+\xi)$ 的位置，ξ 是时间间隔；$\overline{u'_A(t)u'_B(t+\xi)}$ 为协方差，反映湍流空间大小和寿命长短，$\xi\to 0$ 时，$\overline{u'_A(t)u'_B(t+\xi)}\to\overline{u'(t)^2}$，$\tau\to\infty$ 时，$\overline{u'_A(t)u'_B(t+\xi)}\to 0$；$\overline{u'^2}$ 为统计量，若其不随时间变化，则湍流流场是平稳场，也即平稳湍流，其值与湍流起始时刻无关，只取决于时间间隔，且有 $R_L(\xi)$ 偶函数，相对于纵坐标轴对称，$-1\leqslant R_L(\xi)\leqslant 1$，原点 $R_L=1$，ξ 足够大时，$R_L\to 0$。在均匀湍流场中，流体的时均速度为常数，以时均速度运动的坐标系中流体质点在固定点附近做不规则运动。取坐标原点处的质点分析，它的位移是平均值为零的随机过程，位移的均方值表示均匀湍流场中的质点平均扩散。

拉格朗日时间积分尺度 $L_t=\int_0^\infty R_L(\xi)\mathrm{d}\xi$ 是拉格朗日系数曲线下的面积，它表示湍流中涡旋的尺度，数值越大，相关系数 R_L 越慢趋于零。拉格朗日时间尺度大于欧拉时间尺度。湍流中以大尺度涡旋为主。相关系数是时间间隔 ξ 和选定参考时间 t 的函数，在均匀（不同空间位置的性质相同）、平稳（不同时间点上的性质相同）的条件下，相关系数 R_L 不再与特定的 t 有关，只与时间差 ξ 有关。

泰勒于 1921 年提出泰勒统计理论，他假定大气湍流场为均匀、平稳（定常）的，描述从污染源放出很多粒子后下风向的湍流大气扩散情况，这里，以污染源作为直角坐标系原点、风向为 x 轴方向，因而 x 轴上的粒子浓度最高；从原点放出的任一个粒子的位置用 y 表示，则 y 随时间而变化，但其平均值为零；假设粒子浓度分布以 x 轴为对称轴，并符合正态分布，用统计学方法处理大气湍流扩散，将大气污染物浓度分布标准差与湍流脉动统计量联系起来描述拉格朗日相关系数 $R_L(\tau)$ 和 σ_y 的定量关系。湍流统计泰勒公式的侧向扩散公式即时域表达式为：

$$\sigma_y^2=2\overline{v'^2}\int_0^T(T-\tau)R_L(\tau)\mathrm{d}\tau \tag{5-31}$$

式中，σ_y 为烟云扩散尺度；σ_y^2 为湍流扩散的侧向方差（表征污染物在横向上的扩散范围）；$\overline{v'^2}$ 为侧向脉动速度的方差（反映湍流速度的随机波动强度）；T 是扩散时间（从污染物释放到观测的时间跨度）；τ 是时间滞后变量（积分中的时间差）；$R_L(\tau)$ 为拉格朗日相关系数（描述同一液体在不同时间间隔内湍流速度的统计相关性）。

泰勒公式将扩散的侧向尺度与湍流侧向脉动速度方差、拉格朗日相关系数相关联。由公式可得，在定常均匀湍流场中，粒子的湍流扩散范围取决于湍流脉动速度方差和拉格朗日相关性，湍流越强，脉动速度的拉格朗日相关系数越大，粒子散布的范围越大。当 $T \gg L_t$ 时，即扩散时间足够长时，有 $\overline{y^2}(T) \approx 2\overline{v'^2}L_t T$，拉格朗日相关时间尺度 $L_t = \int_0^{\infty} R_L(\xi)\mathrm{d}\xi$。当 T 足够大时，$\overline{y^2}(T) \propto T$。当 $T \ll L_t$ 时，即扩散时间短，$R \to 1$，将拉格朗日相关系数按幂级数展开，略去高次项，有 $R_L(\xi) = 1 - \dfrac{\xi^2}{\lambda_\xi^2}$，其中，$\lambda_\xi$ 称为拉格朗日微尺度，有 $\overline{y^2}(T) \approx \overline{v'^2}T^2$，$\sigma_y \propto T$。

泰勒公式是理想状况下导出的，对于下垫面平坦、气流稳定的小尺度扩散适用，超出这样的范围需作一定的修订。

萨顿（O. G. Sutton）首先应用泰勒公式，提出了解决污染物在大气中扩散问题的实用模式。高斯（Gaussian）在分析大量实测资料的基础上，应用湍流统计理论得到了正态分布假设下的扩散模式，即通常所说的高斯模式。高斯模式是目前应用较广的大气湍流统计模式。

高斯模式的坐标系为 (x, y, z) 的右手坐标系，如图 5-1 所示，其原点 $(0, 0, 0)$ 为排放点（无界点源或地面源）或高架源排放点在地面的投影点，x 轴正方向为平均风向，y 轴在水平面上且垂直于 x 轴，其正向在 x 轴的左侧，z 轴垂直水平面向上；烟流中心线或与 x 轴重合，或在水平面的投影为 x 轴。

实验和理论研究证明，对于连续点源的平均烟流，其浓度分布是符合正态分布的。因此作如下四点假设（后述模式中，若没有特别说明，则默认为遵守这四点假设条件）：

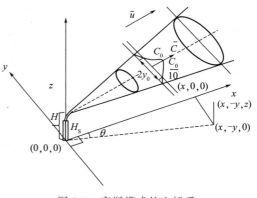

图 5-1　高斯模式的坐标系

① 污染物浓度在 y、z 轴上的分布符合高斯分布（正态分布）；
② 在全部空间中风速是均匀的、稳定的；
③ 源强是连续均匀的；
④ 在扩散过程中污染物质量是守恒的（不考虑转化）。

高斯模型在有组织排放的点源（排气筒）烟气排放浓度计算中应用较多。具体在 5.4 节详述。

5.2.3　湍流相似扩散理论

湍流相似扩散理论最早始于英国科学家里查森和泰勒，随后在许多科学家的努力特别是俄国科学家的贡献下，该理论得到很大发展。湍流相似扩散理论的基本观点如下：湍流由许多大小不同的湍涡所构成，大湍涡失去稳定分裂成小湍涡，同时发生能量转移，这一过程一直进行到最小的湍涡转化为热能为止。从这一基本观点出发，利用量纲分析的理论，建立起某种统计物理量的普适函数，再找出普适函数的具体表达式，从而解决湍流扩散问题的理论，为相似扩散理论，其基本原理是拉格朗日相似性假设。

我国力学、数学家林家翘使用渐近匹配方法解出了特征方程，确定了特征雷诺数的解析解，并给出了对称型和边界层型两类速度剖面下的特征雷诺数，按其理论推导得出的圆管流动的临界雷诺数为5772；基于稳定性理论给出了流体稳定的"拇指图"曲线，求解了Orr-Sommerfeld方程，发展了平行流动稳定性理论，确认流动失稳是引发湍流的机理，且所得结果为实验所证实；他和冯·卡门一起提出了各向同性湍流的湍谱理论，发展了冯·卡门的相似性理论，成为早期湍流统计理论的主要学派。

采用这些理论进行研究时，常采用数值分析法、现场研究法和实验室模拟研究法三种方法。理论和方法的运用不可分割，应该将它们很好地结合在一起，得出与实际大气污染扩散相符合的计算模式。湍流梯度输送理论、湍流统计理论与相似理论三种理论的物理机制不同、采用参数不同、利用的气象资料不同、假定条件不同、缺点不同，因而只能在一定范围内使用。

污染物的排放方式不同，进入大气的初始状态不同，用以计算其对大气环境影响的模型也不同。按照污染物的排放方式，大气污染物的排放源可分为点源、线源、面源三种情况。后续几节分别介绍其以大气湍流扩散理论为基础而建立的大气污染物扩散模型或估算模型。

5.2.4　湍流数模仿真

大多数人80%以上的时间都在室内度过，因此室内空气质量对人类健康起着至关重要的作用。室内污染物具有种类繁多、来源广泛的特点，室内污染物浓度与其释放特性密切相关，室内污染物对人类健康构成潜在风险，室内气体污染物浓度场的分布对室内污染物源辨识起着至关重要的作用。

二维码5-2
气流分布研究方法

目前关于室内空气流动研究的方法主要有以下四种：射流公式法、区域化模型法、模型实验法、计算流体力学数值模拟法。每种方法各有优缺点。由于气体污染物的散发受到多种因素的影响且有较多不同实验工况，模型实验的方法具有周期长、成本高、操作困难等特点，而数值模拟可以快速地模拟出室内污染物的浓度场，因此数值模拟方法是污染物扩散普遍采用的方法。

二维码5-3
计算流体力学基础

二维码5-4
湍流数值模拟方法

二维码5-5
卧室中典型污染物的数模仿真案例分析

目前用于室内浓度场模拟的方法主要是计算流体力学（CFD）模型。它通过把描述流体运动的N-S方程组离散化，然后利用计算机的数值运算能力求解出流体运动。丹麦Peter V. Nielsen（尼尔森）教授首次将CFD技术应用于暖通领域，随着计算机技术的发展，CFD模型的计算成本逐渐降低，运算速度不断提高，在暖通领域的应用越来越广泛。

人一生中有三分之一的时间在睡眠中度过，较差的室内空气品质会降低睡眠质量，引起睡眠紊乱，损害老年人的认知能力和青少年的大脑功能，并引起各种健康问题。用CFD方法研究个性化通风具有提高睡眠质量的潜力。

厕所是人们生活中不可缺少的一项基本卫生设施，厕所环境卫生与人类健康密切相关，研究厕所污染物扩散规律对于改善室内空气品质具有重要意义。

近几十年来，随着新型传染性疾病的相继暴发，通过空气途径传播的疾病在全球已经受到越来越多的重视。医院中空气传播疾病的暴发增加了从传染病患者到医护人员和其他患者的感染风险，因此病房的通风设计对于降低医院中空气传播疾病风险具有重要意义。

二维码 5-6
公共厕所气体污染物
扩散过程数模仿真

二维码 5-7
医院病房区域的微
生物气溶胶及其扩
散过程数模仿真

5.3 点源排放下的大气污染物扩散模型与仿真案例

点源排放是指工厂等将生产、使用过程中产生的大气污染物集中后通过一定高度的排气筒（如烟囱等）排入大气。从环境监测、规划与管理的角度，除了实测外，更需要预测、模拟计算排放的大气污染物浓度，评估其对周围环境的影响与达标情况，从而提出相应的要求与治理措施。点源分为高架点源和非高架点源。我国规定凡不经过排气筒的废气排放以及排放高度低于 15m 的排气筒排放皆不视为高架源。高架点源一般都属于有组织排放。

点源排放根据时间连续性分为瞬时排放（泄漏）、连续排放两种。本节中，除特别说明外，均指连续排放即污染物排放时间较长的情形。点源连续排放是指大气污染物排放时间较长的情况，通常采用高斯烟羽模型进行模拟。高斯模型适用于非重气云气体，包括轻气云和中性气云气体，要求气体在扩散过程中风速均匀稳定。

在高斯模型中，选择风向建立坐标系，即取排放污染物的点源为坐标原点，x 轴指向风向，y 轴表示在水平面内与风向垂直的方向，z 轴则指向与水平面垂直的方向，高斯烟羽模型的表达式为：

$$C(x,y,z,t)=\frac{Q}{2\pi u\sigma_y\sigma_z}\exp\left(-\frac{y^2}{2\sigma_y^2}\right)\left[\exp\frac{-(z-H)^2}{2\sigma_z^2}+\exp\frac{-(z+H)^2}{2\sigma_z^2}\right] \tag{5-32}$$

式中，$C(x,y,z,t)$ 为点源排放的污染物在某位置某时刻的浓度值；Q 为污染物单位时间排放量，mg/s；σ_y、σ_z 分别为 y、z 轴上的扩散系数，需根据大气稳定度选择参数计算得到，m；x、y、z 表示 x、y、z 轴上的坐标值，m；u 表示平均风速，m/s；t 表示扩散时间，s；H 表示点源的高度，m。

连续排放点源的一大部分为工厂因燃烧化石燃料等产生大量颗粒态、气态等空气污染物并将其通过排放筒（烟囱）排入大气，避免直接污染地面空气，并且排气筒（烟囱）的高度与规格等需要按排放的大气污染物源强、相应的污染物排放标准及大气污染控制要求与法规进行设计，产生的废气经排气筒出口要经处理达标后才可高空排放。废气通过 15m 高度以上的排气筒集中排放，称为有组织排放，按点源模型计算；对于排气筒比较低、点源众多的情形，用线源或面源模型来计算。有组织排放即高架点源排放，因烟囱的高度直接影响其建筑造价，为能达到大气污染物排放要求又经济、科学地设计排气筒（烟囱），首先需要掌握废气量及其有组织排放的各大气污染物扩散浓度、最大地面轴线浓度与距离及与烟囱高度等的关系。因此，有组织排放过程的大气污染物扩散模型十分重要。

5.3.1 通常模式下连续排放点源的大气污染物扩散模型

这里说的通常模式是指常见的、整层大气都具有同一稳定度的扩散，即污染物扩散所波及的垂直范围都处于同一温度层结之中，大气排放不受空间限制，区别于后续两小节中的特殊气象、特殊地形、突发事故排放等情形。通常模式下点源有组织连续排放过程的大气污染物扩散模型以高斯烟羽模型为基础，而高斯烟羽模型是高斯在大量实测资料分析的基础上应用湍流统计理论与正态分布假设构建的，是目前应用最广的点源连续排放大气污染物浓度计算模型。

5.3.1.1 无界空间连续点源扩散模式

如前所述，高斯利用大量实验和理论研究证明，连续排放源的平均浓度分布符合正态分布，因此有如下假定：

① 污染物浓度在 y、z 轴上的分布符合高斯分布（正态分布）；

② 在全部空间中风速是均匀的、稳定的；

③ 源强是连续均匀的；

④ 在扩散过程中污染物质量是守恒的（不考虑转化）。

由正态分布的假定①可以写出下风向任一点（x、y、z）污染物平均浓度的分布函数：

$$C(x,y,z) = A(x)e^{-ay^2}e^{-bz^2} \tag{5-33}$$

由概率统计理论可写出方差（扩散参数）σ_y^2、σ_z^2 的表达式：

$$\sigma_y^2 = \frac{\int_0^\infty y^2 C\mathrm{d}y}{\int_0^\infty C\mathrm{d}y} \tag{5-34}$$

$$\sigma_z^2 = \frac{\int_0^\infty z^2 C\mathrm{d}z}{\int_0^\infty C\mathrm{d}z} \tag{5-35}$$

式中，σ_y 为距原点 x 处烟羽中污染物在 y 方向分布的标准偏差（水平方向扩散参数）m；σ_z 为距原点 x 处烟羽中污染物在 z 方向分布的标准偏差（垂直方向扩散参数）m；C 为任一点处污染物的浓度，g/m^3。

由假定④可写出源强 Q（g/s）的积分式：

$$Q = \int_{-\infty}^\infty \int_{-\infty}^\infty C\mathrm{d}y\mathrm{d}z \tag{5-36}$$

$$A(x) = \frac{Q}{2\pi \bar{u}\sigma_y\sigma_z} \tag{5-37}$$

式中，Q 为源强，g/s；$\bar{u}$ 为平均风速，m/s。

再将 $A(x) = \dfrac{Q}{2\pi \bar{u}\sigma_y\sigma_z}$ 代入 $C(x,y,z) = A(x)e^{-ay^2}e^{-bz^2}$ 中，得到无界空间连续点源扩散的高斯模式：

$$C(x,y,z) = \frac{Q}{2\pi \bar{u}\sigma_y\sigma_z}\exp\left[-\left(\frac{y^2}{2\sigma_y^2} + \frac{z^2}{2\sigma_z^2}\right)\right] \tag{5-38}$$

式中，$\bar{u}$ 为平均风速。Q 为源强，指污染物排放速率，Q 与空气中污染物的浓度成正比，是影响大气污染物扩散浓度的重要因素。通常：瞬时点源的源强以一次释放的总量表示，连续点源以单位时间的释放量表示，连续线源以单位时间单位长度的排放量表示，连续面源以单位时间单位面积的排放量表示。σ_y 为侧向扩散参数，是污染物在 y 方向分布的标准偏差，是距离 y 的函数，m。σ_z 为竖向扩散参数，是污染物在 z 方向分布的标准偏差，是距离 z 的函数，m。

5.3.1.2 高架连续点源扩散模式及仿真案例

高架连续点源的扩散问题，必须考虑地面对扩散的影响。根据前述假定④（在扩散过程中污染物质量是守恒的），可以认为地面像镜面一样，对污染物起全反射作用，按全反射原理，可以用"像源法"来处理这一问题。

建立三个坐标系。①以实源在地面的投影点为原点，P 点坐标为 $(x，y，z)$。②以实源为原点。③以像源为原点。如图 5-2 所示，把 P 点污染物浓度看成实源与像源两部分贡献之和：一部分是不存在地面时 P 点所具有的污染物浓度；另一部分是由于地面反射作用所增加的污染物浓度，相当于不存在地面时由位置在 $(0，0，H)$ 的实源和在 $(0，0，-H)$ 的像源在 P 点所产生的污染物浓度之和（H 为有效源高）。

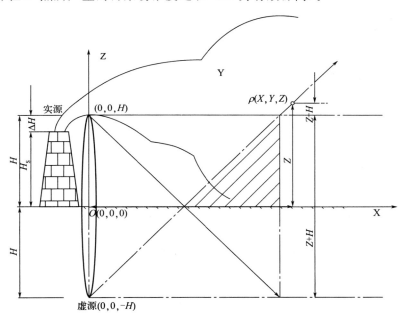

图 5-2 高架点源高斯模式推导示意图

实源的贡献：由于坐标原点原先选在地面上，现移到源高为 H 处，相当于原点上移 H，即无界空间连续点源扩散的高斯模式 $C(x，y，z) = \dfrac{Q}{2\pi \bar{u} \sigma_y \sigma_z} \exp\left[-\left(\dfrac{y^2}{2\sigma_y^2} + \dfrac{z^2}{2\sigma_z^2}\right)\right]$ 中的 z 在新坐标系中为 $(z-H)$，P 点在以实源为原点的坐标系中的垂直坐标（距烟流中心线的垂直距离）为 $(z-H)$。不考虑地面影响时，由此推得实源在 P 点所造成的污染物浓度为：

$$C_1 = \frac{Q}{2\pi \bar{u} \sigma_y \sigma_z} \exp\left\{-\left[\frac{y^2}{2\sigma_y^2} + \frac{(z-H)^2}{2\sigma_y^2}\right]\right\} \tag{5-39}$$

像源的贡献：P 点在以像源为原点的坐标系中垂直坐标（距烟流中心线的垂直距离）为 $(z+H)$。它在 P 点产生的污染物浓度为：

$$C_2 = \frac{Q}{2\pi \bar{u} \sigma_y \sigma_z} \exp\left\{ -\left[\frac{y^2}{2\sigma_y^2} + \frac{(z+H)^2}{2\sigma_z^2} \right] \right\} \tag{5-40}$$

P 点的实际浓度 $C(x,y,z,H)$ 应为实源和像源的贡献之和，即：

$$C(x,y,z,H) = C_1 + C_2 = \frac{Q}{2\pi \bar{u} \sigma_y \sigma_z} \exp\frac{-y^2}{2\sigma_y^2} \left[\exp\frac{-(z-H)^2}{2\sigma_z^2} + \exp\frac{-(z+H)^2}{2\sigma_y^2} \right] \tag{5-41}$$

此式为高架连续点源正态分布假设下的高斯扩散模型。由此模型可求出下风向任一点的污染物浓度。

（1）地面浓度模型

由于直接接触与影响率最大，因而，地面污染物浓度关注度最高。地面即 $z=0$ 时的浓度为：

$$C(x,y,0,H) = \frac{Q}{\pi \bar{u} \sigma_y \sigma_z} \exp\left(-\frac{y^2}{2\sigma_y^2} \right) \exp\left(-\frac{H^2}{2\sigma_z^2} \right) \tag{5-42}$$

李惠民等用此高斯点源地面浓度模式预测某企业高架点源下风向 1000m 范围内 Pb 污染物扩散情况，制作出浓度等值线分布图，得到的高架点源下风向地面轴线浓度出现了两个峰值，分别位于坐标系 x 方向 200m 左右和 900m 左右处，其中在地面轴线 200m 左右处出现最大落地浓度；在主风向两侧，距污染源越远，污染物的地面浓度越低；结合敏感点位置，用此模型计算识别出了该高架点源下风向区域内受影响的敏感点的具体位置与潜在影响。

（2）地面轴线浓度模型

根据高斯假设统计，地面浓度以 x 轴为对称轴，轴线 x 上具有最大值，向两侧（y 方向）逐渐减小。因此，得到地面轴线（即 $y=0$ 时）浓度计算模型为：

$$C(x,0,0,H) = \frac{Q}{\pi \bar{u} \sigma_y \sigma_z} \exp\left(-\frac{H^2}{2\sigma_z^2} \right) \tag{5-43}$$

（3）地面最大浓度（即地面轴线最大浓度）模型

σ_y、σ_z 是距离 x 的函数且随 x 的增大而增大。由地面轴线浓度模型可知，x 增大，σ_y、σ_z 增大，则模型 $\dfrac{Q}{\pi \bar{u} \sigma_y \sigma_z}$ 的值减小、$\exp\left(-\dfrac{H^2}{2\sigma_z^2} \right)$ 的值增大，因此，地面轴线浓度必在某个 x 处有最大值。设 $\dfrac{\sigma_y}{\sigma_z} = k$（$k$ 为常数，实际中成立），则 $\sigma_y = k\sigma_z$，则 $C(x,0,0,H) =$

$\dfrac{Q}{\pi \bar{u} k \sigma_z^2} \exp\left(-\dfrac{H^2}{2\sigma_z^2} \right) = \dfrac{A}{\sigma_z^2} \exp\left(-\dfrac{H^2}{2\sigma_z^2} \right)$ 有极值，则 $\dfrac{\mathrm{d}C(x,0,0,H)}{\mathrm{d}\sigma_z} = 0$，而 $\dfrac{\mathrm{d}C(x,0,0,H)}{\mathrm{d}\sigma_z} =$

$A\left\{ \left(\dfrac{1}{\sigma_z^2} \right)' \exp\left(-\dfrac{H^2}{2\sigma_z^2} \right) + \left(\dfrac{1}{\sigma_z^2} \right) \left[\exp\left(-\dfrac{H^2}{2\sigma_z^2} \right) \right]' \right\} = 1 - \dfrac{1}{\sigma_z^2}\dfrac{H^2}{2} = 0$，即 $\sigma_z = \dfrac{H}{\sqrt{2}}$，由此求得地面轴线最大浓度计算模型为：

$$C_{\max} = \frac{Q}{\pi \bar{u} \sigma_y \sigma_z} \exp(-1) = \frac{Q\sigma_z}{\pi \bar{u} \sigma_y \sigma_z^2 \mathrm{e}} = \frac{2Q\sigma_z}{\pi \bar{u} \sigma_y \mathrm{e}}\left(-\frac{2}{H^2} \right) = \frac{2Q}{\pi \bar{u} H^2 \mathrm{e}}\frac{\sigma_z}{\sigma_y} \tag{5-44}$$

$$\sigma_z \big|_{x = x_{C_{\max}}} = \frac{H}{\sqrt{2}} \tag{5-45}$$

以上所有计算模型中，e＝2.7183；π＝3.14；H 为点源的有效源高，在烟囱为点源时，有效源高为烟囱几何高度 H_s 与烟囱出口的烟气抬升高度 ΔH 之和，即 $H = H_s + \Delta H$。

其中，烟气抬升的原因有两个：烟囱出口处的烟流具有一初始动量（使其继续垂直上升），烟气的速度与烟囱的内径相关；因烟流温度高于环境温度产生的静浮力由烟气温度决定。这两种动力引起的烟气浮力运动称烟云抬升，烟云抬升有利于降低地面的污染物浓度。

点源的有效源高直接影响大气污染物的地面最大浓度与地面轴线浓度，同时，烟囱的直径与几何高度的大小又直接影响其造价，因此，科学合理设计烟囱十分重要，由此，烟气抬升高度的估算也极为必要。

杨印浩等研究了燃煤大气污染物扩散时空特性，探讨了高斯扩散模型中的高斯烟羽模型和高斯烟团模型，并对比了二者的适用范围及特点。结合燃煤电厂的运行特征，提出了适应电力生产的大气污染物扩散模型，并采用仿真手段详细分析了燃煤气载污染物扩散的时空分布特性。作不同有效源高 H 下的污染物浓度函数 $f(x,0)$，图像如图 5-3 所示。可以看出，函数 $f(x,0)$ 总是先为 0 再增大到峰值然后不断减小，反映出污染物浓度在正下风方向上的分布总是先为 0 再增大到最大值继而减小。这是因为监测点计算的是地面处污染物浓度，当距排放源一定距离内时，污染物扩散所形成的烟羽沿铅垂方向的伸展范围不能达到地面，所以在该距离内地面上污染物扩散浓度为 0；随着下风距离 x 的增加，烟羽伸展范围扩散到地面的程度逐渐增大，地面上的污染物扩散浓度也增大；当下风距离 x 大于某一值后，烟羽扩散到地面的速度已不及其稀释速度，地面上的污染物扩散浓度开始减少。因此合理增加排放源的有效源高可以有效降低地面上的污染物累积浓度。

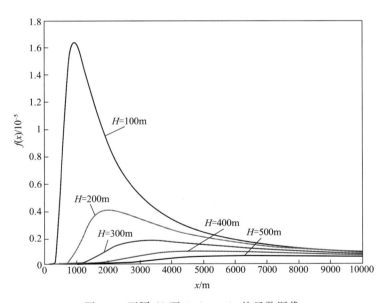

图 5-3　不同 H 下 $f(x,0)$ 的函数图像

5.3.1.3　地面连续点源扩散模型

由高架连续点源扩散模式 $C(x,y,z,H) = \dfrac{Q}{2\pi \bar{u}\sigma_y\sigma_z}\exp\dfrac{-y^2}{2\sigma_y^2}\left[\exp\dfrac{-(z-H)^2}{2\sigma_y^2} + \right.$

$\left.\exp\dfrac{-(z+H)^2}{2\sigma_y^2}\right]$，令有效源高 $H = 0$，得到地面连续点源扩散模型，为：

$$C(x,y,z,0)=\frac{Q}{\pi \bar{u}\sigma_y\sigma_z}\exp\left[-\left(\frac{y^2}{2\sigma_y^2}+\frac{z^2}{2\sigma_z^2}\right)\right] \tag{5-46}$$

比较此模式与无界空间连续点源扩散的高斯模式 $\rho(x,y,z)=\dfrac{Q}{2\pi \bar{u}\sigma_y\sigma_z}\exp$

$\left[-\left(\dfrac{y^2}{2\sigma_y^2}+\dfrac{z^2}{2\sigma_z^2}\right)\right]$，可以发现：地面连续点源造成的污染物浓度恰是无界空间连续点源所造

成的污染物浓度的 2 倍。

5.3.1.4 颗粒物扩散模型

对于排气筒排放的粒径小于 $15\mu m$ 的颗粒物，其地面浓度可按前述的气态污染物扩散模式计算。

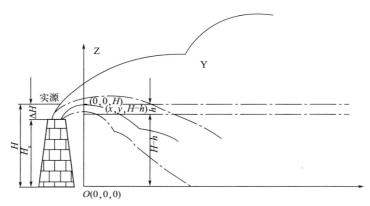

图 5-4 倾斜烟云模式示意图

对于任一种粒径大于 $15\mu m$ 的大颗粒态污染物 i（平均颗粒粒径 $d_{pi}>15\mu m$），明显的重力沉降作用使其浓度分布有所改变。在预测此类颗粒物时，假设沉积和无沉积有相同的分布形式，但整个烟云离开源以后便以重力终端速度（u_t）下降。由图 5-4 可知，同样风力条件下，大颗粒态污染物运动轨迹如倾斜烟云（用黑色虚线所围表示），与整体的烟云（红色实线所围表示）在 z 方向上形成有效源高的差距，差距为 h，即平均水平风速 $\bar{u}$ 作用下，从烟囱出口出来的大颗粒态污染物的实际有效源高为 $H-h$，此处 $h=u_t t$，$t=x/\bar{u}$，即 $h=u_t x/\bar{u}$。由图可见，模拟计算大颗粒污染物要修正模型，此模型为倾斜烟云模型。将高斯模式中有效源高 H 用（$H-u_t x/\bar{u}$）置换即可得到倾斜烟云模型：

$$C(x,y,z,H)=\frac{Q}{2\pi \bar{u}\sigma_y\sigma_z}\exp\frac{-y^2}{2\sigma_y^2}\left[\exp\frac{-\left(z-H+\dfrac{u_t x}{\bar{u}}\right)^2}{2\sigma_y^2}+\exp\frac{-\left(z+H-\dfrac{u_t x}{\bar{u}}\right)^2}{2\sigma_y^2}\right]$$

$$\tag{5-47}$$

方程中的各参数定义与高斯模型相同。

用倾斜烟云模型可模拟预测计算粒径大于 $15\mu m$ 的地面大气颗粒态污染物浓度。对于这类颗粒物的任一种颗粒态大气污染物，其地面浓度预测模型为：

$$C(x,y,0,H)=\sum_i \frac{(1+a_i)Q_i}{2\pi \bar{u}\sigma_y\sigma_z}\exp\left(-\frac{y^2}{2\sigma_y^2}\right)\exp\left[-\frac{\left(H-\dfrac{u_i x}{\bar{u}}\right)^2}{2\sigma_z^2}\right] \tag{5-48}$$

上式应满足 $\dfrac{u_i x}{\overline{u}} \le H$，其中，$u_i = \dfrac{d_{\mathrm{p}i}^2 \rho_{\mathrm{p}} g}{18\mu}$。

式中　a_i——第 i 组颗粒的地面反射系数，按表查取（见二维码）；

　　　Q_i——表中第 i 组颗粒的源强，g/s；

　　　$d_{\mathrm{p}i}$——表中第 i 组颗粒的平均直径，m；

　　　u_i——粒径为 $d_{\mathrm{p}i}$ 的颗粒的重力沉降速度，m/s；

　　　ρ_{p}——颗粒密度，kg/m³；

　　　μ——空气黏度，Pa·s；

　　　g——重力加速度，m/s²。

二维码 5-8
地面反射系数表

5.3.2　特殊条件下连续排放点源的大气污染物扩散模型

前面介绍的扩散模式，仅适用于大气稳定度、地形等条件都基本一致的扩散情况，即整层大气都具有同一稳定度的平原地区，没有城市、山区等地形对扩散造成影响。

对于特殊气象条件、特殊地形下的扩散，其大气污染物扩散模型不同。

5.3.2.1　封闭型扩散模式

前面说的整层大气都具有同一稳定度的扩散，指的是污染物扩散所波及的垂直范围都处于同一温度层结之中，温度层结构均一，在实际中过于理想。实际大气常常会出现多个温度层结，如低层为不稳定大气，在其上部距地面几百米到 2km 的高空存在一个明显的逆温层，使污染物的垂直扩散受到限制，只能在地面和逆温层底之间进行。这种情况下的大气污染物扩散称为"封闭型"扩散，气象条件与高斯模式不一样。

封闭型扩散模型的假设条件：将扩散到逆温层中的污染物忽略不计；把逆温层底看成和地面一样能起到全反射作用的镜面。

封闭型扩散模型的推导原理：在以上假设条件下，大气污染物的封闭型扩散近似于在地面和逆温层底这两个镜面的全反射作用下进行，污染源在两个镜面的全反射下形成无穷多个像，对污染物的浓度分布可用像源法处理，可看成实源和无穷多虚源贡献之和，实源在两个镜子里分别形成 n 个像，n 为烟流在地面和逆温层底两界面之间的反射次数。

由此，推导出封闭型扩散模式下地面轴线上大气污染物浓度计算模型为：

$$C(x,0,0) = \frac{Q}{\pi \overline{u} \sigma_y \sigma_z} \sum_{-\infty}^{\infty} \exp\left[-\frac{(H-2nD)^2}{2\sigma_z^2}\right] \tag{5-49}$$

式中　D——逆温层底高度，即混合层高度，m；

　　　n——烟流在两界面之间的反射次数。

模式如图 5-5 所示，其中，x_D 为烟流垂直扩散高度刚好到达逆温层底时的水平距离，$\sigma_z = r_2 x_D^{\alpha_2}$。实际应用中一般采用简化的方法，根据下风向距离 x 的不同，分成三种情况，得到大气污染物扩散模型。

（1）当 $x \le x_D$ 时

烟流扩散尚未到封闭阶段，没有受到上部逆温层的影响，其浓度仍可按一般扩散模式估算。

由正态分布扩散模式可以计算出，烟云中心线

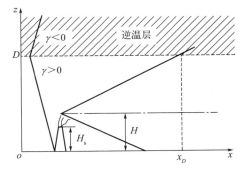

图 5-5　上部有逆温层的封闭型扩散
模式示意图

向上高度为 $2.15\sigma_z$ 处浓度约等于相同水平距离处烟云中心线浓度的 $1/10$，此高度可作为烟流边缘。因此有：

$$D = H + 2.15\sigma_z \Rightarrow \sigma_z = \frac{D-H}{2.15} \text{（烟流半宽度）} \tag{5-50}$$

按上式求出 σ_z 后，查 P-G 曲线（帕斯奎尔-吉福德曲线），得与之相对应的下风距离 x，此 x 即为 x_D。这样便可按此式计算出其地面轴线浓度：

$$C(x,0,0) = \frac{2.15Q}{2\pi\bar{u}\sigma_y(D-H)} \sum_{-\infty}^{\infty} \exp\left[-2.31125\left(\frac{H-2nD}{D-H}\right)^2\right] \tag{5-51}$$

（2）当 $x \geqslant 2x_D$ 时

烟流经过两界面多次反射后，达到某一距离 x 后，在 z 方向的浓度分布将渐趋均匀。一般认为 $x \geqslant 2x_D$ 时，z 方向浓度均匀，z 分布函数为 $\frac{1}{D}$，从而推导出 $\int_0^D \frac{1}{D}\mathrm{d}z = 1$，但 y 方向浓度仍为正态分布且仍符合扩散的连续性条件，因此有：

$$C(x,y) = A(x)\exp\left(-\frac{y^2}{2\sigma_y^2}\right) \tag{5-52}$$

$$Q = \int_0^D \int_{-\infty}^{\infty} \bar{u}\rho(x,y)\mathrm{d}y\mathrm{d}z = \int_0^D \int_{-\infty}^{\infty} \bar{u}A(x)\exp\left(-\frac{y^2}{2\sigma_y^2}\right)\mathrm{d}y\mathrm{d}z \tag{5-53}$$

对上式求解得：

$$C(x,y) = \frac{Q}{\sqrt{2\pi}\bar{u}D\sigma_y}\exp\left(-\frac{y^2}{2\sigma_y^2}\right) \tag{5-54}$$

（3）当 $x_D < x < 2x_D$ 时

污染物浓度在前两种情况的中间变化，情况较复杂，这时，可在 $x = x_D$ 和 $x = 2x_D$ 这两点的浓度值之间内插（假定变化为线性），按 z 值插值。地面轴线浓度计算模型为：

$$C(x,0,0,H) = \frac{Q}{\pi\bar{u}\sigma_y\sigma_z}\sum_{-\infty}^{\infty}\exp\frac{-(H-2nD)^2}{2\sigma_z^2} \tag{5-55}$$

【例 5-1】 某电厂烟囱有效高度 150m，SO_2 排放量 151g/s。夏季晴朗下午，大气稳定度 B 级，烟羽轴处风速为 4m/s。若上部存在逆温层，使垂直混合限制在 1.5km 之内。确定下风向 3km 和 11km 处的地面轴线 SO_2 浓度。

解： 按照下式计算烟流达到逆温层的 σ_z。

$$\sigma_z = \frac{h-H}{2.15} = \frac{1500-150}{2.15} = 628(\text{m})$$

查表得，$r_2 = 0.057025$，$\alpha_2 = 1.09356$；代入公式 $\sigma_z = r_2 x_D^{\alpha_2}$，解出 x_D 值为：4967m = 4.967km。

（1）$x = 3\text{km} < 4.967\text{km} = x_D$，

$$C(x,0,0,H) = \frac{Q}{\pi\bar{u}\sigma_y\sigma_z}\exp\left(-\frac{H^2}{2\sigma_z^2}\right) = \frac{151}{\pi\times4\times403\times362}\exp\left(-\frac{150^2}{2\times362^2}\right) = 7.56\times10^{-5}(\text{g/m}^3)$$

（2）$2x_D = 2\times4.967\text{km} < 11\text{km} = x$，

$$C(x,y) = \frac{Q}{\sqrt{2\pi}\bar{u}h\sigma_y}\exp\left(-\frac{y^2}{2\sigma_y^2}\right) = 8.09\times10^{-6}(\text{g/m}^3)$$

5.3.2.2 熏烟型扩散模式

在夜间发生辐射逆温时，高架连续点源排放的烟流排入并稳定在逆温层中，形成平展型（扇形）扩散，这种烟流在垂直方向扩散慢，在源高度形成一条狭长的高度区。日出后，太阳辐射逐渐增强，地面逐渐变暖，辐射逆温从地面开始破坏，逐渐向上发展，当辐射逆温破坏到烟流下边缘稍高一些时，在热力湍流的作用下，烟流中的污染物便发生了强烈的向下混合，使地面的污染物浓度增大。这个过程称为熏烟（漫烟）过程（图 5-6）。熏烟过程一直持续到烟流上边缘以下的逆温层消失为止。这一过程多发生在早晨 8~10 点，因地区和季节不同，过程持续时间一般为 0.5~2h。

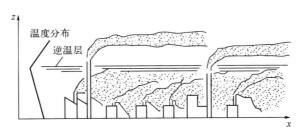

图 5-6　熏烟型扩散模式示意图

为了估算熏烟条件下地面污染物浓度，假设烟流全部排入稳定大气层结中：

① 当逆温层消失到高度为 h_f 时，在高度 h_f 以下污染物浓度的垂直分布是均匀的，则地面浓度仍可计算，只是 D 应换成逆温层消失高度 h_f，源强 Q 只应包括进入混合层中的部分，所以计算公式改为：

$$C_F(x,y,0,H)=\frac{Q\int_{-\infty}^{p}\frac{1}{\sqrt{2\pi}}\exp\left(-\frac{p^2}{2}\right)\mathrm{d}p}{\sqrt{2\pi}\,\bar{u}h_f\sigma_{yf}}\exp\left(-\frac{y^2}{2\sigma_{yf}^2}\right) \tag{5-56}$$

式中　$p=(h_f-H)/\sigma_z$；

　　　h_f——逆温层消失的高度，m；

　　　σ_{yf}——熏烟条件下 y 方向扩散参数，m。

假设 D 换成 h_f（垂直均匀分布），q 只包括进入混合层的部分，则仍可用上式：

$$C_F(x,y,0,H)=\frac{q\int_{-\infty}^{p}\frac{1}{\sqrt{2\pi}}\exp\left(-\frac{p^2}{2}\right)\mathrm{d}p}{\sqrt{2\pi}\,\bar{u}h_f\sigma_{yf}}\exp\left(-\frac{y^2}{2\sigma_{yf}^2}\right),\quad p=\frac{h_f-H}{\sigma_z} \tag{5-57}$$

$$\sigma_{yf}=\frac{2.15\sigma_y+H\tan15°}{2.15}=\sigma_y+\frac{H}{8} \tag{5-58}$$

式中　σ_y，σ_z——原大气稳定度级别（E、F）时的扩散参数（稳定大气层结时的扩散参数）。

② 当逆温层消失到烟囱的有效高度处，即 $h_f=H$ 时，可以认为烟流的一半向下混合，而另一半仍留在上面的稳定大气中。这时地面熏烟污染浓度为：

$$C_F(x,y,0,H)=\frac{q}{\sqrt{2\pi}\,\bar{u}h_f\sigma_{yf}}\exp\left(-\frac{y^2}{2\sigma_{yf}^2}\right) \tag{5-59}$$

地面轴线浓度为：

$$C_F(x,0,0,H)=\frac{q}{\sqrt{2\pi}\,\bar{u}H\sigma_{yf}} \tag{5-60}$$

③ 当逆温层消失到烟流的上边缘高度，即 $h_f = H + 2\sigma_z$ 时，可以认为烟流全部向下混合，使地面熏烟浓度达到极大值，可按下式计算：

$$C_F(x,y,0,H) = \frac{q}{\sqrt{2\pi} \bar{u} h_f \sigma_{yf}} \exp\left(-\frac{y^2}{2\sigma_{yf}^2}\right) \qquad (5\text{-}61)$$

地面轴线浓度为：

$$C_F(x,0,0,H) = \frac{q}{\sqrt{2\pi} \bar{u} h_f \sigma_{yf}} \qquad (5\text{-}62)$$

④ 当逆温层消失到 $H + 2\sigma_z$ 以上时，烟流全部处于不稳定大气中，烟流过程已不复存在。

【例 5-2】 某电厂烟囱有效高度 150m，SO_2 排放量 151g/s。夜间和上午有效烟囱高度处的风速为 4m/s，夜间稳定度 E 级。若清晨烟流全部发生熏烟现象，确定下风向 16km 处的地面轴线 SO_2 浓度。

解： 查表得大气稳定度为 E 级的 16km 处，参数 $\sigma_y = 733m$，$\sigma_z = 96m$，$h_f = H + 2\sigma_z = 342m$，

熏烟扩散时地面上的横向扩散参数：$\sigma_{yf} = \sigma_y + \dfrac{H}{8} = 733 + 150/8 = 752(m)$

由 $C_F(x,0,0,H) = \dfrac{q}{\sqrt{2\pi} \bar{u} h_f \sigma_{yf}}$，得地面轴线 SO_2 浓度：

$$C_{SO_2}(x,0,0,H) = \frac{q}{\sqrt{2\pi} \bar{u} h_f \sigma_{yf}} = 5.85 \times 10^{-5} (g/m^3)$$

5.3.2.3 山区扩散模式

（1）封闭山谷中的扩散模式

山区流场由于受到复杂地形的热力和动力因子影响，流场均匀和定常的假定难以成立。对风向稳定、研究尺度不大、地形较为开阔及起伏不大的地区，浓度基本上遵循正态分布规律，只是扩散参数比平原地区大很多。

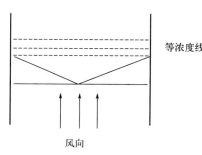

图 5-7 封闭山谷扩散模式

狭长山谷中近地面源的污染，由于受峡谷地形的限制，可以认为污染物仅能在峡谷两壁之间扩散（图 5-7）。由于壁的多次反射作用，可以认为在与污染源相隔一段距离后，污染物在横向近似为均匀分布，在垂直方向仍为正态分布，所以有下面的浓度表达式：

$$C(x,z,H) = A(x)\exp\left(-\frac{z^2}{2\sigma_z^2}\right) \qquad (5\text{-}63)$$

$$Q = \int_0^\infty \int_{-w/2}^{w/2} \bar{u} A(x) \exp\left(-\frac{z^2}{2\sigma_z^2}\right) dy\,dz \qquad (5\text{-}64)$$

式中　w——山谷的宽度，m。

解此方程组得扩散模式：

$$C(x,z) = \frac{2Q}{\sqrt{2\pi} \bar{u} w \sigma_z} \exp\left(-\frac{z^2}{2\sigma_z^2}\right) \qquad (5\text{-}65)$$

在 $z = 0$ 时得到地面浓度：

$$C(x,0)=\frac{2Q}{\sqrt{2\pi}\,uw\sigma_z} \tag{5-66}$$

若为高架源，则为：

$$C(x,z,H)=\frac{2Q}{\sqrt{2\pi}\,uw\sigma_z}\left\{\exp\left[-\frac{(z-H)^2}{2\sigma_z^2}\right]+\exp\left[-\frac{(z+H)^2}{2\sigma_z^2}\right]\right\} \tag{5-67}$$

注：与封闭型扩散模式一样，在烟流开始扩散的一段距离内，污染物在横向尚未达到均匀，这时应考虑横向扩散的影响（其浓度可以按照一般扩散模式计算）。当达到一定距离后，可以认为污染在横向达到了均匀分布，显然，这个距离和谷宽有关，其关系为：

$$\sigma_y=\frac{w}{4.3} \tag{5-68}$$

已知谷宽 w 时，可以求出 σ_y，再根据大气稳定度，即可求出相应的 x 值，此距离可以认为是扩散开始受到峡谷两侧壁影响的距离。

（2）NOAA 和 EPA 模式

美国国家海洋和大气管理局（NOAA）分析了高架点源烟流受起伏地形的影响后提出了以高斯模式为基础的计算模式，仅对有效源高作了修正，修正方法如下：

① 大气稳定度的划分仍用 P-G 法，仅适当修正了级别；

② 在中性条件和不稳定时，假设烟流中心线与地面始终平行，随地形起伏而起伏，有效源高不修正，地面轴线浓度仍用高斯模式估算；

③ 大气稳定时，假定烟流中心线保持水平，地面轴线浓度用下式计算：

$$C(x,0,h_T)=\frac{Q}{\pi u\sigma_y\sigma_z}\exp\left[-\frac{(h_T-H)^2}{2\sigma_z^2}\right] \tag{5-69}$$

式中 h_T——计算点相对于烟囱底面的高度，m，当 $h_T>H$ 时，$h_T-H=0$，此时计算的地面浓度等于烟流中心轴线浓度。

美国国家环境保护署（EPA）提出的模式，在稳定度分类、扩散参数选取和浓度计算公式方面皆与 NOAA 相同，不同之处仅是对所有稳定度级别都作了地形高度修正。

（3）高斯 ERT 修正

美国环境研究与技术公司（ERT）对高斯点源扩散模式进行了修正，主要是修正了有效源高，即：当 $H>h_T$ 时，用（$H-h_T/2$）作为有效源高；当 $H<h_T$ 时，用 $H/2$ 作为有效源高。

5.3.3 突发事故大气污染物瞬时泄漏扩散模型

大气污染物瞬时泄漏（排放）是指污染物泄放时间相对于污染物扩散时间较短，如突发泄漏等情形。大气污染物瞬时泄漏采用高斯烟团模型模拟。

在高斯烟团模型中，选择风向建立坐标系统，即取泄漏源为坐标原点，x 轴指向风向，y 轴表示在水平面内与风向垂直的方向，z 轴指向与水平面垂直的方向，具体公式为：

$$C(x,y,z,t)=\frac{Q}{(2\pi)^{3/2}\sigma_x\sigma_y\sigma_z}\exp\left[-\frac{(x-ut)^2}{2\sigma_x^2}\right]\exp\left(-\frac{y^2}{2\sigma_y^2}\right)\left\{\exp\left[-\frac{(z-H)^2}{2\sigma_z^2}\right]+\exp\left[-\frac{(z+H)^2}{2\sigma_z^2}\right]\right\}$$

$$\tag{5-70}$$

式中，$C(x,y,z,t)$ 为泄漏介质在某位置某时刻的浓度值；Q 为污染物单位时间排放量，瞬时点源的源强以一次释放的总量表示，mg/s；σ_x、σ_y、σ_z 分别为 x、y、z 轴上的扩散系数，需根据大气稳定度选择参数计算得到，m；x、y、z 表示 x、y、z 上的坐标值，m；

u 表示平均风速，m/s；t 表示扩散时间，s；H 表示泄漏源的高度，m。

对于点源排放，通过监测和统计各种工业设施、交通工具的排放量，可以估算其大气污染物扩散浓度，同时需要相关监管机构等确保数据准确可靠，依靠先进监测技术如遥感技术和移动监测平台等实时监测点源排放，及时发现、应对排放异常和突发事件。

5.4 线源排放下的大气污染物扩散模型与仿真案例

城市中的街道和公路上的汽车排气可以视为线源。线源分为无限长线源和有限长线源两类。在较长的街道和公路上行驶的车辆，在道路两侧形成连续稳定浓度场的线源，称为无限长线源；在街道上行驶的车辆只能在街道两侧形成断续稳定浓度场的线源，称为有限长线源。

5.4.1 无限长线源模型

无限长线源模型见图 5-8。

① 当风向与线源垂直时，假设连续排放的无限长线源在横风向产生的浓度处处相等，把点源扩散模式的高斯模式对变量 y 进行积分，可获得无限长线源下风向的地面浓度模式为：

$$C(x,y,0)=\frac{Q_{\mathrm{L}}}{\pi u\sigma_y\sigma_z}\exp\left(-\frac{H^2}{2\sigma_z^2}\right)\int_{-\infty}^{\infty}\left(-\frac{y^2}{2\sigma_y^2}\right)\mathrm{d}y \tag{5-71}$$

由高斯积分，得：

$$C(x,0)=\frac{2Q_{\mathrm{L}}}{\sqrt{2\pi}u\sigma_z}\exp\left(-\frac{H^2}{2\sigma_z^2}\right) \tag{5-72}$$

式中 Q_{L}——单位线源的源强，g/(s·m)，连续线源以单位时间单位长度的排放量表示。

② 风向与线源不垂直且风向与线源交角 $\varphi \geqslant 45°$ 时，线源下风向的地面浓度模式为：

$$C(x,0)=\frac{2Q_{\mathrm{L}}}{\sqrt{2\pi}u\sigma_z\sin\varphi}\exp\left(-\frac{H^2}{2\sigma_z^2}\right) \tag{5-73}$$

当风向与线源交角 $\varphi < 45°$ 时，此模式不适用。

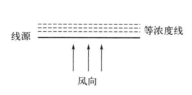
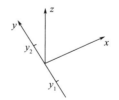

图 5-8　无限长线源模型示意图　　　图 5-9　有限长线源示意图

5.4.2 有限长线源模型

在估算有限长线源的污染物浓度时，必须考虑线源末端引起的"边缘效应"。随着接受点距线源距离的增加，"边缘效应"将在更大的横风距离上起作用。对于横风有限长线源，取通过所关心的接受点的平均风向为 x 轴、线源为 y 轴，如果线源从 y_1 延伸到 y_2，且 $y_1 < y_2$（见图 5-9），则有限长线源下风向的地面浓度模式为：

$$C(x,y,0)=\frac{2Q_{\mathrm{L}}}{\sqrt{2\pi}u\sigma_z}\exp\left(-\frac{H^2}{2\sigma_z^2}\right)\int_{p_1}^{p_2}\frac{1}{\sqrt{2\pi}}\exp\left(-\frac{p^2}{2}\right)\mathrm{d}p \tag{5-74}$$

式中，$p=\dfrac{y}{\sigma}$，$p_1=y_1/\sigma_y$，$p_2=y_2/\sigma_y$。

式中的积分值从正态分布概率表中查询。

5.4.3　线源模型仿真案例

刘稳等利用风洞实验结果验证后的 CFD 仿真模拟法研究了长宽比、山墙建筑间距、界面密度以及车道布设方式等街道设计管控要素与城市街道空气流通和污染扩散的内在关联机理。

图 5-10 和图 5-11 分别为城市街道峡谷内的气流形态和峡谷内污染物浓度分布。由图可知，当长宽比较小（$L/D=2$）时，三维街谷内污染物浓度分布整体呈现背风侧高于迎风侧，不同位置竖直截面的污染物浓度分布差别不大，这主要是因为在长宽比较小的街谷内，螺旋型涡流及其二次流尚未充分发展，污染物分布主要受到街谷端部涡流的强烈影响。而当长宽比较大（$L/D>2$）时，除三维街谷内背风侧污染物浓度高于迎风侧外，越靠近街谷中部，污染物浓度越高，越靠近街谷端部，污染物浓度越低，这主要是因为街谷内逐渐发展形成螺旋型涡流及其二次流的综合影响。当长宽比较大时，三维街谷中部截面（$y/L=0$）与 1/4 截面（$y/L=-0.25$）的污染物浓度分布特征逐渐趋同，并与二维街谷模拟结果较为接近，总体变化趋势与气流形态类似，这可能是因为随着街谷变长，端部涡流对街谷内尤其是街谷中部污染物浓度分布影响逐渐减弱，而谷中涡流逐渐占据主导作用。

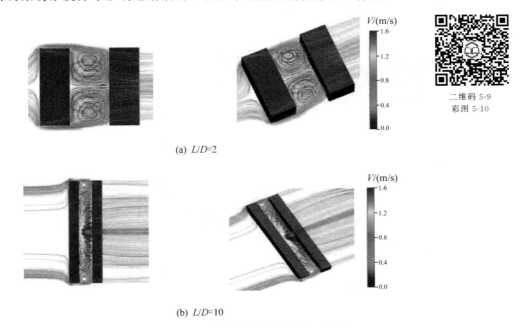

(a) $L/D=2$

(b) $L/D=10$

图 5-10　典型长宽比下三维城市街道峡谷的气流形态

由此，得到如下结论：

① 二维街道模型只能近似反映足够长的三维街道峡谷中部位置的气流形态和污染物分布特征，而不能全面表征三维街道峡谷尤其是长宽比较小街道峡谷内的通风流场和污染物浓度场；二维模型代替三维模型进行高宽比（H/D）为 1.0 的典型城市街道峡谷空气污染扩散仿真模拟的临界长宽比（L/D）为 20，小于该临界值的城市街道峡谷污染扩散能力会随着街道变长而逐渐减弱，而超过该临界值后街道变长，将不再对城市街道峡谷污染扩散能力

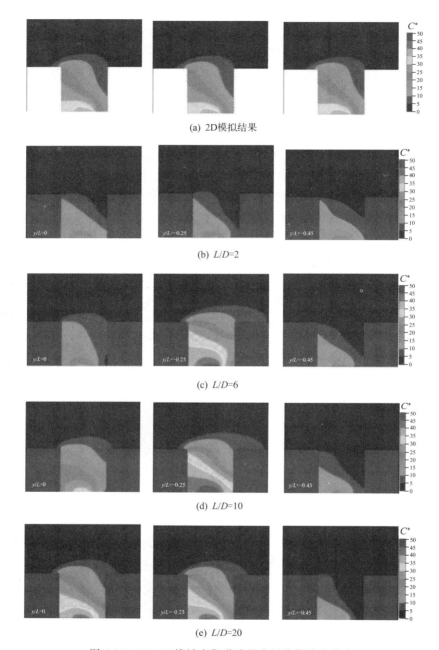

(a) 2D模拟结果

(b) L/D=2

(c) L/D=6

(d) L/D=10

(e) L/D=20

图 5-11　二、三维城市街道峡谷内污染物浓度分布

产生较大影响。

②山墙间距变化对城市街道峡谷内污染物浓度分布具有显著影响但并非呈线性关系，对于高宽比（H/D）为 1.0 的典型城市街道，在一定阈值（5H）范围内，可通过扩大山墙间距来改善街道峡谷内空气质量，而超过一定阈值（5H）后，再扩大山墙间距对城市街道峡谷内空气质量影响甚微，街道峡谷内空气质量整体相对较好时对应的山墙间距临界值在 15～20m（0.75H～1H）左右；忽视街道峡谷外机动车尾气污染物向街谷内的传输作用虽不会影响街谷内污染物浓度分布趋势，但会在一定程度上低估街谷内的空气污染

水平。

③ 不同界面密度下城市街道空间自然通风性能与污染扩散能力具有协同作用，较强的自然通风性能整体均伴随着较强的污染扩散能力，街道任意一侧界面密度降低整体上均有利于城市街道空间自然通风性能和污染扩散能力的提升，而相比街道下游，上游界面密度降低对街道通风环境和空气污染的改善更为显著；建筑布局形式对不同界面密度下城市街道空间整体通风性能和污染扩散能力的影响具有"临界效应"。

在街区尺度选取与街道设计管控紧密相关的长宽比、山墙间距、界面密度以及车道布设等空间要素进行城市街道空气流通和污染扩散的仿真模拟，补充揭示了典型空间形态要素对城市街道空气污染传输扩散的作用机制，完善了城市街道空气流通和污染扩散的内在机理研究，促进了城市街道空气污染扩散机理在街道空间设计管控中的推广应用，为城市街道自然通风和空气污染改善的规划应对提供具体指导。

5.5　区域大气质量估算模型仿真应用

对某个尺度内区域内大气（空气）质量情况进行估算、评估、比较，以规划、管理大气质量，需要区域大气质量估算模型。大气质量模型是建立在对大气物理和化学过程的科学认识基础上，运用数学方法和气象学理论，在一定的空间尺度范围内（大气边界层内），对大气污染物的排放、传输、扩散、转化和清除等过程或特征、规律进行表征、描述、仿真模拟的数学模型。大气质量模型可用于空气质量管理的分析与指导，测算源分担率，帮助制定有效的污染物削减政策；预测新污染源达标排放情况；预测未来新政策、法规实施后的污染物浓度。区域大气质量估算模型可分析一定尺度区域（开放区，城市，一个省、一个国家甚至全球）内的大气污染整体情况、时空演变规律、内在机理、成因来源，建立"污染减排"与"质量改善"间的定量关系，推进区域环境规划和管理向定量化、精细化过渡，为相关政策、措施、规划的实施提供参考。

大气质量模型按时间与程度，可分为一代大气质量模型、二代大气质量模型、三代大气质量模型；按照尺度可分为小尺度模型、中小尺度模型、中尺度模型和大尺度（全球）模型；按模型机理则可分为统计模型（以现有的大量数据为基础做统计分析建立的模型）和数值模型（对污染物在大气中发生的物理化学过程如传输、扩散、化学反应等进行数学抽象所建立的模型）；按模型研究对象分为扩散模式、光化学氧化模式、酸沉降模式、气溶胶细粒子模式和综合性空气质量模式。

综上，根据区域空气质量估算模型的发展，由简单到复杂、从单一到综合、由小尺度到大尺度，按小尺度区域大气质量估算模型、中小尺度区域大气质量估算模型、综合型区域尺度大气质量估算模型、全球性大尺度大气质量估算模型的顺序依次进行简要介绍。

5.5.1　小尺度的区域大气质量估算模型

小尺度区域大气质量估算模型（箱式大气质量模型）是用来计算某个地区大气环境中污染物的量，为城市环境规划提供科学数据的模型，是区域（城市）大气质量预测模拟模型中最简单的一种。城市中小工厂和企业的锅炉、居民的炉灶由于数量多、分布广且排放高度低，一般可以看作面源。具体见二维码。

二维码 5-10
箱式模型

5.5.2 中小尺度区域大气质量估算模型

ISC3、AREMOD、ADMS、CALPUFF 等是国际上典型的法规化中小尺度的空气质量模式。

按照模型法规化进程划分，ISC3 属于第一代法规性模型，AREMOD、ADMS、CAL-PUFF 为第二代法规性模型。这四个模型的优点为结构简单、计算速度快、基础数据要求低等。其简单易用的优点奠定了其成为法规化模型的基础。不足之处：适用尺度相对较小，没有化学过程或化学过程较为简化，基本理论假设过于理想，不能很好地模拟 O_3、$PM_{2.5}$、酸雨等区域性复合型大气污染过程。从实践应用来看，ADMS、AREMOD、CALPUFF 模型多用于环境影响评价和城市尺度一次污染物的模拟，尤其是在国内外环境影响评价领域发挥了主力军作用，已被多个国家定为法规化模型。《环境影响评价技术导则　大气环境》（HJ 2.2—2008）奠定了 ADMS、AERMOD、CALPUFF 三个模型在我国环境影响评价领域的法规地位。

ISC3、AREMOD、CALPUFF 可用于中小尺度的一次污染物估算，其理论基础是点源排放的高斯扩散模式 $c(x,y,z) = \dfrac{Q}{2\pi u \sigma_y \sigma_z} \exp\left(-\dfrac{y^2}{2\sigma_y^2}\right)\left\{\exp\left[-\dfrac{(z-H)^2}{2\sigma_y^2}\right] + \exp\left[-\dfrac{(z+H)^2}{2\sigma_z^2}\right]\right\}$。多年来，在点源污染浓度估计方面人们一直采用高斯模式作为法规模式，它可以用最简捷的方式最大限度地将浓度场与气象条件之间的物理联系及观测事实结合起来。工业源泄放扩散模型 ISC（Industrial Sources Complex）是 ISCLT（工业复合源泄放扩散长期模型）和 ISCST（工业复合源泄放扩散短期模型）的统称，该模型基于高斯理论所建立的各种气象条件下的扩散参数曲线，将气象和排放数据参数化，形成输入文件，进行模式验证与参数修正，使之适合城市的实际条件，通过模式模拟污染物浓度的分布特征，分析气象、排放等条件对污染物浓度的影响，各时段的浓度仅由该时段的排放源清单和气象参数确定。气象参数包括逐时风向、风速、温度、稳定度等级、混合层高度、风速廓线指数、地表摩擦系数、地表粗糙度、降水速率等。1991 年，美国环保署联合美国气象学会组建法规化模式改善委员会，将行星边界层理论引入扩散模型研究中，提出了适用于固定工业复合源泄放的空气质量扩散模型 ISC3，在美国国家环保署的财政支持下，应用这一新的扩散理论和计算机技术，开发出了 ISC3 扩散模型系统。

具体介绍见二维码。

二维码 5-11	二维码 5-12	二维码 5-13	二维码 5-14
ISC3 扩散模型系统	AERMOD 模型	ADMS 模型	CALPUFF 模式系统

5.5.3 综合型区域大气质量估算模型

大气污染过程异常复杂，各种污染物之间存在极为复杂的物理、化学反应及气固两相转化过程。尽管我国已确定了部分法规化模型，但过于简单的空气质量模型很难再现真实的大气污染过程。由于科学研究与环境决策的目的在于追求大气模拟的真实性、内生原理性和污染过程的系统性，因此，在科学研究与环境决策领域较少使用 ADMS、AREMOD、CAL-PUFF 等已有法规化模型，应用最多的为第三代综合型空气质量模型，如 NAQPMS、CAMx、WRF-CHEM 及 CMAQ 等。

这些模型具有以下共同优点：

① 充分考虑了各种大气物理过程和各污染物间的化学反应及气固两相转化过程，可模拟多污染物间的协同效应。

② 基于嵌套网格设计，可用于模拟局地、区域等多种尺度的大气环境问题。

③ 基于"一个大气"的设计理念，通过一次工作可以同时模拟各种大气环境问题，特别适用于模拟 O_3、$PM_{2.5}$、酸雨等区域性复合型大气污染过程。

具体见二维码。

二维码 5-15
综合型区域大气
质量估算模型

5.5.4　大尺度大气质量估算模型

随着 WRF-CMAQ 系统分辨率的提高，需要一系列嵌套域，从跨越半球（约 100km）到局部尺度（约 1km）。该系统在过去很有用，但效率低下，在从较大域过渡到较小域时会导致插值错误。MPAS（the Model for Prediction Across Scales）是美国国家大气研究中心近年来开发的跨尺度预测模型，用于区域气候和天气研究的大气、海洋和其他地球系统模拟组件的研究。该模型的主要开发合作伙伴是洛斯阿拉莫斯国家实验室（LANL）和国家大气研究中心（NCAR），两者都负责应用程序通用的 MPAS 框架、运算符和工具；LANL 主要负责海洋和陆地冰模型，NCAR 主要负责大气模型。MPAS 的定义特征是非结构化 Voronoi 网格和 C 网格离散化，这些网格被用作许多模型组件的基础。非结构化 Voronoi 网格允许球体的准均匀离散化和局部细化。C 网格离散化即预测单元边缘速度的法向分量，特别适用于更高分辨率的中尺度大气和海洋模拟。

从全球尺度的大型网格单元到近城市和城市尺度的精细单元的过渡是无缝的。网格单元的大小可以在数百千米内发生巨大变化。每个网格单元的角度、边长甚至边数在整个模型网格中都是可变的。美国国家海洋和大气管理局使用其内部开发的大气模型评估工具（AMET）再现了降水模拟。对某一年全年累积的月降水数据分析比较可知，MPAS 降水量与基于 PRISM 观测数据集的年度总降水量一致；除夏季水分外，在大多数日子里，MPAS 的性能与 WRF 一样甚至更好；此外，MPAS 的平均绝对误差（MAE）比 WRF 略低、而相关性（COR）更高。AMET 允许将 MPAS 和 WRF 与大气的全球原始探空仪探测数据进行直接比较，以了解天气发生的整个大气层的模型精度（对流层）。如对某一年 1 月至 12 月期间所有全球原探测仪发射场的误差结果分析可知，用 ASMET 评估全局模型的能力，其误差水平被认为是极低。

美国环保署计划利用最新开发的气象建模来开发"下一代"空气质量建模系统，该系统将允许对从全球到局部的问题进行一致的建模，选择的气象模型是美国国家大气研究中心近年来开发的跨尺度预测模型 MPAS，将 CMAQ 组件与 MPAS 耦合以实现完整的全球化学品传输建模，即 MPAS-CMAQ 模型。该模型包括四维数据同化，允许对过去的天气进行长时间模拟而不会出现误差增长。MPAS-CMAQ 模型用跨尺度预测模型（MPAS）来提供计算网格和气象学信息，添加了 Pleim-Xiu 陆面模式（P-X LSM）、不对称对流模式 2（ACM2）和 Pleim 表层等当前气象模型 WRF 中的关键组成部分。美国环保署目前的 WRF 模型被用作衡量进展的指标，在大多数情况下，MPAS 误差已经降低到接近美国区域 12 公里建模的水平。空气质量组件正在从当前的 3D CMAQ 模型重新设计为 1D 柱模型（仅限垂直尺寸），其中化学浓度的水平传输将由 MPAS 处理。这种设计将带来灵活性、高效性和一致性。全球观测到的每日八小时最大臭氧的平均值以及 MPAS-CMAQ 模型的尝试再现，误差水平非常低。

下一代空气质量模型将是一个一维（垂直柱）空气质量模型和一个三维气象模型，有如下几种类型。①具有无缝网格细化的在线耦合全局模型，MPAS 和 AQ 柱模型之间的双向耦合同时工作，以模拟全球的气象和空气质量过程。②在线耦合区域模型。WRF 和 AQ 柱模型之间的双向耦合同时工作，以模拟有限区域内的气象和空气质量过程。如果 MPAS 最终适用于有限区域使用，则可以代替 WRF 来模拟组合系统中的气象过程。③线下区域。气象学 WRF 的单向耦合（顺序）和相同的 AQ 柱模型，可以模拟水平输送来的附加组分，以模拟空气质量，而无须对气象进行反馈。

大气环境数模仿真中，各类大气污染物模型是核心与基础。充分掌握模型的机理与应用限制条件，才能有效研究、开发和应用模型；在模型应用层面，结合专业知识与情景分析，运用计算机编程技术，可以开发用于大气污染控制预测、评估、设计等的专业软件。模型库越丰富，参数越接近实际，所开发软件的应用范围就越广，模拟预测结果也就越好。

参考文献

[1] Laucks M L. Aerosol technology properties，behavior，and measurement of airborne particles[J]. Journal of Aerosol Science，2000，31（9）：1121-1122.

[2] Song X，Shao L，Yang S，et al. Trace elements pollution and toxicity of airborne PM_{10} in a coal industrial city[J]. Atmospheric Pollution Research，2015，6（3）：469-475.

[3] Wu Y，Lu B，Zhu X，et al. Seasonal variation，source apportionment and health risk assessment of heavy metals in $PM_{2.5}$ in Ningbo，China[J]. Aerosol and Air Quality Research，2019，19（9）：2083-2092.

[4] Folinsbee L J. Human health effects of air pollution[J]. Environmental Health Perspectives，1993，100：45-56.

[5] Hu X，Zhang Y，Ding Z，et al. Bioaccessibility and health risk of arsenic and heavy metals（Cd，Co，Cr，Cu，Ni，Pb，Zn and Mn）in TSP and $PM_{2.5}$ in Nanjing，China[J]. Atmospheric Environment，2012，57：146-152.

[6] Mohanraj R，Azeez P A，Priscilla T. Heavy metals in airborne particulate matter of urban Coimbatore[J]. Archives of Environmental Contamination & Toxicology，2004，47（2）：162-167.

[7] 陶燕，刘亚梦，米生权，等. 大气细颗粒物的污染特征及对人体健康的影响[J]. 环境科学学报，2014，34（3）：592-597.

[8] 李同图. "十三五"期间吉林省主要城市大气污染特征及 $PM_{2.5}$ 的污染传输研究[D]. 长春：吉林大学，2023.

[9] 肖凯. 嘉峪关市大气颗粒物 $PM_{2.5}$，PM_{10} 及其无机元素污染特征，来源解析及健康风险评价[D]. 兰州：兰州交通大学，2021.

[10] 环境保护部科技标准司. 环境空气质量标准：GB 3095—2012[S]. 北京：中国标准出版社，2012.

[11] 徐晓波. 关中地区点源大气污染物扩散数值模拟[J]. 环境保护科学，2018，44（3）：98-101.

[12] 汤龑，马宪国. 上海气象因素对 $PM_{2.5}$ 等大气污染物浓度的影响[J]. 能源研究与信息，2016，32（2）：71-74.

[13] 翁佳烽，林满，王宝民，等. 不同气象条件小区通风与污染物扩散模拟[J]. 中山大学学报（自然科学版），2019，58（1）：30-38.

[14] 朱好，张宏升，蔡旭晖. 小风条件下大气扩散模型发展回顾研究[J]. 环境科学与管理，2015，40（8）：57-61.

[15] 雷薇，蒋雨荷. 风速对石河子污染物扩散的影响研究[J]. 环境科学与管理，2020，45（11）：180-184.

[16] 朱志清，叶林安，章紫宁，等. 污染物动力扩散数值模型模拟研究：以象山港为例[J]. 海洋开发与管理，2021，38（2）：64-68.

[17] 于永涛，孟磊，王璐，等. 跨区域气象环境污染扩散数值模拟分析研究[J]. 环境科学与管理，2019，44（2）：

163-167.

[18] 郭栋鹏，王冉，李云鹏，等．不同温度层结下建筑物周围流场的数值模拟研究[J]．太原理工大学学报，2020，51（4）：572-579.

[19] 夏雨婷．基于 OpenFOAM 的大气污染物扩散模型的比较研究[D]．衡阳：南华大学，2021.

[20] 朱照宣．中国大百科全书：力学[M]．北京：中国大百科全书出版社，1998.

[21] 赵国英，朱保如．近代流体力学的奠基人：路德维希·普朗特[J]．力学与实践，1979（3）：73-76.

[22] 保罗·J.纳辛．物理就是这么酷，玩转那些纠结又迷人的物理问题[M]．孙则书，译．北京：中国科学技术出版社，2022.

[23] P. 哈森．物理金属学[M]．北京：科学出版社，1984.

[24] 冯端．金属物理学：第一卷[M]．北京：科学出版社，2000.

[25] 余宗森，田中卓．金属物理[M]．北京：冶金工业出版社，1982.

[26] 张兆顺，崔桂香，许春晓．湍流理论与模拟[M]．北京：清华大学出版社，2005.

[27] L. 普朗特．流体力学概论[M]．郭永怀，陆士嘉，译．北京：科学出版社，1981.

[28] 吴望一．流体力学[M]．北京：北京大学出版社，1982.

[29] Dou H S. Origin of Turbulence-Energy Gradient Theory[M]. Berlin：Springer，2022.

[30] 李新俊．槽道流中雷诺数效应对小尺度湍流统计量的影响[D]．哈尔滨：哈尔滨工业大学，2022.

[31] 黄昆．固体物理学[M]．北京：人民教育出版社，1966.

[32] 汪志诚．热力学统计物理[M]．北京：高等教育出版社，1980.

[33] 葛新石，叶宏．传热和传质基本原理[M]．北京：化学工业出版社，2009.

[34] 刘菲，苏运星，王仲民，等．菲克定律在氢扩散系数研究中的应用[J]．广西大学学报：自然科学版，2010，35（5）：6.

[35] 郝吉明，马广大，王书肖．大气污染控制工程[M]．3 版．北京：高等教育出版社，2010.

[36] 环境保护部科技标准司．HJ 819—2017：排污单位自行监测技术指南　总则[S]．北京：中国标准出版社，2017.

[37] 环境保护部科技标准司．GB 16297—1996：排污单位自行监测技术指南　总则[S]．北京：中国标准出版社，1997.

[38] 朱蓉．多尺度湍流统计理论的实验研究和在中尺度[D]．北京：北京大学，2022.

[39] 刘小红，洪钟祥．非均匀网格的过渡湍流理论及其在大气边界层数值模拟中的应用[J]．大气科学，1995，19（3）：347-358.

[40] 蒋维楣，牟礼凤．复杂下垫面模拟域大气边界层非局地闭合模拟研究[J]．大气科学，1999，23（1）：25-33.

[41] Guo P，Kuo Y H，Sokolovskiy S V，et al. Estimating atmospheric boundary layer depth using COSMIC radio occultation data[J]. Journal of the Atmospheric Sciences，2011，68（8）：1703-1713.

[42] 王雪梅．非局地闭合 PBL 模拟研究[D]．南京：南京大学，1993.

[43] Kraichnan R H. Eddy viscosity in two and three dimensions[J]. Journal of the Atmospheric Sciences，1976，33（8）：1521-1536.

[44] Deardorff J W，Mahrt L. On the dichotomy in theoretical treatments of the atmospheric boundary layer[J]. Journal of the Atmospheric Sciences，2010，39（9）：2096-2098.

[45] 徐大海．多尺度大气湍流的扩散及扩散率[J]．气象学报．1989，47（3）：302-311.

[46] 徐大海．Lagrange 与 Euler 时间积分尺度之间关系的统计[J]．气象学报，1992，50（2）：138-151.

[47] 徐大海．关于不同尺度大气运动中的雷诺交换[J]．气象学报，1992，50（3）：257-271.

[48] Wyngaard J C，Coté O R，Izumi Y. Local free convection，similarity，and the budgets of shear stress and heat flux[J]. Journal of the Atmospheric Sciences，1971，28：1171-1182.

[49] 朱蓉，徐大海，孟燕君，等．城市空气污染数值预报系统 CAPPS 及其应用[J]．应用气象学报，2001，12（3）：267-278.

[50] Gan C，Binkowski F，Pleim J，et al. Assessment of the aerosol optics component of the coupled WRF-CMAQ model using CARES field campaign data and a single column model[J]. Atmospheric Environment，2015，115：670-682.

[51] Gan C，Pleim J，Mathur R，et al. Assessment of long-term WRF-CMAQ simulations for understanding direct aerosol effects on radiation "brightening" in the United States[J]. Atmospheric Chemistry and Physics，2015，15，

12193-12209.

［52］ Xing J，Mathur R，Pleim J，et al. Can a coupled meteorology-chemistry model reproduce the historical trend in aerosol direct radiative effects over the Northern Hemisphere? ［J］. Atmospheric Chemistry and Physics，2015，15 (17)：9997-10018.

［53］ Xing J，Mathur R，Pleim J，et al. Air pollution and climate response to aerosol direct radiative effects：A modeling study of decadal trends across the Northern Hemisphere［J］. Journal of Geophysical Research：Atmospheres，2015，120 (23)：12221-12236.

［54］ Xing J，Wang J D，Mathur R，et al. Unexpected benefits of reducing aerosol cooling effects［J］. Environmental Science & Technology，2016，50 (14)：7527-7534.

［55］ Clough S A，Shephard M W，Mlawer E J，et al. Atmospheric radiative transfer modeling：A summary of the AER codes［J］. Journal of Quantitative Spectroscopy and Radiative Transfer，2005，91 (2)：233-244.

［56］ Bohren C F，Huffman D R. Absorption and Scattering of Light by Small Particles［M］. New York：Wiley-Interscience，1983.

［57］ Mathur R，Xing J，Gilliam R，et al. Extending the community multiscale air quality (CMAQ) modeling system to hemispheric scales：Overview of process considerations and initial applications［J］. Atmospheric Chemistry and Physics，2017，17：12449-12474.

［58］ 李惠民，王涛，姚娜. Matlab 在高架点源大气污染扩散模式中的应用［J］. 环境与可持续发展，2014，39 (6)：213-214.

［59］ 杨印浩. 考虑气载污染物扩散特性的燃煤电厂运行优化与选址规划［D］. 武汉：华中科技大学，2021.

［60］ 刘稳. 城市街道大气污染物时空分布扩散规律及规划应对研究［D］. 武汉：武汉大学，2022.

［61］ 陈开平，马永亮，博立新. ISC 长期模型在烟台市空气污染控制规划中的应用［J］. 上海环境科学，2002，21 (8)：494-496.

［62］ 吕兆丰. 北京市石化行业 VOCs 排放对工业园区及所在城市臭氧影响研究［D］. 北京：北京工业大学，2016.

［63］ 马彩云. 基于 CMAQ 模型天水市 $PM_{2.5}$ 达标下的主要大气污染物允许排放量初探［D］. 兰州：兰州大学，2022.

第六章

固体废物污染及其处理过程的数模仿真

6.1 固体废物填埋处理过程的数模仿真

随着我国经济的蓬勃发展和居民生活水平的显著提高，城市生活垃圾处理需求持续增加。填埋一直被视为处理城市固体废物的首选方式，这是因为与焚烧和堆肥等其他方法相比，填埋通常在废物管理方面最具成本效益。因此，我国城市卫生填埋场数量也逐步增加，从 2003 年的 457 座增至 2020 年的 644 座。与此同时，城市卫生填埋场的处理能力也显著提升，从 2003 年的每日 187092 吨增长至 2020 年的每日 337848 吨。城市卫生填埋处理总量从 2003 年的 6404 万吨增长至 2020 年的 7772 万吨。尽管近年来垃圾焚烧等新型垃圾处理方式逐渐推广，垃圾填埋处理规模稳步扩大，但填埋场数量的增长和处理能力的提升仍较为缓慢。2017 年，垃圾填埋无害化处理量达到了最高值，为 12037.6 万吨；2018 年，我国拥有 663 座填埋场，无害化处理能力达到 373498 吨每日，填埋场的总数和无害化处理能力分别达到了峰值和最高水平。然而，城市生活垃圾中的大量有机物往往会导致渗滤液的产生，从而可能对土壤和水体造成污染。此外，废物的生物降解过程会产生甲烷、二氧化碳等温室气体，也将导致温室效应的增加。

垃圾填埋的过程是一个耦合的过程。一般而言，城市生活垃圾要经历复杂的生物降解过程，伴随着渗滤液、垃圾填埋气以及热能的产生，并伴随废物的形态变化。渗滤液的质量和温度反过来会影响微生物的生长和分解，最终对城市生活垃圾的生物降解反应速率产生影响。因此，为了减少垃圾填埋过程对环境的不良影响，采用模型构建的方法深入研究填埋过程中典型污染物的转化、填埋气的生成以及渗滤液的扩散过程是至关重要的。为此，本节将重点探讨这三个方面的数学模型仿真。

6.1.1 生活垃圾典型污染物转化过程数模仿真

生活垃圾转化中的有机物降解过程在环境方面具有至关重要的影响。这些有机物的降解不仅影响着垃圾堆的稳定性和转化中的产气过程，还对温室气体排放、有机污染物释放等方面有着深远影响。数模仿真技术提供了一种深入研究这些降解过程的方法，通过数学模型模拟生活垃圾中有机物的降解动态，从而为实际垃圾处理与管理提供指导。

有机污染物在垃圾填埋场的释放和输送是一个复杂的过程，伴随着物理行为以及化学和微生物反应。因此，几乎没有一个模型能够完全准确地描述污染物的转化过程。开发仿真模型必须基于一些合理的假设，主要包括以下四点：①由于垃圾渗滤液产生后会快速释放，因此我们假设垃圾渗滤液的输送是单向流；②生活垃圾颗粒是不可压缩的，但可以降解；③我们将垃圾填埋场视为一个生化反应器，有机物在其中经历对流、流体动力分散、水解、溶解、吸附/解吸以及生物降解等一系列物理、化学和生物过程；④垃圾填埋场的密度和黏度是常数。

垃圾填埋场的有机生物降解可分为两个阶段：好氧生物降解和厌氧生物降解。好氧生物降解通常在填埋初期发生，可分为两个子阶段：不溶性大分子有机物水解为可溶性有机物和小分子有机物；可溶性有机物生物降解为 H_2O 和 CO_2 等。当氧气被消耗尽时，生物降解进入厌氧阶段。在这个阶段，大分子有机物被水解成小分子有机物，然后经厌氧微生物酸化处理后分解成 CH_4 和 H_2O。

根据上述生物降解过程，垃圾填埋场中的有机污染物可以分为以下几个类别：固相中的不溶解和可降解污染物（IDS）、固相中的可溶解和可降解污染物（SDS）、固相中的吸附污染物（AS）、水相中的可溶解和可降解污染物（SDA）。微生物群落包括水相中的好氧微生物（AM）和厌氧微生物（ANM）以及固相中的水解微生物（MS）。根据质量守恒原理，可建立描述垃圾填埋场污染物释放和迁移的模型，考虑了 IDS 的水解、SDS 的溶解和生物降解、AS 的吸附/解吸、SDA 的好氧和厌氧生物降解、AM、ANM 和 MS 的生长和死亡以及溶解氧（DO）的消耗等因素。有机物的生物降解过程如图 6-1 所示。

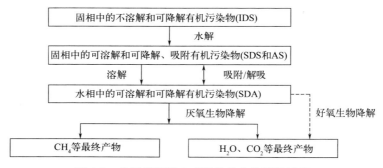

图 6-1　垃圾填埋场中有机物的生物降解过程

（1）不溶解和可降解污染物（IDS）水解

不溶解和可降解污染物（IDS）水解为可溶性和小分子有机物可描述为一级反应：

$$R_H^{Si} = -K_{SiH} S^i \tag{6-1}$$

式中，R_H^{Si} 为水解速率，量纲为 $MM^{-1}T^{-1}$；S^i 为不溶性大分子有机物浓度，量纲为 MM^{-1}；K_{SiH} 为水解常数，量纲为 T^{-1}。

（2）可溶解和可降解污染物（SDS）溶解

SDS 的溶出度与固相和水相中的含水量及污染物浓度密切相关，可以通过下式对该过程进行描述：

$$R_S^{Sd} = -\left(\frac{S^d}{S_0^d}\right)^m K_{SdS}(C_{max}^C - C^C)\theta \tag{6-2}$$

式中，R_S^{Sd} 为 SDS 的溶解速率，量纲为 $MM^{-1}T^{-1}$；S^d 和 S_0^d 分别为时间 t 和初始时间的 SDS 浓度，量纲为 MM^{-1}；C^C 为 SDA 浓度，量纲为 ML^{-3}；C_{max}^C 为 SDA 的最大浓度，

量纲为 ML^{-3}；K_{SdS} 为溶出速率常数，量纲为 $ML^{-3}T^{-1}$；m 为溶解系数。

（3）生物降解

垃圾填埋场中城市固体废物的降解和稳定化本质上是一个微生物代谢过程。底物的消耗和微生物的生长可以通过 Monod 动力学来描述，因此该模型可以用于描述水解微生物积累过程：

$$R_D^{Sm} = \mu_{maxSdD} \times \frac{S^d}{K_{SdD} + S^d} S^m \tag{6-3}$$

式中，R_D^{Sm} 为 MS 的生长率，量纲为 $MM^{-1}T^{-1}$；S^m 为 MS 的浓度，量纲为 MM^{-1}；μ_{maxSdD} 为水解微生物最大生长率，量纲为 T^{-1}；K_{SdD} 为 SDS 的半饱和常数，量纲为 MM^{-1}。

底物的消耗率通过细胞/底物产率系数 $Y_{Sm/Sd}$ 与 MS 的积累直接联系：

$$R_D^{Sd} = -\frac{1}{Y_{\frac{Sm}{Sd}}} R_D^{Sm} = -\frac{1}{Y_{\frac{Sm}{Sd}}} \times \mu_{maxSdD} \times \frac{S^d}{K_{SdD} + S^d} S^m \tag{6-4}$$

式中，R_D^{Sd} 为 SDS 的消耗率，量纲为 $MM^{-1}T^{-1}$；$Y_{Sm/Sd}$ 为 MS 的化学计量产率系数（每单位电子供体利用量所产生的生物质），量纲为 MM^{-1}。

当溶解氧存在且浓度较低时，AM 和 ANM 的细胞生长速率可以用下列双 Monod 模型表示：

$$R_D^{Cmo} = \mu_{maxCcO} \times \frac{C^C}{K_{CcO} + C^c} \times \frac{C^O}{K_{CoO} + C^O} \times C^{mo} \tag{6-5}$$

$$R_D^{Cma} = \mu_{maxCcA} \times \frac{C^C}{K_{CcA} + C^c} \left(1 - \frac{C^O}{K_{CoA} + C^O}\right) \times C^{ma} \tag{6-6}$$

式中，R_D^{Cmo} 和 R_D^{Cma} 分别为 AM 和 ANM 的细胞生长速率，量纲为 $ML^{-3}T^{-1}$；C^{mo} 和 C^{ma} 分别为好氧微生物和厌氧微生物的浓度，量纲为 ML^{-3}；C^O 为溶解氧浓度，量纲为 ML^{-3}；μ_{maxCcO} 和 μ_{maxCcA} 分别为需氧微生物和厌氧微生物的最大比生长速率，量纲为 T^{-1}；K_{CcO} 和 K_{CcA} 分别为需氧微生物和厌氧微生物对有机底物（如 COD）的半饱和常数，量纲为 ML^{-3}；K_{CoO} 和 K_{CoA} 分别为需氧微生物和厌氧微生物对 DO 的半饱和常数，量纲为 ML^{-3}。

水相中底物和溶解氧的消耗率通过细胞/底物产量系数 $Y_{\frac{Cma}{Cc}}$、$Y_{\frac{Cmo}{Cc}}$ 和 $Y_{Co/Cc}$ 与 AM 和 ANM 的积累直接相关：

$$R_O^{Cc} = -\frac{1}{Y_{\frac{Cmo}{Cc}}} \times R_{CmaD} = -\frac{1}{Y_{\frac{Cmo}{Cc}}} \times \mu_{maxCcO} \times \frac{C^C}{K_{CcO} + C^c} \times \frac{C^O}{K_{CoO} + C^O} \times C^{mo} \tag{6-7}$$

$$R_A^{Cc} = -\frac{1}{Y_{\frac{Cma}{Cc}}} \times R_{CmaD} = -\frac{1}{Y_{\frac{Cma}{Cc}}} \times \mu_{maxCcA} \times \frac{C^C}{K_{CcA} + C^c} \times \left(1 - \frac{C^O}{K_{CoA} + C^O}\right) \times C^{ma} \tag{6-8}$$

$$R_D^{Co} = Y_{Co/Cc} R_0^{Cc} = -Y_{Co/Cc} \times \frac{1}{Y_{\frac{Cmo}{Cc}}} \times \mu_{maxCcO} \times \frac{C^C}{K_{CcO} + C^c} \times \frac{C^O}{K_{CoO} + C^O} \times C^{mo} \frac{1}{Y_{\frac{Cmo}{Cc}}}$$

$$\times \mu_{maxCcO} \times \frac{C^C}{K_{CcO} + C^c} \times \frac{C^O}{K_{CoO} + C^O} \times C^{mo} \tag{6-9}$$

式中，R_O^{Cc} 和 R_A^{Cc} 分别为 SDA 的好氧和厌氧降解率，量纲为 $ML^{-3}T^{-1}$；R_D^{Co} 为 DO 消

耗率，量纲为 $ML^{-3}T^{-1}$；$Y_{\frac{Cmo}{Cc}}$ 和 $Y_{\frac{Cma}{Cc}}$ 分别为好氧微生物和厌氧微生物的化学计量产率系数（每单位量的电子供体产生的生物量）；$Y_{Co/Cc}$ 为 DO 的消耗系数（单位 SDA 消耗的氧气）。

MS、AM 和 ANM 衰减由下列各式给出：

$$R_E^{Sm} = -K_{SmE}S^m \tag{6-10}$$

$$R_E^{Cmo} = -K_{CmoE}C^{mo} \tag{6-11}$$

$$R_E^{Cma} = -K_{CmaE}C^{ma} \tag{6-12}$$

式中，R_E^{Sm}、R_E^{Cmo} 和 R_E^{Cma} 分别为 MS、AM 和 ANM 的内源性细胞死亡或衰变率，量纲为 $ML^{-3}T^{-1}$；K_{SmE}、K_{CmoE} 和 K_{CmaE} 分别为 MS、AM 和 ANM 的内源性细胞死亡或衰变系数，量纲为 T^{-1}。

（4）SDA 的吸附/解吸

Langmuir 吸附模型可以描述城市生活垃圾井中污染物的吸附行为，吸附率描述如下：

$$R_{S'}^{Ss} = \alpha\theta\left(S_m^S\frac{C^C}{C^C+K_d} - S^s\right) \tag{6-13}$$

式中，$R_{S'}^{Ss}$ 为吸附率，量纲为 MM^{-1}；S^s 和 S_m^S 为 SDA 的吸附浓度和最大吸附浓度，量纲为 MM^{-1}；K_d 为平衡吸附常数，量纲为 MM^{-1}；α 为一级吸附/脱附速率常数，量纲为 T^{-1}；θ 为修正系数。

（5）控制方程

基于质量守恒原理，考虑垃圾填埋场沉降和大分子有机物的水解，IDS 的控制方程可以描述为：

$$\frac{\partial\rho_s(1-\varphi)S^i}{\partial t} = -\frac{\partial v_i^s\rho_s(1-\varphi)S^i}{\partial x_i} - \rho_s(1-\varphi)K_{SiH}S^i \tag{6-14}$$

考虑垃圾填埋场沉降、IDS 水解以及 SDS 的溶解和生物降解，控制方程可由下式给出：

$$\frac{\partial\rho_s(1-\varphi)S^d}{\partial t} = -\frac{\partial v_i^s\rho_s(1-\varphi)S^d}{\partial x_i} + \rho_s(1-\varphi)Y_{SdH}K_{SiH}S^i - \rho_s(1-\varphi)\left(\frac{S^d}{S_0^d}\right)^m K_{SdS}(C_{max}^c - C^C)\theta$$

$$- \rho_s(1-\varphi)\frac{1}{Y_{Sm/Sd}}\times\mu_{maxSdD}\times\frac{S^d}{K_{SdD}+S^d}S^m \tag{6-15}$$

考虑垃圾填埋场沉降、MS 生长和衰减的 MS 控制方程描述为：

$$\frac{\partial\rho_s(1-\varphi)S^m}{\partial t} = -\frac{\partial v_i^s\rho_s(1-\varphi)S^m}{\partial x_i} + \rho_s(1-\varphi)\times\mu_{maxSdD}\times\frac{S^d}{K_{SdD}+S^d}S^m - \rho_s(1-\varphi)K_{SmE}S^m \tag{6-16}$$

AS 控制方程为：

$$\frac{\partial\rho_s(1-\varphi)S^d}{\partial t} = -\frac{\partial v_i^s\rho_s(1-\varphi)S^s}{\partial x_i} + \rho_s(1-\varphi)\alpha\theta\left(S_m^S\frac{C^C}{C^C+K_d} - S^s\right) \tag{6-17}$$

通过上述过程，综合考虑固相沉降、渗滤液渗漏、固相中不溶解和可降解污染物的水解性、固相和水相中的可溶解和可降解有机污染物的生物降解等因素，建立了耦合动力学模型，能够有效模拟城市生活垃圾填埋场中污染物的转化过程。

6.1.2 生活垃圾填埋过程的产气数模仿真

垃圾填埋气（landfill gas，LFG）是由一系列物理、化学和生物反应产生的混合气体。

这些反应主要通过微生物将碳水化合物、蛋白质和脂肪等有机质转化为主要成分包括 CH_4（50%～60%）、CO_2（40%～50%）、H_2S（约 1%）和其他微量气体的混合物。这一转化过程通常包含三个主要步骤，其反应式如下：

第一步主要有三个反应。

碳水化合物：

$$(CH_2O)_{12} = 2H(CH_2)_3COOH + CH_4 + 3CO_2 + 2H_2O \tag{6-18}$$

蛋白质：

$$C_{46}H_{77}O_{17}N_{12}S + 19.95H_2O = 0.42C_{69}H_{138}O_{32} + 5.18CH_3COOH + 6.55CO_2 + 12NH_3 + H_2S$$

$$\tag{6-19}$$

脂肪：

$$C_{55}H_{104}O_6 + 15.14H_2O + 6.07CO_2 = 0.59C_{69}H_{138}O_{32} + 7.24CH_3COOH + 6.07CH_4 \tag{6-20}$$

第二步反应如下：

$$4H(CH_2)_3COOH + 4H_2O = 4CH_3COOH + 6CH_4 + 2CO_2 \tag{6-21}$$

第三步反应如下：

$$CH_3COOH = CH_4 + CO_2 \tag{6-22}$$

从上式可以看出，CH_4 和 CO_2 是填埋气最主要的两种组分；同时，它们也是两种最重要的温室气体，它们的累积在大气中可能导致极端的气候变化。然而，填埋气的高位热值可达 15630～19537kJ/m³，使其成为一种非常有价值的可再生能源。因此，合理回收和利用填埋气对于减少污染、减少碳排放、提高能源效益具有重要意义。为了有效利用填埋气，必须首先确定填埋气的产量和产气速率，特别是产气速率参数。垃圾填埋场的产气过程通常持续数十年，为更好地了解产气情况，可以通过建立填埋气产气模型进行预测。

目前，针对生活垃圾填埋过程的产气模型已经有很多研究，主要集中在产气量模型和产气速率模型两个方面。产气量模型旨在预测填埋垃圾的总气体产量，通常忽略了产气的中间过程。这些模型可以细分为经验模型和化学计量模型。在实际生产研究中，更常使用的是产气速率模型，用于计算填埋垃圾的气体产生速率，揭示气体生成的中间过程，并关注气体产生与时间的关系，这有助于评估气体收集的可行性和规模。

产气速率模型主要包括动力学模型和生态模型。动力学模型因为其结构简单、参数较少、计算方便的特点在工程中被广泛应用。相反，生态模型则具有结构复杂、参数众多且难以确定的特点。由于填埋垃圾内部的复杂变化，实验室参数难以直接应用于填埋场。由于其结果通常是定性的，难以提供定量参考，因此生态模型的使用较少。总之，产气速率模型和产气量模型根据对系统的了解程度可分为动力学模型、生态模型、经验模型和化学计量模型等不同的模型。

通过产气速率模型，可以计算特定时间段内的气体产生量，无论是在填埋场还是实验室。然而，这两者之间存在显著差异。填埋场中的垃圾量逐渐增加，直到封场，而实验室通常使用固定的垃圾量。此外，填埋场的气体产生计算时间跨度通常为数十年，而实验室试验通常不超过两年，时间尺度上存在差异。

为预测气体产生量，关键在于确定单位垃圾的填埋气体产生速率。在我国的填埋场气体回收项目中，通常采用的模型包括 Scholl Canyon 模型（肖尔峡谷模型）、IPCC（政府间气候变化专门委员会）模型和 Palos Verdes 模型（帕洛斯弗迪斯模型）等。其中，Scholl Canyon 模型是最为常见的模型之一。《生活垃圾填埋场填埋气体收集处理及利用工程技术规范》

（CJJ 133—2009）中指出，推荐使用 Scholl-Canyon 模型进行固废气体产生量和速率的预测，其在美国国家环保署也有所使用。IPCC 模型则由政府间气候变化委员会提出，由于仅需通过城市生活垃圾总量和相应的填埋率即可估算出填埋气产量，因此，许多研究中也应用了 IPCC 模型。下面对动力学模型 Scholl Canyon 模型和统计学模型 IPCC 模型展开进一步介绍。

6.1.2.1 Scholl Canyon 模型

（1）Scholl Canyon 模型假设

Scholl Canyon 模型的核心假设是，填埋后的垃圾经历一个可忽略的时间段，然后其产气速率迅速达到最大值。这个短暂的时间段主要用于建立厌氧条件和微生物生物量的增长。随后，填埋气的产气速率将遵循一级动力学，其反应速度会随着可降解的有机物质减少而逐渐减小。这些可降解的有机物质的量可以通过剩余的甲烷潜力来衡量。

Scholl Canyon 模型还对填入填埋场的垃圾量按年份进行分解，最终的产气量是各个年份填埋垃圾产气量的总和。这一模型为估算填埋气体的产生量和产气速率提供了有用的工具，其简单实用的特点使其在垃圾处理领域得到广泛应用。

（2）Scholl Canyon 模型公式

Scholl Canyon 模型中生活垃圾填埋过程的产气速率公式如下：

$$S = kML_0 e^{-kt} \tag{6-23}$$

式中，S 为产气速率，m^3/a；k 为生活垃圾填埋过程的产气速率常数，a^{-1}；M 为填埋场在填埋的生活垃圾总量，t；L_0 为单位质量生活垃圾填埋过程中的最大产气量，m^3/t；t 为生活垃圾进入填埋场的时间，a。

当计算垃圾填埋场在正式使用后第 n 年时的填埋气体产气速率 G_n 时，则需要对填埋阶段内各年份的填埋气体产量相加进行计算，公式如下：

$$G_n = \sum_{t=1}^{n-1} M_t L_0 k e^{-k(n-t)} \quad (n \leqslant \text{填埋场封场时的年数 } f) \tag{6-24}$$

$$G_n = \sum_{t=1}^{f} M_t L_0 k e^{-k(n-t)} \quad (n > \text{填埋场封场时的年数 } f) \tag{6-25}$$

式中，G_n 为第 n 年时产气速率，m^3/a；M_t 为填埋场在第 t 年填埋的生活垃圾总量，t；n 为自填埋场开始使用的年份至计算时的年数，a；k 为生活垃圾填埋过程的产气速率常数，a^{-1}；L_0 为单位质量生活垃圾填埋过程中的最大产气量（生产潜力），m^3/t；t 为生活垃圾进入填埋场的时间，a；f 为填埋场封场时经历的时间，a。

其中，生活垃圾填埋过程的产气速率常数 k 反映所填垃圾的平均降解速度，k 值越大，垃圾降解过程越快，产气速率越高，产气的持续年限越小。《生活垃圾填埋场填埋气体收集处理及利用工程技术规范》（CJJ 133—2009）对不同气候条件下 k 值的取值给出了推荐范围，湿润气候下的 k 值宜取 0.10～0.36，中等湿润气候下的 k 值宜取 0.05～0.15，而干燥气候下的 k 值宜取 0.02～0.10。

垃圾填埋气生产潜力 L_0 是预测生活垃圾填埋过程中产气速率的最重要的参数之一，生活垃圾填埋场的 L_0 各不相同，因此，若要预测填埋气产量，就必须先确定 L_0 的值。其计算式如下：

$$L_0 = 1.867 C_0 \psi \tag{6-26}$$

式中，C_0 为生活垃圾中的有机碳含量，%；ψ 为有机碳的降解率，通常取 $0.5 \sim 0.6$。在应用 Scholl Canyon 模型时，L_0 的取值范围通常在 $62.4 \sim 187 \mathrm{m}^3/\mathrm{t}$ 之间。

6.1.2.2 IPCC 模型

（1）IPCC 模型假设

IPCC 模型是一种宏观统计模型，它基于一阶衰变方程，用于计算可生物降解碳所产生的垃圾填埋气的量。通常，该模型适用于国家、省市等较大地区范围的产气量估算。为简化计算过程，IPCC 模型构建中采用了以下两点假设：首先，由于填埋气的主要成分是 CH_4 和 CO_2，而其他气体成分的比例非常小，因此认为 CH_4 和 CO_2 各占填埋气的 50%，而其他气体成分可忽略不计；其次，IPCC 模型假设在生活垃圾填埋产气过程中不存在能量损失。

（2）IPCC 模型公式

IPCC 模型中填埋气甲烷产量 E 计算公式如下：

$$E = \mathrm{MSW} \times \xi \times \mathrm{DOC} \times r \times 16/12 \times 0.5 \tag{6-27}$$

式中，E 为甲烷产量，t；MSW 为城市生活垃圾总量，t；ξ 为填埋垃圾占生活垃圾总量的比例，%；DOC 为垃圾中可降解有机碳的含量，%；r 为垃圾中可降解有机碳的分解比例，%。

其中，比值 16/12 的含义为甲烷和碳的转化系数。根据政府间气候变化委员会的推荐，在计算填埋气甲烷产量时，垃圾中可降解有机碳的含量即 DOC 的值在发展中国家宜取 15%，在发达国家宜取 22%；垃圾中可降解有机碳的分解比例 r 宜取 77%。

6.1.3 垃圾渗滤液扩散过程数模仿真

垃圾渗滤液（leachate）是在填埋过程中，由于垃圾中的有机物分解、雨水和其他外部水分的渗透作用而产生的液体，它含有多种有机和无机成分，可以分为以下四部分：①溶解有机物，主要包括挥发性脂肪酸和腐殖酸等难以处理的有机物质；②无机化合物，主要包括 Ca^{2+}、Mg^{2+}、Na^+、K^+、NH_4^+、Fe^{2+}、Mn^{2+}、HCO_3^- 等无机成分；③重金属离子，代表性的有 Cd^{2+}、Cr^{3+}、Cu^{2+}、Pb^{2+}、Ni^{2+}、Zn^{2+} 等重金属离子；④外源性有机化合物，来自低浓度的化品和家庭残留物，包括芳香烃、酚类、杀虫剂等。垃圾渗滤液的特点是成分复杂、浓度高、色度高、毒性高等。如果不能及时得到有效处理，它将对土壤、水源等造成污染，引发严重的环境问题。因此，通过建立模型对垃圾渗滤液扩散过程进行模拟，对垃圾渗滤液的有效控制具有重要意义。

渗滤液产生量通常采用经验公式法计算，也称浸出系数法，公式如下：

$$Q = \frac{I(C_1 A_1 + C_2 A_2 + C_3 A_3)}{1000} \tag{6-28}$$

式中，Q 为渗滤液产生量，m^3/d；I 为多年平均降雨量，mm/d；A_1 为作业单元汇水面积，m^2；C_1 为作业单元渗出系数，通常宜取 $0.5 \sim 0.8$；A_2 为中间覆盖单元汇水面积，m^2；C_2 为中间覆盖单元渗出系数，通常宜取 $(0.4 \sim 0.6)C_1$；A_3 为终场覆盖单元汇水面积，m^2；C_3 为终场覆盖单元渗出系数，通常宜取 $0.1 \sim 0.2$。

由于垃圾渗滤液的扩散过程主要发生在土壤中，因此，我们主要关注垃圾渗滤液在土体中扩散的数学模型。

泊肃叶方程（Poiseuille equation）是用于描述液体在长管中流动规律的数学方程。渗滤液在土壤中发生扩散可视为在饱和土体中的液体渗流现象。因此，可以将土壤中的水分过渡空隙类比为理想的圆管，这样垃圾渗滤液的扩散过程就可以被视为在这个圆管中进行的受重力影响的层流运动。这一过程可以通过泊肃叶方程来描述，泊肃叶方程表达式如下：

$$\Delta P = \frac{128\mu L Q}{\pi d^4} \tag{6-29}$$

式中，ΔP 为压力损失，Pa；μ 为流体动力黏度，Pa·s；L 为细管长度，m；Q 为体积流率，m^3/s；d 为细管直径，m。

在分析渗滤液在饱和土壤中的扩散过程时，单位时间内通过圆管单位横截面积的渗滤液体积可以看作渗透速率，即渗滤液在饱和土壤中的理想圆管中的渗透速度。

此外，渗滤液与气体作为生活垃圾中的流动相，它们的扩散过程是相互耦合的，同时满足质量守恒和动量守恒的原理。具体表现如下所述：

（1）质量守恒

$$\sum_\alpha \frac{\partial(nS_a C_a^k)}{\partial t} + \sum_\alpha [\nabla \cdot (nS_a C_a^k v_a)] = \sum_\alpha [\nabla \cdot (nS_a J_a^k)] + \sum_\alpha Q_a^k \tag{6-30}$$

式中，下标 α 为气体（g）或渗滤液（l）；上标 k 为组分标识，如 CH_4、CO_2、挥发性脂肪酸（VFA）和甲烷生物质（MB）等；t 为时间；S_a 是相 α 的饱和度，$S_a = V_a/V$；C_a^k 是相 α 中组分 k 的浓度（单位 kg/m^3）或质量分数（需乘以相密度）；n 为多孔介质的孔隙率；v_a 为相 α 的实际速度，即相对于直角坐标系的实际或真实速度，可为孔隙水平均速度的和；J_a^k 为相 α 中组分 k 的流体动力扩散通量（渗滤液）或有效扩散通量（填埋气体），其中包括机械扩散通量和分子扩散通量；Q_a^k 为相 α 中 k 组分的源项，可归因于生活垃圾生物降解或其他项（即蒸发和溶解）。

（2）动量守恒

生活垃圾中流动相的动量守恒可以简化为达西定律：

$$v_{ar} = -Kk_{ar}/\mu_a(\nabla\mu_a - p_a g) = (v_a - v_s)(nS_a) \tag{6-31}$$

式中，v_{ar} 为相 α（渗滤液或气体）相对于移动的不可降解废物的相对表面通量（或达西速度）；v_a 为相 α 的绝对速度；v_s 为固体骨架的移动速度，若固体静止，则为 0；n 为多孔介质的孔隙率；S_a 为相 α 的饱和度；K 为生活垃圾的固有渗透性；k_{ar} 和 μ_a 分别为相 α 的相对渗透性和黏度；p_a 为相 α 的压力；g 为重力加速度。

6.1.4 生活垃圾卫生填埋反应过程的数模仿真

陈云敏等在城市生活垃圾固液气相互作用试验的基础上，把垃圾视为大孔隙介质，假定基质吸力等于 0，即孔隙气压等于孔隙液压，把填埋场简化为非稳定单向渗流场，建立了一维固、液、气三相耦合的大孔隙垃圾固结数学模型，既考虑了降解引起的源汇问题，又体现了介质的流变特性。

在建立基本方程前，引入如下 8 个假设：①垃圾为宏观均质大孔隙介质，基质吸力等于 0；②垃圾不可压缩，但可降解；③流体渗出和垃圾压缩只沿竖向发生；④混合气体有相同的分子量，为理想气体，忽略在液体中的溶解；⑤垃圾体处于等温状态；⑥气液体的渗透率、黏度均为常量，渗流服从 Darcy（达西）定律；⑦骨架服从 Gibson（吉布森）和 Lo（罗）压缩流变模型；⑧固体骨架流动速率远小于气体和液体的流动速率。在提出上述假设后，可写出如下 7 组方程。

（1）基质吸力方程

$$P_c = P_g - P_w = f(S_w) = 0 \tag{6-32}$$

式中，P_c 为基质吸力；P_g 为孔隙气体绝对压力，Pa；P_w 为孔隙液体绝对压力，Pa；S_w 为液相饱和度。

（2）气相状态方程

$$\rho_g = \frac{\mu'_g P_g}{RT} = m P_g \tag{6-33}$$

式中，ρ_g 为气体密度，g/m^3；R 为气体常数，J/(mol·K)；P_g 为孔隙气体绝对压力，Pa；μ'_g 为气体摩尔质量，g/mol；T 为气体热力学温度，K；m 是气体密度与压力关系中的比例常数，表示单位压力下气体的密度，反映气体密度随压力变化的特性，s^2/m^2。

（3）Gibson 和 Lo 压缩流变模型

$$\varepsilon(t) = \left[a + b \left(1 - e^{\left(-\frac{\lambda}{b} \right) t} \right) \right] \tag{6-34}$$

式中，ε 为应变；a 为主固结计算参数；b 为次固结计算参数；λ 为次固结时间常数；λ/b 为次固结速率；t 为加荷开始时间。以上各参数可通过垃圾固液气相互作用试验得到的压缩曲线获得。

（4）运动方程

液相：相对于运动着的固体颗粒的液相流速为

$$q_{rw} = -\frac{k k_{rw}}{\mu_w} \left(\frac{\partial P_w}{\partial z} + \rho_w g \right) = -l_w \left(\frac{\partial P_w}{\partial z} + \rho_w g \right) \tag{6-35}$$

气相：相对于运动着的固体颗粒的气相流速为

$$q_{rg} = -\frac{k k_{rg}}{\mu_g} \frac{\partial P_g}{\partial z} = -l_g \frac{\partial P_g}{\partial z} \tag{6-36}$$

式中，k 为介质中的绝对渗透率，m^2；k_{rw}、k_{rg} 分别为液相和气相的相对渗透率，为饱和度和孔隙比的函数，假定其为常量；ρ_w 为液相密度，kg/m^3；l_w 为液相水力传导系数（或流动系数），m^2/(Pa·s)；l_g 为气相流动的关键参数，用于量化介质渗透率、气体黏度等对流动的影响，m^3·s/kg；μ_w、μ_g 分别为液相和气相黏度，Pa·s；g 为重力加速度，m/s^2。

（5）饱和度约束方程

$$S_w + S_g = 1 \tag{6-37}$$

式中，S_w、S_g 分别为液相和气相的饱和度。

（6）孔隙率变化表达式

与土壤不同，垃圾孔隙比变化由应力压缩和降解两种作用引起。前者的作用是使孔隙比减小，后者的作用是使孔隙比增大。垃圾孔隙率变化可表示为

$$\phi(t) = \frac{(\phi_0 - 1)[1 - F_s(t)/\rho_s]}{1 - \varepsilon(t)} + 1 \tag{6-38}$$

式中，$F_s(t)$ 为固体垃圾在 t 时刻已降解质量，kg，符合指数衰减规律，$F_s(t) = F_0(1 - e^{-k_s t})$；$F_0$ 为单位体积垃圾最终可降解质量（kg）；k_s 为固体颗粒降解系数；ϕ_0 为初始孔隙率；ρ_s 为垃圾固相密度，kg/m^3。将式（6-34）代入式（6-38），求得孔隙率对时间的一阶偏导：

$$\frac{\partial \phi}{\partial t} = h(P,t)\frac{\partial P}{\partial t} - g(P,t) \tag{6-39}$$

其中,

$$h(P,t) = (1-\phi_0)\left[\frac{1-F_s(t)}{\rho_s}\right]\left\{\left[a+b\left(1-\mathrm{e}^{\left(-\frac{\lambda}{b}\right)^t}\right)\right]\right\}\left\{1-\Delta\sigma'\left\{a+b\left[1-\mathrm{e}^{\left(-\frac{\lambda}{b}\right)^t}\right]\right\}\right\}^{-2}$$

$$g(P,t) = \left\{\frac{(\phi_0-1)}{\rho_s}F_0 k_s \mathrm{e}^{-k_s t}\left\{1-\Delta\sigma'\left\{a+b\left[1-\mathrm{e}^{\left(-\frac{\lambda}{b}\right)^t}\right]\right\}\right\}\right.$$
$$\left.+(1-\phi_0)[1-F_s(t)/\rho_s]\Delta\sigma'b\frac{\lambda}{b}\mathrm{e}^{\left(-\frac{\lambda}{b}\right)^t}\right\}\left\{1-\Delta\sigma'\left\{a+b\left[1-\mathrm{e}^{\left(-\frac{\lambda}{b}\right)^t}\right]\right\}\right\}^{-2}$$

（7）连续性方程

根据多孔介质流体动力学理论,气液两相的连续性方程分别写为:

液相

$$-\frac{\partial(\rho_w q_w)}{\partial t} + f_w(t) = \frac{\partial(\varphi s_w \rho_w)}{\partial t} \tag{6-40}$$

气相

$$-\frac{\partial(\rho_g q_g)}{\partial t} + f_g(t) = \frac{\partial(\phi s_g \rho_g)}{\partial t} \tag{6-41}$$

式中, $f_w(t)$、$f_g(t)$ 分别为垃圾降解产生的液体源项和气体源项;q_w、q_g 分别为液相和气相相对于固定坐标的流速,m/s。假设固体介质流速 v_s 远小于孔隙中流体的流动速度,则 $q_w \approx q_{rw}$、$q_g \approx q_{rg}$。

将式（6-35）、式（6-38）、式（6-39）代入式（6-40）,将式（6-33）、式（6-36）、式（6-38）、式（6-39）代入式（6-41）,则连续性方程可改写为:

液相

$$\frac{\partial S_w}{\partial t} = \frac{1}{\phi}\left\{l_w\frac{\partial^2 P_w}{\partial z^2} + \frac{f_w(t)}{\rho_w} - S_w\left[h(P_w,t)\frac{\partial P_w}{\partial t} - g(P_w,t)\right]\right\} \tag{6-42}$$

气相

$$\frac{\partial P_g}{\partial t} = \frac{\dfrac{ml_g}{2}\dfrac{\partial^2 P_g^2}{\partial z^2} + mP_g g(P_g,t) + ml_w P_g\dfrac{\partial^2 P_g}{\partial z^2} + f_g(t) - mP_g\dfrac{f_w(t)}{\rho_w}}{m[P_g h(P_g,t) + S_g\phi]} \tag{6-43}$$

式（6-32）、式（6-37）、式（6-42）和式（6-43）一起构成一维固、液、气三相耦合大孔隙垃圾填埋场固结问题的总控制方程。

定解条件为:

对于气相,$t=0$ 时, $\qquad S_g = 1-S_{w0}, P = P_0 + \Delta P$

$t > 0$ 时, $\qquad \begin{cases} z=0, P=P_a \\ z=H, P=P_a \end{cases}$

式中,H 为垃圾填埋场的总高度。

对于液相,$t=0$ 时, $\qquad S_w = S_{w0}, P = P_0 + \Delta P$

$t > 0$ 时, $\begin{cases} z=0, q=q_{w0} \\ z=H, P=P_a \end{cases}$

式中，ΔP 是根据 Hilf（希尔夫）分析法迭代计算所得的垃圾堆填压力 $\Delta\sigma$ 引起的超孔隙压力增加量：

$$\Delta P = \cfrac{1}{1 + \cfrac{(1-S_{w0})\phi_0}{(P_0+\Delta P)m_v}} \tag{6-44}$$

其中，m_v 是一维固结试验中测得的饱和垃圾的体积变化系数；P_0 为加荷前孔隙中的流体压力，Pa；S_{w0} 为垃圾野外容水率；q_{w0} 为降雨入渗率；P_a 为标准大气压，Pa；ϕ_0 为垃圾的初始孔隙率。

二维码 6-1
生活垃圾卫生填埋反应过程数模仿真案例分析

6.1.5 混合固废堆埋系统污染物迁移数模仿真

王显军等基于流固耦合和溶质运移理论，建立了垃圾渗滤液有机污染物运移耦合模型：考虑垃圾生物降解效应，通过试验确定了垃圾生物降解衰减曲线；用 Galerkin（伽辽金）有限元离散法对所建的模型进行数值求解，利用该数值模型对垃圾渗滤液在地下水中的迁移行为进行模拟，预测了污染物浓度的时空分布特征；对耦合、非耦合模拟结果结合实际监测数据进行对比，并对污染晕的大小、分布范围进行了数值模拟分析。

（1）流固耦合模型

土壤含水层是一种多孔介质，地下水的溶质运移属于流-固耦合问题，因此该问题要用流-固耦合方程来描述。在建立方程前首先引入两个假设：①含水层是各向同性的线弹性材料；②固体骨架变形遵从 Terzaghi（太沙基）有效应力原理。

含水层应力平衡方程：

$$\frac{G}{1-2v}\nabla\varepsilon_v + G\,\nabla^2\cdot\overrightarrow{V_i} + \alpha\,\nabla p + F_j = 0 \tag{6-45}$$

式中，G 为剪切模量，$G=E/2(1+v)$，MPa；E 为杨氏模量，MPa；v 为波松比；$\overrightarrow{V_i}$ 为骨架颗粒运动的绝对速度，m；α 为 Biot（毕奥）数；p 为孔隙压力，MPa；F_j 为体积力，MPa，体应变满足 $\varepsilon_v = \varepsilon_x + \varepsilon_y + \varepsilon_z$。

流体运动方程：

$$\overrightarrow{V_\omega} = -\frac{K}{\rho_\omega g}(\Delta p_\omega - \rho_\omega g\,\nabla D) \tag{6-46}$$

流、固质量守恒方程：

$$\nabla\cdot(\rho_\omega\phi\overrightarrow{V_\omega}) + \frac{\partial(\rho_\omega\phi)}{\partial t} + q_\omega = 0 \tag{6-47}$$

$$\nabla\cdot\left[\rho_s(1-\phi)\overrightarrow{V_s}\right] + \frac{\partial\left[\rho_s(1-\phi)\right]}{\partial t} = 0 \tag{6-48}$$

式中，K 为水力传导系数，m/d；ρ_ω、ρ_s 分别为流体和固体的密度；ϕ 为孔隙度；$\overrightarrow{V_\omega}$ 为 Darcy 流速，m/s。联立式（6-45）、式（6-46）、式（6-47）和式（6-48）并化简得流固耦合数学模型：

$$\frac{\partial p}{\partial t}\left(\frac{1}{\lambda+2G}+\frac{1-\phi}{K_s}+\frac{\phi}{K_\omega}\right) - \nabla\cdot\left[\frac{K}{\rho_\omega g}(\nabla p_\omega - \rho_\omega g\,\nabla D)\right] + q_\omega = 0 \tag{6-49}$$

式中，λ 为拉梅常数，$\lambda=Ev/(1+v)(1-2v)$；K_s、K_ω 分别为固体骨架和水的体积弹性模量，体积弹性模量满足 $E/3(1-2v)$，MPa；q_ω 为汇项，d^{-1}。

（2）溶质运移模型

污染物在水环境中的运移过程往往伴随有物理、化学和生物的作用，因此在建立有机污染物溶质运移方程时综合考虑扩散、吸附解吸和生物降解，即建立如下动力学控制方程：

$$R_d \frac{\partial c}{\partial t} + \nabla \cdot (-D_L \nabla c + \vec{v}c) = \lambda c R_d + S_c \tag{6-50}$$

式中，$R_d = 1 + \rho_b k_b / \phi$，为迟滞因子；$\rho_b$ 为土壤干密度，kg/m^3；k_b 为吸附系数，m^3/kg；c 为污染物浓度，kg/m^3；λ 为水中和土壤中污染物衰减系数，d^{-1}；$\vec{v} = \vec{V_\omega}/\phi$ 为地下水实际流速，m/s；S_c 为污染物源汇项，$kg/(m^3 \cdot d)$；D_L 为水动力弥散系数，m^2/d。弥散系数的表达式为：

$$\begin{cases} D_{Lii} = \alpha_L \dfrac{v_i^2}{|\vec{v}|} + \alpha_T \dfrac{v_j^2}{|\vec{v}|} + D_m \tau_L \\ D_{Lij} = D_{Lji} = (\alpha_L - \alpha_T) \dfrac{v_i v_j}{|\vec{v}|} \end{cases} \tag{6-51}$$

其中，α_L、α_T 为纵、横向弥散度，m；D_m 为分子扩散系数，m^2/d；τ_L 为多孔介质的弯曲度。

（3）填埋场污染物生物降解衰减曲线

填埋场垃圾渗滤液污染组分的浓度随着时间的变化而变化，为了准确预测渗滤液污染物对周围环境的污染情况，分析污染规律，基于土柱淋溶试验，对垃圾渗滤液污染组分浓度衰减进行了分析和预测，得到了基于生物效应的衰减曲线。这样避免了在模拟中由于假设污染物浓度不变而引起的误差，提高了数值模拟的准确性。该试验及数值模拟是针对有机污染物，因此采用 COD 来定量化描述有机污染物的变化。试验所采用的垃圾为阜新市生活新鲜垃圾，根据试验数据拟合有机物生物降解衰减曲线如图 6-2 所示。

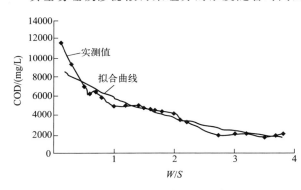

图 6-2　污染物 COD 实测与拟合曲线

有机污染物浓度衰减曲线方程为：

$$COD = 9.7927 e^{-0.4448 W/S} \quad (R^2 = 0.9373) \tag{6-52}$$

图 6-2 中横坐标 W/S 为渗滤液的质量和垃圾质量比值（水土比），无量纲。这样做是为了克服众多随机因素的影响而使预测污染物组分浓度趋于稳定。垃圾中的有机污染物降解要经历好氧-兼性厌氧-厌氧阶段，因此 COD 浓度也相应地呈现出由低到高再到低的过程。该曲线拟合研究针对的是后半程，由于填埋场稳定化过程较长，一般需要 15～25 年，所以该分析中取后半程是合理的。阜新市年平均降雨量 485.4 mm，则 t 年内的水土比为：

$$\frac{W}{S} = \frac{\rho_r A h_1 t}{\rho_s A h_2} = 0.04854t \tag{6-53}$$

式中，ρ_r、ρ_s 分别为雨水和垃圾密度，g/cm^3；A 为填埋场表面积，m^2；h_1、h_2 分别为降水量和垃圾高度，mm；t 为填埋年数，a。根据现场取样，取垃圾密度为 $1g/cm^3$，垃坟填埋高度为 10m。

考虑到降雨由于地表径流和蒸发等作用不能全部入渗，取降雨量的 60% 作为入渗量，将上式代入衰减曲线方程，得：

$$COD = 9.7927e^{-0.4448(60\%W/S)} = 9.7927e^{-0.0129t} \qquad (6-54)$$

（4）定解条件

通过以上分析得出污染物迁移的控制方程，但是对于特定的问题必须加上定解条件才能构成完整的耦合动力学数学模型。定解条件如下：

① 水分运移的初始边界条件：

初始条件：

$$p(x,y,x,t)_{t=0} = p_0 \qquad (6-55)$$

边界条件：

$$\begin{cases} p(x,y,x,t)|_{\Gamma_1} = p_1 \\ -\dfrac{K}{\rho_\omega g}\nabla(p + p_\omega g D)|_{\Gamma_2} = 0 \end{cases} \qquad (6-56)$$

② 污染物运移的初始边界条件：

初始条件：

$$c(x,y,x,t)_{t=0} = c_0 \qquad (6-57)$$

边界条件：

$$\begin{cases} c(x,y,x,t)|_{\Gamma_1} = c_1 \\ -D_L\nabla c + \overrightarrow{\mu c}|_{\Gamma_2} = 0 \end{cases} \qquad (6-58)$$

式（6-49）、式（6-50）加上相应的定解条件式（6-55）～式（6-58）通过速度方程耦合起来，构成完整的垃圾渗滤液在地下水中运移的数学模型，由于上述建立的数学模型是一个二阶强非线性方程组，无法求出解析解，只能通过数值解进行计算。可以采用 Galerkin 方法进行数值求解，该方程的解耦过程为：通过求解流固耦合方程［式（6-49）］，求出压力 p，进而求出流速场分布 $\overrightarrow{V_\omega}$；通过耦合项 $\overrightarrow{v}$ 对溶质运移方程［式（6-50）］进行求解，得出污染物浓度分布。

二维码 6-2
混合固废污染
迁移数模仿真
案例分析

6.2　垃圾堆肥处理过程的数模仿真

堆肥化（composting），又称堆肥处理，是一种生物化学过程，通过在人工控制条件下利用自然界中广泛存在的微生物，如细菌、放线菌、真菌和古菌等，促进垃圾中的有机物进行生物降解和稳定化，将可生物降解的物质转化为稳定的腐殖质。两个关键特点是：首先，在人工控制条件下进行，与垃圾的自然分解过程不同，堆肥化过程的温度、湿度等因素均可被控制；其次，有机物在微生物的作用下达到相对稳定的状态。

现代化的堆肥处理提高了人工控制的准确性和规范性，加速了堆肥化进程，提高了卫生和无害化效果，实现了高度的机械化，适用于工厂化和规模化生产。堆肥化是垃圾减量化、资源化和能源化的重要途径之一，能够高效地将垃圾中的大量有机固体废物转化为稳定的堆肥产品。堆肥化的产物被称为堆肥（compost），通常呈深褐色或黑褐色，质地疏松，富含腐殖质，高质量的堆肥也被称为"腐殖土"，它是优秀的土壤改良剂和土壤调节剂，广泛用于园艺和花卉种植。

堆肥化是一个动态过程，其特征是大量相互关联的效应。以温度为指标的堆肥化主要阶段如图 6-3 所示。在第一阶段（嗜温阶段），垃圾中富含能量、易于降解的有机质（如糖和蛋白质）被真菌、放线菌和细菌降解。微生物增殖和剧烈的水解过程会使堆体温度持续升高，当温度高于 45℃ 时，堆肥处理进入第二阶段（嗜热阶段）。在较高的温度下，嗜温微生物被嗜热微生物取代，并且开始降解在嗜温条件下难以降解的更复杂的化合物。嗜热阶段是堆肥化重要的杀菌灭活阶段，这一过程能杀灭 90% 以上的致病菌。但是一般而言堆肥温度不宜超过 65℃，过高的温度会降低几乎所有微生物的活性并导致酶变性，从而使得堆肥过程结束。当嗜热微生物的活性由于垃圾中的有机底物耗尽而降低时，温度开始降低。这是第二嗜温阶段的开始，这一过程中，降解淀粉或纤维素的生物数量不断增加。最后进入腐熟阶段，真菌比例增加，而细菌数量下降，产生稳定的堆肥供植物使用。此外，在成熟阶段还会形成不能进一步降解的化合物，例如木质素-腐殖质复合物。

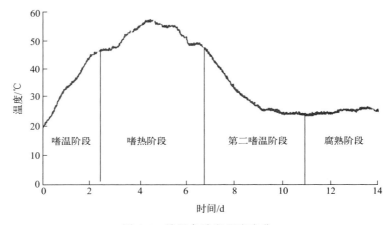

图 6-3　堆肥各阶段温度变化

堆肥化过程涉及多个关键指标，包括工艺指标和产物状态的评估指标。这些指标可以通过过程变量和决策变量进行量化，为垃圾堆肥处理过程的数模仿真提供了基础。虽然人工控制可以确保堆肥化过程的指标在一定范围内，但实际上，堆肥化是一个高度复杂的机制，涉及各种过程，包括微生物、物理化学和热力学等，这些过程似乎相互关联。堆肥处理的产物包括二氧化碳和稳定的碳形式，涉及有机物的降解、矿化和腐殖质的生成。在堆肥过程中，微生物在分解材料时释放热量和能量，这些产热现象提高了堆体的温度，从而确保了病原微生物被灭活。因此，测量堆体温度是评估堆肥过程的一个关键参数。

堆肥过程的性能还受到多种因素的影响，包括 pH 值、水分含量、C/N 比、粒径、营养成分和氧气供应等。这些过程变量在堆肥过程中可能会频繁变化。pH 值的变化与微生物的增殖有关，水分含量对堆肥基质的物理和化学性质产生显著影响，C/N 比和曝气对微生物的繁殖也非常重要。因此，为了实现堆肥的最大效率，必须考虑所有这些因素及其相互关系。这也是数模仿真应用对于理解和优化堆肥化的重要意义所在。

因此，数学建模工具可以用于解释复杂的动态相互作用并制定逻辑过程设计框架。堆肥过程的数学建模和仿真有助于我们理解不同过程变量和条件（如基质组成、氧气浓度、污染物浓度、堆肥持续时间、温度等）对堆肥质量的影响（图 6-4）。在过去的几十年里，已经开发了多种堆肥数学模型，以促进对堆肥过程的系统理解，并优化不同规模的堆肥项目。此外，在研究新的堆肥过程时，数学建模和仿真可以减少或取代对实验的需求，避免了实验室和中试的操作困难和成本，同时为探索新的堆肥实践提供了及时的解决方案。

堆肥模型可以分为两类：机制推导模型和基于经验的模型。机制推导模型是揭示控制有机物分解和矿化机制的理想选择。相比之下，机制推导模型通常具有更全面的应用范围，相对于经验驱动模型更具优势。一级动力学和 Monod 动力学模型是典型的机制推导模型，用于模拟堆肥过程中的基质降解。一级动力学模型假定堆肥过程中的有机物降解是酶介导的，并且反应速率受底物浓度的影响。

在建立有机垃圾堆肥模型时，通常使用不同的限制因素，如环境温度、水分含

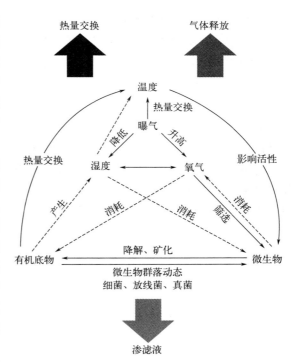

图 6-4 堆肥和建模过程中主要变量的相互作用

量和氧气浓度，来调整模型以提高其准确性。Monod 动力学模型将基质降解描述为基质、氧气、堆肥深度、水分和气流速率的函数，并受微生物活动的控制。虽然 Monod 动力学模型的精确度高于一级动力学模型，但由于其需要众多过程参数，因此其应用受到一定的限制。迄今为止，这两种模型都已成功用于模拟有机固体的矿化、吸氧、传热、氮素动态和二氧化碳排放等过程。

将基质分类为不同物种（如容易、中度和难降解的固体碳），考虑堆肥中的有机物可获得性，可以显著提高模型的准确性。随着对堆肥过程的物理化学和生物学理解的不断深化，机制推导模型也在不断发展。

6.2.1 有机垃圾厌氧堆肥过程的数模仿真

有机垃圾厌氧堆肥是一种在厌氧状态下利用微生物使垃圾中的有机物快速转化为甲烷和氨的厌氧消化技术。厌氧过程一般在缺氧状态下产生，如下所示。

有机物质＋厌氧菌＋二氧化碳＋水→气态甲烷(沼气)＋氨＋堆肥残渣

厌氧分解后的产物中含许多嗜热细菌，可能会对环境造成严重的污染。由于厌氧微生物生长繁殖较慢，对有机质的降解矿化速率也较慢，堆肥周期一般较长，通常在 $80 \sim 100$ 天，所需的厌氧堆肥反应器的体积也较大。由于其对厌氧环境的需求，厌氧堆肥对反应器密闭性要求较高，但也因为此，厌氧堆肥不需要曝气供氧，甚至不需要搅拌翻动，相对运行能耗较低。

有机垃圾厌氧堆肥包括四个连续的阶段：有机质水解、产酸、产丙酮和产甲烷。如果产酸速率和产甲烷速率不平衡，堆肥体系就会积累挥发性脂肪酸（VFA）。这不仅抑制了产甲烷阶段（最终阶段），而且会抑制水解阶段（初级阶段）。由于各阶段的平衡性，水解作为第一个也是最慢的阶段，限制了垃圾中有机质转化为甲烷整个过程的总速率。传统有机质降解数学模型的校准和验证只考虑化学成分的动力学，对厌氧微生物群落行为的现代分析则包括

化学成分浓度的测量、分子生物学技术和数学模型。

可以利用针对产甲烷通用的数学模型模拟各个组成部分，进而分析厌氧微生物群落的行为，即模型 1：

$$\rho_{SB_i} = \rho_{SB_{i\max}} F_{L_i} F_{T_i} F_{I_i} B_i \tag{6-59}$$

在该模型中，第 i 个微生物群落对极限底物的转化速率表示为以下几个函数的乘积。式中，ρ_{SB_i} 是第 i 个微生物群落对极限底物的转化速率，描述微生物消耗底物的速率；$\rho_{SB_{i\max}}$ 是最优条件下第 i 个微生物群落的最大比转化速率，即无抑制、温度/底物等条件理想时的最大速率；B_i 为最优条件下第 i 个微生物群落消耗底物的最大比速率；F_{L_i}、F_{T_i} 和 F_{I_i} 分别是描述温度依赖性和限制抑制机制的函数。此模型是实践中最先提出的厌氧过程的数学模型，具有较为广泛的应用。同时，单个过程可以用更简单的模型来描述，从而可以对现有或实验获得的数据进行更明确的解释。

有机垃圾转化过程中，假设只会产生一种 VFA 作为中间产物，那么可以提出以下微分方程组，即模型 2：

$$\frac{dW}{dt} = -kW f_h(S) \tag{6-60}$$

$$\frac{dS}{dt} = \chi kW f_h(S) - \rho_m f_m(S) \frac{SB}{K_S + S} \tag{6-61}$$

$$\frac{dB}{dt} = Y \rho_m f_m(S) \frac{SB}{K_S + S} - k_d B \tag{6-62}$$

$$\frac{dP}{dt} = (1-Y) \rho_m f_m(S) \frac{SB}{K_S + S} \tag{6-63}$$

式中，W、S、B 分别为有机质、VFA 和产甲烷生物量的浓度；dP/dt 为产甲烷速率；t 是时间；k 为水解速率常数；ρ_m 为 VFA 最大利用率；k_d 为产甲烷生物量衰变速率常数；χ 为化学计量数；K_S 为 VFA 利用的半饱和常数；Y 为产率系数。在模型 2 中，VFA 的利用情况用传统的 Monod 函数描述，有机物的水解用底物的一级函数描述。无量纲函数 $f_h(S)$ 和 $f_m(S)$ 分别描述了高浓度 VFA 对甲烷生成和水解的抑制作用。在这个模型中还引入了 VFA 和产甲烷生物质的扩散过程来描述搅拌的影响。因此，该模型为分布参数模型（偏微分方程模型），其动力学参数如表 6-1 所示。

表 6-1　模型 2 的动力学参数

垃圾类型	k/d^{-1}	ρ_m/d^{-1}	$K_S/(g/L)$	$Y/(g/g)$	$K_h/(g/L)$	$K_m/(g/L)$
生猪粪	0.075	2.2	0.05	0.05	30	30
禽粪	0.07	2.2	0.05	0.05	12	12
种猪粪	0.04	2.0	0.05	0.05	11	11
奶牛粪	0.03	2.0	0.05	0.05	11	11

注：K_h 为水解半饱和常数，单位为 g/L；K_m 为产甲烷半饱和常数，单位为 g/L；对于各类废弃物，抑制函数中使用参数 K_h 和 K_m 时，指数 $n_h = n_m = 3$。

使用模型 2 可以对实验室规模反应器中众多数据进行仿真。模型结果显示，有效的甲烷生产的一个必要条件是各反应阶段之间的平衡，不导致中间产物的积累，中间产物是该过程的潜在抑制剂。降低有机物的初始浓度（稀释）和引入接种微生物有利于过程的平衡。易降解有机物的分解可能导致挥发性脂肪酸的过度积累和介质的酸化，这反过来又阻碍了难以降解化合物的降解。

6.2.2　厨余垃圾好氧堆肥过程的数模仿真

与厌氧堆肥过程相比，好氧堆肥过程是在人工控制曝气条件下进行的堆肥化过程。由于好氧微生物的生命活动更为活跃，好氧堆肥的效率更高，能够更好地实现有机垃圾的减量化、无害化和资源化，因此在国内外都得到广泛应用。然而，引入了氧气（空气）也使得堆肥过程中的过程变量之间的相关性更加复杂，这对于进行数学建模和仿真研究提出了更高挑战。

垃圾好氧堆肥过程的数学建模和仿真，通常可以分为两类主要模型：确定性模型和随机模型。成功的模型要么建立了经验动力学表达式，要么建立了经验修正的一阶模型。尽管一阶模型对基底降解的适用性证据有限，但通过在经典确定性模型中添加和修正参数，以及采用将确定性和机理模型转化为随机模型的方法，逐渐成功实现了对复杂堆肥过程的模拟。例如，在基于 Monod 动力学模型和一级动力学模型的基础上，通过将可变浓度项替换为概率，并将新的概率分布平衡方程转化为福克尔-普朗克（Fokker-Planck）方程，引入了随机性，使得模型能够预测状态变量的期望值和标准差。

在对垃圾中有机底物降解过程进行建模时，需要解决三个关键问题。首先，需要确定底物的分馏方式，即如何表示底物以及如何将其输入降解模型中。其次，需要确定哪些微生物会降解底物，即哪些微生物参与降解过程。最后，需要确定模型中将考虑哪些降解过程，即基质将如何被转化。这些因素可用于模拟通过动力学发生的过程。图 6-5 描述了堆肥模型中的生物成分在范围和复杂性上的巨大变化。

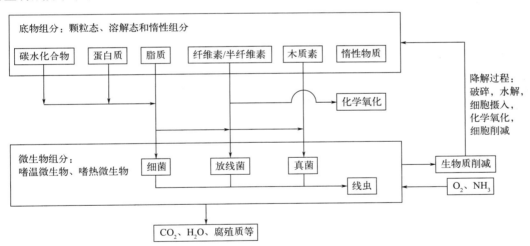

图 6-5　堆肥模型生物模块变异性的示意图

尽管可堆肥基质存在异质性，但利用随时间推移的累积需氧量（OD）可拟合出一个非线性指数模型，拟合了七种底物的数据。可以看出，在所有堆肥过程中，OD 都充分拟合了指数回归增长，直到达到最大值，即模型 3：

$$OD(t) = OD_\infty (1 - e^{-Kt}) \tag{6-64}$$

式中，$OD(t)$ 是堆肥时间 t 时的累积需氧量；OD_∞ 是总累积需氧量；K 是反应的动力学常数；t 是堆肥时间。

描述垃圾好氧堆肥的动力学模型有很多，基本的堆肥模型通常会将水解视为唯一的降解过程，因为它通常是堆肥的限速步骤。针对限速步骤的数学模型，最常用的就是一级动力学模型［模型 4，式(6-65)］和 Monod 动力学模型［模型 5，公式(6-66)］：

$$R_{\text{first-order}} = -\frac{\text{d}[S_i]}{\text{d}t} = k_i[S_i] \tag{6-65}$$

$$R_{\text{Monod}} = -\frac{\text{d}[S_i]}{\text{d}t} = \mu_i \frac{x_i}{Y_{S_i}} = \frac{\mu_{\text{max}ri}[S_i]X_i}{K_{S_{ri}} + [S_i]Y_{S_i}} \tag{6-66}$$

在模型 4 中，k_i 是水解速率常数，其单位为 s^{-1}。在模型 4 和 5 中，$[S_i]$ 是底物的浓度，其单位为 kg/m^3；t 是时间，其单位为 s。在模型 5 中，μ_i 和 $\mu_{\text{max}ri}$ 分别是微生物的特定生长速率和最大生长速率，其单位为 s^{-1}；$K_{S_{ri}}$ 是半速度常数（在 Michaelis-Menten 方程中，使用 $K_{SM_{ri}}$ 表示 Michaelis 常数），kg/m^3；$Y_{S_{ri}}$ 是产率系数，kg/kg，表示产生的生物质质量与消耗的底物质量之比。

堆肥过程是一个自主升温的体系，因此除了底物降解的数学模型以外，针对堆肥过程热量平衡的模型也有多种形式。研究者最常用的是传统和广义热平衡模型，即模型 6：

$$\frac{\text{d}(mcT)}{\text{d}t} = G(H_i - H_o) - UA(T - T_a) + Q_{\text{bio}} \tag{6-67}$$

模型 6 中，m 是底物质量，其单位为 kg；c 是底物的比热容，其单位为 $kJ/(kg \cdot {}^\circ\!C)$；$T$ 和 T_a 分别是堆体温度和环境温度，其单位为 ${}^\circ\!C$；G 是曝气流速，其单位为 kg/s；H_i 和 H_o 是系统入口和出口处气体的焓，其单位为 kJ/kg；U 是全局传热系数，其单位为 $kJ/(m^2 \cdot s \cdot {}^\circ\!C)$；$A$ 是堆肥体系的面积，其单位为 m^2；Q_{bio} 为微生物放热，kJ/s。

对于许多机械堆肥模型来说，这种形式保持相对不变，超过 50% 的评估模型实现了类似的热平衡。然而，最近有一些新的领域有了更多的进展：主要包括化学氧化的建模、多维模型，以及各种一维系统的研究。就数值解而言，多维热平衡模型往往比更常见的 3D 模型复杂得多，因为它们通常由偏微分方程组组成。例如模型 7 就是由 Luangwilai 等提出的，整合了纤维素氧化的堆肥化自热模型：

$$(\rho C)_{\text{eff}} \frac{\partial T}{\partial t} = k_{\text{eff}} \nabla^2 T - \varepsilon \rho_{\text{air}} C_{\text{air}} U \frac{\partial T}{\partial x} + Q_c(1-\varepsilon)\rho_c A_c O_2 \exp\left(-\frac{E_c}{RT}\right)$$

$$+ Q_b(1-\varepsilon)\rho_B \left[\frac{A_1 \exp\left(-\dfrac{E_1}{RT}\right)}{1 + A_2 \exp\left(-\dfrac{E_2}{RT}\right)}\right] + L_V \left[\varepsilon Z_c V - (1-\varepsilon)Z_e W \exp\left(-\frac{L_v}{RT}\right)\right]$$

$$\tag{6-68}$$

模型中的各项参数不在此赘述，建议有兴趣的读者查阅 Luangwilai、Zambra、Nelson 和 Sidhu 的著作，这些研究都实现了类似的平衡，等式右边的第一项代表电导率，第二项描述通过系统的气流（对流），第三项描述纤维素材料的氧化，第四项描述生物产热，第五项与蒸发和凝结有关。

6.2.3 垃圾堆肥工艺的数模仿真

正如前文所述，统计和数学优化方法为设计实验提供了便利，同时也允许分析不同过程变量之间的相互作用。在研究中，有学者采用响应面方法来优化园林废物堆肥过程，改进了搅拌和堆放方法，同时引入了牛粪作为接种来源，通过监测一系列因素，如 pH 值、总有机碳、电导率、铵态氮等，来评估堆肥的稳定性和成熟度。仿真结果表明，基于模型的输入变量，包括底物质量和牛粪质量，可通过二阶多项式方程充分描述实验数据。

例如，使用质量平衡模型计量垃圾堆体的气体流通、物料转化等过程，控制体底部的通量可以估计为表面通量和控制体底部气体成分浓度的函数。二氧化碳被选为表示所有生产率或消耗率的基础［mol CO_2/d］，因为 CO_2 是所有反应的共同点。仅需确定其他组分的生产率或消耗率与 CO_2 的生产率或消耗率的关系以完成质量平衡。在实际应用中，如垃圾填埋场的顶层，利用通量在控制体的边界上积分，以得到净生产率。

$$r_{AD} + r_{OX} + r_{COM} = q_{CO_2} \tag{6-69}$$

$$Y_{CH_4,AD} r_{AD} - Y_{CH_4,OX} r_{OX} = q_{CH_4} \tag{6-70}$$

$$Y_{O_2,OX} r_{OX} + Y_{O_2,COM} r_{COM} = q_{O_2} \tag{6-71}$$

式中，r_{AD}、r_{OX} 和 r_{COM} 代表厌氧消化、甲烷氧化和堆肥的速率，以 CO_2 计，mol/d；q_{CH_4}、q_{CO_2} 和 q_{O_2} 分别代表甲烷、二氧化碳和氧气的净产量，mol/d；$Y_{CH_4,AD}$ 是厌氧消化中 CH_4 的化学计量数，以 CH_4 和 CO_2 物质的量计，mol/mol；$Y_{CH_4,OX}$ 是甲烷氧化中 CH_4 的化学计量数，以 CH_4 和 O_2 物质的量计，mol/mol；$Y_{O_2,OX}$ 是甲烷氧化中 O_2 的化学计量数，以 O_2 和 CH_4 物质的量计，mol/mol；$Y_{O_2,COM}$ 是堆肥中 O_2 的化学计量数，以 O_2 和 CO_2 物质的量计，mol/mol。

^{13}C-CO_2 同位素的质量平衡使用线性混合模型以相对丰度 $\delta^{13}C$-CO_2 表示：

$$(\delta^{13}\text{-}CO_2)_{out} \times q_{CO_2} = \left[(\delta^{13}C\text{-}CO_2)_{AD} \times r_{AD} \right] + \left[(\delta^{13}C\text{-}CO_2)_{OX} \times r_{OX} \right] + \left[(\delta^{13}C\text{-}CO_2)_{COM} \times r_{COM} \right] \tag{6-72}$$

其中，$(\delta^{13}\text{-}CO_2)_{out}$、$(\delta^{13}C\text{-}CO_2)_{AD}$、$(\delta^{13}C\text{-}CO_2)_{OX}$ 和 $(\delta^{13}C\text{-}CO_2)_{COM}$ 是混合气体、CH_4 与 CO_2（体积比1:1）标准瓶装气体、CH_4 氧化培养瓶的顶部空间和堆肥培养瓶的顶部空间中 ^{13}C-CO_2 的相对丰度。

此外，还有研究采用三水平因子设计，以评估三个关键的过程变量（粒径、氮添加量和接种物浓度）对小麦秸秆堆肥过程的影响。根据方差分析的结果，这三个输入变量以及它们之间的相互作用对堆肥过程都具有显著的影响。

这些研究展示了统计和数学优化方法在堆肥过程研究中的应用，不仅提高了堆肥的效率，还有助于更好地理解和优化不同因素对堆肥过程的影响。这种方法的使用有助于提高废物管理的效果，减少资源浪费，促进环境可持续发展。尽管针对垃圾堆肥的数学模型研究和仿真实践已经较为广泛，但是使用实用可靠的模型估计最佳过程参数仍然面临困难且具有挑战性，因此，多响应优化方法多年来得到了实质性的增长和扩展，常用的优化方法可以分为以下几类。

（1）常规（基于统计或数学）方法

a. 迭代搜索技术。

b. 试验设计：基于响应面法的方法；基于因子设计的方法；基于田口设计的方法。

（2）非常规（基于人工智能）方法

a. 基于模糊逻辑的方法。

b. 基于人工神经网络的方法。

c. 基于元启发式算法的方法：遗传算法；模拟退火；粒子群优化；蚁群优化；禁忌搜

索；人工蜂群算法；基于生物地理学的优化算法；基于教学的优化算法。

d. 基于专家系统的方法。

在实际堆肥化过程中，不同的堆肥工艺往往也会导致模型中过程因素的相关关系发生改变，因此，针对不同堆肥底物的特征和堆肥变量，选择合适的数学模型类型至关重要，堆肥工艺的数学模型可按以下标准进行分类：

① 基于变量属性，分为确定性模型（模型变量是已知且确定的）和随机模型（模型变量是随机的）；

② 基于空间位置的依赖性，分为集总模型和分布式模型；

③ 基于数学描述方式，分为连续模型和离散模型；

④ 基于数学结构，分为线性模型和非线性模型。

二维码 6-3
垃圾堆肥工艺仿
真案例分析

此外，由于它们的复杂性，描述环境过程的数学模型可以分为：

① 当收集到有关过程机制的所有必需数据时，就会开发机理（白盒）模型；

② 经验（黑匣子）模型是在只有实验数据可用且不了解过程中的机理的情况下开发的；

③ 组合（灰盒）模型。

表 6-2 中列出了在不同堆肥反应器中利用数学模型进行堆肥过程预测和优化的结果。

表 6-2　不同堆肥反应器中利用数学模型进行堆肥过程预测和优化的结果

反应器类型	规模	底物类型	模型	模型类型	优化因素	输入数据	结果
仓式反应器	中试规模	畜禽粪便和食物垃圾	混合级联预测模型	实证模型	氮损失	持续时间、含水率（MC）、电导率（EC）、温度、pH、C/N、家禽和食物垃圾比（PWR）和 PWR×持续时间、PWR×MC，PWR×C/N、持续时间×MC 和 EC×C/N	最佳条件 PRW 为 17%，运行 98 天
通风条垛式/筒形反应器	中试/实验室规模	含油污泥	基于人工神经网络和差分进化的神经评价方法	实证模型	石油烃和有机碳降解	持续时间、初始石油含量	—
多重堆肥系统	中试/实验室规模	多种原料	改进的一阶动力学模型	机制衍生模型	质量损失	降解速率、嗜温相和嗜热相持续时间之比	将堆肥分为三个独立的阶段，提高了模型的准确性
堆肥反应器	实验室规模	猪粪	耦合质量-热-动量传递模式	机制衍生模型	堆肥堆内温度和氧气浓度的动态变化及空间分布	可降解有机物、微生物浓度、温度、氧气浓度	耦合转移模型与好氧堆肥的微生物机制相结合，可以更准确地模拟好氧堆肥过程
	中试规模	橄榄渣	Monod 动力学模型、一级动力学模型、质量和能量平衡模型	机制衍生模型	温度、有机物、体积和营养物质的演变	颗粒成分、可溶性底物、气体成分、水分含量、温度、生物量、堆肥体积	模型可用于预测更多种类的堆肥混合物

6.3 垃圾焚烧处理过程的数模仿真

随着我国经济的高速发展，城市垃圾产量逐年迅速增加，同时土地资源日益紧张，城市生活垃圾处理问题成为全社会广泛关注的议题。未经处理或处理不当，这些垃圾可能对人类居住环境造成污染。垃圾焚烧技术能够以最快速度实现垃圾的无害化、减量化和资源化处理目标。采用垃圾焚烧方法，生活垃圾的体积可减少 85% 以上，同时最大程度地延长现有垃圾填埋场的寿命。

此外，随着人们生活水平的提高，生活垃圾中可燃物和易燃物的含量显著增加，导致生活垃圾的热值明显上升。举例来说，日本城市生活垃圾的低位热值已从 20 世纪 60 年代的 $3344 \sim 4196 kJ/kg$ 提高到当前的 $6270 \sim 7160 kJ/kg$，这使得通过垃圾焚烧方法可以生产更多蒸汽和电能，从而获得更理想的经济效益。

经过焚烧处理，垃圾中的细菌和病毒将被彻底消灭，恶臭氨气和有机废气会在高温下分解。因此，垃圾焚烧技术在发达国家已成为城市垃圾处理的主要方法之一，并在全球范围内得到广泛应用。深入研究与垃圾焚烧技术相关的热力学问题具有重大意义。

然而，目前，垃圾焚烧过程的建模仍面临许多挑战。城市生活垃圾具有很大的不确定性和复杂的物质成分，这使其成为一种非均质混合物，其特性以难以预测的方式不断变化。理解和分析垃圾焚烧过程所涉及的物理和化学过程是相当复杂的。数据驱动建模方法，即尝试通过数据拟合来建立黑盒模型，已经被广泛用于解决工业问题，包括垃圾焚烧过程中的特定问题，例如氮氧化物的生成。然而，由于拟合的复杂性急剧增加，实际数据限制了数据驱动建模的能力，使其无法应对整个垃圾焚烧问题。

另一种方法是通过在垃圾焚烧过程中引入一种理想的替代机制模型来限制不确定性。然而，一些研究脱离了垃圾焚烧过程，更侧重于特定生物燃料的燃烧研究。模型的缺乏是目前垃圾焚烧优化研究所面临的主要困难之一。

从其他物质的燃烧研究中，我们可以了解到一些事实。温度和氧气浓度是影响城市生活垃圾燃烧条件的两个最重要因素。优化的目标根据垃圾焚烧的主要关注点而定，包括环境保护和能源回收。可用热量作为城市垃圾焚烧过程中可再生能源利用率的体现，被用作性能指标。同样，垃圾焚烧工厂排放的废气与污染物的排放直接相关。因此，需要构建合适的垃圾焚烧优化模型，以实现利润最大化和资源无害化。

数据驱动建模的核心思想是将拟研究过程视为一个黑箱问题，通过输入数据、输出数据和拟合算法来获得近似模型。机器学习算法是数据驱动建模中最常用的工具，包括人工神经网络（ANN）和支持向量机（SVM）。数据驱动建模在工业问题中的应用已经相当成熟，一些垃圾焚烧的数据驱动模型已被提出。

例如，使用前馈人工神经网络对城市固体废物的热值进行建模，其中城市固体废物的物理成分被用作主要因素。实验结果表明，ANN 建立的模型精度令人满意。数据驱动建模的研究正在不断深入，已引入了许多新算法用于垃圾焚烧建模，并逐渐深入研究拟合算法的性能。其中，一种测量模型引入了加权主成分分析和改进的长短期记忆网络；另一种基于深度森林回归的数据驱动垃圾焚烧模型，通过特征缩减和特征增强来实现非线性拟合。同时还提出了类脑模块化神经网络和自适应面向任务的径向基函数神经网络，以用于数据驱动垃圾焚烧建模。这些研究不断推动垃圾焚烧建模领域的进步和发展。

6.3.1 垃圾焚烧过程的热力学数模仿真

最初，研究者们依赖于实验和数据评估，以及函数方程来进行热力学平衡计算。然而，计算过程的复杂性以及所选择的标准状态和参考状态的差异，导致整个计算过程非常耗时。热力学模拟软件的引入，为研究平衡状态下不同变量对化学反应过程的影响提供了更加便捷和迅速的技术手段。

关于固体垃圾焚烧的模型假设垃圾可以被看作多孔介质，宏观上由湿度、挥发物、焦炭和灰烬四个元素表示。燃烧过程可分为四个连续的子过程，即干燥、热解、挥发物燃烧和炭气化，最终生成灰烬。进入熔炉的垃圾受到一次气流的冲击，同时受到来自上方燃烧室壁的辐射和垃圾燃烧中释放的热量的加热。燃烧过程从干燥开始。每个子过程都会影响垃圾体积的减少，这导致孔隙率的变化，从而使垃圾高度降低。描述所有这些过程的数学模型形成了一个方程组，用于表示多孔介质中质量、动量、能量和化学物质的守恒。这些方程通过连续性、动量、能量和组分方程来模拟垃圾焚烧过程，分析固体和气体的速度、压力、温度和种类分布。此外，该模型还用于研究一次风量、进料速度、炉排速度、二次风量和原料特性（如湿度、粒度、密度）对燃烧过程的影响。

焚烧炉的空气系统主要由炉膛空气系统（包括一次风系统和二次风系统）以及炉墙冷却风系统组成。助燃空气在燃烧过程中起关键作用，包括提供用于干燥垃圾的风量和风温、垃圾的充分燃烧和燃尽所需的空气，以及增强炉膛内烟气的扰动等。为计算燃料中碳和氢含量以及燃烧化学方程式，假设 1kg 空气中含有 10g 水蒸气，以减小误差，然后可以计算出每千克燃料在标准条件下所需的理论干空气量，即理论干空气量。

$$L_0 = 0.115(C_{ar} + 0.375S_{ar}) + 0.342H_{ar} - 0.0431O_{ar} \tag{6-73}$$

式中，C_{ar}、S_{ar}、H_{ar}、O_{ar} 分别为燃料收到基碳含量、硫含量、氢含量、氧含量（质量分数），kg/kg。

假定空气湿度为 10g/kg，则实际湿空气质量为：

$$L = (1 + 10/1000)\alpha L_0 \tag{6-74}$$

式中，L_0 为理论干空气量，kg/kg；L 为理论湿空气量，kg/kg；α 为炉膛出口过量空气系数。

FLUENT 软件根据粒子物理性质的定义、初始化粒子的运动轨迹和传热传质进行计算（模拟流程见图 6-6）。当粒子在流体中运动时，可以通过局部流体对粒子施加的各种平衡力和对流/辐射引起的热质传递来计算粒子的运动轨迹和传热传质。计算出的粒子轨迹和相应的传热/质量可以通过图形或文本界面输出。在固定的流场中可以预测离散相的分布（非耦合方法），在考虑离散相对连续相影响的流场中可以研究颗粒的分布（相间耦合方法）。在相间耦合计算中，离散相的存在会影响连续相的流场，进而影响离散相的分布。连续相位和离散相位可以交替计算，直到两个相位的结果都达到收敛标准。当流动状态处于湍流工况下时，FLUENT 可以通过随机轨迹跟踪计算颗粒的轨迹，也可以通过考虑流体速度波动引起的瞬时速度来计算流体湍流引起的颗粒扩散。在湍流条件下，FLUENT 中用于随机轨迹模型的瞬时流体速度 u（单位：m/s）被表示为时均速度与速度波动分量之和，即：

$$u = \bar{u} + m_f \tag{6-75}$$

式中，u 表示流体在某一时刻和空间位置的瞬时速度，用于粒子运动轨迹和传热传质的计算；$\bar{u}$ 表示该位置的时均速度，由连续相流场的稳态或瞬态解获得；m_f 是速度波动分量，用于模拟湍流中流体速度的随机扰动。

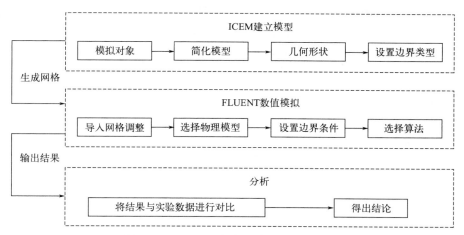

图 6-6 FLUENT 软件的模拟步骤流程图

垃圾特性的确定是本方法中不确定性的主要来源之一。垃圾成分不是恒定的，而是取决于多种因素，不易连续监测。因此进行了敏感性分析，目的是评估结果对垃圾成分的依赖性。在 EBSILON Professional 中建立模型时，只需要一部分边界参数，即可实现整个模型的收敛计算。Yang（杨）和 Swithenbank（斯威森班克）介绍了颗粒混合对填充床炉中城市固体废物燃烧影响的数学模型，提出了由炉排运动引起的颗粒混合的分散模型，并研究了连续性、动量、物种和能量守恒的输运方程。然而，在该模型中，垃圾焚烧被认为只是有机物质燃烧，产物为 CO、CO_2、H_2 和 H_2O。对垃圾焚烧的固相和气相产物进行了分析，给出了动量和传热方程，并建立了相关的子模型。在此模型中，垃圾焚烧包含四种材料变化，即水分蒸发、脱挥发分、挥发性气体燃烧和焦炭气化，给出了挥发性气体和焦炭的详细数学描述，但该模型存在缺陷：没有考虑城市生活垃圾中肯定含有的灰分物质。虽然模型给出了城市生活垃圾的工业分析和元素分析，但模型并不是根据客观纯物质和元素的比例和含量来设计的。上述研究工作存在一个致命的问题，即所提出的燃烧模型是基于通用材料而不是固体废物，这意味着这些模型不能正确地代表固体垃圾焚烧过程。这些模型简化了城市生活垃圾的成分，有利于燃烧过程的分析。城市生活垃圾的过于简单化使得所获得的模型对实际城市生活垃圾处理过程的参考意义不大。由于对城市生活垃圾简化材料研究的不满，一些学者继续从事相关研究，并提出了基于质量平衡和能量平衡的城市生活垃圾整体建模。科勒等人提出了城市固体废物的概率和特定技术模型，用于计算污染物排放量。

6.3.2 垃圾焚烧烟气扩散过程的数模仿真

垃圾焚烧时会产生大量的烟气，而烟气中成分复杂且不易控制。如果焚烧过程中存在足够的空气，则会产生 CO_2 和 H_2O；若焚烧过程中缺氧，则产生 CO 和未燃烧的碳氢化合物。考虑到垃圾成分的变化以及它们可能产生许多不同污染物，对垃圾焚烧中复杂的烟气扩散过程进行准确建模对科学家来说是一个挑战。有关烟气从烟囱排出后扩散规律的研究主要包括理论分析、实验方法和数值模拟。理论分析中最著名的是高斯烟羽扩散模型。实验方法是一类依据观测资料的分析方法，其精度很大程度上取决于观测密度。CFD 技术是近年来迅速发展起来的一种研究流动传质、传热与反应等的有效手段，在环境工程研究领域越来越受到重视。与实验方法相比，CFD 技术具有经济、高效的特点；相比于理论分析，其能够求解更为复杂的流动扩散问题。利用 FLUENT 软件分析可以构建多尺度数值计算模型，能够对炉内高温烟气流动和传热传导现象进行有效仿真。研究垃圾焚烧产生的烟气经不同高度和速度排放之后在大气中扩散传质的规律，对大气环境污染控制与评价具有一定指导意义。采用 FLUENT 获取炉内温度场、烟气停留时间与烟气组分等数据，分析选择性非催化还原脱硝过程与 NO_x 排放间的关系，进而为系统的设计与改造提供理论依据。利用 FLUENT 软件还可以模拟常规空气焚烧、富氧焚烧无烟气再循环、富氧焚烧有烟气再循环共三种工况下的燃烧过程，分析不同类型注氧装置作用下的速度场、温度场和浓度场等，为工艺参数优化提供支撑。

在整个燃烧时间 t_b 内，C 生成 CO 的转化率可以用下式来计算，N 生成 NO 的转化率也可按相似方法计算；排放气体的平均浓度按测量气体排放浓度在整个测量时段内按时间平均获得。

$$G_{CO} = \frac{M_C \int_0^t BV_Y C_{CO} dt}{V_M M_{fuel} R_C} \times 100\% \tag{6-76}$$

式中，G_{CO} 为 CO 转化率，%；B 为床层质量燃烧速率，kg/s；V_Y 为标准状态下床层单位质量物料燃烧生成的体积，m^3/kg；V_M 为标准状态下 CO 的摩尔体积，$m^3/kmol$；R_C 为物料中 C 含量，%；C_{CO} 为烟气中 CO 体积浓度，m^3/m^3；M_{fuel} 为物料总质量，kg；M_C 为 C 的摩尔质量，kg/kmol。

此外，垃圾焚烧会产生大量的二次污染物，所生成的烟气中含有至今毒性最强的物质——二噁英。目前，全球二噁英的产生量几乎全部来自生活垃圾焚烧厂排放出来的烟气。有研究提出了一种基于人工神经网络的预测模型来预测垃圾焚烧厂的二噁英排放量，采用台湾省某垃圾焚烧厂 4 年多的监测数据来训练模型，并结合相关分析和主成分分析，从 23 个易于检测的过程变量中选择 13 个作为输入来构建垃圾焚烧模型。氮氧化合物也是燃烧烟气中重要的组成部分之一。Hasberg（哈斯伯格）等建立了烟气温度和 CO 浓度与二噁英浓度间的映射关系。Chang（昌）建立了多元线性回归分析模型，表明在烟气含氧量为 7% 时二噁英浓度与燃烧室温度和 CO 浓度间呈现线性映射关系，在此基础上，建立二噁英浓度与烟气流量、炉膛温度、操作变量之间的线性映射模型。此外，Ishikawa 等通过回归分析实际测试数据建立烟气含氧量、一次风量占比以及总风量与二噁英浓度间的线性模型。但上述线性模型难以表征输入、输出之间的非线性关系。

针对 SO_2 的排放问题，基于 LSTM 构建预测模型，该预测模型能在特定场景下实现环保指标的有效预测。面向颗粒物、HCl 和 HF 等酸性气体的预测模型目前还未见报道，现有研究多采用流体动力学等软件进行数值仿真，目的是为优化工艺设计和进行机理分析提供支撑。NO_x 综合模型是最早提出的燃烧过程 NO_x 生成及传递耦合模型，该模型需要将紊流条件下的详细流体力学状况与化学反应机理结合起来，模型在形式上包括紊流流体动力学和化学动力学两部分。综合模型最早由 Caretto（卡雷托）提出，包括 CO、氮氧化物、碳氢化合物、硫氧化物的污染物模型。简化动力学模型是由 Iverach（艾弗拉赫）等人在扩展 Zeldovich（泽尔多维奇）机理的基础上基于局部平衡反应简化假设提出的。该模型大大减少了计算工作量，得到了较广泛的应用。Scheefer（谢弗）等人利用此模型来预估燃烧室中丙烷逆向射流火焰稳定器后 NO 浓度分布。但是，总体而言，简化的动力学模型中没有考虑紊流对 NO 生成率的影响，且在计算 NO 生成率时采用了近似平衡假设，故一般只适用于层流燃烧。Arrhenius-EBU 模型采用反应进度变量（reaction progress variable）耦合了 Arrhenius

化学动力学模型与 EBU（湍流燃烧模型），用于描述湍流燃烧中 NO 的生成过程。该模型假设 NO 的生成速率不仅受湍流混合控制（通过 EBU 表征），还依赖于化学反应动力学（通过 Arrhenius 公式表征）。在模型求解中，源项的确定通过反应进度变量同时考虑化学动力因素与湍流作用，这种耦合方式使模型能够更准确地模拟复杂燃烧环境中的 NO 生成机制。

概率密度函数（PDF）是模拟 NO_x 生成的重要模型之一，其采用 β 函数形式的概率分布函数求解 NO 浓度，具有理论简明、易于理解的特点。根据化学反应速率差异，PDF 模型可分为两类：有限反应率模型和部分平衡模型。清华大学周力行教授团队整合了二阶矩模型与 PDF 模型的优势，创新性地提出了二阶矩-概率密度函数模型（即统一二阶矩/USM 模型），该模型是目前 NO_x 模拟领域最详尽、最复杂的理论框架。在某炉排式商业木材垃圾焚烧炉的测试中，CO 排放量超过了标准限值（在 12％ O_2 基准条件下为 $50\mu L/L$）。CFD 模拟表明：经优化的二次燃烧室流场均匀性显著提升，O_2 分布与垂直速度的标准差分别降低 23％和 15％。通过对比测温点数据与 O_2 浓度实测值，验证了 CFD 对燃烧室内流场及燃烧现象预测的可靠性。下文将基于该模型体系，针对流化床垃圾焚烧炉的 NO_x 排放过程开展数值模拟研究。

当两个完全相同的喷嘴相对布置时，两个燃烧器间将形成稳定的轴对称扩散火焰，其控制方程遵循质量守恒，如下所示：

$$\frac{\partial(\rho u)}{\partial x}+\frac{1}{r}\frac{\partial(\rho v r)}{\partial r}=0 \tag{6-77}$$

式中，u、v 分别为轴向和径向速度；ρ 为质量密度。此外，由于 v/r 及其他变量只是 x 的函数，因此可以得到：

$$G(x)=-\frac{\rho v}{r} \tag{6-78}$$

$$F(x)=\frac{\rho u}{2} \tag{6-79}$$

因此，质量守恒方程可以简化为以下形式：

$$G(x)=\frac{\mathrm{d}F(x)}{\mathrm{d}x} \tag{6-80}$$

由于 F 和 G 为关于 x 的函数，因此 ρ、u、T 和 Y_k 也是关于 x 的函数，故动量方程和能量守恒方程如下：

动量方程：
$$H-2\frac{\mathrm{d}\left(\frac{FG}{\rho}\right)}{\mathrm{d}x}+\frac{3G^2}{\rho}+\frac{\mathrm{d}\left[\mu\frac{\mathrm{d}\left(\frac{G}{\rho}\right)}{\mathrm{d}x}\right]}{\mathrm{d}x}=0 \tag{6-81}$$

能量守恒方程：
$$\rho u\frac{\mathrm{d}T}{\mathrm{d}x}-\frac{1}{c_p}\frac{\mathrm{d}\left(\lambda\frac{\mathrm{d}T}{\mathrm{d}x}\right)}{\mathrm{d}x}\frac{\rho}{c_p}\sum_k c_{pk}Y_k V_k\frac{\mathrm{d}T}{\mathrm{d}x}+\frac{1}{c_p}\sum_k h_k\bar{\omega}_k=0 \tag{6-82}$$

组分守恒方程：
$$\rho u\frac{\mathrm{d}Y_k}{\mathrm{d}x}-\frac{\mathrm{d}(\rho Y_k V_k)}{\mathrm{d}x}-\bar{\omega}_k W_k=0,\ k=1,\cdots,K \tag{6-83}$$

式中，ρ 为混合物密度；λ 为热导率；c_p、c_{pk} 为混合物和 k 组分的定压比热容；Y_k 为 k 组分质量分数；V_k 为 k 组分扩散速度；h_k 为 k 组分的焓；$\bar{\omega}_k$ 为 k 组分反应速率；μ 为黏度；K 为反应系统中考虑的总组分数。

组分的扩散速度按混合物平均速度计算：

$$V_k = -\frac{1}{X_k}D_{km}\frac{\mathrm{d}X_k}{\mathrm{d}x} - \frac{D_k^{\mathrm{T}}}{\rho Y_k}\frac{1}{T}\frac{\mathrm{d}T}{\mathrm{d}x} \tag{6-84}$$

$$D_{km} = \frac{1-Y_k}{\displaystyle\sum_{j=k}^{K}\frac{X}{D_{jk}}} \tag{6-85}$$

式中，X_k 为 k 组分的摩尔分数；D_{km}、D_{jk} 和 D_k^{T} 分别为混合物平均扩散系数、双组分扩散系数和热扩散系数。

6.3.3 垃圾焚烧工艺的数模仿真

近年来世界各国都逐渐重视垃圾焚烧过程中涉及的主要因素对焚烧基本性质的影响研究，并运用一定的评价模型与程序，选择有效的垃圾焚烧策略。生活垃圾的热值和组成成分的尺寸是影响生活垃圾的主要因素。热值越高，燃烧过程越易进行，焚烧效果越好。生活垃圾组成成分的尺寸越小，生活垃圾的比表面积越大，生活垃圾与周围氧气的接触面积也越大，焚烧过程中的传热及传质效果越好，燃烧越完全；反之，传质及传热效果越差，易发生不完全燃烧。因此，在生活垃圾被送入焚烧炉之前，对其进行破碎预处理，可增大其比表面积，改善焚烧效果。

生活垃圾在焚烧炉中停留的时间必须大于理论上所需的干燥、热解和燃烧总时间。同时，焚烧烟气在炉中的停留时间应足够长，以确保其中的气态可燃物能够完全燃烧。通常情况下，停留时间越长，焚烧效果越好。但如果时间过长，将减少焚烧炉的处理量，从经济角度来看不太合理。另外，停留时间过短会导致不完全燃烧。因此，具体的停留时间需要根据实际情况来确定。

湍流度是用来描述生活垃圾和空气混合程度的重要指标。湍流度越大，表示生活垃圾和空气的混合效果越好，有机可燃物能够更迅速充分地获得所需的氧气，从而实现更加完全的燃烧反应。湍流度受到多种因素的影响。一般情况下，可以通过增加供给炉内的空气量来提高湍流度，这可以改善质量和热量的传输效果，有助于焚烧过程的进行。

为了确保垃圾能够完全燃烧，通常需要提供比理论空气量更多的实际空气量，这种实际空气量与理论空气量的比值称为过量空气系数，也被称为过量空气率或空气比。过量空气系数对垃圾燃烧的状况有着显著影响。适当提供足够的过量空气是确保有机物完全燃烧的必要条件，因为它不仅提供了额外的氧气，还增加了炉内的湍流度，有利于更充分的燃烧。但是，如果过量空气系数过大，可能会导致炉内温度下降，产生不利的影响，并增加输送空气和预热所需的能量。如果实际空气量过低，垃圾燃烧将不完全，从而引发一系列不良后果。因此，需要在适当的范围内调整过量空气系数以实现最佳的焚烧效果。基于雷诺平均 N-S 方程组的模型（图 6-7）是在理论知识、直接数值模拟结果或实验所得数据的基础上对雷诺应力进行不同假设得到的封闭湍流的平均雷诺方程。

基于雷诺平均 N-S 方程组的模型是目前解决工程实际问题的有效手段。涡黏性封闭模式则为其中一种，相对于另一种基于雷诺平均 N-S 方程组的模型——雷诺应力模式，这种模式计算量较小，应用简便。涡黏性的定义早在 1872 年便由 Boussinesq（波希尼斯克）根据分子黏性提出：

$$V_{\mathrm{T}} = C_\mu \frac{k^2}{\varepsilon} \tag{6-86}$$

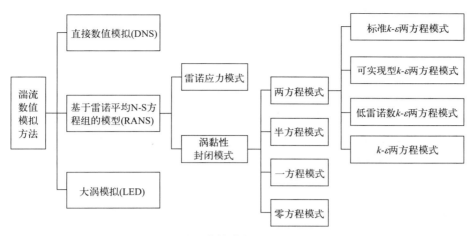

图 6-7　湍流数值模拟方法及数学模型

式中，V_T 为涡黏性系数，$N·s/m^2$；C_μ 为经验常数；k 为湍动能；ε 为耗散率。

在涡黏性封闭模式的求解过程中，又可以将其分为多种，其中，标准 k-ε 两方程模式是在模拟过程中使用最多的涡黏性模式，有计算量适中、精度高、数据积累较多等特点。其中湍动能 k 以及耗散率 ε 分别由式（6-87）和式（6-88）决定。

$$\frac{\partial(\rho k)}{\partial t}+\frac{\partial(\rho k u_i)}{\partial x_i}=\frac{\partial\left[\left(\mu+\frac{\mu_t}{\sigma_k}\right)\frac{\partial k}{\partial x_j}\right]}{\partial x_j}+G_k+G_b-\rho\varepsilon-Y_M+S_k \qquad (6\text{-}87)$$

$$\frac{\partial(\rho\varepsilon)}{\partial t}+\frac{\partial(\rho\varepsilon u_i)}{\partial x_i}=\frac{\partial\left[\left(\mu+\frac{\mu_t}{\sigma_\varepsilon}\right)\frac{\partial\varepsilon}{\partial x_j}\right]}{\partial x_j}+C_{1\varepsilon}\frac{\varepsilon}{k}(G_k+C_{3\varepsilon}G_b)-C_{2\varepsilon}\rho\frac{\varepsilon^2}{k}+S_\varepsilon \qquad (6\text{-}88)$$

式中，t 为时间；x_i、x_j 为空间坐标；ρ 为流体密度；μ 为动力黏度；μ_t 为湍流黏度；σ_k 为湍动能 k 的湍流普朗特数；k 为湍动能；G_k 为速度梯度均值产生的湍动能；G_b 为浮力产生的湍动能；Y_M 为可压缩性修正项；S_k 为自定义源项；ε 为耗散率；σ_ε 为耗散率 ε 的湍流普朗特数；$C_{1\varepsilon}$、$C_{2\varepsilon}$、$C_{3\varepsilon}$ 为模型常数；S_ε 为自定义源项。

为确保复杂工业过程的智能优化决策与控制一体化系统能够正常运行，关键运行指标的实时监测变得至关重要。环保、经济和产品指标的在线监测在确保垃圾焚烧过程的安全生产、稳定运行和优化性能方面发挥着至关重要的作用。类似于其他工业过程中的运行指标建模和预测问题，垃圾焚烧过程可以通过采集多模态数据，包括过程变量和火焰视频等数据，来构建智能模型以实现在线监测和预测。

然而，由于垃圾焚烧工序繁多、机理复杂，其数值建模过程仍有部分问题有待解决，主要体现在以下三个方面。一是运行指标建模的样本输入和输出在时间尺度上的不确定性，需要在分析基于热能动力传输和化学物质转化机理的过程变量与运行指标之间的延迟特性和多时空尺度样本与运行指标的相关性的基础上，获得多时空尺度的建模样本。二是不同工艺阶段与运行指标的关联性存在差异，需要将数值仿真用于明晰机理，结合领域专家的经验和数据提取蕴含的知识等来简化模型输入特征。此外，垃圾焚烧过程数据具有多源多模态特性，基于综合智能化感知的运行指标检测设备/模型有待研究，以深度融合过程变量和燃烧图像数据。三是运行指标模型对实际垃圾焚烧过程中多种干扰因素和工况波动的自适应调整。需要研究面向运行指标的运行工况漂移识别机制，采用基于数学模型、多元统计和人工智能等方法来预测新工况的时刻、程度和位置，同时发展自适应更新算法和连续学习机制，以提高在线建模的鲁棒性和泛化性能。

针对垃圾焚烧过程的多阶段多源数据信息和已构建模型，建立集环保、经济和产品运行指标于一体的智能在线预测系统，其功能包括多源数据采集系统，多源数据表征、分析、编码和解码系统，数据、信息与知识的智能化处理与可视化系统，多运行指标模型集成预测系统，支撑实现运行指标的智能感知、预测和溯源。近年来，国内外研究学者针对复杂工业过程（例如高炉炼铁、电熔镁、石化过程等）的运行指标建模问题已取得了大量研究成果。例如，面向用于建模的标记样本稀疏问题，提出了虚拟样本生成、半监督、弱监督和无监督等

二维码 6-4
垃圾焚烧工艺仿真
案例分析

建模方法，能够为垃圾焚烧过程建模样本完备机制的研究提供有力支撑。面向多源信息表征以及模型可解释等问题，已在多特征信息融合、多模态深度学习、视觉数据深度建模、贝叶斯数据驱动 T-S（高木-菅野）模糊建模和深度森林回归模型等方面取得了研究成果，这也是研究垃圾焚烧过程多源特征智能约简与可解释模型构建的理论基础。面向在线动态预测问题，宽度学习系统、概念漂移学习和模型动态自组织等研究成果，间接表明了垃圾焚烧过程在线动态建模与预测和运行指标智能预测系统开发具有良好的可行性。

6.4 固废污染防控系统模拟

云南省会泽县者海镇是我国重要的铅锌矿富集区，也是传统金属冶炼窑址的分布区，而者海大渣堆是者海盆地最大的污染隐患之一。该大渣堆是由会泽冶炼厂 1965 年建成投产以来火法冶炼产生的 270 万吨水淬渣和一些周边小冶炼厂产出的 50 万吨窑头渣、者海集镇的 20 万吨生活垃圾和 50 万吨建筑垃圾等堆积而成。降雨淋滤浸出的含有锌、镉等重金属污染物的渗滤液通过下渗进入下伏厚层坡残积夹有洪积物特点的非均质黏土层中，并随着浅层地下水向大渣堆下游水平迁移，对周边水土环境安全构成了严重威胁。

场地周边地下水环境调查及水文地质调查数据显示，在大渣堆数十年的堆放和渗滤液不断下渗的过程中，大渣堆堆放场地所在位置 15～20m 以下的深部地下水并没有受到大渣堆污染物的影响，这一长达数十年的"历史人工示踪试验"结果证实，多种地质成因的层状非均质黏土体现了优良的防污性能。如何利用天然黏土实施固体废物原位处置，并标准化构建地下水污染防控系统，是解决该类型问题的关键。

该方案通过开展大渣堆污染场地的地质、水文地质调查以及土壤和地下水污染调查，构建大渣堆污染场地的水文地质概念模型；利用野外抽水实验和室内土工、理化实验得到渗透系数、吸附参数等数值模型输入参数，建立大渣堆三维地下水溶质迁移数值模型，精确模拟和构建大渣堆污染场地地下水污染防控系统。最后，针对大渣堆地下水污染防控系统特点设计地下水污染跟踪监测网，从水质、水量方面全面评估该防控系统的效果，并对防控效果进行预测。

二维码 6-5
固废污染防控
系统模拟

二维码 6-6
渣堆地下水污
染防控思路分
析与系统构建

具体见二维码。

参考文献

[1] Lu S F, Feng S J. Comprehensive overview of numerical modeling of coupled landfill processes[J]. Waste Management, 2020, 118: 161-179.

[2] Bouwer E J, McCarty P L. Modeling of trace organics biotransformation in the subsurface[J]. Ground Water, 1984, 22 (4): 433-440.

[3] Suk H, Lee K K, Lee C H. Biologically reactive multispecies transport in sanitary landfill[J]. Journal of Environmental Engineering, 2000, 126 (5): 419-427.

[4] 陈海蛟. 昆明市东郊垃圾填埋场渗滤液扩散的数学模型研究[D]. 昆明: 昆明理工大学, 2006.

[5] 孙军杰, 田文通, 刘琨, 等. 基于泊肃叶定律的土体渗透系数估算模型[J]. 岩石力学与工程学报, 2016, 35 (1): 150-161.

[6] Majid H S. Derivation of basic equations of mass transport in porous media, Part 2. Generalized Darcy's and Fick's laws[J]. Advances in Water Resources, 1986, 9 (4): 207-222.

[7] 陈云敏, 谢焰, 詹良通. 城市生活垃圾填埋场固液气耦合一维固结模型[J]. 岩土工程学报, 2006, 28 (2): 184-190.

[8] 王显军, 张晓莹. 垃圾填埋场有机污染物运移流固耦合模型及数值模拟[J]. 安徽农业科学, 2008, 36 (18): 7859-7861.

[9] Mason I G. Mathematical modelling of the composting process: A review[J]. Waste Management, 2006, 26 (1): 3-21.

[10] Baptista M, Antunes F, Gonçalves M S, et al. Composting kinetics in full-scale mechanical-biological treatment plants[J]. Waste Management, 2010, 30 (10): 1908-1921.

[11] 秦宇飞, 白焰, 刘雪中, 等. 城市生活垃圾挥发分燃烧过程的建模与仿真[J]. 动力工程学报, 2010, 30 (6): 444-449, 455.

[12] 应雨轩, 林晓青, 吴昂键, 等. 生活垃圾智慧焚烧的研究现状及展望[J]. 化工学报, 2021, 72 (2): 886-900.

[13] Hunsinger H, Jay K, Vehlow J. Formation and destruction of PCDD/F inside a grate furnace[J]. Chemosphere, 2002, 46 (9/10): 1263-1272.

[14] Alobaid F, Almohammed N, Massoudi F M, et al. Progress in CFD simulations of fluidized beds for chemical and energy process engineering[J]. Progress in Energy and Combustion Science, 2022, 91: 100930.

[15] Zhuang J B, Tang J, Aljerf L. Comprehensive review on mechanism analysis and numerical simulation of municipal solid waste incineration process based on mechanical grate[J]. Fuel, 2022, 320: 123826.

[16] Hasberg W, May H, Dorn I. Description of the residence-time behaviour and burnout of PCDD, PCDF and other higher chlorinated aromatic hydrocarbons in industrial waste incineration plants[J]. Chemosphere, 1989, 19 (1-6): 565-571.

[17] Chang N B, Huang S H. Statistical modelling for the prediction and control of PCDDs and PCDFs emissions from municipal solid waste incinerators[J]. Waste Management & Research, 1995, 13 (4): 379-400.

[18] Ishikawa R, Buekens A, Huang H, et al. Influence of combustion conditions on dioxin in an industrial-scale fluidized-bed incinerator: Experimental study and statistical modelling[J]. Chemosphere, 1997, 35 (3): 465-477.

[19] Huselstein E, Garnier H, Richard A, et al. Experimental modeling of NO_x emissions in municipal solid waste incinerator[J]. IFAC Proceedings Volumes, 2002, 35 (1): 89-94.

[20] Simsek E, Brosch B, Wirtz S, et al. Numerical simulation of grate firing systems using a coupled CFD/discrete element method (DEM) [J]. Powder Technology, 2009, 193 (3): 266-273.

[21] Antonioni G, Guglielmi D, Cozzani V, et al. Modelling and simulation of an existing MSWI flue gas two-stage dry treatment[J]. Process Safety and Environmental Protection, 2014, 92 (3): 242-250.

[22] Cao H, Jin Y, Song X N, et al. Computational fluid dynamics simulation of combustion and selective non-catalytic reduction in a 750t/d waste incinerator[J]. Processes, 2023, 11 (9): 2790.

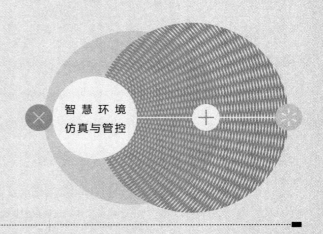

第七章

土壤环境污染控制过程数模仿真

7.1 土壤环境的典型污染物及污染修复技术

7.1.1 土壤环境概述

　　土壤作为陆地资源的核心，是一种位于生物与岩层之间、为动植物及微生物提供生存环境的复杂开放系统。土壤包括岩石风化形成的矿物质、动植物残体分解产生的有机物、土壤生物（固体）和水（液相）、空气（气相）等（图7-1）。土壤中这几类物质构成了一个矛盾的统一体。它们互相联系，互相制约，为作物提供必需的生活条件，是土壤肥力的物质基础。土壤环境是一个复杂多变的、常带有人类活动痕迹的自然历史综合体，它具有以下基本特征：

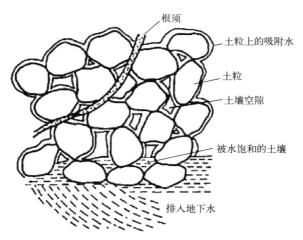

图 7-1　土壤中固、液、气相结构图

　　① 土壤作为生态系统的基本单元，具有土壤、水和植物的整体性。土壤是地壳最外层松散的一部分，它能为植物的生长提供养分，并为生物的生存提供有利的环境，因此表现出其他环境系统不可替代的功能：联系有机界和无机界的中心环节并同化外界输入的有机化合物，是整个生物圈极为重要的组成部分。土壤环境是与人类生活关系最为紧密的一种环境因素，也是人类赖以生存和发展的关键资源。

　　② 土壤环境中存在各种胶体体系和多孔体系，通过吸附/解吸、溶解/沉淀、络合/螯合、老化、离子交换以及过滤等过程，对营养物质或污染物质产生重要作用，从而起到营养支持作用或产生污染毒害/解毒效应。

　　③ 通过植物的吸收、积累效应，一方面使土壤环境中的污染物质浓度得以下降，另一方面，污染物可以通过食物链进入植物，进而对人体造成伤害。

④ 土壤具有一定的自净能力，因此可以承载一定的污染负荷，具有一定的环境容量。它的自净能力一方面与自身物化性质如土壤颗粒、有机物含量、温度、湿度、pH、离子种类和含量等因素有关，另一方面还与土壤中微生物种类和数量有关。然而其自净能力是有限的，污染一旦超过土壤的最大容量，必然会引起不同程度的土壤污染。

7.1.2 土壤环境污染方式、特征与典型污染物

土壤污染，系指人类活动产生的污染物进入土壤并积累到一定程度，引起土壤质量恶化的现象。土壤污染就其危害而言，比大气污染、水体污染更为持久，其影响更为深远。

（1）污染方式

土壤的污染，一般是通过大气与水污染的转化而产生，它们可以单独起作用，也可以相互叠加和交叉进行，属于点污染的一类。随着农业现代化、工业水平的提高，大量肥料、农药及其他化学品散落到环境中，土壤遭受非点源污染的机会越来越多，其程度也越来越严重（图 7-2）。在水土流失和风蚀作用等的影响下，污染面积不断地扩大。主要的污染方式包括：

① 污水灌溉。污水中含有重金属、酚、氰化物等许多有毒有害物质，如果污水没有经过必要的处理而直接用于农田灌溉，会将有毒有害物质带至农田，污染土壤。例如冶炼、电镀、燃料、含汞化合物等工业废水能引起镉、汞、铬、铜等重金属污染，石油化工、肥料、农药等工业废水会引起酚、三氯乙醛、农药等有机物的污染。

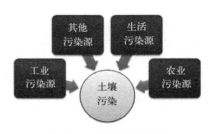

图 7-2 土壤污染来源

② 大气污染。大气中的有害气体主要是工业排出的有毒废气，它的污染面大，会对土壤造成严重污染。工业废气的污染大致分为气体污染和气溶胶污染两类，它们通过沉降或降水进入土壤，造成污染。例如，有色金属冶炼厂排出的废气中含有铬、铅、铜、镉等重金属，对附近的土壤造成污染；生产磷肥、氟化物的工厂会对附近的土壤造成粉尘污染和氟污染。

③ 化肥。施用化肥是农业增产的重要措施，但不合理的使用，也会引起土壤污染。长期大量使用氮肥，会破坏土壤结构，造成土壤板结、生物学性质恶化，影响农作物的产量和质量。过量地使用硝态氮肥，会使饲料作物含有过多的硝酸盐，妨碍牲畜体内氧的输送，使其患病，严重的可导致死亡。

④ 农药。农药能防治病、虫、草害，如果使用得当，可保证作物增产。农药也是一类危害性很大的土壤污染物，施用不当会引起土壤污染。喷施于作物体上的农药（粉剂、水剂、乳液等），除部分被植物吸收或逸入大气外，约有一半散落于农田，这一部分农药与直接施用于田间的农药（如地下害虫熏蒸剂和杀虫剂等）构成农田土壤中农药的基本来源。作物吸收了土壤中的杀虫剂，并在其根茎、叶、果、籽等部位累积，对人类和家畜造成健康危害。

⑤ 固体废物。工业废物和城市垃圾是土壤的固体污染物。例如，各种农用塑料薄膜作为大棚、地膜覆盖物被广泛使用，如果管理、回收不善，大量残膜碎片散落田间，会造成农田"白色污染"。这样的固体污染物既不易蒸发、挥发，也不易被土壤微生物分解，会长期滞留在土壤中并造成污染。

（2）污染特征

我国土壤污染主要具有以下特征：

① 隐蔽性和潜伏性。土壤污染是污染物在土壤中长期积累的过程，其危害也是持续的、具有积累性的，一般要通过观测到地下水受到污染、农产品的产量及质量下降，以及因长期摄食由污染土壤生产的植物产品的人体和动物的健康状况恶化等方式才能显现出来。这些现象充分反映出土壤环境污染具有隐蔽性和潜伏性，不像大气污染或水体污染那样容易被人们所觉察。

② 不可逆性和长期性。污染物进入土壤环境后，便与复杂的土壤组成物质发生一系列迁移转化作用。多数无机污染物，特别是金属和微量元素，都能与土壤有机质或矿物质相结合，而且许多污染作用为不可逆过程，这样污染物最终形成难溶化合物沉积在土壤中并长久保存在土壤中，很难离开土壤。因而土壤一旦受到污染，就很难恢复，成为一种顽固的环境污染问题。对于土壤环境污染的严重性、不可逆性和长期性，必须有足够充分的认识。

（3）典型污染物

土壤中的污染物质一般指影响土壤正常作用的外来物质。这些物质会改变土壤的主要成分，影响果木等质量。当有害物质通过果品进入人体后，就会影响人体的健康。土壤中的污染物主要通过大气污染、水体污染和作为生产投入物而进入土壤。造成土壤污染的污染物，主要有以下几类：

① 有机物类。污染土壤的有机物主要有有机化学农药和除草剂等，比如有机氯农药六六六、有机磷农药、氨基甲酸酯农药或除草剂等等，在土壤中难以分解、残留时间较长的农药或除草剂，均可造成对土壤的污染。

工业"三废"中也含有许多有机污染物，如酚、油脂、多氯联苯和苯并芘等，也易于进入土壤并长期积累而成为有机污染物。生活污水中的洗涤剂、塑料、粪便及油脂等，也会成为土壤中的有机污染物。

② 重金属类。造成土壤污染的重金属有汞、镉、铅、铜、锰、锌、镍以及砷等，这些物质在土壤中不易被微生物分解，长期积累后很难彻底消除。重金属污染土壤主要通过含有重金属的污水灌溉，含有重金属的粉尘降落到土壤上，施用含有重金属的工业废渣的肥料和施用含有重金属的农药制剂等引起。

③ 化学肥料。在生产上大量使用含氮、磷的化学肥料，造成土壤中积累过盛，导致土壤污染。特别是大量施用铵态氮肥，铵离子能够置换出土壤胶体上的钙离子，造成土壤颗粒分散，从而破坏土壤的团粒结构。硫酸铵、氯化铵等生理酸性肥料使用过多会导致土壤微生物的区系改变，促使土壤中病原菌数量增多。磷肥亦是土壤中有害重金属的一个重要来源，磷肥中含铬量较高，过磷酸钙中含有大量的镉、砷、铅，磷矿石中还有放射性污染，如铀、镭等。过量使用钾肥会使土壤板结，并降低土壤 pH，从而影响植物生长。氯化钾中氯离子对果实及其他农作物的产量和品质均有不良影响。

④ 致病性微生物。人畜粪便、生活污水及医院垃圾中含有大量的病原微生物，当人体接触被这些废物污染的土壤后会感染各种细菌和病毒；若食用被污染土壤所生产的果品，也会威胁到人体的健康。

7.1.3　土壤环境污染修复技术

土壤环境污染修复技术是指采用化学、物理学和生物学的技术与方法，降低土壤中污染物的浓度、固定土壤污染物、将土壤污染物转化成低毒或无毒物质、阻断土壤污染物在生态系统中的转移途径的技术总称。原位处理和异位处理是土壤污染修复的常用技术,其中植物的原位修复技术是一种经济有效、环境友好的修复方法。目前常用的修复技术主要包括物理化学修复技术——土壤淋洗技术、玻璃化技术,生物修复技术——植物稳定技术、植物刺激技术、植物转化技术、植物过滤技术和微生物修复技术等,见图 7-3。

图 7-3 常用土壤污染修复技术

（1）土壤污染物理修复技术

① 热处理修复技术。热处理修复技术是一种常见的物理修复技术,分为低温（150～315℃）热处理技术和高温（315～540℃）热处理技术。在修复技术应用过程中,热处理修复技术是通过直接或者间接的热交换原理,完成对污染介质的有效控制。热处理修复技术在应用时,主要是对土壤中的有机污染物进行加热处理,一般情况下将土壤污染物加热到150～540℃时,能够对土壤中污染物进行有效处理,高温能够对土壤中部分微生物以及病毒进行清除,从而减少土壤中的有害污染物,实现净化土壤的目的。

② 蒸汽浸提修复技术。土壤污染蒸汽浸提修复技术是指利用物理方法通过降低土壤孔隙的蒸气压,把土壤中的污染物转化为蒸气形式而加以去除的技术,又可分为原位土壤蒸汽浸提技术、异位土壤蒸汽浸提技术和多相浸提技术。在土壤污染修复过程中,应用蒸汽浸提修复技术具有操作性强、操作效果好的特点。但是,如果对低渗透性和高地下水位的土壤进行治理,采用蒸汽浸提修复技术效果不佳。

（2）土壤污染化学修复技术

① 土壤淋洗技术。土壤淋洗技术的原理主要是将化学洗涤剂投放到被污染的土壤中,使两者充分混合,在化学溶剂的溶解、固化等作用下,将土壤中的污染物和重金属分离出来,同时还有利于有效回收重金属,从而实现修复污染土壤的目标。土壤淋洗技术虽然使用的原理方法比较科学,但仍需注意在使用土壤淋洗化学剂时,要保护土壤肥力不受影响。

② 原位固化与稳定化相结合技术。原位固化与稳定化相结合的修复技术是目前土壤污染治理修复工作中应用比较成熟的一项技术,该技术的应用原理是在不移动土壤土层的前提下,依靠机械力量将固化剂和稳定化学药剂混入土壤中,使土壤污染物与化学药剂充分混合,并通过化学和物理的相互作用,固封土壤中的污染物或者将污染物转变为稳定的化学状态,帮助污染物在自然条件下进行迁移和扩散。但是原位固化与稳定化相结合的化学修复技术在具体使用过程中依旧存在需使用较大剂量的化学药剂才能产生一定的修复效果、修复后残留的重金属会严重破坏生态系统等问题。

（3）土壤污染生物修复技术

① 植物修复技术。植物修复是基于植物耐受性与某些化学元素过量富集的理论，利用吸收、挥发、过滤、固定、转化植物及其根圈微生物系统，对污染物进行清除的技术。有研究表明，土壤被原油及多环芳烃等物质污染后，使用植物修复的效果最理想，植物修复是修复此类污染的重要技术手段之一。植物修复对重金属的污染治理更有效，环保且不具侵入性，能够兼顾成本效益，适用于中低水平的重金属污染地块的修复。

② 微生物修复技术。土壤的微生物修复技术是使用微生物或在适当条件下引入改良的新工程细菌，分解土壤中的有机污染物，降解污染物或降低其活性。利用微生物修复土壤的优势是污染小、治理成本低、效果好。土壤微生物修复技术主要包括：

a. 生物激活剂。通过添加具有特定代谢功能的微生物到受污染土壤中，促进有害物质的降解和转化。例如，使用石油降解菌来处理石油污染土壤。

b. 生物固化。利用微生物产生的胞外聚合物或胞外酶来改善土壤结构，减少污染物的迁移，降低生物有效性。这种方法特别适用于重金属和放射性污染的修复。

c. 生物堆肥。将有机废弃物与微生物混合，利用微生物对废弃物进行分解，产生有机肥料来改善土壤质量。这种方法可以提供养分和改善土壤的保水性。

土壤污染修复技术对比见表7-1。

表 7-1　土壤污染修复技术对比

技术类型	技术名称	适用范围	优点	缺点
物理修复技术	热处理修复技术	挥发性有机物、半挥发性有机物，如农药、多环芳烃、石油烃	修复效果好、修复速度快、适用范围广、二次污染可控制等	能耗高，对土壤有机质和理化性质有一定的损害
	蒸汽浸提修复技术	高挥发性化学污染土壤的修复	可操作性强、设备简单、容易安装；对处理地点的破坏很小；处理时间较短	很难达到90%以上的去除率；对低渗透性土壤和有层理的土壤，有效性不确定
化学修复技术	土壤淋洗技术	重金属、有机污染物、氰化物、石油及其裂解产物、农药等	适用范围广、操作简单、处理效率高、污染物去除彻底	对土壤结构存在一定的损害，可能产生二次污染，受污染土壤质地限制
	固化与稳定化相结合技术	重金属、半挥发性有机物、其他无机物	技术成本低、适用性强、操作简便、处理效果好	无法消除污染物，需长期监测
生物修复技术	微生物修复技术	重金属、多环芳烃、有机农药、石油烃等	绿色高效、费用低、能用于多种污染场地	受微生物生长环境、污染物种类等因素限制
	植物修复技术	重金属、特定有机污染物，如多环芳烃、五氯酚、石油烃等	生态友好、不会造成污染	修复时间长，植物生长条件需要调控

7.2　重金属污染物迁移转化及其污染修复过程的数模仿真

7.2.1　重金属吸附、转化过程数模仿真

重金属在土壤中受土壤环境的影响，与土壤组分发生物理、化学、生物作用从而产生空间迁移、形态转化等环境行为。由于地下水冲击、雨水浸泡等作用，土壤中游离态的重金属会发生迁移、扩散。重金属与土壤组分如金属氧化物、黏土、有机质等发生化学反应会影响

重金属在固液相中的形态及浓度分布，吸附、解吸、氧化、还原以及沉淀、溶解等是很重要的化学过程，均会直接或间接地影响重金属离子在土壤溶液中的浓度、形态、溶解度和活度，影响其在土壤环境中的迁移转化及生物有效性。对于重金属来说，吸附是最主要的保持机理，是土壤重要的化学性质之一，是其环境归宿中的主要决定因素。土壤中重金属的吸附主要分为两类模型：吸附动力学模型和等温吸附模型。

（1）吸附动力学模型

动力学研究对吸附过程的阐明意义重大，可表示固-液体系中去除率和吸附剂的吸附时间之间的关系，通过吸附动力学研究，可以深入探讨吸附机理，建立吸附动力学模型。如果动力学模型可以很好地拟合实验过程，模型的动力学参数将对技术应用具有重要实际意义。目前，已经建立了几种吸附动力学模型，如准一级动力学模型、准二级动力学模型、Weber（韦伯）动力学模型、Morris（莫里斯）吸附动力学模型、Adam-Bohart-Thomas（亚当-博哈特-托马斯）动力学模型，其中粒子内扩散模型、准一级和准二级动力学模型在吸附机理的研究中应用非常广泛。

粒子内扩散模型描述了粒子内的扩散是否会成为吸附过程的限速步骤，应用 Weber 和 Morris 提出的颗粒内扩散模型对实验结果进行分析，其方程式如下：

$$q_t = k_p t^{0.5} + C \tag{7-1}$$

式中　k_p——颗粒内扩散速率常数，$mmol/(g \cdot h^{1/2})$；

　　　　t——吸附过程的持续时间，h；

　　　　q_t——在时间 t 时，单位质量吸附剂吸附的目标物质总量，mmol/g；

　　　　C——边界层效应程度。

准一级模型基于吸附受扩散步骤控制的假定，认为吸附速率正比于平衡吸附量与 t 时刻吸附量的差值。准二级模型基于吸附速率受化学吸附机理的控制的假定，这种化学吸附涉及吸附剂与吸附质之间的电子共用或电子转移。模型方程分别见式（7-2）和式（7-3）：

$$\lg(q_e - q_t) = \lg(q_e) - \frac{k_1}{2.303} t \tag{7-2}$$

$$\frac{t}{q_t} = \frac{1}{q_e} t + \frac{1}{k_2 q_e^2} \tag{7-3}$$

式中　q_e——吸附介质对溶质的饱和吸附量，$\mu mol/g$；

　　　　q_t——反应 t 时刻的吸附量，$\mu mol/g$；

　　　　k_1——准一级反应速率常数，h^{-1}；

　　　　k_2——准二级反应速率常数，$g/(\mu mol \cdot h)$。

令 h 为初始吸附速率，$h = k_2 q_e^2$，$\mu mol/(g \cdot h)$，表征吸附剂在初始阶段（反应时间趋近于 0 时）对溶质的吸附速率。

（2）等温吸附模型

土壤中重金属的吸附一般分为平衡等温吸附和非平衡等温吸附，其中对于平衡等温吸附而言，污染物在土颗粒和孔隙水中的分配关系至关重要。通常用 Henry（亨利）线性等温吸附模型（单参数）和 Langmuir（朗缪尔）、Freundlich（弗罗因德利希）两种非线性等温吸附模型（多参数）来描述这种分配关系。Langmuir 和 Freundlich 等温吸附模型被广泛运用于模拟天然矿物和含水介质对重金属的吸附行为。Langmuir 等温吸附模型假设吸附介质表面为吸附点位均匀排列的单分子层，所有表面点位被溶质占据后，吸附达到饱和，所以

Langmuir 模型可以模拟吸附介质对溶质的最大吸附量。Freundlich 等温吸附模型在 Langmuir 模型的基础上构建出模拟多分子层吸附行为的经验公式，吸附点位要远多于单分子层，从数学意义上，Freundlich 模型对吸附介质吸附能力的描述是没有上限的，无法得出其最大吸附量。等温吸附模型常用的拟合方式分为线性拟合和非线性拟合，前者在溶质浓度范围跨度较大时，在方程线性变换过程中会导致高、低溶质浓度数据权重分配的偏差较大，存在一定的局限性。

Langmuir 和 Freundlich 等温吸附模型的非线性拟合方程见式(7-4)和式(7-5)：

$$q_e = \frac{b q_m C_e}{1 + b C_e} \tag{7-4}$$

$$q_e = K_F C_e^{\frac{1}{n}} \tag{7-5}$$

式中　q_e——反应平衡时吸附介质对溶质的平衡吸附量，$\mu mol/g$；

C_e——反应平衡时溶液中的溶质浓度，$\mu mol/L$；

q_m——吸附介质（单分子层）对溶质的饱和吸附量，$\mu mol/g$；

b——表征吸附结合能的参数，$L/\mu mol$；

K_F，$1/n$——Freundlich 等温吸附模型中与吸附能力相关的参数，一般 $1/n$ 小于 1，当它大于 2 时，吸附反应难以进行。

7.2.2　重金属迁移过程数模仿真

二维码 7-1
重金属污染修复数
模仿真案例分析

土壤中重金属迁移的主要形式是在土壤中的扩散、可溶性重金属污染物随土壤水分的迁移以及重金属与其他溶质之间的化学反应变化等，为了定量地描述或预测溶质在土壤中的运移行为，就必须从物理、化学的机理上应用数学模型进行描述。重金属在土壤中的迁移受到复杂的物理、化学和生物作用的影响，是一个复杂的过程，包括氧化与还原、溶解与沉淀、挥发与络合等。土壤中溶质运移模型的研究已成为一个很活跃的领域，准确地模拟及预测污染物在地下环境中的吸附迁移转化过程将为防治土壤和地下水污染提供理论支持和科学依据。目前已建立了两类主要模型刻画溶质在土壤中的运移过程，即基于对流扩散方程（convection-dispersion equation，CDE）的确定性计算方法和基于传递函数模型（transfer function model）的随机计算方法。

对流扩散方程经常被用来模拟污染物在地下水中的沉积和迁移，包括平衡 CDE 模型和非平衡 CDE 模型。

（1）平衡 CDE 模型

用平衡 CDE 模型来模拟污染物的迁移，在均匀和稳定的土壤中往往可以得到更好的结果。其方程为：

$$\frac{\partial c}{\partial t} = D \frac{\partial^2 c}{\partial x^2} - u \frac{\partial c}{\partial x} - \frac{\rho}{\phi} \frac{\partial \sigma}{\partial t} \tag{7-6}$$

其中沉积过程的表达式为

$$\frac{\rho}{\phi} \frac{\partial \sigma}{\partial t} = k_{dep} c \tag{7-7}$$

式中　c——渗流中的颗粒浓度，cm^{-3}；

t——时间，min；

ϕ——多孔介质的孔隙度；

D——弥散系数，cm^2/min；

u——水断面上孔隙间的平均渗流速度，cm/min；

x——迁移距离，即柱进口和柱出口间的距离，cm；

σ——沉积在多孔介质表面的颗粒体积占多孔介质固体体积的比例，无量纲；

ρ——颗粒密度，g/cm^3；

k_{dep}——颗粒的沉积系数，大小与多孔介质单个收集体的效率有关。

此外，污染物的迁移行为只考虑溶质的吸附，不考虑其他化学作用。然而，大量研究表明，在污染物的迁移过程中会发生一系列的化学反应，从而导致迁移的不规则性。平衡CDE 模型很难描述污染物在异质土壤中的提前渗透和拖曳等不规则现象，这影响了胶体迁移预测的可靠性。因此，人们提出了非平衡 CDE 模型来模拟污染物迁移中的非平衡行为。

（2）非平衡 CDE 模型

非平衡 CDE 模型分为物理非平衡 CDE 模型和化学非平衡 CDE 模型。物理非平衡状态通常用两区模型描述，化学非平衡状态通常用两点模型描述。

① 两区非平衡 CDE 模型。两区模型假定液相被分为一个可动的"动态（dynamic）"区域和一个不可动的"停滞（stagnant）"区域。对流扩散运移被限定在可动区域；可动与不可动区域间溶质的交换（吸附速率）受溶质扩散到不可动区域交换点的限制，并用一阶动力学方程来描述。假设所有吸附点的吸附总是处于平衡的（即吸附是瞬时的），且吸附性溶质和非吸附性溶质都受物理非平衡的影响。两区模型的控制方程如下：

$$(\theta_m + f\rho K_d)\frac{\partial c_m}{\partial t} + [\theta_m + (1-f)\rho K_d]\frac{\partial c_{im}}{\partial t} = \theta_m D_m \frac{\partial^2 c_m}{\partial x^2} - q\frac{\partial c_m}{\partial x} \tag{7-8}$$

$$[\theta_m + (1-f)\rho K_d]\frac{\partial c_{im}}{\partial t} = \alpha(c_m - c_{im}) \tag{7-9}$$

式中 m，im——可动和不可动区域；

f——与可动区域平衡的吸附点的分数；

c——溶质浓度，mg/L 或 mol/m^3；

K_d——分配系数，表示溶质在固相（吸附相）与液相间的分配比例，L/kg 或 m^3/kg；

θ——体积含水率，无量纲（体积分数），如 m^3/m^3，$\theta_m + \theta_{im} = \theta_v$；

ρ——土壤容重，表示单位体积土壤的干质量，kg/m^3；

D——弥散系数，cm^2/h 或 m^2/s；

q——容积水通量密度，$q = \theta_m v_m$，cm/h，其中，v_m 为可动区域水流速度，单位为 cm/h；

α——描述在可动和不可动区域间溶质交换速率的一阶质量传递系数，h^{-1}。

② 两点非平衡 CDE 模型。两点模型假定土壤中的吸附点可分为两种类型：类型 1 假定吸附是瞬时的，用平衡吸附等温线来描述；类型 2 则假定吸附是速率受限（依赖于时间）的，并遵从一阶动力学方程。

$$\beta R \frac{\partial c_1}{\partial T} = \frac{1}{P}\frac{\partial^2 c_1}{\partial Z^2} - \frac{\partial c_1}{\partial Z} - \omega(c_1 - c_2) - \mu_1 c_1 + \gamma_1(Z) \tag{7-10}$$

$$(1-\beta)R\frac{\partial c_2}{\partial T}=\omega(c_1-c_2)-\mu_2 c_2+\gamma_1(Z) \tag{7-11}$$

式中　1，2——平衡和非平衡吸附点位；

c——溶质在液相中的浓度，cm^{-3}；

R——阻滞系数；

μ——吸附/解吸速率常数，min^{-1}；

γ——源/汇项（如溶质注入速率），$N/(cm^3 \cdot min)$；

T——标准化时间，为迁移时间与特征时间尺度 L/v 的比值，$T=(vt)/L$，t 为时间，min；v 为平均迁移速率，cm/min；

Z——标准化距离，当前位置占迁移总长度 L 的比例，$Z=x/L$，x 为迁移距离（从进口到出口），cm；

P——佩克莱数，对流与扩散作用的强度比，$P=(vL)/D$，D 为扩散系数，cm^2/min；

β——沉积系数；

ω——空间传质系数。

β 和 ω 的计算公式见式(7-12) 和式(7-14)。

$$\beta=\frac{\theta+f\rho k_d}{\theta+\rho k_d} \tag{7-12}$$

$$f=\frac{\beta R-1}{R-1} \tag{7-13}$$

$$\omega=\frac{\alpha(1-\beta)RL}{V} \tag{7-14}$$

式中　α——质量传输率；

L——迁移路径总长度（如土壤柱长度），cm；

θ——土壤孔隙度（孔隙体积/土壤总体积），无量纲；

ρ——土壤容重（干土质量/体积），g/cm^3；

k_d——分配系数（吸附平衡时固液相浓度比），cm^3/g；

R——阻滞系数，无量纲；

V——孔隙水流速（实际流速），cm/min；

f——瞬时吸附点位在全部吸附点位中所占的比例。

在仅考虑重金属污染物被土壤吸附的情况下，在稳态流的土壤中纵向运移的基本方程为

$$R_d\frac{\partial c}{\partial t}=D\frac{\partial^2 c}{\partial z^2}-v\frac{\partial c}{\partial z} \tag{7-15}$$

式中　R_d——土壤吸附作用对污染物运移的阻滞因子，使污染物运移速度降低；

c——污染物在土壤中的浓度，单位为质量/体积（如 mg/L）；

t——污染物运移的时间，单位为 s 或 d；

D——弥散系数，表征污染物在土壤中由机械弥散和分子扩散作用导致的综合效应，单位为面积/时间（如 m^2/d）；

v——孔隙水流速，土壤中水的实际流动速度，单位为长度/时间（如 m/d）；

z——空间坐标，污染物在土壤中的纵向（一维）位置，单位为长度（如 m）。

上式是一个偏微分方程，在一般情况下较难求得其解析解，但是在特殊的初始条件和边界条件下可以求得解析解。假设在一个无限深度的土柱内，开始时没有受到重金属的污染，即初始条件为：

$$c(z,t)=0, z>0, t=0 \tag{7-16}$$

上边界条件为第三类边界条件，即已知溶质通量的边界条件为：

$$\left(cv-D\frac{\partial c}{\partial z}\right)\bigg|_{z=0}=vc_0 \tag{7-17}$$

下边界条件为：

$$c=0, z\to\infty \tag{7-18}$$

在以上初始条件和边界条件下，可求得在连续输入的时间内，式(7-15)的解析解为

$$\frac{c(z,t)}{c_0}=\frac{1}{2}\mathrm{erfc}\left[\frac{R_{\mathrm{d}}z-vt}{2(DR_{\mathrm{d}}t)^{\frac{1}{2}}}\right]+\left(\frac{v^2t}{\pi DR_{\mathrm{d}}}\right)^{\frac{1}{2}}\exp\left[-\frac{(R_{\mathrm{d}}z-vt)^2}{4DR_{\mathrm{d}}t}\right]$$
$$-\frac{1}{2}\left(1+\frac{vz}{D}+\frac{v^2t}{\pi DR_{\mathrm{d}}}\right)\exp\left(\frac{vz}{D}\right)\mathrm{erfc}\left[\frac{R_{\mathrm{d}}z+vt}{2(DR_{\mathrm{d}}t)^{\frac{1}{2}}}\right] \tag{7-19}$$

上式中，$\mathrm{erfc}(x)$ 是余误差函数，而且有：

$$\mathrm{erfc}(z)2\pi^{-\frac{1}{2}}=\exp\int(-z^2)\mathrm{d}z \tag{7-20}$$

如果污染物不被土壤吸附，即 $R_{\mathrm{d}}=1$ 时，式(7-19)改写成：

$$\frac{c(z,t)}{c_0}=\frac{1}{2}\mathrm{erfc}\left[\frac{z-vt}{2(Dt)^{\frac{1}{2}}}\right]+\left(\frac{v^2t}{\pi D}\right)^{\frac{1}{2}}\exp\left[-\frac{(z-vt)^2}{4Dt}\right]$$
$$-\frac{1}{2}\left(1+\frac{vz}{D}+\frac{v^2t}{\pi D}\right)\exp\left(\frac{vz}{D}\right)\mathrm{erfc}\left[\frac{z+vt}{2(Dt)^{\frac{1}{2}}}\right] \tag{7-21}$$

在有限土柱中的溶质运移问题要求得解析解是比较困难的，但是如果在有限土柱中的溶质下边界条件不受到限制，则亦可以当作无限土柱来处理。如果是在连续输入污染物一段时间后停止输入，即脉冲输入的情形下，假设其初始条件和边界条件如下：

$$c=0, z>0, t=0$$

$$\left(cv-D\frac{\partial c}{\partial z}\right)\bigg|_{z=0}=vc_0, t<t_1$$

$$c=0, z=0, t>t_1$$

$$c=0, z\to\infty$$

上式中，t_1 均表示连续输入的时间，在这样的初始条件和边界条件下，可得到式(7-21)的解析解为：

$$\frac{c(z,t)}{c_0}=\frac{1}{2}\mathrm{erfc}\left[\frac{R_{\mathrm{d}}z-vt}{2(DR_{\mathrm{d}}t)^{\frac{1}{2}}}\right]+\left(\frac{v^2t}{\pi DR_{\mathrm{d}}}\right)^{\frac{1}{2}}\exp\left[-\frac{(R_{\mathrm{d}}z-vt)^2}{4DR_{\mathrm{d}}t}\right]$$
$$-\frac{1}{2}\left(1+\frac{vz}{D}+\frac{v^2t}{\pi DR_{\mathrm{d}}}\right)\exp\left(\frac{vz}{D}\right)\mathrm{erfc}\left[\frac{R_{\mathrm{d}}z+vt}{2(DR_{\mathrm{d}}t)^{\frac{1}{2}}}\right]$$
$$-\frac{1}{2}\mathrm{erfc}\left\{\frac{R_{\mathrm{d}}z-v(t-t_1)}{2[DR_{\mathrm{d}}(t-t_1)]^{\frac{1}{2}}}\right\}-\left(\frac{v^2(t-t_1)}{\pi DR_{\mathrm{d}}}\right)^{\frac{1}{2}}\exp\left\{-\frac{[R_{\mathrm{d}}z-v(t-t_1)]^2}{4DR_{\mathrm{d}}(t-t_1)}\right\}$$

$$+\frac{1}{2}\left[1+\frac{vz}{D}+\frac{v^2(t-t_1)}{\pi DR_d}\right]\exp\left(\frac{vz}{D}\right)\operatorname{erfc}\left\{\frac{R_dz+v(t-t_1)}{2\left[DR_d(t-t_1)\right]^{\frac{1}{2}}}\right\} \tag{7-22}$$

式（7-21）除了可以用解析法来求得解析解，还可以用数值解法来解得数值解，一般求偏微分方程的数值解主要有有限差分法和有限元法。本研究采用有限差分法。要用有限差分法来解偏微分方程，首先要对所求解的区域进行离散化，建立差分网格和差分方程，然后对所建立的差分方程进行求解。离散化一般是将求解区域离散为 n 个单元，共有 $n+1$ 个节点，分别记为 $i=0,1,2,\cdots,n$。其中 $i=0$ 和 $i=n$ 的节点指的是边界点，而其他节点则表示内点。两个节点之间的距离即为距离步长，记为 Δz。同理将时间离散化，把时间步长记为 Δt。建立差分方程的格式一般有显式差分法、隐式差分法、中心差分法以及引申出的修正中心差分法、Crank-Nicolson（克兰克-尼科尔森）差分法等。显式差分法、中心差分法及修正中心差分法的稳定性是有条件限制的，而且精度相对较低，但是它们都具有比较容易编程实现及计算量较小等优点，因此，在精度要求不是很高的计算中被广泛使用。隐式差分法和Crank-Nicolson 差分法则是无条件稳定的，精度也比较高，但是它们需要的编程比较复杂，而且计算量相对较大，在精度要求比较高的情况下，这两种差分方法都被广泛使用，本研究中的相关计算问题主要运用 Crank-Nicolson 格式的差分方法。把式（7-15）按照 Crank-Nicolson 格式展开可得到如下差分方程：

$$R_d\frac{c_i^{k+1}-c_i^k}{\Delta t}=\frac{D}{2(\Delta z)^2}(c_{i+1}^{k+1}-2c_i^{k+1}+c_{i-1}^{k+1}+c_{i+1}^k-2c_i^k+c_{i-1}^k)$$

$$-\frac{v}{2\Delta z}(c_{i+1}^{k+1}-c_{i-1}^{k+1}+c_{i+1}^k-c_{i-1}^k)$$

两边同时乘以 $\dfrac{\Delta t}{R_d}$，

上式变为：

$$c_i^{k+1}-c_i^k=\frac{D\Delta t}{2R_d(\Delta z)^2}(c_{i+1}^{k+1}-2c_i^{k+1}+c_{i-1}^{k+1}+c_{i+1}^k-2c_i^k+c_{i-1}^k) \tag{7-23}$$

$$-\frac{v\Delta t}{2R_d\Delta z}(c_{i+1}^{k+1}-c_{i-1}^{k+1}+c_{i+1}^k-c_{i-1}^k)$$

令

$$D_1=\frac{D\Delta t}{2R_d(\Delta z)^2},v_1=\frac{v\Delta t}{2R_d\Delta z}$$

则式（7-23）可改写为：

$$(v_1-D_1)c_{i+1}^{k+1}+(1+2D_1)c_i^{k+1}-(v_1+D_1)c_{i-1}^{k+1} \tag{7-24}$$

$$=-(v_1-D_1)c_{i+1}^k+(1-2D_1)c_i^k+(v_1+D_1)c_{i-1}^k$$

令

$$A_i=(v_1-D_1),B_i=(1+2D_1),$$

$$F_i=-(v_1-D_1)H_i=-(v_1-D_1)c_{i+1}^k+(1-2D_1)c_i^k+(v_1+D_1)c_{i-1}^k$$

则式（7-24）可改写为：

$$A_ic_{i+1}^{k+1}+B_ic_i^{k+1}+F_ic_{i-1}^{k+1}=H_i,i=1,2,\cdots,n-1 \tag{7-25}$$

按照式（7-25）写出各节点的代数方程，可以组成一个三对角方程组，加上边界条件，可用追赶法求得三对角方程组的解。根据所求得的结果即可知污染物浓度随着深度和时间改变的分布情况。

7.3 有机污染物迁移转化及其污染修复过程的数模仿真

7.3.1 有机污染物吸附、降解过程数模仿真

在各类污染物中，有机污染物已经成为地下水的重要污染源之一，其潜在生物毒性已经对人类健康构成了严重的威胁。各种各样的有机污染物被广泛应用于工业生产等方面，在使用过程中，有机物残留及其衍生物可能被排入环境中，并进一步渗入地下，从而造成地下水污染。

吸附动力学机制及吸附能力是决定介质对污染物吸附效应的关键因素，明确地下含水层介质中有机污染物的吸附、降解规律，可以为研究地下含水层中有机污染物的控制提供科学依据。许多有机污染物都可以被固体介质吸附，当水中存在多种微量有机物时，它们的吸附行为是相对独立的。它们的分配系数 K_d 随固体吸附剂中有机碳含量的增加而增大，可以用以下公式估算：

$$K_d = K_{OC} f_{OC} \qquad (7\text{-}26)$$

式中　K_d——有机物的分配系数；

　　K_{OC}——有机物在水和纯有机碳间的分配系数；

　　f_{OC}——单位质量多孔介质中有机碳的含量。

在饱和的水介质中，有机物吸附作用主要发生在小颗粒上。在包气带中，有机碳含量自上而下逐渐减少，表层土壤有机碳含量最高。f_{OC} 可用下式估算：

$$f_{OC} = \frac{f_{OM}}{1.724} \qquad (7\text{-}27)$$

式中　f_{OM}——介质中有机质含量。

有机物中的 K_{OC} 值，通常由有机物在疏水溶剂辛醇与水之间的分配系数推算：

$$K_{OC} = a K_{OW}^b \qquad (7\text{-}28)$$

式中　K_{OW}——有机物在辛醇和水之间的分配系数，是有机物在辛醇中的浓度和水中浓度之比；

　　a、b——实验常数。

对部分有机物，K_{OC} 是有机物在水中溶解度的函数，所以也可以由下式计算：

$$K_{OC} = \alpha S_W^{\beta} \qquad (7\text{-}29)$$

式中　S_W——水中溶解度；

　　α、β——实验常数。

吸附动力学曲线可以体现出吸附行为随着时间变化的关系曲线，可以有效地反映出吸附过程中吸附剂与吸附质之间的吸附速率快慢。部分常用的吸附动力学模型如下。

（1）准一级动力学模型

准一级动力学模型被广泛运用于描述吸附剂对吸附质的吸附，其非线性公式为：

$$\frac{dQ_t}{dt} = K_1(Q_e - Q_t) \qquad (7\text{-}30)$$

式中　Q_t，Q_e——吸附质随时间的吸附量和平衡时的吸附量，mg/g；

　　t——吸附时间，min；

　　K_1——准一级反应的速率常数，min^{-1}。

对式(7-30)积分可得其线性方程如下：

$$\lg(Q_e - Q_t) = \lg Q_e - \frac{K_1}{2.303} t \tag{7-31}$$

$\lg(Q_e - Q_t)$ 对 t 作图，如果吸附行为符合准一级动力学，将得到一条直线，截距为 $\lg Q_e$，所得斜率为 $-\dfrac{K_1}{2.303}$。

（2）准二级动力学模型

准二级动力学方程是以吸附剂的平衡吸附量为依据而得出的，其非线性公式为：

$$\frac{dQ_t}{dt} = K_2 (Q_e - Q_t)^2 \tag{7-32}$$

式中 K_2——准二级反应的速率常数，g/(mg·min)。

对式(7-32)积分可得其线性方程如下：

$$\frac{t}{Q_t} = \frac{1}{K_2 Q_e^2} + \frac{t}{Q_e} \tag{7-33}$$

以 $\dfrac{t}{Q_t}$ 对 t 作图，如果吸附行为符合准二级动力学，将得到一条直线，所得斜率为 $\dfrac{1}{Q_e}$，截距为 $\dfrac{1}{K_2 Q_e^2}$。

（3）Tempkin 模型

Tempkin（特姆金）模型可以表明吸附质与吸附剂之间的间接作用关系，其表达式为：

$$Q_e = \frac{RT}{b} \ln(A_T C_e) \tag{7-34}$$

式中 R——理想气体常数，8.314J/(mol·K)；

T——热力学温度，K；

b——与吸附热相关的常数，反映了吸附过程中吸附热随表面覆盖度的变化情况，J·g/mol^2；

A_T——Tempkin 模型常数，L/g。

可将其简化为：

$$Q_e = B_T \ln A_T + B_T \ln C_e \tag{7-35}$$

$$B_T = \frac{RT}{b} \tag{7-36}$$

以 Q_e 对 $\ln C_e$ 作图，如果吸附行为符合 Tempkin 模型，画图可得到一条直线，所得斜率为 B_T，截距为 $B_T \ln A_T$。

吸附等温线是反映吸附质的浓度与吸附量关系的曲线。吸附模型可以是线性或者非线性的，其对应的吸附等温线为直线或曲线。在地下水的研究中，常用的有 Henry（亨利）、Langmuir（朗缪尔）、Freundlich（弗罗因德利希）、Temkin（特姆金）四种吸附模型。

（1）Henry 等温吸附模型

Henry 等温吸附模型为线性的，是最简单的模型。表示如下：

$$Q_e = K_d C_e \tag{7-37}$$

式中 K_d——分配系数，是吸附达到平衡时固相浓度和液相浓度之比。

（2）Langmuir 等温吸附模型

Langmuir 等温吸附模型假设所有吸附位点相同（吸附剂表面是均匀的），且吸附仅限于单分子层。如图 7-4(a) 所示，表示如下：

$$\frac{C_e}{Q_e} = \frac{1}{K_L Q_m} + \frac{1}{Q_m} C_e \tag{7-38}$$

式中　C_e——吸附平衡时溶液中吸附质的浓度，mg/L；

　　　　Q_e——平衡时的吸附量，mg/g；

　　　　Q_m——最大吸附量，mg/g；

　　　　K_L——吸附等温常数，L/mg。

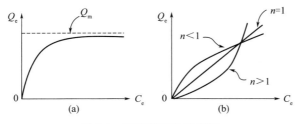

图 7-4　吸附等温线示意图

（3）Freundlich 等温吸附模型

Freundlich 等温吸附模型常用于非均匀表面的多重物质的吸附过程，如图 7-4(b) 所示，其非线性平衡表达式如下：

$$Q_e = K_F C_e^n \tag{7-39}$$

式中　K_F——Freundlich 常数，代表吸附能力，mg/g；

　　　　n——衡量等温线是否为线性的参数，$n=1$ 时等温线为线性，取其他值时等温线为非线性。

对上式取对数，得：

$$\lg Q_e = \lg K_F + n \lg C_e \tag{7-40}$$

（4）Tempkin 等温吸附模型

Tempkin 模型可以表明吸附质与吸附剂之间的间接作用关系，表达式如前所述。

有机污染物在地下水系统迁移转化过程中会有生物作用，主要的生物作用有生物降解、生物积累和生物摄取。生物降解是将复杂的有机物降解为简单的产物。生物降解主要有氧化性的、还原性的、水解性的等等。生物积累是指生物通过吸附、吸收以及吞食作用摄取周围的污染物，但是生物体内积累的污染物超过一定浓度，可能使生物死亡，污染物重新释放出来。生物摄取指植物根系可能吸收部分污染物当作养分。其中，生物降解在污染物迁移转化过程中起主要作用。

生物降解模型有很多，从比较简单的零级、一级反应动力学到比较复杂的 Monod 方程、Michaelis-Menten 方程。其中，Monod 动力学表达式跨越了零级、混合级到一级的生物降解过程，并且综合考虑了现场、污染物和微生物的条件，能更好地反映实际情况下微生物的降解转化过程。Monod 方程如下：

$$\mu = \mu_{max} \frac{S}{K_S + S} \tag{7-41}$$

式中　μ——微生物比增长速率；

$\mu_{\max}$——微生物最大比增长速率；

S——底物浓度；

K_S——底物半饱和常数。

生物降解有好氧降解和厌氧降解之分，这里主要介绍降解过程的动力学规律。碳氢化合物的降解速率可用 Monod 函数表示，表达式如下：

$$\frac{\mathrm{d}C}{\mathrm{d}t}=-Mh_u\left(\frac{C}{C+K_C}\right)\left(\frac{O}{O+K_O}\right) \tag{7-42}$$

式中 C——液相中碳氢化合物的浓度；

M——微生物浓度；

h_u——微生物降解能力常数，代表单位时间内单位质量好氧微生物能降解的碳氢化合物的最大质量；

O——液相中氧的浓度；

K_C——碳氢化合物的半饱和浓度常数；

K_O——氧的半饱和浓度常数。

此式表明，碳氢化合物降解速率不仅与其浓度 C 和氧浓度 O 有关，也与微生物浓度 M 和微生物降解能力 h_u 有关。

微生物的生长速率和氧的消耗速率表达如下：

$$\frac{\mathrm{d}M}{\mathrm{d}t}=Mh_uY\left(\frac{C}{C+K_C}\right)\left(\frac{O}{O+K_O}\right)+\lambda_M(M_0-M) \tag{7-43}$$

$$\frac{\mathrm{d}O}{\mathrm{d}t}=-Mh_uG\left(\frac{C}{C+K_C}\right)\left(\frac{O}{O+K_O}\right) \tag{7-44}$$

式中 Y——微生物产生系数，是降解单位质量碳氢化合物产生的微生物的质量；

G——比例系数，是降解单位质量碳氢化合物需要的氧的质量；

λ_M——微生物衰减速率系数；

M_0——微生物的初始浓度。

吸附和解吸附对其他过程都有重要影响，是决定土壤中有机污染物行为的两个关键过程。吸附和解吸附过程影响土壤中有机污染物的微生物可利用性，也影响有机污染物向大气、地下水与地表水的迁移，因而关于吸附和解吸附特征和机理的研究很多，在过程机理和动力学模型等方面已经取得一些很有意义的进展。

（1）动力学模型建立

基于以往实验结论，引入假设，基于假设建立动力学模型，从而建立动力学模型。举例如下。

矿物质是一种传统意义上的固体吸附剂，有机质则作为一种分配介质。温度升高时，水分子比有机物分子所受影响大，有机物分子的相对吸附竞争力增加，在矿物质表面的吸附量增加。基于此种解释，提出以下假设：在描述气、液两相间的分配时，适用亨利定律；在微观范围内，土壤表面均一；水会先注入较小的土壤孔隙，再注入较大孔隙。以此假设为基础，推导出土壤中挥发性有机物（VOC）的吸附模型，用于有机物数值模拟。表达式如下：

$$\frac{M_{\mathrm{SOLID}}}{M_{\mathrm{W}}M_{\mathrm{SOIL}}}=C_{\mathrm{SOLID}}=f_{\mathrm{V}}C_{\mathrm{SV}}+(1-f_{\mathrm{V}})C_{\mathrm{SV}} \tag{7-45}$$

式中 M_{SOLID}——达到平衡时吸附在土壤表面的 VOC 的总质量，g；

M_{SOIL}——土壤干重，105℃烘干 24h，kg；

M_W——VOC 的分子量，mol/g；

C_{SOLID}——吸附于土壤表面的 VOC 的总浓度，mmol/kg；

f_V——固-气界面占整个固体界面的分数；

C_{SV}——吸附于固-气界面上的 VOC 的总浓度，mmol/kg。

（2）动力学模型解析求解

上式表明，在任一土壤湿度条件下，有机物吸附于土壤表面的量是以下三个参数的函数：相对饱和湿度为 0% 时的吸附浓度；相对饱和湿度为 100% 时的吸附浓度；相对饱和湿度一定时，土壤表面暴露于各相中所占分数〔由 BET（布鲁诺尔-埃梅特-泰勒）低温氮吸附法和压汞法测定〕。对基于假设所得的模型，根据定解条件、初始边界条件等进行求解。

（3）动力学模型解析解的理论分析及验证

在模型确立以及解析求解后，由实验结果估计的参数及实验数据验证上述动力学模型及其解析解的准确性和实用性，计算值与实测值基本吻合，从而验证了模型的准确性和实用性。可以利用所得到的动力学模型的解析解，对土壤中有机污染物释放过程中液相和固相的浓度分布规律进行分析。

二维码 7-2
有机物污染修复数
模仿真案例分析

7.3.2 有机物迁移过程数模仿真

在土壤水环境中，有机污染物会发生一系列的物理、化学和生物行为。一部分污染物会降解或转化为无害物质；一部分通过挥发等途径进入其他相中；还有一部分会长期存在于水环境中，进而对环境产生长期和深远的影响。污染物在多孔介质中的迁移主要有四个方面，包括对流迁移、扩散迁移、机械弥散、水动力弥散。

（1）对流迁移

多孔介质中的污染物会因为流体的运动而运动，这个过程便是对流迁移。对流引起的污染物迁移通量是对流作用下单位时间内垂直通过单位面积的污染物的质量，它是关于流体运动速度和污染物浓度的函数，表示如下：

$$F_a = \varphi \mu C \qquad (7\text{-}46)$$

式中　F_a——对流迁移通量，量纲为 $ML^{-2}T^{-1}$；

φ——孔隙率；

μ——流体运动的实际速度，量纲为 LT^{-1}；

C——浓度，量纲为 ML^{-3}。

（2）扩散迁移

流体中的溶质会从浓度较高的区域扩散到浓度比较低的区域，这种运动过程称为分子扩散，简称扩散，如图 7-5 所示。流体的扩散通量和浓度成正比，扩散通量为单位时间内垂直通过单位面积的物质质量，可用 Fick 第一定律表示：

$$F_d = -D_d \frac{C_2 - C_1}{\Delta l} \qquad (7\text{-}47)$$

式中　F_d——扩散通量，量纲为 $ML^{-2}T^{-1}$；

D_d——扩散系数，量纲为 L^2T^{-1}；

Δl——扩散距离，量纲为 L；

$C_2 - C_1$——在扩散距离 Δl 上的浓度差，量纲为 ML^{-3}。

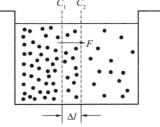

图 7-5　扩散作用（$C_1 > C_2$）

上式中，负号代表溶质是从浓度较高的位置迁移到浓度较低的位置。

（3）机械弥散

机械弥散是因为多孔介质中存在孔隙和固体骨架造成的流体微观速度在孔隙中大小和方向都分布不均一的一种现象。另外，多孔介质宏观尺度的不均匀性也是机械弥散产生的一个影响因素。如图 7-6 所示，机械弥散作用产生的污染物迁移同样可以用 Fick 定律表示：

$$F_m = -D' \frac{dC}{dl} \tag{7-48}$$

式中　F_m——在单位时间内垂直通过单位面积的污染物质量，量纲为 $ML^{-2}T^{-1}$；

　　　　D'——机械弥散系数，量纲为 $L^2 T^{-1}$。

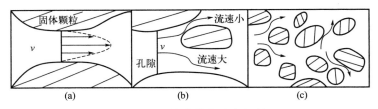

图 7-6　机械弥散的基本机制

机械弥散包括纵向机械弥散和横向机械弥散。污染物沿平行于平均水流方向上的扩展称为纵向机械弥散，垂直于平均水流方向上的扩展是横向机械弥散。把机械弥散系数定义为多孔介质弥散度 α 和水平速度 u 的乘积，表示如下：

$$D'_L = \alpha_L |u| \tag{7-49}$$

$$D'_T = \alpha_T |u| \tag{7-50}$$

式中　D'_L, D'_T——纵向和横向机械弥散系数，量纲为 $T^2 L^{-1}$；

　　　　α_L 和 α_T——纵向和横向弥散度；

　　　　$|u|$——实际流速的绝对值。

（4）水动力弥散

在有机污染物的迁移过程中，机械弥散和分子扩散一般会同时发生且不易被区分，所以在实际的应用中经常将两者结合起来，统称为水动力弥散。水动力弥散系数 D 表示如下：

$$D = D' + D^* \tag{7-51}$$

$$D_L = D'_L + D^* = \alpha_L |u| + D^* \tag{7-52}$$

$$D_T = D'_T + D^* = \alpha_T |u| + D^* \tag{7-53}$$

式中　D_L, D_T——纵向和横向水动力弥散系数，量纲均为 $L^2 T^{-1}$；

　　　　D^*——有效扩散系数，$D^* = \tau D_d$（τ 是弯曲因子，无量纲，$0 < \tau < 1$），量纲为 $L^2 T^{-1}$。

污染物的水动力弥散也可以用 Fick 定律表示：

$$F = -D \frac{dC}{dl} \tag{7-54}$$

式中　F——水动力弥散通量，量纲为 $ML^{-2}T^{-1}$。

污染物迁移过程中机械弥散和分子扩散的相对贡献可以用佩克莱数（Peclet number，Pe）表示，常用的一种表示如下：

$$Pe = \frac{uL}{D_{\mathrm{L}}} \tag{7-55}$$

式中　Pe——佩克莱数，无量纲；

　　　u——实际速度，量纲为 LT^{-1}；

　　　L——特征长度，量纲为 L。

有机物在含水层的迁移过程伴随着对流、弥散和吸附等行为，因此，可以综合考虑有机污染物在土壤-水环境体系中的扩散、吸附、解吸、分配和微生物降解等条件，建立一种土壤-水环境中有机污染物迁移转化的非平衡动力学模型，如下所示。

（1）土壤中水分运移的数学模型

土壤中的有机污染物会随着水分迁移，水分运移的控制方程如下：

$$C(h)\frac{\partial h}{\partial t} = \frac{\partial}{\partial x}\left(K_{xx}\frac{\partial h}{\partial x}\right) + \frac{\partial}{\partial y}\left(K_{yy}\frac{\partial h}{\partial y} + \frac{\partial K_{yy}}{\partial y}\right) \tag{7-56}$$

式中　$C(h)$——比水容量；

　　K_{xx},K_{yy}——横向和纵向水力传导系数；

　　　h——压力水头。

（2）有机污染物输运的控制方程

考虑到有机污染物在土壤含水层中扩散、吸附、解吸、分配以及微生物的综合作用，建立如下非平衡动力学控制方程：

$$R_{\mathrm{m}}\frac{\partial C}{\partial t} - V_x\frac{\partial C}{\partial x} - V_y\frac{\partial C}{\partial y} = \frac{\partial}{\partial x}\left[\theta\left(D_{xx}\frac{\partial C}{\partial x} + D_{xy}\frac{\partial C}{\partial y}\right)\right] + \frac{\partial}{\partial y}\left[\theta\left(D_{yx}\frac{\partial C}{\partial x} + D_{yy}\frac{\partial C}{\partial y}\right)\right]$$
$$- \lambda_{\mathrm{L}}C - \frac{f\rho_{\mathrm{b}}K_{\mathrm{d}}\lambda_{s_1}}{n}C - \frac{\rho_{\mathrm{b}}}{nN}\sum_{i=1}^{N}\alpha_i\left[(1-f)K_{\mathrm{d}}C - S_{2_i}\right] \pm Q \tag{7-57}$$

式中　$R_{\mathrm{m}} = \left(1 + \dfrac{f\rho_{\mathrm{b}}K_{\mathrm{d}}}{n}\right)$；

　　　C——有机污染物在水相中的浓度；

　　　S——有机污染物在土壤固相界面吸附浓度；

　　V_x,V_y——x、y 方向的达西流速；

　　　ρ_{b}——土壤体积密度；

　　$\lambda_{\mathrm{L}},\lambda_{s_1}$——水相、吸附相一阶反应速率系数；

　　　α_i——一阶动力学系数；

　　　f——吸附位点占总位点的比例；

　　　θ——孔隙率；

　　　K_{d}——土壤-水分配系数；

　　　n——流动区域孔隙率；

　　　S_{2_i}——含水量；

　　　N——总位点数；

　　　$\pm Q$——源汇项，"$\pm$"用于区分源汇方向，体现水的输入或输出，"$+$"为源，"$-$"为汇；

　　　D_{ij}——弥散系数张量，定义如下：

$$D_{xx} = \alpha_T V + (\alpha_L - \alpha_T)\frac{u^2}{V} + \widetilde{D}_m$$

$$D_{xy} = D_{yx} = (\alpha_L - \alpha_T)\frac{uv}{V} \tag{7-58}$$

$$D_{yy} = \alpha_T V + \left(\alpha_L - \alpha_T \frac{v^2}{V} + \widetilde{D}_m\right)$$

式中　α_L——径向弥散系数；

　　　α_T——横向弥散系数；

　　　$\widetilde{D}_m$——有效分子弥散系数；

　　　V——水流速分量，$V = \sqrt{v^2 + u^2}$。

（3）土壤-水界面可逆吸附解吸控制方程

在土壤-水环境系统中，吸附过程会发生于土壤介质的各个水界面和有机污染物之间，在一定温度、压力条件下，吸附过程是一个动态可逆的非平衡过程，可得如下吸附解吸控制方程：

$$\frac{\partial S_{2_i}}{\partial t} = \alpha_i \left[(1-f)K_d C - S_{2_i}\right] - \lambda_{s_2} S_{2_i} \quad (i=1,2,\cdots,N) \tag{7-59}$$

式中　K_d——土壤-水分配系数。

有机物在地下水中的迁移转化是比较复杂的现象，有效的研究工具之一便是理想模型法。理想模型法是对复杂系统简单化的一种处理方法，即用一些比较简单的系统来代替难以数学处理的复杂实际系统。建立理想模型通常包括模型设计、模型分析和模型检验三个步骤。多孔介质中溶质迁移的理想模型主要有几何模型、统计模型和统计几何模型，统计几何模型是前两类模型的集合。对于前两种模型，简单介绍如下。

（1）几何模型

几何模型是对突发溶质运移进行简化而建立的。几何模型分为活塞流渗漏模型、毛管束模型、单毛管理论模型。活塞流渗漏模型是由土壤中水分运动活塞流模型简化而来的。该模型假定一种溶液向下渗入，就像活塞在汽缸中运动一样，将土壤孔隙中另一种溶液挤走。毛管束模型是最简单的几何模型。这种模型是根据土壤水分特征曲线，把土壤看作由很多粗细不一的毛管组成的毛管束的集合体。单毛管理论模型则将活塞模型中沿横切面的流速分布假定为层流。

（2）统计模型

随着计算机技术发展，一些以统计分析为基础的三维孔隙模型开始出现，这些模型有很好的几何相似性。使用的统计方法的根据是示踪剂质点的运动有一定的随机性，包括分子扩散的随机性和机械弥散的随机性等。因此，这些模型不能精确地预测个别示踪剂质点的运动，但是建立的统计模型可以根据统计规律预测大量示踪剂质点的平均结果。

对有机污染物的数值模拟主要包括模型的建立和数值方法求解两部分。制定地下水流或溶质迁移模型时，首先要开发一个可控制被分析系统行为的，由物理、化学和生物反应过程组成的概念模型；其次是把概念模型转换成数学模型，即一个偏微分方程组和一组相关的辅助边界条件；最后利用解析法和数值方法求得方程组的解。建模方案可概括如下。

（1）确定建模的目标

一般情况下，建模目标可以归为三大类：

① 从研究的角度讲，建模的目的是检验假设，保证其与基本原理和观测结果一致，并量化主要的控制过程。

② 一般用于污染物的责任认定或估计人群的污染物暴露。对污染物的迁移历程进行重建，确定某事件的发生时间或某地区达到污染水平的时间。

③ 在当前条件或有工程干涉污染源或改变水流体系条件下，计算污染物分布走向。

（2）概念模型的建立

建立模型需要大量的现场资料作为输入数据和进行模型校正，由测量误差和自然环境变化引起的现场数据的不确定性转化成参数估计的不确定性，进一步影响到模型预测结果的精确性。描述一个流量或迁移的概念模型，需要一个或多个步骤：

① 确定水文地质特征的重要性。概念模型可以将几个地层结合起来形成一个整体或将一个单一地层细分为多个含水层和隔水单元。

② 确定系统中流动体系及水流的源和汇。水源或流入量包括地下水渗透、地表水体补给或人工回灌地下水。汇流或流出量包括泉涌量、流向溪河的底流、蒸发量和泵抽量。确定流动体系包括确定地下水流方向和不同模拟含水层的相互水文作用。

③ 确定系统中的迁移体系和化学物质的源和汇。概念模型必须包括对不同时间的化学物质源浓度、溢流的质量或体积以及影响这些化学物质化学和生物过程的描述。

（3）选择计算程序

选择计算程序的关键在于使用哪种迁移求解方法。以下总结了各种方法的相对特征：

① 如果能够进行充分的空间离散，使用常规有限差分法和有限元程序中的欧拉法要好于其他方法；

② 处理对流主导的问题，用拉格朗日法或混合欧拉-拉格朗日法好于有限元法和常规有限差分法；

③ 模拟网格很不规则或扭曲的情况下，标准有限差分或有限元计算程序更合理；

④ 拉格朗日类的计算程序对求解时使用的粒子数目很敏感，但会导致模拟结果解释的难度加大。

（4）建立污染物迁移模型

概念建模完成后，还需要加入控制方程、设计网格、时间参数、边界条件和初始条件，以及模型参数的形成估算。

① 水流控制方程。建立污染物模型，首先要解决的就是控制方程。这一点是非常重要的，尤其当模型设计者应用商业模型时。对于三维饱和地下水流，控制方程为

$$\frac{\partial}{\partial x}\left(k_x\frac{\partial h}{\partial x}\right)+\frac{\partial}{\partial y}\left(k_y\frac{\partial h}{\partial y}\right)+\frac{\partial}{\partial z}\left(k_z\frac{\partial h}{\partial z}\right)=s\frac{\partial h}{\partial t}+w^* \tag{7-60}$$

式中　　h——水头；

k_x、k_y、k_z——水压在 x、y、z 方向上的传导率；

　　s——储水率；

　　t——时间；

　　w^*——一个普遍的源/汇表达量。

对于不饱和地下水的三维水流方程，控制方程为

$$\frac{\partial}{\partial x}\left[k_x(\psi)\frac{\partial \psi}{\partial x}\right]+\frac{\partial}{\partial y}\left[k_y(\psi)\frac{\partial \psi}{\partial y}\right]+\frac{\partial}{\partial z}\left[k_z(\psi)\frac{\partial \psi}{\partial z}\right]=c(\psi)\frac{\partial \psi}{\partial t}\pm Q \tag{7-61}$$

式中 ψ——压力水头；

$k_x(\psi), k_y(\psi), k_z(\psi)$——$x$、$y$、$z$ 方向上的水压传导率；

$c(\psi)$——具体湿度；

Q——单位体积内源或汇的容积流量。

溶质在渗流区的三维迁移方程为

$$D_x\frac{\partial^2 C}{\partial x^2}+D_y\frac{\partial^2 C}{\partial y^2}+D_z\frac{\partial^2 C}{\partial z^2}-\frac{\partial(CV_x)}{\partial x}-\frac{\partial(CV_y)}{\partial y}-\frac{\partial(CV_z)}{\partial z}\pm kR=\frac{\partial C}{\partial t} \tag{7-62}$$

式中 C——化学物质浓度；

V_x, V_y, V_z——x、y、z 方向的渗流速度；

D_x, D_y, D_z——x、y、z 方向上的分散系数；

t——时间；

k——水压传导率；

R——增加速率或因化学和生物反应而去除溶质的速率。

② 离散化。离散化就是把连续的问题划分为离散要素来表征近似求解的方法。大部分数值模型对时间的离散化处理是通过把总时间切分为时间 Δt 来计算，从而得到时间 t 处的结果。不同模型对时间间隔划分的要求不同，如果划分的时间间隔过大，可能会出现数值不稳定的情况。可以在不同的时间间隔下，对模拟结果的灵敏度进行测试。

③ 维度。在用离散法处理问题时，维度是必须考虑的一个问题。比如：在选择维度的数量时，如果一维模型足以达到建模的目的，是否还有必要制定二维或者三维模型？一般的基本经验法则是简单化，能够用简单的处理方式，就用简单的处理方式，避免简单问题复杂化，增加求解难度。

指定流量边界是在相关边界处水头的导数为定值。无流量边界是一种特殊的指定流量边界，其将指定流量设定为零，多代表不透水的边界。同时指定边界浓度与边界上的浓度梯度 [柯西（Cauchy）条件或混合条件]。对这种类型的边界来说，穿越边界的流量由给定边界水头值计算得出：

$$\frac{\partial H}{\partial x}+aH=C \tag{7-63}$$

式中 a, C——常数；

H——水头。

例如，流入或流出河流的渗漏量可以使用这种边界条件来模拟。

上述用来描述水流的边界条件也可以通过加入污染物的浓度表达，用以描述污染物迁移的边界条件。例如，一个指定水头边界可以用来描述一个污染源以某特定浓度释放化学物质进入含水层的过程。同样，流量边界可以用来模拟穿越边界的污染物流量。

④ 源与汇。源与汇能够表示水流或者物质进入或者离开体系的方式。在地下水流动系统中，补给区称为源，排泄区称为汇。地下水从补给区向排泄区的运动，由连接源与汇的流面反映出来。

源和汇大致可以分为外部的和内部的两种。一种是外部的源和汇，即通过边界，可以由边界条件确定的源和汇；另一种是通过网格内的源和汇，如井、排水沟、地表水体补给等。而对于污染物迁移研究来说，内部的源和汇也可以用于表示吸附、降解、反应等过程。

⑤ 校准设计模型。校准指确定一组模型输入参数的过程，这些参数接近实地测量水头、

流量或浓度，有时还包括初始和边界条件。校准目的是建立可重复模拟未知变量实测值的模型。在正式校准之前或之后采用敏感性分析，可以评估数值模型对某个输入参数的敏感性。

⑥ 预测模型结果不确定性的影响及数值模型的准确度。模拟计算获得地下水流动和污染物迁移结果后，必须对建模方法造成的误差进行评估。模拟误差有两种类型：

a. 计算误差。该误差是由求解控制方程的数值近似程序或者差分误差累积造成的，可以采用连续性方程或质量守恒定律来估计。

b. 校正误差。该误差是由参数估算中的模型假设和局限性造成的，可以通过比较模型的预测值与观测值或实验值而获得。

地下水流动和污染物迁移模型对比见表 7-2。

表 7-2　地下水流动和污染物迁移模型对比

模型名称	模型描述	模拟过程	模型作者
生物羽流 Ⅱ	在氧气有限的条件下，生物降解、一级衰减、水平对流和扩散作用的影响下，用来模拟单一溶解烃类物质迁移情况的二维模型	降解、扩散、水平对流、吸附	H. S. Rifai P. B. Bedient P. B. Borden J. F. Haasheek
生物羽流 Ⅲ	是生物羽流 Ⅱ 的发展形式，在扩散、吸附、水平对流、一级衰减、缺氧生物降解影响下，模拟多种烃类物质迁移反应的二维模型	降解、扩散、水平对流、吸附	H. S. Rifai C. J. Newell J. R. Gonzales S. Dendrou B. Dendrou L. Kennedy J. T. Wilson
随机行走 （Random Walk）	模拟地下水封闭或半封闭的多孔含水层中一维或二维、稳流或非稳流和溶质迁移问题	水平对流、扩散溶解、吸附降解、化学反应	T. A. Prickett T. G. Naymik C. G. Lonnquist
RT3D	MT3D 的修改版本，使用 MT3D 模型数字机，并且包括一些预定义的反应方案，属于三维反应迁移模型	水平对流、扩散、吸附降解	T. P. Clement Y. Sun B. S. Hooker J. N. Petersen

7.4　胶体污染物迁移转化及其污染修复过程的数模仿真

7.4.1　胶体污染物吸附、降解过程数模仿真

土壤中含有大量的胶体粒子，如黏土矿物、氧化物、有机质及微生物（细菌、病毒）等，是土壤中最细小而最活跃的组分，一般粒径小于 $2\mu m$。胶体表面分子与内部分子所处的状态不同，受到内外部两种不同的引力，因而具有多余的自由能即表面能，这是土壤胶体具有吸附作用的主要原因。比表面积愈大，表面能愈大，胶体的吸附性愈强。土壤胶体微粒一般带负电荷，形成一个负离子层（决定电位离子层），其外部由于电性吸引而形成一个正离子层（反离子层或扩散层），合称为双电层。一方面，由于土壤胶体微粒带负电荷，胶体粒子相互排斥，具有分散性，负电荷越多，负的电动电位越高，分散性越强；另一方面土壤溶液中含有阳离子，可以中和胶体负电荷使胶体凝聚，同时由于胶体比表面能

二维码 7-3
胶体污染修复数
模仿真案例分析

很大，为减少表面能，胶体也具有相互吸引、凝聚的趋势。另外，胶体在土壤介质表面的沉淀和释放过程以及胶体颗粒之间的聚合-分散过程决定了胶体在土壤介质中的可移动性。沉淀和释放以及聚合-分散过程都包含了一系列相当复杂的物理化学过程。目前比较常用的理论是 DLVO 理论和动力学吸附理论等。DLVO（Derjaguin-Landau-Verwey-Overbeek，德哈金-朗道-费尔韦-奥弗贝克）理论从范德瓦耳斯力和静电引力出发，推导出胶体颗粒表面双电层的变化，进而确定胶体、颗粒之间以及胶粒与固体表面的沉淀与释放过程，胶体颗粒之间会同时受到两种力的作用，即范德瓦耳斯引力和静电斥力，吸引力与排斥力的相对大小决定胶体颗粒是聚集沉淀还是保持稳定分散。该理论不仅用于解释带电胶体粒子在液相中的稳定性，并且可以描述胶体-胶体、胶体-固相表面的相互作用力。

（1）DLVO 理论和扩展 DLVO 理论

DLVO 理论可被用来描述胶体颗粒之间的相互作用力（范德瓦耳斯引力和静电斥力），帮助理解胶体颗粒在不同溶液介质中聚集和分散的机理。当静电排斥能大于范德瓦耳斯引力能时，胶体颗粒会保持稳定，否则会发生凝聚。该理论还可被用来测试胶体颗粒在多孔介质中的迁移行为。该理论假设在带同种电荷的单一胶态体系中，带电胶体与固相颗粒表面总的作用能 $\Phi_{total}(h)$ 包括范德瓦耳斯引力能 $\Phi_{vdW}(h)$ 和静电斥力能 $\Phi_{EDL}(h)$。

$$\Phi_{total}(h) = \Phi_{vdW}(h) + \Phi_{EDL}(h) \tag{7-64}$$

式中　h——胶体与固相颗粒表面的距离，nm。

范德瓦耳斯引力主要来源于两分子碰撞瞬间偶极之间的相互作用，胶体在多孔介质中迁移时，由于固相介质粒径往往远大于胶体的粒径，故可将胶体与固相颗粒之间的碰撞假设为球体与平板之间的碰撞，胶体与固相颗粒间的范德瓦耳斯引力能 $\Phi_{vdW}(h)$ 计算公式如下：

$$\Phi_{vdW}(h) = -\frac{A_{132}d_p}{12h}\left(1 + \frac{14h}{\lambda}\right)^{-1} \tag{7-65}$$

$$A_{132} = (\sqrt{A_{11}} - \sqrt{A_{33}})(\sqrt{A_{22}} - \sqrt{A_{33}}) \tag{7-66}$$

式中　d_p——胶体的水力学直径，nm；

　　　h——胶体与固相颗粒表面的距离，nm；

　　　λ——反应的特征波长，通常为 100nm；

　　A_{132}——胶体-水-固相颗粒表面体系的哈马克常数，J；

　　A_{11}——胶体的哈马克常数，J；

　　A_{22}——固相颗粒的哈马克常数，J；

　　A_{33}——水的哈马克常数，3.7×10^{-20} J。

胶体与固相颗粒之间的静电斥力能计算公式如下：

$$\Phi_{EDL}(h) = \frac{\pi d_c \varepsilon_0 \varepsilon_r}{2}\left\{2\Psi_1\Psi_2 \ln\left[\frac{1 + \exp(-\kappa h)}{1 - \exp(-\kappa h)}\right] + (\Psi_1^2 + \Psi_2^2)\ln\left[1 - \exp(2\kappa h)\right]\right\} \tag{7-67}$$

$$\kappa = \sqrt{\frac{e^2 \sum_j n_{j0}z_j^2}{\varepsilon_0\varepsilon_r k_B T}} \tag{7-68}$$

式中　ε_0——真空介电常数；

　　　ε_r——相对介电常数；

　　　Ψ_1——胶体的 ζ 电位；

　　　Ψ_2——固相颗粒的 ζ 电位；

κ——粒子价型；

d_c——粒子直径；

z_j——离子价；

e——电子的电荷；

n_{j0}——溶液中离子的数量；

k_B——玻尔兹曼常数；

T——热力学温度。

静电排斥能（E_R）和范德瓦耳斯引力能（E_A）之间的平衡取决于胶体与固相颗粒间的距离。依据 DLVO 理论的势能示意图如图 7-7 所示。当颗粒间的距离较大时，随着距离的减小，粒子的总势能（E_T）减小，直至其能量达到次级势阱（第二极小值），此时颗粒形成可逆的松散体。随着颗粒距离的进一步减小，排斥势能起主导作用。此时如果为粒子提供足够的能量使其可以克服势垒，使距离进一步减小，则范德瓦耳斯引力的吸引势能会随距离减小而越发起主导作用，且两个颗粒距离越近，吸引势能越强，直至达到初级势阱（第一极小值），此时颗粒之间会形成不可逆的紧密的聚集体。

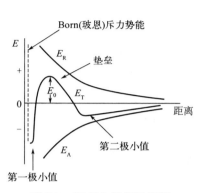

图 7-7　DLVO 势能示意图

胶体颗粒间除了静电斥力和范德瓦耳斯引力外，还存在水化力、疏水力、空间位阻等非DLVO 作用力。例如，无机胶体的表面可能存在一层包被物。胶体彼此相互靠近或者向固相颗粒表面靠近的过程会挤压这层包被物，从而形成空间位阻斥力（即渗透斥力和弹性斥力）。为此，人们对经典的 DLVO 理论做了修正，提出了扩展的 DLVO 理论（XDLVO）。修正后的 DLVO 理论考虑了渗透斥力能（Φ_{OSM}）和弹性斥力能（Φ_{ELAS}），其表达式如下：

$$\frac{\Phi_{OSM}}{k_B T}=0 \quad 2d<h \tag{7-69}$$

$$\frac{\Phi_{OSM}}{k_B T}=\frac{2\pi d_p}{v_1}\Phi_c^2\left(\frac{1}{2}-\chi\right)\left(d-\frac{h}{2}\right)^2 \quad d\leqslant h\leqslant 2d \tag{7-70}$$

$$\frac{\Phi_{OSM}}{k_B T}=\frac{2\pi d_p}{v_1}\Phi_c^2\left(\frac{1}{2}-\chi\right)\left[\frac{h}{2d}-\frac{1}{4}-\ln\left(\frac{h}{d}\right)\right]^2 \quad h<d \tag{7-71}$$

$$\frac{\Phi_{ELAS}}{k_B T}=0 \quad 2d\leqslant h \tag{7-72}$$

$$\frac{\Phi_{ELAS}}{k_B T}=\frac{\pi d_p}{M_w}\Phi_c d^2 \rho_p\left\{\frac{h}{d}\ln\left[\frac{h}{d}\left(\frac{3-\frac{h}{d}}{2}\right)^2\right]-6\ln\left(\frac{3-\frac{h}{d}}{2}\right)+3\left(1+\frac{h}{d}\right)^2\right\} \quad d>h \tag{7-73}$$

式中　v_1——溶剂分子的体积，nm^3；

Φ_c——包被物的体积分数；

χ——弗洛里-哈金斯溶解度参数；

d——包被物的厚度，nm；

M_w——包被物的分子量，Da；

ρ_p——包被物的密度，kg/m^3。

XDLVO 理论计算胶体与固相颗粒表面总的作用能（Φ_{total}）的公式为：

$$\Phi_{total} = \Phi_{vdW} + \Phi_{EDL} + \Phi_{OSM} + \Phi_{ELAS} \tag{7-74}$$

（2）胶体的动力学吸附模型

对于微塑料的吸附建立吸附动力学模型，分别为准一级动力学模型拟合、准二级动力学模型拟合、颗粒内扩散模型。其中颗粒内扩散模型描述了颗粒内扩散是否会成为吸附过程的限速步骤。

准一级动力学模型：

$$\lg(q_e - q_t) = \lg q_e - \frac{k_1}{2.303}t \tag{7-75}$$

准二级动力学模型：

$$\frac{t}{q_t} = \frac{1}{k_2 q_e^2} + \frac{t}{q_e} \tag{7-76}$$

颗粒内扩散模型：

$$q_t = k_{id} t^{1/2} + C \tag{7-77}$$

式中　k_1——准一级动力学模型的反应速率常数；

$\qquad k_2$——准二级动力学模型的反应速率常数；

$\qquad k_{id}$——内部扩散系数，$mg/(g \cdot min^{1/2})$；

$\qquad q_t$——t 时刻的吸附量，$\mu g/g$；

$\qquad q_e$——吸附平衡时的吸附量，$\mu g/g$；

$\qquad C$——涉及厚度、边界层的常数。

7.4.2　胶体迁移过程数模仿真

胶体在多孔介质中的运移过程与溶质运移有很大不同。决定胶体运移的主要过程有聚合-分散（aggregation-dispersion）、吸附-解吸（attachment-detachment）、过滤（filtration）、堵塞（blocking）、变形（straining）、优先流（preferential flow）以及对流-弥散（advection-dispersion）。传统的溶质运移模型把整个运移系统概化成两相介质：可移动的液相和不可移动的固相。但是，随着胶体物质在地下环境中被发现，两相模型已不能准确地描述污染物的运移过程。由此出现了描述污染物运移的三相模型，其把胶体视为一种可移动的固相加入两相模型中。胶体作为污染物的载体促进了污染物的迁移。近年来，国内外学者对胶体促进下污染物运移模型进行了大量的研究，模型通常基于传统的 CDE 方程，耦合了胶体在多孔介质表面的吸附-解吸反应及胶体与污染物之间的反应。目前胶体迁移主要的数学模型包括两点动力学保留模型和胶体过滤模型。

（1）两点动力学保留模型

胶体颗粒在多孔介质中的运移机理不同于溶质在多孔介质中的运移机理，因此胶体的运移模型也不同于溶质的运移模型。通常基于一维对流弥散方程的双动力学位点滞留模型进行拟合，该模型描述了胶体颗粒在水相与固相之间的相互传质作用。该模型同样假设多孔介质表面存在两种位点，假设胶体在一类动力学位点上是可逆滞留，在另一类动力学位点上是不可逆滞留，其方程如下：

$$\frac{\partial(\theta C)}{\partial t} + \rho_b \frac{\partial(S_1)}{\partial t} + \rho_b \frac{\partial(S_2)}{\partial t} = \frac{\partial}{\partial x}\left(\theta D \frac{\partial C}{\partial x}\right) - \frac{\partial qC}{\partial x} \tag{7-78}$$

式中　θ——体积含水量；

C——水相中胶体颗粒浓度；

t——时间；

ρ_{b}——多孔基体的体积密度；

x——垂直空间坐标；

D——分散系数；

q——达西速度；

S_1, S_2——与动力学位点 1 和 2 相关的固相浓度。

$$\beta \frac{\partial (S_1)}{\partial t} = \theta k_1 C - k_{1d} \rho_b S_1 \tag{7-79}$$

$$\beta \frac{\partial (S_2)}{\partial t} = \theta k_2 \Psi C \tag{7-80}$$

式中　k_1, k_2——位点 1 和位点 2 的一阶保留系数；

β——多孔介质的有效孔隙度；

k_{1d}——位点 1 的一阶脱离系数；

Ψ——无量纲的胶体保留函数，包括 Langmuir 滞留、熟化、随机以及随深度变化的滞留等不同类型。

$$\Psi = 1 - \frac{S_2}{S_{max2}} \tag{7-81}$$

式中　S_{max2}——位点 2 上的最大固相吸附浓度。

（2）胶体过滤理论

胶体过滤理论（colloid filtration theory，CFT）于 1971 年由 Yao 等人提出，用于预测胶体在多孔介质中的迁移和滞留行为。他们认为在胶体迁移过程中，胶体自身的浓度随着迁移距离的增加呈现出指数衰减的规律。胶体颗粒在介质上的沉积分为两个步骤：①胶体颗粒运动到含水层介质的表面；②胶体颗粒被介质吸附拦截。这两个过程主要受机械拦截、重力沉降和布朗扩散三种机制共同影响（图 7-8）。

机械拦截现象是指当胶体在多孔介质中沿某一轨迹移动时，如果轨迹与固相颗粒表面之间的距离小于胶体半径，就会发生拦截。重力沉降是指胶体粒子受重力作用被吸附到固相颗粒表面。布朗扩散则是指悬浮在液相中的胶体通过布朗运动扩散到固相颗粒表面。这三种机制同时又受到 DLVO 力、非 DLVO 力、多孔介质水力学性质等的影响。一般粒径小、稳定性好的胶体在溶液中布朗作用强，其迁移过程主要受布朗扩散控制。Yao 的研究表明：当胶体颗粒粒径小于 $1\mu m$ 时，布朗运动占主导；当胶体颗粒粒径大于 $10\mu m$ 时，机械拦截和重力沉降开始起决定性作用。

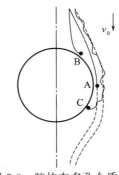

图 7-8　胶体在多孔介质中的三种滞留机制示意图

A—机械拦截；B—重力沉降；
C—布朗运动

胶体过滤理论最初是为研究污水处理中滤床介质对胶体颗粒的拦截而提出的理论。但 Tufenkji（图芬克吉）和 Elimelech（埃利梅莱赫）的研究表明该理论并不完全适用于胶体颗粒在含水层中的迁移，胶体过滤理论对胶体颗粒在含水层中迁移的模拟计算不准确（有关水动力场的计算不准确，没有考虑范德瓦耳斯力的影响），Tufenkji 和 Elimelech 通过模拟实验和计算机拟合，提出了新的接触效率 η 的计算公式（T-E 模型）：

$$\eta_0 = \eta_D + \eta_I + \eta_G \tag{7-82}$$

$$\eta_D = 2.4 A_S^{1/3} N_R^{-0.081} N_{Pe}^{-0.715} N_{vdW}^{0.052} \tag{7-83}$$

$$\eta_I = 0.55 A_S N_R^{1.675} N_A^{0.125} \tag{7-84}$$

$$\eta_G = 0.22 N_R^{-0.24} N_G^{1.11} N_{vdW}^{0.053} \tag{7-85}$$

式中　　η_0——不考虑双电层作用力时的单收集器碰撞效率；

η_D, η_I, η_G——由扩散、拦截和重力沉降引起的单收集器碰撞效率；

A_S——孔隙度依赖参数；

N_R——胶体与多孔介质的直径比；

N_{Pe}——Peclet 数，表示对流与扩散引起的传质速率之比；

N_{vdW}——范德瓦尔斯数，表示范德瓦尔斯相互作用能与粒子热能的比；

N_A——吸引数，表示范德瓦耳斯引力与流体速度对截留颗粒沉积速度的影响；

N_G——重力数，表示斯托克斯颗粒沉降速度与流体达西流速之比。

$$A_S = \frac{2(1-\gamma^5)}{2-3\gamma+3\gamma^5-2\gamma^6} \tag{7-86}$$

$$\gamma = \sqrt[3]{1-f} \tag{7-87}$$

$$N_R = \frac{d_p}{d_c} \tag{7-88}$$

$$N_{Pe} = \frac{3\pi U d_p d_c \mu}{k_B T} \tag{7-89}$$

$$N_{vdW} = \frac{A}{k_B T} \tag{7-90}$$

$$N_A = \frac{A}{3\pi\mu d_p^2 U} \tag{7-91}$$

$$N_G = \frac{g(\rho_p-\rho_f)d_p^2}{18\mu U} \tag{7-92}$$

式中　　γ——与孔隙度有关的量；

f——填充柱的孔隙度；

d_p, d_c——胶体颗粒和多孔介质的直径；

U——流体达西流速，m/s；

μ——水的绝对黏度，kg/(m·s)；

k_B——玻尔兹曼常数，J/K；

T——温度，K；

A——胶体的哈马克常数，J；

g——重力加速度，m/s²；

ρ_p, ρ_f——胶体和流体的密度，kg/m³。

反映胶体颗粒迁移情况的三个关键参数分别为 α（附着效率）、k_d（沉积系数）、L_{max}（最大移动距离），计算公式如下：

$$\alpha = \frac{2}{3}\frac{d_c}{(1-f)L\eta_0}\ln M_{eff} \tag{7-93}$$

$$k_d = \frac{3}{2}\frac{(1-f)}{d_c f}U\alpha\eta_0 \tag{7-94}$$

$$L_{max} = \frac{d_c}{(1-f)\alpha\eta_0}\ln M_{eff} \tag{7-95}$$

式中　L——填充柱的长度，m；

　　　M_{eff}——颗粒回收率。

目前，建模技术在环境科学中的应用非常广泛。国内外学者更倾向于使用先进的数学和数值模型软件来模拟土壤-水系统中胶体及污染物的迁移运输。CXTFIT 是美国盐土实验室研制的用于研究一维土壤溶质运移的计算机软件。CXTFIT 基于利文贝格-马夸特（Levenberg-Marquardt）算法，采用非线性最小二乘法的函数优化方法，可以结合经典平流-扩散模型以及双区非平衡模型对实验得到的胶体穿透曲线进行拟合，求解模型参数，预测土壤中胶体随时间和空间的浓度分布规律。HYDRUS 系列软件可通过对饱和-不饱和水流的理查兹（Richards）方程以及溶质运输和热传导的对流-弥散方程进行数值求解，用于分析可变饱和多孔介质中的水流、溶质运移以及热传导等问题。对于细菌、病毒以及胶体的迁移则通过对对流-弥散方程的修正形式进行求解得到。COMSOL Multiphysics 基于有限单元法进行数值计算，是一种针对多物理场模型进行建模和仿真计算的交互式开发环境系统。

参考文献

[1]　高伟．土壤环境保护与污染防治对策分析[J]．清洗世界，2023，39（10）：89-91．

[2]　杨文兵，卞超，杨波．土壤污染修复技术与土壤生态保护研究[J]．工业微生物，2023，53（3）：31-33．

[3]　马妍，董彬彬，徐东耀，等．VOCs/SVOCs污染土壤常用修复技术及其在美国超级基金污染场地中的应用[J]．环境工程技术学报，2016，6（4）：391-396．

[4]　刘少卿，姜林，黄喆，等．挥发及半挥发有机物污染场地蒸汽抽提修复技术原理与影响因素[J]．环境科学，2011，32（3）：825-833．

[5]　李洪伟，邓一荣，肖荣波，等．固化稳定化技术修复汞污染土壤的中试试验研究[J]．环境污染与防治，2019，41（10）：1156-1159．

[6]　王扬，徐恒，王志强．土壤生物修复技术研究热度分析[J]．黑龙江科学，2023，14（10）：18-20．

[7]　卢蕾．微生物修复技术在石油烃类污染场地的应用研究[J]．石油化工技术与经济，2023，39（2）：49-52．

[8]　李宏艳，王金生，滕彦国，等．土壤中重金属迁移数值仿真与参数灵敏度分析[J]．系统仿真学报，2007，19（4）：720-724，728．

[9]　Bradford S A，Simunek J，Bettahar M，et al. Modeling colloid attachment，straining，and exclusion in saturated porous media[J]．Environmental Science & Technology，2003，37（10）：2242-2250．

[10]　Porfiri C，Montoya J C，Koskinen W C，et al. Adsorption and transport of imazapyr through intact soil columns taken from two soils under two tillage systems[J]．Geoderma，2015，251：1-9．

[11]　Mehta V S，Maillot F，Wang Z M，et al. Transport of U(Ⅵ) through sediments amended with phosphate to induce *in situ* uranium immobilization[J]．Water Research，2015，69：307-317．

[12]　Lei W J，Tang X Y，Zhou X Y. Biochar amendment effectively reduces the transport of 3,5,6-trichloro-2-pyridinol（a main degradation product of chlorpyrifos）in purple soil：Experimental and modeling[J]．Chemosphere，2020，245：125651．

[13]　Dan Y T，Ji M Y，Tao S P，et al. Impact of rice straw biochar addition on the sorption and leaching of phenylurea herbicides in saturated sand column[J]．Science of the Total Environment，2021，769：144536．

[14]　Chotpantarat S，Kiatvarangkul N. Facilitated transport of cadmium with montmorillonite KSF colloids under different pH conditions in water-saturated sand columns：Experiment and transport modeling[J]．Water Research，2018，

146：216-231.

[15]　Ma J，Guo H M，Weng L P，et al. Distinct effect of humic acid on ferrihydrite colloid-facilitated transport of arsenic in saturated media at different pH[J]. Chemosphere，2018，212：794-801.

[16]　Hou W，Lei Z W，Hu E M，et al. Co-transport of uranyl carbonate and silica colloids in saturated quartz sand under different hydrochemical conditions[J]. Science of the Total Environment，2021，765：142716.

[17]　任理，毛萌. 阿特拉津在饱和砂质壤土中非平衡运移的模拟[J]. 土壤学报，2003，40（4）：529-537.

[18]　Gaber H M，Inskeep W P，Comfort S D，et al. Nonequilibrium transport of atrazine through large intact soil cores [J]. Soil Science Society of America Journal，1995，59（1）：60-67.

[19]　Gamerdinger A P，Lemley A T，Wagenet R J. Nonequilibrium sorption and degradation of three 2-chloro-s-triazine herbicides in soil-water systems[J]. Journal of Environmental Quality，1991，20（4）：815-822.

[20]　Beigel C，Di Pietro L. Transport of triticonazole in homogeneous soil columns influence of nonequilibrium sorption [J]. Soil Science Society of America Journal，1999，63（5）：1077-1086.

[21]　van Genuchten M T，Wagenet R J. Two-site/two-region models for pesticide transport and degradation：Theoretical development and analytical solutions[J]. Soil Science Society of America Journal，1989，53（5）：1303-1310.

[22]　Gamerdinger A P，Wagenet R J，van Genuchten M T. Application of two-site/two-region models for studying simultaneous nonequilibrium transport and degradation of pesticides[J]. Soil Science Society of America Journal，1990，54（4）：957-963.

[23]　Toride N F，Leij F J，Genuchten M T V. The CXTFIT code for estimating transport parameters from laboratory or filed tracer experiments [R]. Riverside：US Salinity Laboratory Riverside，1995.

[24]　覃邦余. 重金属污染物在土壤环境系统中迁移的建模与仿真[D]. 桂林：广西师范大学，2011.

[25]　徐国栋. 土壤电动修复中重金属迁移的模拟研究[D]. 兰州：兰州大学，2014.

[26]　张洋. 重金属污染物在多孔介质中的迁移模型与仿真[D]. 重庆：重庆大学，2013.

[27]　Postigo C，Barceló D. Synthetic organic compounds and their transformation products in groundwater：Occurrence，fate and mitigation[J]. Science of the Total Environment，2015，503：32-47.

[28]　Langmuir I. The constitution and fundamental properties of solids and liquids[J]. Journal of the Franklin Institute，1917，183（1）：102-105.

[29]　Frendlich H. Concerning adsorption in solutions[J]. J Phys Chem，1906，57：385.

[30]　Borden R C，Bedient P B. Transport of dissolved hydrocarbons influenced by oxygen-limited biodegradation：1. Theoretical development[J]. Water Resources Research，1986，22（13）：1973-1982.

[31]　刘晓丽，梁冰，薛强. 难降解有机污染物在土壤中释放的动力学模型研究[J]. 岩土力学，2004，25（2）：207-210.

[32]　徐建，戴树桂，刘广良. 土壤和地下水中污染物迁移模型研究进展[J]. 土壤与环境，2002，11（3）：299-302.

[33]　薛强，梁冰，刘晓丽，等. 土壤水环境中有机污染物运移环境预测模型的研究[J]. 水利学报，2003，34（6）：48-55.

[34]　Bentley L R，Pinder G F. Eulerian-Lagrangian solution of the vertically averaged groundwater transport equation[J]. Water Resources Research，1992，28（11）：3011-3020.

[35]　Haggerty R，Gorelick S M. Multiple-rate mass transfer for modeling diffusion and surface reactions in media with pore-scale heterogeneity[J]. Water Resources Research，1995，31（10）：2383-2400.

[36]　Anderson M P，Woessner W W，Hunt R J. Applied groundwater modeling：Simulation of flow and advective transport[M]. San Diego：Academic Press，1992.

[37]　Ackerer P，Mose R，Semra K. Natural tracer test simulation by stochastic particle tracking method [R]. Ottawa：1990，595-604.

[38]　Fritz G，Schadler V，Willenbacher N，et al. Electrosteric stabilization of colloidal dispersions[J]. Langmuir，2002，18（16）：6381-6390.

[39]　Phenrat T，Saleh N，Sirk K，et al. Stabilization of aqueous nanoscale zerovalent iron dispersions by anionic polyelectrolytes：Adsorbed anionic polyelectrolyte layer properties and their effect on aggregation and sedimentation[J]. J Nanopart Res，2008，10（5）：795-814.

［40］ Yao K M，Habibian M T，O'Melia C R. Water and waste water filtration：Concepts and applications［J］. Environ Sci Technol，1971，5（11）：258-298.

［41］ Marcato A，Boccardo G，Marchisio D. A computational workflow to study particle transport and filtration in porous media：Coupling CFD and deep learning［J］. Computer Aided Chemical Engineering，2020，48：1759-1764.

［42］ Bradford S A，Leij F J. Modeling the transport and retention of polydispersed colloidal suspensions in porous media［J］. Chemical Engineering Science，2018，192：972-980.

［43］ Wei Y，Xu X，Zhao L，et al. Numerical modeling investigations of colloid facilitated chromium migration considering variable-density flow during the coastal groundwater table fluctuation［J］. Journal of Hazardous Materials，2022，443：130282.

［44］ Zhou Y，Zhao C，Li K，et al. Numerical analysis of thermal conductivity effect on thermophoresis of a charged colloidal particle in aqueous media［J］. International Journal of Heat and Mass Transfer，2019，142：118421.

［45］ Sun J，Ran R，Muftu S，et al. The mechanistic aspects of microbial transport in porous media［J］. Colloids and Surfaces A：Physicochemical and Engineering Aspects，2020，603：125169.

［46］ 林青. 土壤中重金属运移的数值模拟及不确定性分析［D］. 青岛：青岛大学，2011.

［47］ 樊达. 生物炭胶体在多孔介质中的运移规律研究［D］. 哈尔滨：东北农业大学，2023.

［48］ Dong S N，Gao B，Sun Y Y，et al. Visualization of graphene oxide transport in two-dimensional homogeneous and heterogeneous porous media［J］. Journal of Hazardous Materials，2019，369：334-341.

第八章

环境智能化技术原理与应用

8.1 人工智能技术简介

8.1.1 人工智能概述

人工智能（artificial intelligence，AI）是一门以模拟、扩展和增强人类智能为核心目标的跨学科技术科学，涵盖了理论、方法、技术及其应用系统的研究与开发。从简要定义来看，人工智能指的是机器或计算设备模仿人类智能的能力，包括认知、学习、适应新信息并执行类似人类活动的行为。

人工智能的主要技术分支包括：

① 机器学习（machine learning）：机器学习是人工智能的核心领域，涉及通过算法和统计模型使计算机系统从数据中自主学习并逐步优化性能。该技术在语音识别、图像处理、预测分析、推荐系统等多个领域发挥着重要作用。随着技术的快速进步，机器学习在提升工作效率、推动技术创新以及支持决策方面的潜力愈发显著。

② 深度学习（deep learning）：深度学习是机器学习的一个重要分支，其基于神经网络结构，模拟人脑的信息处理方式，特别适用于处理大量复杂数据。深度学习在高维数据处理方面具有显著优势，广泛应用于图像识别、语音识别、自然语言处理以及复杂游戏场景中。其关键优势在于能够自动从原始数据中提取复杂特征，这一能力解决了传统机器学习方法中面临的诸多挑战。伴随着计算能力的提升和大数据资源的普及，深度学习已成为诸如自动驾驶、个性化推荐系统、医疗诊断等创新应用的核心。然而，深度学习仍面临一些挑战，例如对大规模训练数据的依赖、高计算成本以及模型解释性不足等问题。

③ 专家系统（expert systems）：专家系统是人工智能的早期应用之一，通过模拟人类专家的推理和决策过程解决复杂问题。这些系统将特定领域的知识和经验结构化，并利用推理引擎实现类似于专家的决策能力。专家系统结合了人工智能、计算机科学与认知科学的技术和原理，致力于在特定领域内实现或超越人类专家的水平。

④ 感知系统（perception systems）：感知系统使机器具备通过视觉、听觉、触觉等感知外界环境的能力，其核心在于对传感器数据的解读与信息转化。近年来，随着深度学习等技术的发展，感知系统的性能显著提升，推动了自动驾驶、智能家居和机器人等领域的快速进

步，使得机器能够更准确地理解和适应环境。

⑤ 认知计算（cognitive computing）：认知计算旨在通过计算机模拟人类思维过程，以解决复杂问题。其应用领域涵盖医疗健康、金融服务、教育和客户服务等，能够处理复杂任务并以更人性化的方式与用户交互，从而提升工作效率和决策质量。随着技术的持续进步，认知计算有望在模拟人类认知能力方面取得更具突破性的进展。

近年来，随着计算机科学的迅速发展、算力的显著提升以及数据量的指数级增长，人工智能技术实现了飞跃式发展，并已广泛应用于农业、气候、金融、工程、安全、教育、医学和环境等领域。作为传统程序设计和数学方法的高效替代方案，人工智能技术正逐步成为研究和解决复杂问题的重要工具。在环境科学领域，人工智能的应用已成为近年来的研究热点，为环境保护、资源优化和可持续发展提供了创新性的解决方案。

8.1.2　机器学习

8.1.2.1　机器学习的基本概念

机器学习是实现人工智能的重要途径，也是当前人工智能领域最具智能特征和前沿性的研究方向之一。作为一门致力于从数据中学习的科学技术，机器学习的核心在于通过算法指导计算机从数据中挖掘模式和关联，并基于分析结果实现决策优化与预测。该技术广泛应用于多个领域，其强大的数据分析能力为解决复杂问题提供了新方法。

8.1.2.2　机器学习算法

机器学习算法是一类能够自动从数据中提取规律并利用这些规律对未知数据进行预测的数学和计算模型。

（1）机器学习分类

根据数据特性和期望结果，机器学习算法可分为四大类：监督学习、无监督学习、半监督学习和强化学习。

监督学习通过利用标注数据（输入及其对应的输出）建立模型，能够在不确定条件下对新数据进行预测。这类模型通常用于分类和回归任务：分类模型将数据划分为离散类别，例如预测一封电子邮件是正常邮件还是垃圾邮件；回归模型则用于预测连续值，例如估算设备的故障时间。

与监督学习不同，无监督学习无须标注数据，其目标是自动识别数据中的模式或结构。无监督学习的典型应用包括聚类分析，用于将数据分组为具有相似特征的不同簇。聚类分析在基因序列分析、市场调查和目标识别等领域具有重要价值。

半监督学习结合了监督学习和无监督学习的优点，利用少量标注数据和大量未标注数据构建模型。这种方法常用于分类、回归和聚类任务，能够有效提高模型的学习效率。

强化学习是一种以试错为核心的学习方法，通过与环境交互获得反馈并优化策略，从而解决动态决策问题。强化学习在无人驾驶汽车、机器人控制等需要持续推理和交互的场景中具有显著应用价值。

（2）常见机器学习算法与特性

在机器学习的四大类型中，监督学习因其广泛的应用场景和较高的易用性，成为最常使用的学习方法。其典型算法包括决策树、随机森林、支持向量机、梯度提升决策树、朴素贝叶斯和神经网络等。这些算法各具特点，并在不同场景中展现出特定的适用性与优势。决策树以其快速处理能力和高可解释性而备受青睐，同时无须对数据进行缩放处理，适合处理数据规模较大的任务。随机森林在无须数据缩放的前提下，通过集成多棵决策树增强了模型的鲁棒性，但对于高维稀疏数据的适应性较差。相比之下，梯度提升决策树则通过迭代优化模型精度，通常能达到比随机森林更高的预测性能，但同时对参数调节的要求也更为复杂。支持向量机则在处理中等规模且特征含义相似的数据集时表现优异，其对数据缩放和参数选择高度敏感，因此需要精细的预处理与调优。朴素贝叶斯以其简洁高效的特性，成为大规模高

二维码 8-1
机器学习的工作流程

维分类问题的理想选择，尤其适用于特定领域中对分类任务的快速部署需求。神经网络则凭借其非线性映射能力，可构建高度复杂的模型，尤其在处理大型数据集和深度学习任务时表现卓越，成为深度学习技术的基础结构之一。这些算法的多样性不仅体现了监督学习方法的灵活性，也为研究者提供了丰富的工具，用以应对不同领域中的复杂问题。

机器学习的工作流程见二维码 8-1。

8.2 数据可视化及异常值处理

8.2.1 数据可视化的理论基础与方法

二维码 8-2
可视化方法

数据可视化是探索性数据分析的核心环节，也是揭示数据特征、变量关系及潜在问题的重要手段。在环境智能模拟仿真中，数据通常来源广泛且具有复杂性，其分布特性和关联关系的多样性需要借助科学的可视化技术进行系统呈现。通过可视化分析，可直观掌握数据的分布特征，还能发现隐藏模式和潜在异常，为后续建模奠定理论与数据基础。

可视化方法见二维码 8-2。

8.2.2 异常值的定义与检测

异常值是指在特定数据集中显著偏离整体分布特征的数据点，其偏离程度通常超出研究者对正常数据范围的合理预期。这些异常值可能由测量误差、数据录入错误、采样偏差等技术原因引起，也可能是真实的极端事件或稀有现象的表现。在环境智能模拟仿真中，异常值的存在既可能为后续建模带来噪声，影响模型的预测性能和鲁棒性，也可能揭示环境系统中的潜在规律或极端变化。因此，科学地定义和检测异常值对于确保数据质量和深入理解研究对象具有重要意义。

从统计学角度出发，异常值通常定义为偏离数据集中正常范围的点。例如，基于正态分布假设，数据点偏离均值超过 3 倍标准差即视为异常值；基于非参数化方法的四分位间距（interquartile range，IQR）法则中，异常值被定义为低于第一四分位数减去 1.5 倍 IQR 或高于第三四分位数加上 1.5 倍 IQR 的点。上述方法在单变量异常值检测中具有较强的适用性，尤其是在数据分布简单且无明显多维交互影响的情况下。

对于复杂的高维数据或非线性分布的数据集，单一的统计学方法往往难以有效检测异常值。这种情况下，机器学习算法提供了更为灵活和精确的工具。例如，孤立森林（isolation forest）是一种专为异常值检测设计的无监督学习算法，其通过随机选择特征和分裂点构建决策树，以评估每个数据点的孤立程度。由于异常点通常位于低密度区域且更易被分离，该算法能够快速且准确地识别异常值，特别适用于高维环境数据。此外，基于主成分分析（principal component analysis，PCA）的异常值检测方法通过对数据进行降维处理，捕捉离群点的投影偏离程度。PCA 方法尤其适用于线性相关性较强的多维数据，但对非线性关系

的适配性较弱。

另一类常用的方法是基于密度的算法，例如 DBSCAN（density-based spatial clustering of applications with noise，基于密度的聚类算法），其通过评估数据点周围的密度，识别孤立点或低密度区域的点，将其作为异常值。在处理空间数据或具有地理分布特征的环境数据时，密度方法具有较高的解释性和适用性。这些机器学习方法不仅能够在高维空间中灵活处理复杂数据，还可与数据可视化手段结合，为异常值的检测提供多维度的验证和支持。

需要注意的是，异常值的定义与检测不仅依赖于技术工具，还高度依赖于具体的研究背景和领域知识。在环境模拟仿真中，在极端天气事件、大气污染物浓度骤升等异常现象发生时出现的异常值，可能具有实际的物理或生态学意义，而不应简单视为噪声或错误予以排除。在检测异常值时，应结合领域知识对检测结果进行审慎解读，并在数据处理阶段根据研究目标采取适当的后续措施。

8.3　机器学习在环境领域的应用

环境分析工具和监测技术的快速发展导致了数据产生量的迅猛增长和复杂性的迅速提高，这需要更先进和强大的计算和数据分析方法，超越了传统统计工具的功能。数据分析方法对先前知识的依赖较少，如机器学习因其强大的拟合能力显示出在解决复杂数据模式或格式方面的潜力，成为生态环境领域（如评估环境风险、评估水和废水基础设施的健康状况、优化处理技术、识别和表征污染源以及进行生命周期分析等）不可或缺的重要工具，许多复杂的生态环境问题可在机器学习的帮助下得以解决。

机器学习算法主要用于对事物进行分类、发现模式、预测结果，以及制定明智的决策。其在生态环境领域中的主要应用类型包括做预测、异常检测及新材料开发等，其中，最为广泛的应用为做预测。在有足够多的输入（独立变量或"特征"）与输出（因变量或"结果"）数据的情况下，经过训练的分类或回归算法可接受新的输入并预测其对应的输出。在做预测时，有一个关键前提即提供给算法的训练样本分布代表了模型将被要求进行预测的样本。在预测某一地区的 $PM_{2.5}$ 的日常和年度变化时，主要的影响因素包括气象条件（如温度、能见度、气压、潜在蒸发量、下行长波辐射通量、下行短波辐射通量、相对湿度和风速），以及土地利用变量（如高速公路、当地道路和森林覆盖）。此外，与气象条件和 $PM_{2.5}$ 日常变化相关的还有地区差异。这些因素相互作用形成复杂的关系，用传统的统计工具很难处理，但如果提供足够的训练数据，机器学习可有效地处理它们之间的关系，实现对 $PM_{2.5}$ 的更准确预测。当前，大多数废水处理厂使用活性污泥和其他工艺来去除污染物，主要包括有机碳、氮和磷。每个系统中可能存在成千上万种不同的微生物物种。不同生物的丰度，以及废水处理厂过程的时变和高度非线性特性，使微生物物种与处理性能的关系难以研究。基于活性污泥过程的基本生物动力学的确定性模型由于生物反应的复杂性、处理厂高度多变的特点，以及校准活性污泥模型所需的专业知识和系统特定的校准要求而变得不太实际。废水进水的流量和组成也会随时间变化并遵循动态模式。机器学习技术可在不需要繁重的校准的情况下，根据测序数据和模型输出的融合来描述微生物群落与过程参数之间的关系，提高废水处理厂对污泥膨胀的预测准确性。

除了上述回归和分类监督学习外，无监督机器学习方法也逐渐在生态环境领域崭露头角，例如 k 均值聚类，被用于对全氟和多氟烷基物质（PFAS）的碳氟键解离能进行分类，以了解键解离能。这些算法允许将高维数据可视化为二维"簇",其中在簇内分组的数据点具有相似的特征。重要的是,这些簇是由这些无监督机器学习算法自动选择的,没有人工干预。因此结果表明,这些算法可作为自动分类和理解环境污染物化学趋势的有用工具,而这些趋势很难人工检测到。

异常检测是机器学习的另外一个重要应用。异常检测是指识别历史或当前的异常事件,以避免不规则或不可靠的操作,其基本原则是将新的观测结果与学习到的正常历史数据的分布进行比较,以确定统计上不太可能的偏差。例如,异常检测已被用于识别管道的突发爆裂位置以及水配送网络中的污染事件,前者有助于减少水损失,后者则对降低公共健康风险至关重要。机器学习还可用于通过对这些预测与当前数据进行比较来预测未来事件,以识别潜在的异常值,然后计算未来污染事件的发生概率。在水务领域,机器学习不仅可从现场监控和数据采集系统收集大量的数据,包括流速、温度、溶解氧浓度、浊度、氯含量等,还可收集来自信息管理系统和智能维护管理系统的数据。目前的数据收集、解释和利用方法不适合快速识别故障、在瞬态波动下进行快速控制和调整,或者对设施运营进行高效决策。这是因为目前使用的传统模型主要基于统计学,只对有限的操作范围有效,不能捕捉动态系统的时变效应或非线性行为。相比之下,机器学习模型,尤其是深度学习,可适应快速变化的情况,并且因为机器学习不依赖于预定规则,可使用多样化的动态数据来更新自己以进行更好的预测以及异常检测。因此,机器学习在智慧水务领域得到了越来越多的关注。

基于机器学习的新材料和化学物质研发是环境领域中另一个快速增长的应用领域,例如设计催化剂和开发绿色环保吸附剂。以生物聚合物为例,研究人员正在开发可生物降解的聚合物材料,可在功能上替代用化石原料生产的塑料,从而减少环境中的塑料污染。为实现这一目标,需要采用创新的机器学习方法,将两个自适应协同设计环路结合起来:一个是化学环路,探索聚合物主链和侧链的可能化学组合的结构和功能,以了解其预测的性质;另一个是合成生物学自适应设计环路,研究参与聚合物生产的生物合成途径以及其组成基因和蛋白质的作用,并通过基因工程方法进行改进。另一个例子是开发新型吸附剂,可采用两种不同的策略:生成对抗网络(例如,用于发现新的沸石结构)和变分自动编码器(例如,用于获取金属-有机框架的新结构)。这类研究通常包括三个步骤:基于其中一个机器学习算法训练模型,使用生成器或解码器生成新结构,通过实验或分子模拟验证新结构。机器学习的应用极大加速了环保新材料的开发,同时可在很大程度上降低材料的开发成本和碳足迹。

尽管机器学习在生态环境领域的应用已经取得了初步的成功,但仍然不应过于信任或高估机器学习工具。在使用机器学习时,始终有必要通过实验验证或基于领域知识和经验来验证研究结果。在某些情况下,例如当样本量很小时,传统的统计工具可能比机器学习更合适。并非每个生态环境领域的复杂问题都可直接通过机器学习工具来解决。如何巧妙地将这些问题转化为可通过机器学习来解决的问题需要巧妙地设计。这些是非常重要的考虑因素,强调了在使用机器学习方法时应谨慎,并强调了在环境科学与工程领域中综合考虑多种工具和方法的重要性。不同问题可能需要不同的方法,并且领域专业知识和判断在选择和解释方法时都非常重要。

8.4　人工智能技术在环境领域的应用

人工智能技术在环境领域的研究主要包括三个层次:一是技术应用层面,通过数据处理、信息分析、辅助决策、技能机器人等技术手段对环境治理手段进行改进；二是绿色转型层面，以数据为新的生产要素，深度学习驱动，优化资源配置，提高资源和环境效率；三是社会治理层面，通过信息整合与智能分析、多主体协商、扁平化管理增强社会公共管理及社会治理。

随着人工智能技术在环境领域的应用不断深入，环境治理的智能化、信息化趋势已经势不可挡。人工智能的感知、分析、预测、交互功能，以及与智能设备的结合，将会给环境领域带来革命性的影响。人工智能对环境领域的影响主要表现在增强环境信息的获取能力、拓展环境治理的时空维度、优化环境治理的决策机制、为环境精细化管理创造条件等方面。

（1）人工智能的感知功能增强环境信息获取能力

人工智能的图像声音识别和处理技术能够提升环境态势的感知和观测能力，使得环境监测的数据和信息来源更加丰富和多元化。人工智能技术在自主检测设备上的应用，使得环境信息收集更加便捷高效，大幅降低环境信息的收集难度和成本。无人机、无人船、环境监测机器人等设备可携带各种传感器，长时间动态监测环境污染，采集大气、水和土壤的各种信息，不仅可使环境污染信息的监管更加灵活、准确，而且可在短时间内实现大范围环境信息的普查。同时，这种无人设备还可在危险和恶劣的环境中采集数据，进入狭窄的空间、封闭的水体和其他人类难以进入的环境进行采样和分析。

（2）人工智能的分析功能拓展环境治理的时空维度

人工智能技术与传统的环境监测传感器相结合，可对环境信息数据进行预处理和分析，降低环境污染信息的处理成本。人工智能可以帮助增加环境监测的时间频次，扩大区域范围，挖掘和分析其他领域的环境相关数据从而拓展环境治理的时空维度。

（3）人工智能的预测功能优化环境治理决策机制

人工智能技术通过对数据、案例的挖掘和建模分析，动态感知环境系统的变化，对不同的决策方案进行量化分析，辅助环境治理主体进行决策；精准地分析环境变化影响因素，实现趋势预测和风险预警。

（4）人工智能的智能化应用为环境精细化管理创造条件

采用人工智能的设备和设施，可根据使用需求、环境状况和实时态势优化设备的运行，从而达到节能降耗、节约资源和提升资源配置效率的目标。

8.4.1　环境数据收集与分析

（1）传感器技术与监测设备

传感器技术与监测设备是人工智能在环境数据收集和分析中的关键工具之一。传感器技术通过安装在不同环境中的传感器，可实时监测环境中的各种参数信息，如温度、湿度、气体浓度等。这些传感器可通过无线网络或有线连接将所收集的数据传输到数据中心或云平台，供人工智能系统进行分析。

利用传感器技术和监测设备，人工智能在环境保护中的应用变得更加智能和高效。

首先，传感器技术可广泛应用于自然环境监测中，例如水质监测、大气污染监测等。传感器可实时监测水体的pH值、溶解氧含量等指标，通过与人工智能系统的结合，可实现对水质的自动监测和预警。

其次，传感器技术也可在工业环境中应用，例如监测工厂的废气排放、噪声污染等。传感器可感知环境中的各种污染指标，并将数据传输给人工智能系统进行实时分析和预警。通过及时监测和控制，可有效减少工业活动对环境造成的影响。

此外，传感器技术还可用于城市环境的监测和管理。例如，通过在城市中部署传感器，可实时监测垃圾桶的填充情况，从而优化垃圾收集的路径和时间，提高垃圾处理的效率。同时，通过监测交通流量和空气质量等指标，可优化城市交通管理和环境保护措施。

总之，传感器技术与监测设备在人工智能在环境数据收集和分析中的应用中起着重要的作用。传感器的实时监测和数据传输，结合人工智能系统的分析和预警功能，可实现环境保护工作的智能化和精细化，提高环境保护的效率和效果。

（2）数据采集与整合

在环境数据收集和分析中，人工智能扮演着重要角色。其中，数据采集与整合是人工智能在此领域中的关键环节。通过利用各种传感器和监测设备，人工智能可实时收集环境数据，例如空气质量、水质状况、噪声水平等。同时，人工智能还能整合各种数据源，对来自不同设备和平台的数据进行汇总和处理。

利用人工智能技术可实现高效、准确的数据采集和整合过程。首先，人工智能可自动化地收集数据，不仅提高了采集效率，还减少了人工因素导致的错误。其次，人工智能能够从大量的数据中提取关键信息，识别异常数据和噪声，并进行数据清洗和预处理，以确保数据的准确性和可靠性。此外，人工智能还具备自适应能力，能够根据不同环境和数据特点，自动选择最优算法和模型进行数据整合，提高了数据分析的效果和精度。

数据采集与整合是人工智能在环境保护中的基础工作，它为后续的数据分析和决策提供了可靠的数据基础。通过人工智能技术的应用，我们能够更好地了解环境变化的趋势和规律，为环境保护提供科学依据和决策支持。因此，数据采集与整合在人工智能在环境保护中的应用中起着至关重要的作用。

（3）数据分析与模型建立

在环境数据收集和分析中，数据分析与模型建立是人工智能的重要应用之一。通过人工智能技术的支持，环境数据的大规模收集和处理变得更加高效和准确。数据分析与模型建立可帮助我们更好地理解环境中的数据趋势和变化规律，为环境保护提供科学依据和决策支持。

在数据分析阶段，人工智能技术可帮助对海量的环境数据进行提取、清洗和整理，以便后续的分析和建模。通过自动化的算法和模型，人工智能可识别和去除噪声数据，提高数据的质量和可靠性。同时，人工智能还可进行数据的归类、聚类和关联分析，从而发现数据之间的内在联系和规律，揭示环境数据中的潜在问题和变化趋势。

模型的建立是数据分析的重要环节之一。在人工智能的支持下，我们可利用机器学习、深度学习等算法来构建环境数据的预测模型和分类模型。通过分析历史数据和环境参数，人工智能可学习到数据之间的关系和规律，并根据新的数据进行预测和分类。这些模型可帮助我们准确地评估环境状况和趋势，提前预警环境问题的发生，从而采取相应的措施进行环境保护和治理。

8.4.2 环境监测与预警

随着科技的不断进步，人工智能在环境保护方面的应用也日益广泛。在环境监测与预警中，人工智能发挥着重要的作用。

（1）空气质量监测与预警系统

人工智能技术在空气质量监测与预警系统中有着巨大的潜力。通过传感器和监测设备收集大量的环境数据，结合人工智能的算法和模型，可实现空气质量的实时监测和预测。人工智能可通过分析数据中的模式和趋势，准确地预测空气污染的发生和扩散情况，从而提前采取相应的措施来控制和减少污染物的释放。此外，人工智能还可通过自动化的方式对环境数据进行分析和解读，帮助环保部门制定更科学的环境保护政策和措施。通过人工智能技术的应用，空气质量监测与预警系统可更加准确、高效地实现对空气污染的监测和预警，从而保护人们的健康和生活环境。

（2）水质监测与预警系统

水质监测与预警系统是人工智能在环境监测与预警中的重要应用之一。随着水污染问题的日益突出，传统的水质监测方法已经不能满足对水质的实时监测和准确预警的需求。人工智能技术的应用，为水质监测与预警系统带来了新的解决方案。

首先，人工智能技术可通过大数据分析和机器学习算法，对海量的水质监测数据进行快速处理和分析。传感器、水质监测仪器等装置可实时采集水质监测数据，而人工智能技术可对这些数据进行实时分析和处理，识别出潜在的水质问题。通过建立水质数据库和训练模型，人工智能系统可对水资源进行全面监测，包括水质参数、水体运动情况等，从而实现对水质的精准预警。

其次，人工智能技术还可结合无人机、无人船等高新技术设备，实现对水质的远程监测。传统的水质监测方法需要人工采样和实地检测，耗时耗力，无法满足大范围、大面积、复杂环境下的水质监测需求。而人工智能技术和无人机、无人船等设备相结合，可实现对水质的高效、远程监测。这些设备可携带多种传感器，实时获取水质数据，并通过人工智能系统进行分析和处理，提供准确的水质预警信息。同时，无人机、无人船等设备具有灵活性和机动性，可覆盖更广泛的水域，监测更多的水质指标，为环境保护提供更全面的数据支持。

此外，人工智能技术还可结合图像识别和模式识别等算法，实现对水污染源的智能识别和溯源。通过分析水质数据和水体图像，人工智能系统可识别出水中存在的污染物，并追溯其来源。这对于及早发现和处理水污染问题具有重要意义。通过建立水污染源数据库和训练模型，人工智能系统可不断学习和优化识别算法，提高识别水污染源的准确性和敏感性。

综上所述，水质监测与预警系统是人工智能在环境保护中的重要应用之一。借助人工智能技术，可实现对水质的实时监测、精准预警和智能识别，提高环境保护的水平和效果，为保护水资源、维护生态平衡做出贡献。

（3）森林火灾监测与预警系统

森林火灾是严重威胁自然生态环境和人类生命财产安全的自然灾害之一。通过人工智能技术的应用，可提高森林火灾的监测和预警能力。

传感器技术的应用：通过在森林地区布设传感器网络，可实时监测温度、湿度、风力等环境参数，并将数据实时传输到中央控制系统。人工智能算法可对这些传感器数据进行分析和处理，以预测火灾的可能性和危险程度。

图像识别与火灾检测：通过使用高分辨率卫星图像、航空无人机和监控摄像头等设备，结合图像识别技术，可实现对森林火灾的快速检测和定位。人工智能算法能够识别烟雾、火苗等火灾迹象，并将其与基准图像库进行比对，从而实现准确的火灾识别与定位。

数据分析与预警系统：通过对大量历史火灾数据和环境特征数据进行分析和建模，人工智能算法能够识别出导致火灾发生的关键因素和预警指标。基于这些模型和指标，可建立火灾预警系统，及时发出预警信号，提醒相关部门和人员采取必要的防控措施。

声光报警与指挥调度：人工智能技术还可应用于火灾报警系统的改进。基于火灾监测数据和预警信息，可实现智能报警，建立包括声光报警装置和短信、电话等多种方式的自动报警系统。同时，通过人工智能算法的支持，可实现火灾指挥调度系统的优化，提高火灾应急处置的效率和准确性。

人工智能在森林火灾监测与预警系统中的应用具有重要意义。它可帮助提高火灾的检测和预警能力，减少火灾造成的损失，同时也为环境保护和自然资源的可持续利用提供了有力支持。

8.4.3 环境治理

（1）智能垃圾分类与处理

智能垃圾分类与处理是人工智能在环境治理中的重要应用领域之一。随着城市化进程的加速和人口增长，垃圾问题日益严重，传统的垃圾分类和处理方式已经无法满足需求。而人工智能技术的发展为解决垃圾问题提供了新的思路和方法。

智能垃圾分类与处理利用人工智能技术中的图像识别、语音识别和机器学习等算法，实现对垃圾的智能分类和处理。通过安装在垃圾桶上的摄像头和传感器，系统可实时监测和识别进入垃圾桶的垃圾类型。同时，通过语音识别技术，系统可与用户进行交互，提供垃圾分类的相关指导和建议。

智能垃圾分类与处理的好处是多方面的。首先，它能够减少垃圾被错误地分类和处理的情况，提高垃圾分类的准确性和效率。其次，智能垃圾分类系统可对不同类型的垃圾进行有效的处理和回收，减少环境污染和资源浪费。同时，通过对垃圾分类和处理过程的数据收集和分析，可为环保部门提供更精确的数据和决策支持。此外，智能垃圾分类与处理还可促进垃圾减量和资源循环利用。智能垃圾分类系统的推广和应用，可提高人们对垃圾分类的认识，进一步推动垃圾减量和可再生资源的回收利用。

总之，智能垃圾分类与处理是人工智能在环境治理中的重要应用之一。其在垃圾分类准确性、处理效率和资源循环利用等方面的优势，可为环保工作提供有力的支持，促进环境保护和可持续发展。

（2）智能能源管理与优化

智能能源管理与优化是人工智能在环境治理领域的重要应用之一。通过使用人工智能技术，可实现对能源的智能监测、控制和优化，从而减少能源的浪费和环境污染。

在智能能源管理方面，人工智能可通过大数据分析和模型预测，对能源的消耗和供应进行实时监测和调整。通过智能传感器和智能电表等设备的安装，可收集大量的能源使用数据，利用人工智能算法进行数据分析，进而优化能源的分配和使用。例如，利用人工智能技术，可对建筑物的能源消耗进行实时监测和分析，帮助建筑物管理员调整能源使用策略，减少能源的浪费。

此外，人工智能还可应用于能源系统的优化。通过建立能源系统的模型，并结合各种因素的数据，如能源供应情况、能源需求预测、能源价格变动等，可利用人工智能算法进行优化。通过优化能源系统的调度和运行策略，可降低能源的消耗和排放，提高能源的利用效率。

因此，智能能源管理与优化是人工智能在环境治理中的重要应用之一。通过利用人工智能技术，可实现对能源的智能监测、控制和优化，从而减少能源的浪费和环境污染，提高能源的利用效率。

（3）智能交通管理与减排

智能交通管理与减排是人工智能在环境治理中的重要应用领域之一。通过智能交通技术的应用，可实现交通通畅和减少排放，从而减轻交通对环境的负面影响。

一方面，利用人工智能技术可对交通流量进行实时监测和预测，从而优化交通信号灯的控制，减少交通拥堵，提高交通效率。智能交通系统可通过收集、分析和处理实时交通数据，自动调整信号灯配时，使交通流量更加合理和平稳，减少车辆的停车等待时间，从而减少交通拥堵产生的尾气排放。

另一方面，利用人工智能技术可实现智能交通的车辆管理和控制，从而减少车辆的排放。例如，通过人工智能技术，可实现车辆的自动化驾驶，避免人为驾驶错误和不必要的加速、刹车等操作，以提高车辆燃油利用率和降低尾气排放。智能交通系统还可通过实时监测车辆的排放情况，对污染排放超标的车辆进行自动识别和处罚，从而促使车辆主动降低尾气排放，减少环境污染。

总的来说，智能交通管理与减排是人工智能在环境治理中的一项重要应用。通过智能交通技术的应用，可实现交通通畅和减少车辆排放，从而减轻交通对环境的负面影响，促进环境保护和可持续发展。

参考文献

[1] Koza J R，Bennett F H Ⅲ，Andre D，et al. Automated design of both the topology and sizing of analog electrical circuits using genetic programming[M]//Gero J S，Sudweeks F. Artificial Intelligence in Design '96. Dordrecht：Springer Netherlands，1996：151-170.

[2] Géron A. Hands-on Machine Learning with Scikit-Learn，Keras，and TensorFlow[M]. Sebastopol：O'Reilly Media，Inc.，2022.

[3] Marsland S. Machine Learning：An Algorithmic Perspective[M]. Boca Raton：Chapman and Hall/CRC，2011.

[4] Cielen D，Meysman A. Introducing Data Science：Big Data，Machine Learning，and More，Using PythonTools[M]. New York：Simon and Schuster，2016.

[5] James G，Witten D，Hastie T，et al. An Introduction to Statistical Learning[M]. Berlin：Springer，2013.

[6] Mohri M，Rostamizadeh A，Talwalkar A. Foundations of Machine Learning[M]. Cambridge，Mass：MIT Press，2018.

[7] Breiman L. Random forests[J]. Machine Learning，2001，45（1）：5-32.

[8] Wang S C. Artificial neural network[M]//Wang S C. Interdisciplinary Computing in Java Programming. Boston，MA：Springer US，2003：81-100.

[9] Deng L，Yu D. Deep learning：Methods and applications[J]. Foundations and Trends® in Signal Processing，2014，7（3/4）：197-387.

[10] Zhong S F，Zhang K，Bagheri M，et al. Machine learning：New ideas and tools in environmental science and engineering[J]. Environmental Science & Technology，2021，55（19）：12741-12754.

[11] Zhu J J，Yang M Q，Ren Z J. Machine learning in environmental research：Common pitfalls and best practices[J]. Environmental Science & Technology，2023，57（46）：17671-17689.

[12] Yang M Q，Zhu J J，McGaughey A，et al. Predicting extraction selectivity of acetic acid in pervaporation by machine learning models with data leakage management[J]. Environmental Science & Technology，2023，57（14）：5934-5946.

[13] Raccuglia P，Elbert K C，Adler P D F，et al. Machine-learning-assisted materials discovery using failed experiments[J]. Nature，2016，533（7601）：73-76.

[14] Shorten C，Khoshgoftaar T M. A survey on image data augmentation for deep learning[J]. Journal of Big Data，

2019，6（1）：6.

[15] Varma S，Simon R. Bias in error estimation when using cross-validation for model selection[J]. BMC Bioinformatics，2006，7：91.

[16] Rexstad E，Innis G S. Model simplification：Three applications[J]. Ecological Modelling，1985，27（1/2）：1-13.

[17] Yao Y，Rosasco L，Caponnetto A. On early stopping in gradient descent learning[J]. Constructive Approximation，2007，26（2）：289-315.

[18] Barredo Arrieta A，Díaz-Rodríguez N，Del Ser J，et al. Explainable artificial intelligence（XAI）：Concepts，taxonomies，opportunities and challenges toward responsible AI[J]. Information Fusion，2020，58：82-115.

[19] Jeong N，Chung T H，Tong T Z. Predicting micropollutant removal by reverse osmosis and nanofiltration membranes：Is machine learning viable？ [J]. Environmental Science & Technology，2021，55（16）：11348-11359.

[20] Hou L L，Dai Q L，Song C B，et al. Revealing drivers of haze pollution by explainable machine learning[J]. Environmental Science & Technology Letters，2022，9（2）：112-119.

[21] Ransom K M，Nolan B T，Traum J A，et al. A hybrid machine learning model to predict and visualize nitrate concentration throughout the Central Valley aquifer，California，USA[J]. Science of the Total Environment，2017，601：1160-1172.

[22] Bzdok D，Altman N，Krzywinski M. Statistics versus machine learning[J]. Nature Methods，2018，15（4）：233-234.

[23] Hu X F，Belle J H，Meng X，et al. Estimating $PM_{2.5}$ concentrations in the conterminous United States using the random forest approach[J]. Environmental Science & Technology，2017，51（12）：6936-6944.

[24] Gupta P，Christopher S A. Particulate matter air quality assessment using integrated surface，satellite，and meteorological products：2. A neural network approach[J]. Journal of Geophysical Research：Atmospheres，2009，114（D20）：2008JD011497.

[25] Zhu J J，Anderson P R. Performance evaluation of the ISMLR package for predicting the next day's influent wastewater flowrate at Kirie WRP[J]. Water Science and Technology，2019，80（4）：695-706.

[26] Raza A，Bardhan S，Xu L H，et al. A machine learning approach for predicting defluorination of per-and polyfluoroalkyl substances（PFAS）for their efficient treatment and removal[J]. Environmental Science & Technology Letters，2019，6（10）：624-629.

[27] Ballesté E，Belanche-Muñoz L A，Farnleitner A H，et al. Improving the identification of the source of faecal pollution in water using a modelling approach：From multi-source to aged and diluted samples[J]. Water Research，2020，171：115392.

[28] Zhou X，Tang Z H，Xu W R，et al. Deep learning identifies accurate burst locations in water distribution networks[J]. Water Research，2019，166：115058.

[29] Kim B，Lee S，Kim J. Inverse design of porous materials using artificial neural networks[J]. Science Advances，2020，6（1）：eaax9324.

[30] Yao Z P，Sánchez-Lengeling B，Bobbitt N S，et al. Inverse design of nanoporous crystalline reticular materials with deep generative models[J]. Nature Machine Intelligence，2021，3（1）：76-86.

第九章

AI赋能环境领域典型案例

9.1 AI用于固废管理

9.1.1 深度学习在城市固体废物产量预测中的应用

快速的城市化、人口增长和经济发展极大地促进了城市生活垃圾的产生。准确预测城市生活垃圾产量，可以为城市规划提供依据，从而提前采取适当的措施。城市生活垃圾的产生涉及多种因素，是一个复杂和非线性的过程，因此预测难度大。虽然有许多模型已被应用于城市生活垃圾产量预测，但将深度学习模型用于城市生活垃圾产量预测的研究较少。因此，探讨将深度学习模型应用于城市生活垃圾产量预测的潜力，并提出不同深度学习模型，用于预测上海城市生活垃圾产量具有重要意义。

9.1.1.1 社会经济因素与城市生活垃圾产量的皮尔逊相关性

图9-1(a) 为1978年至2021年上海城市生活垃圾产量变化趋势，总体呈上升趋势，从1978年的108万吨增长到2021年的1230万吨。需要注意的是，2000年和2001年产量急剧增加的部分原因为，当年上海将厨余垃圾纳入城市生活垃圾统计。2002年生活垃圾产量突然下降的原因尚不清楚，可能与统计范围再次发生改变有关。

图9-1 (b) 呈现了各社会经济因素与城市生活垃圾产量相关性的热力图。蓝色表示最小负相关 （-100%），红色表示最大正相关（100%）。具体来说，16个社会经济因素（S15、S1、S2、S8、S7、S3、S6、S17、S14、S11、S23、S12、S13、S18、S22、S24）与上海城市生活垃圾产量呈正相关的关系，其中S15的相关性最强 （$R^2=95.46\%$）。这些因素主要涵盖了人口、经济和社会生产等方面，表明城市化进程将导致城市生活垃圾产量的增加。另外，还有8个因素（S10、S5、S20、S16、S21、S19、S4和S9）与城市生活垃圾产量呈负相关。这些因素与非生产性因素、第三产业建设以及城市居民生活方式等有关。

综合皮尔逊相关分析结果，可得出结论：城市生活垃圾产量与社会生产水平呈正相关。$R^2>80\%$的前11个因素（S15、S1、S2、S8、S7、S3、S6、S17、S14、S11和S23）与人口、经济因素和社会生产直接相关，城市化进程会产生大量城市生活垃圾。而$0<R^2<70\%$的因素（S13、S18、S22和S24）可归于非生产性因素，与城市居民基本生活需求没有直接关系。此外，$R^2<0$的因素如S21、S20和S16，可能与第三产业建设、休闲方式以及

城市居民的生活习惯等因素有关，这些因素减少了生产活动，从而导致城市生活垃圾产量减少。

9.1.1.2 1D-CNN-LSTM-注意力机制预测城市生活垃圾产量性能

二维码 9-1
彩图 9-1

二维码 9-2
深度学习模型
预测垃圾产量

二维码 9-3
彩图 9-2

图 9-2 展示了 1D-CNN-LSTM-注意力机制模型结构示意图和在预测上海城市生活垃圾产量方面的性能表现。由图 9-2（a）可知，1D-CNN-LSTM-注意力机制模型由一维卷积神经网络（1D-CNN）、长短期记忆人工神经网络（LSTM）和注意力机制（Attention）模型组成。预测值与实际值在训练集和测试集的相关性分别为 97.44% 和 97.52%［见图 9-2（b）］。

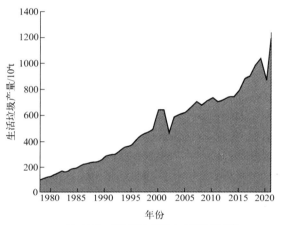

(a) 1978—2021年上海城市生活垃圾产量

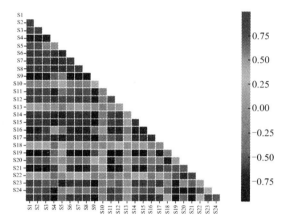

(b) 社会经济因素对垃圾产量影响的热力图

图 9-1 上海城市生活垃圾产量及社会经济因素的影响

S1：常住人口数量；S2：人口密度；S3：总户数；S4：男女比例；S5：平均每户人口数量；S6：生产总值；S7：工业生产总值；S8：能源消费弹性；S9：人均生产总值；S10：能源消费弹性系数；S11：环保投入；S12：科研经费占比；S13：废水排放总量；S14：工业废气排放量；S15：全社会固定资产投资总额；S16：房屋竣工率；S17：社会消费品零售总额；S18：保险利润；S19：在校学生人数；S20：卫生机构数量；S21：电影场所数量；S22：艺术表演场馆；S23：艺术表演团体；S24：纸类印刷总量

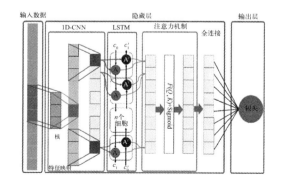

(a) 1D-CNN-LSTM-注意力机制的结构示意图

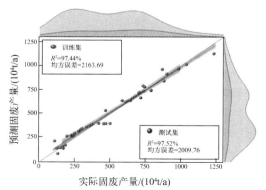

(b) 1D-CNN-LSTM-注意力机制模型预测和验证测试城市生活垃圾产量性能

图 9-2 1D-CNN-LSTM-注意力机制结构及应用

9.1.2　基于 ResNet-50 结合迁移学习可视化模型应用于上海城市生活垃圾四分类研究

越来越多的城市实施了生活垃圾分类政策，将城市生活垃圾分为干垃圾、湿垃圾、可回收垃圾和有害垃圾。为了提高智能化水平、垃圾分类的准确率和效率，利用图像识别技术进行垃圾智能分类具有巨大的发展前景。传统的图像识别在垃圾自动分拣机中被广泛应用，但需要手工设计特征来识别垃圾图像，存在泛化能力弱、仅适用于低维数据等问题。

深度机器学习是一种强大的方法，可自动学习各种数据集的代表性特征。与传统的图像分类方法相比，它具有通用性、鲁棒性和可扩展性等优势。深度学习的本质是数据驱动模型，它通过大量数据发现潜在的规律。然而，数据集的缺乏和可信赖度问题一直是深度学习领域的挑战。近年来，随着技术的进步，迁移学习技术可以解决数据集受限的问题，但将其与深度学习结合应用于垃圾分类的相关研究相对较少。

深度学习训练涉及大量参数调节设置，特别是学习率的选择直接影响模型性能。学习率过小或过大都会导致训练过程收敛缓慢或无法收敛，增加了训练难度。为了解决这个问题，可采用周期学习率，使学习率选择更加合理和科学。此外，深度学习模型的可解释性也是一个亟待解决的问题。因此，可基于迁移学习的深度残差网络（ResNet），结合周期学习率，建立高精确度和高效率的城市生活垃圾分类模型。研究收集了开源数据集和某小区的 58060 张生活垃圾图片，并对其重新进行了标记，分为有害垃圾、可回收垃圾、湿垃圾和干垃圾四大类别。此外，利用反卷积神经网络、主成分分析法和 t-SNE（t 分布随机邻域嵌入）算法，提高了分类过程的透明度，使模型更具可解释性。

9.1.2.1　周期学习率应用于 MSWNet 模型寻找合理学习率

图 9-3 为利用周期学习率基于 ImageNet 数据集训练 ResNet-50 模型的过程中的学习率与损失值变化情况。周期学习率是将学习率数值设置在一定范围内，而不是采用固定的或指数下降的方式，这有助于避免不必要的试错，提高训练效率。在本研究中，学习率的最小边界和最大边界值分别被设置为 10^{-7} 和 10，可参考相关文献。由图 9-3 可知，当学习率为 2×10^{-5} 时，损失和学习率之间的梯度达到最大，表明 2×10^{-5} 的点是模型训练最佳学习率。因此，应用 2×10^{-5} 的学习率来训练 ResNet-50 模型用于城市生活垃圾分类

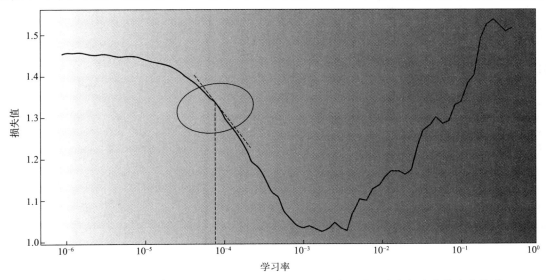

图 9-3　基于 ImageNet 数据集训练 ResNet-50 模型过程中的学习率与损失值的变化情况

的数据集。

此外，为了避免训练过程中出现梯度消失的问题，MSWNet 模型中的学习率将随网络层数的增加而逐渐增加。具体来说，MSWNet 在不同训练阶段（阶段 0、阶段 1、阶段 2、阶段 3 和阶段 4）的学习率分别为 $1/5\times10^{-5}$、$1/4\times10^{-5}$、$1/3\times10^{-5}$、$1/2\times10^{-5}$ 和 1×10^{-5}。周期学习率能够获得合理、符合逻辑的学习率数值。与其他研究相比，这种方法极大地减少了人力、物力的投入。

9.1.2.2 MSWNet 模型在测试集中的性能

二维码 9-4
PCA 和 *t*-SNE 分析
MSWNet 可视化解释

二维码 9-5
彩图 9-4

迁移学习对 ResNet-50 在测试集上的性能的影响如图 9-4 所示。图 9-4（a）和图 9-4（b）分别为 ResNet-50 和 MSWNet 在测试集上的混淆矩阵结果。混淆矩阵是一种用于评估分类模型性能的矩阵，其中对角线上的数字代表正确的分类，而对角线外的数值代表标签和图像之间不匹配的情况。例如，在图 9-4

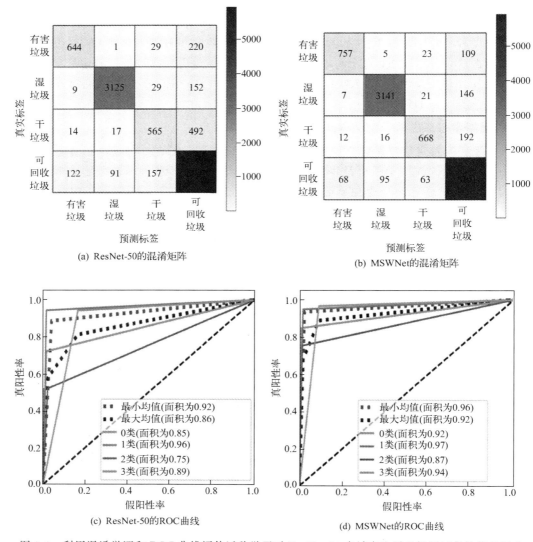

图 9-4　利用混淆举证和 ROC 曲线评估迁移学习对 ResNet-50 在城市生活垃圾测试集性能的影响

（a）中，对于 ResNet-50，有 644 张有害垃圾图像被正确分类，相比之下，1 张有害垃圾图像被错误分类为湿垃圾，29 张有害垃圾图像被误判为干垃圾，还有 220 张有害垃圾图像被错误分类为可回收垃圾。值得注意的是，与 ResNet-50 相比，MSWNet 在对角线上的固废图像数值更大 ［图 9-4（b）］，这表明 MSWNet 在城市生活垃圾测试数据集上的表现更佳。

受试者工作特征曲线（ROC）是综合评估灵敏度、精度、F1 分数和准确率性能的指标，也用于衡量 ResNet-50 和 MSWNet 的分类性能，如图 9-4（c）和图 9-4（d）所示，其中 0 类、1 类、2 类和 3 类分别代表有害垃圾、湿垃圾、干垃圾和可回收垃圾。ROC 曲线下的面积（AUC）被认为是衡量分类效果的指标，MSWNet 的 AUC 值（96%）明显大于 ResNet-50 模型（92%），这表明 MSWNet 更适用于城市生活垃圾分类，也反映了迁移学习显著提高了 ResNet-50 的分类性能。

9.1.3 基于动力学和热力学与深度学习多维度定量化分析筛下垃圾热化性质研究

干垃圾在采集和运输过程中，可能与未分类垃圾混合。为了资源利用最大化，通常在最终垃圾处理处置之前，采用滚筒筛和弹跳筛及振动床等机械筛分，以从混合垃圾中提取可回收物。分选过程中，透过滚筒筛和弹跳筛及振动床等筛孔的废物，被定义为筛下垃圾。其主要成分包括微小的土壤颗粒、残留的湿垃圾、碎小的落叶以及微小的玻璃碎片等。由此可见，筛下垃圾是不可避免的干垃圾分选过程的副产品，需要高效处理。

热化处理在处理筛下垃圾时具有巨大潜力，深度学习算法在预测筛下垃圾的成分和温度定量化关系的应用鲜有研究报道。因此，采用 TG-FTIR（热重-傅里叶变换红外光谱）技术表征主要气态产物，构建了深度学习模型（1D-CNN-LSTM）以准确预测和验证温度与组分的关系，为高效处理筛下垃圾提供了重要的参考依据，也验证了在筛下垃圾热化处理系统中应用深度学习方法的可行性和潜力。

9.1.3.1 FTIR 分析筛下垃圾热化处理气相成分

傅里叶变换红外光谱可通过特征光谱峰与功能团匹配，确认热解后气相产物分布。图 9-5（a）展示了筛下垃圾 $10℃/min$ 下燃烧过程的三维红外光谱。基于特征吸收峰，峰值为 $495.2℃$ 的气体在二维红外光谱中可被识别出来，如图 9-5（b）所示。燃烧气体产物包括 CO_2、H_2O 和 CO，以及含 $C=O$ 和酚基等官能团的物质。

在 $4000\sim3500cm^{-1}$ 处检测到了 O—H 键的特征峰，这归因于原始的水分子和其他化合物的分解或重组。$3016cm^{-1}$ 处的峰表示 CH_4 的存在，可能是由苄基和甲氧基—$O—CH_3$ 的裂解产生的，或者是由自由基反应（$CH_2/CH_3 + \cdot H \longrightarrow CH_4$）产生的。$2358cm^{-1}$ 和 $670cm^{-1}$ 处的峰表示存在 CO_2，主要是由于有机和无机物质的分解提供了形成 CO_2 的途径。在约 $2094cm^{-1}$ 处出现了一个小峰，表示含有较少的 CO。其来源主要是甲醛（CH_2O）和/或甲酰自由基（HCO）。此外，在 $1882\sim1604cm^{-1}$、$1586\sim1218cm^{-1}$ 和 $966cm^{-1}$ 处检测到了 $C=O$、酚类和 NH_3 的峰。

在特定波数下，评估化学反应温度与气体产物吸光度之间的关系，如图 9-5（c）所示。在燃烧过程中，随着温度升高，吸光度先增大再减小。CO_2 ［图 9-5（c_2）］ 和 NH_3 ［图 9-5（c_1）］ 的峰值分别对应最高和最低的吸光度。图 9-5（d）呈现气态产物的吸光值，其中气态产物的排放浓度从高到低依次为：$CO_2 > H_2O >$ 苯酚 $> C=O > CO > C—O > CH_4 > NH_3$。

二维码 9-6
FT-IR 分析筛下垃圾
热解气相成分

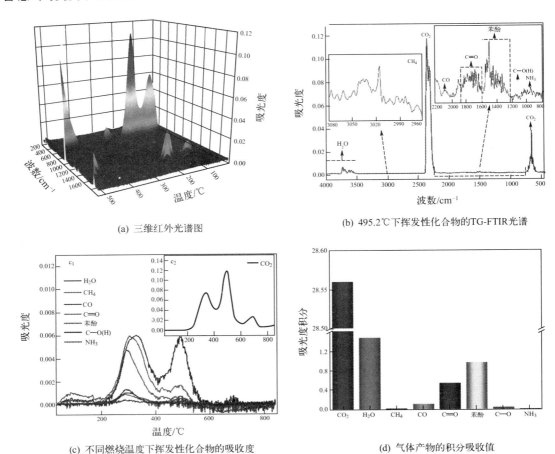

(a) 三维红外光谱图

(b) 495.2℃下挥发性化合物的TG-FTIR光谱

(c) 不同燃烧温度下挥发性化合物的吸收度

(d) 气体产物的积分吸收值

图 9-5　FTIR 分析结果

9.1.3.2　1D-CNN-LSTM 模型模拟筛下垃圾热重曲线

如图 9-6(a) 所示，训练误差（0.0265）和验证误差（0.0055）的 MSE（均方误差）在第 15 轮训练时保持大致稳定，这表明 1D-CNN-LSTM 模型已经收敛。如图 9-6(b) 所示，预测值与真实值之间的 R^2 为 94.41%。以上结

二维码 9-7
彩图 9-5

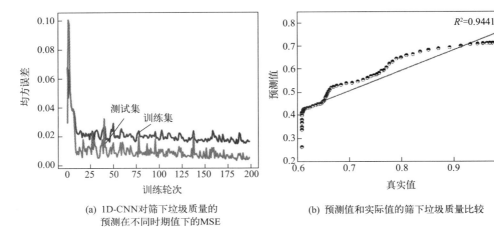

(a) 1D-CNN对筛下垃圾质量的
预测在不同时期值下的MSE

(b) 预测值和实际值的筛下垃圾质量比较

图 9-6　1D-CNN-LSTM 模型性能评估

果证实了使用 1D-CNN-LSTM 模型模拟筛下垃圾燃烧行为的可行性，该模型表现了出色的泛化能力。

二维码 9-8
1D-CNN-LSTM
模拟筛下垃圾热
解曲线权重分布

二维码 9-9
1D-CNN-LSTM
预测筛下垃圾热
解曲线权重分布

9.1.3.3 1D-CNN-LSTM 预测筛下垃圾热解曲线变化

图 9-7 展示了 1D-CNN-LSTM 模型在模拟筛下垃圾热解过程中质量变化方面的表现。由图可知，在模型训练过程中，训练集损失和测试集损失的均方误差在训练到第 30 轮之后趋于稳定，分别降至 0.005 和 0.002，并在后续训练中保持不变。这一趋势表明模型已经达到了收敛状态，即模型在训练数据上表现出较低的误差，并且能够泛化到验证数据上。由图 9-7(b) 可知，筛下垃圾质量预测值和真实值之间的相关性估计为 93.91%，说明利用 1D-CNN-LSTM 模型可有效模拟筛下垃圾热解过程中质量的变化，这可归功于 1D-CNN-LSTM 算法出色的泛化能力。

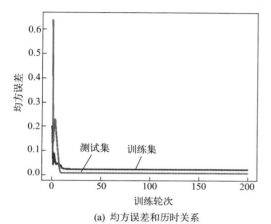
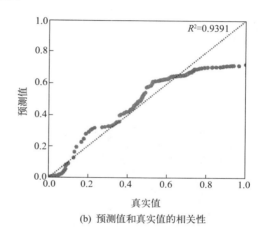

(a) 均方误差和历时关系　　　　　　(b) 预测值和真实值的相关性

图 9-7　1D-CNN-LSTM 预测性能评估

图 9-8 显示了 1D-CNN-LSTM 与其他深度学习算法在预测筛下垃圾热解性能方面的比较。各种算法的 R^2 按照以下顺序排列：1D-CNN-LSTM(93.91%)＞LSTM(85.35%)＞

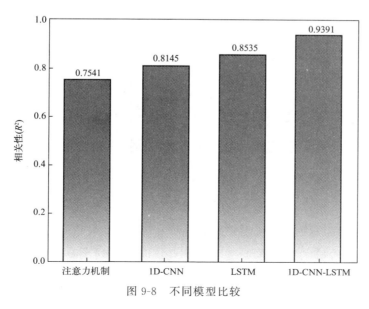

图 9-8　不同模型比较

1D-CNN(81.45%)＞注意力机制(75.41%)。这表明，1D-CNN-LSTM 的性能明显优于其他三种算法。

9.2 AI 用于大气颗粒物污染预测

在大气污染控制与治理领域，随着数据规模和复杂性的不断增加，机器学习技术正日益成为不可或缺的工具。凭借其卓越的数据处理能力和灵活的模型构建能力，机器学习为大气处理中的诸多关键任务提供了创新性和高效的解决方案。本节将以芬兰 Hyytiälä（许蒂亚拉）站点为例，详细探讨如何利用机器学习技术对环境颗粒物数目尺寸分布（PNSD）进行预测。

9.2.1 机器学习用于 PNSD 预测

图 9-9(a) 展示了 1996 年至 2023 年的 PNSD 数据，揭示了显著的年际变化，其中颗粒物浓度在春季达到较高水平，在冬季则显著降低。颗粒物浓度的高峰主要集中在直径小于

二维码 9-10
彩图 9-9

200nm 的颗粒范围内。超细颗粒（直径 0～100nm，UFP）占总颗粒数浓度（PNC）的 75% 以上［图 9-9(b)］，对整体趋势产生了显著影响。UFP 和总 PNC 在四月份达到峰值［图 9-9(c)］。自 1996 年以来，尤其是 2004 年之后，UFP 和总 PNC 均呈现出显著下降趋势，年平均线性下降率分别为每年 $342cm^{-3}$ 和 $254cm^{-3}$ ［图 9-9(d)］。

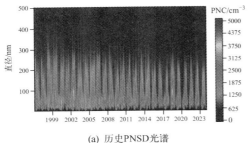

(a) 历史PNSD光谱

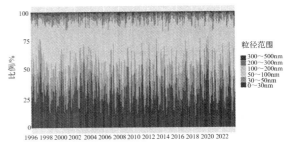

(b) 不同尺寸分级的颗粒数浓度(PNC)百分比的时间序列(括号中的数字表示颗粒物的尺寸范围，以nm为单位)

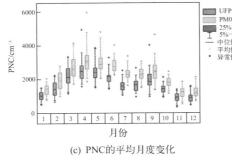

(c) PNC的平均月度变化

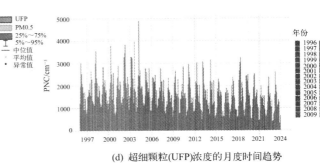

(d) 超细颗粒(UFP)浓度的月度时间趋势

图 9-9　1996 年至 2023 年期间获得的 PNSD 分析

9.2.2 机器学习模型在 PNSD 预测中的表现

图 9-10(a) 比较了多种机器学习模型在 PNSD 时间序列预测中的表现。大多数模型在训练集和测试集上的表现相对一致，然而 KNN（近邻算法）和 1D-CNN 模型表现出显著差异。通常，模型在训练集上表现出较高的 R^2 值，表明其拟合效果较好，而在测试集上则表

现为较低的 RMSE（均方根误差）值。LSTM 模型在测试集上的表现最佳，具有最优的时间步长，其 RMSE 为 281，R^2 为 0.85。GRU（门控循环单元）模型（RMSE＝316，R^2＝0.82）和 CNN-LSTM 模型（RMSE＝344，R^2＝0.76）也展现了较强的预测能力。其他模型的表现则相对中等。特别值得注意的是，KNN 模型虽然在训练集上表现出色，但在测试集上的 R^2 仅为 0.52，表明该模型存在过拟合问题。这些结果突显了不同模型在预测精度上的差异，强调了在 PNSD 预测中采用针对性建模方法的重要性。

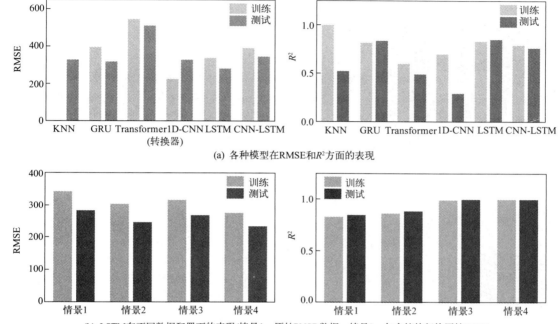

(a) 各种模型在RMSE和R^2方面的表现

(b) LSTM在不同数据配置下的表现(情景1：原始PNSD数据；情景2：包含熵特征的原始PNSD
数据；情景3：包含气象特征的原始PNSD数据；情景4：包含熵和气象特征的原始PNSD数据)

图 9-10　机器学习模型在 PNSD 预测中的对比表现

图 9-10（b）展示了信息熵和气象因素对机器学习模型性能的影响。通过引入这些特征，预测精度得到了显著提升。在情景 2 中，加入信息熵后，RMSE 减少了 36，R^2 增加了 0.04。这一改进归因于信息熵在量化系统不确定性方面的作用，增强了模型捕捉 PNC 动态变化的能力，使 RMSE 降低了 26～28。在情景 3 中，加入气象因素后，RMSE 减少了 13，R^2 增加了 0.16。这种效果主要源于气象因素对颗粒物行为的影响：温度和湿度影响颗粒物的形成和扩散，风速和边界层高度则影响颗粒物的传输和沉积，进而直接改变了颗粒物的行为特征并显著提升了 R^2。

在情景 4 中，同时整合了信息熵和气象因素，模型性能表现出显著的提升，达到了 RMSE 为 231 和 R^2 为 0.99 的高水平。此提升源于这两类参数的互补效应：信息熵有效捕捉了系统的内在变化性和不确定性，气象数据则提供了外部环境因素的上下文信息。两者的结合使得模型能够考虑更广泛的影响因素，从而实现对 PNSD 更加精准的预测。从情景 1 到情景 4，模型预测结果与实际观测数据的相关性逐渐增强，进一步验证了这一趋势。这些结果表明，整合信息熵和气象因素显著优化了模型的预测性能，突显了在 PNSD 预测中引入额外数据参数的关键性和必要性。

二维码 9-11
机器学习模型在
PNSD 预测中的
可解释性分析

9.2.3 LSTM 预测未来 PNSD

图 9-11 展示了基于优化后的 LSTM 模型对 2024 年至 2030 年芬兰 Hyytiälä 站 PNSD 的预测结果。该模型整合了气象因素和信息熵，成功捕捉了长期依赖性和季节性模式，展现出明显的年度波动 [图 9-11(a)]，尤其是在 UFP 浓度方面表现突出 [图 9-11(b)]。图 9-11(c) 表明，2024 年至 2030 年的预测结果与 2006 年至 2015 年的历史数据高度一致，预测的总 PNC 和 UFP 浓度分别为 $2098cm^{-3}$ 和 $1432cm^{-3}$。

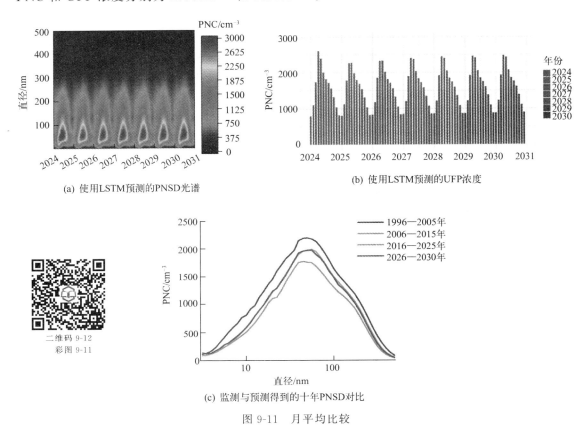

(a) 使用LSTM预测的PNSD光谱

(b) 使用LSTM预测的UFP浓度

二维码 9-12
彩图 9-11

(c) 监测与预测得到的十年PNSD对比

图 9-11 月平均比较

9.3 AI 用于土壤污染控制

在众多土壤污染物中，多环芳烃（PAHs）因其在环境中的广泛分布及对人类和动物健康的显著威胁而备受关注。PAHs 具有较强的挥发性，不仅能够远距离迁移，还易于在土壤中积累，从而对人类健康构成长期危害。热脱附作为一种土壤物理修复技术，在处理土壤中挥发性和半挥发性有机物（VOCs/SVOCs）污染方面具有广泛应用。热脱附修复效率受多种因素影响，包括加热条件以及土壤和污染物的特性。污染物种类是影响修复效率的重要因素。例如，相较于低沸点污染物，高沸点有机化合物需要更多能量进行蒸发和扩散过程。此外，尽管污染物的初始浓度对热脱附效率的直接影响有限，但过高的污染物浓度在蒸发过程中会带走大量热量，从而减缓热脱附装置的加热速率，进而影响修复效果。加热条件（包括加热温度和加热时间）是决定修复效率的关键因素。当加热温度达到一定阈值时，温度的进一步升高有助于提高修复效率，但在超过温度阈值后，其提升效果趋于减弱。高温还具有缩短加热时间的优势。此外，土壤性质对热量传递机制、污染物和水分迁移扩散行为产生直接影响，从而显著影响热脱附作为修复方法的总体效率。

然而，针对热脱附修复有机污染效率的精准预测模型的构建一直是一项重大挑战。传统统计方法往往局限于构建因子与目标之间的线性或二次相关关系，机器学习则能够同时考虑最大可能的影响因素，并揭示线性与非线性复杂关系。此外，机器学习模型能够准确预测目标（如热脱附修复效率），从而便捷地评估热脱附对特定有机污染土壤的修复潜力。机器学习的成功应用为通过先进的建模方法预测热脱附修复效率开辟了新途径。本节将以有机污染场地中的多环芳烃为代表性污染物，结合土壤热脱附修复的特性，探讨并模拟有机污染物的热脱附修复过程。通过应用人工神经网络（ANN）、随机森林（RF）和支持向量回归（SVR）模型，研究对算法性能进行了对比分析，并选取最优模型，通过单因子和多因子协同分析解读模型内部信息，评估各特征对热脱附修复效率的贡献，为有机污染场地的土壤修复提供理论指导与实际支持。具体见二维码9-13。

二维码 9-13
土壤数据分布状
况与模型性能
优化与比较

9.3.1 模型回归与拟合分析

对于 ANN、RF 和 SVR 模型的回归拟合性能及预测精度，利用训练集和测试集进行了详细评估，结果见图 9-12～图 9-14。这些可视化结果对于理解模型的性能具有重要意义，其中 95％ 预测区间的宽度作为预测精度的重要指标，为评估模型稳定性提供了可靠依据。

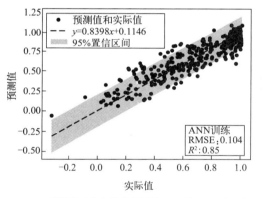

(a) 训练集中修复效率预测值(%)及其95%置信区间

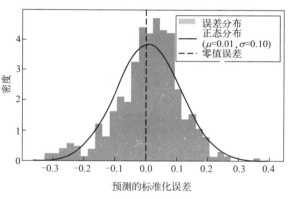

(b) 训练集中修复效率预测的标准化误差分布

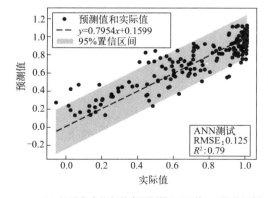

(c) 测试集中修复效率预测值(%)及其95%置信区间

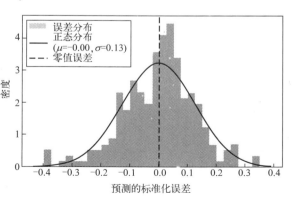

(d) 测试集中修复效率预测的标准化误差分布

图 9-12　基于 ANN 模型的修复效率预测

如图9-12(c)所示，ANN模型表现出一定的预测能力，其测试集RMSE为0.125，R^2值为0.79。此外，从误差分布正态性评估来看［图9-12(d)］，该模型的预测误差分布接近正态分布，体现了一定的鲁棒性。

RF模型则表现出更为优异的预测性能，其测试集RMSE为0.085，R^2值高达0.90［图9-13(c)］。同时，预测误差的直方图［图9-13(d)］表明，其误差分布集中且接近对称，几乎没有显著的离群点簇。这种稳定的误差分布反映了RF模型在捕捉土壤修复数据复杂模式方面的优势。

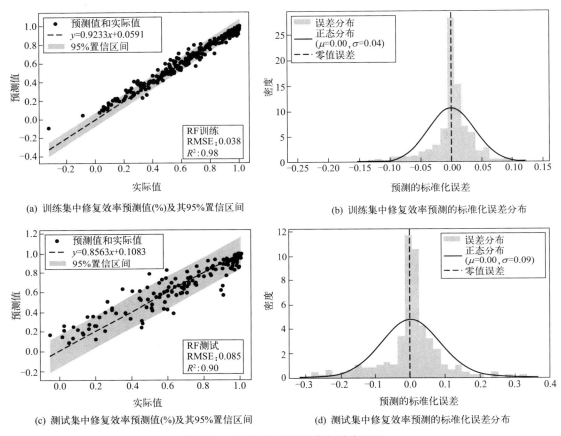

(a) 训练集中修复效率预测值(%)及其95%置信区间

(b) 训练集中修复效率预测的标准化误差分布

(c) 测试集中修复效率预测值(%)及其95%置信区间

(d) 测试集中修复效率预测的标准化误差分布

图9-13　基于RF模型的修复效率预测

SVR模型的表现也相当出色，但稍逊于RF模型。其测试集RMSE为0.120，R^2值为0.81［图9-14(c)］。如图9-14(d)所示，SVR模型的误差分布较为均匀，但其分散性介于RF和ANN模型之间，显示了一定程度的预测能力，但在精度和一致性上不及RF模型。

对三种模型的比较分析表明，RF模型在土壤修复数据预测方面稍占优势，其在训练集和测试集上的误差水平最为一致，表现出较高的鲁棒性。其次是SVR模型，其预测性能较接近RF模型。ANN模型虽然具备一定的非线性关系捕捉能力，但在预测性能上稍显逊色。基于RF模型在本研究情景下的优异表现，后续将主要针对该模型的内部信息进行进一步解读与深入分析，以揭示土壤修复效率的关键影响因素及其内在机制。

9.3.2　模型可解释性分析

针对RF模型的研究结果，进一步探索了各特征对热脱附修复效率的影响，并结合RF

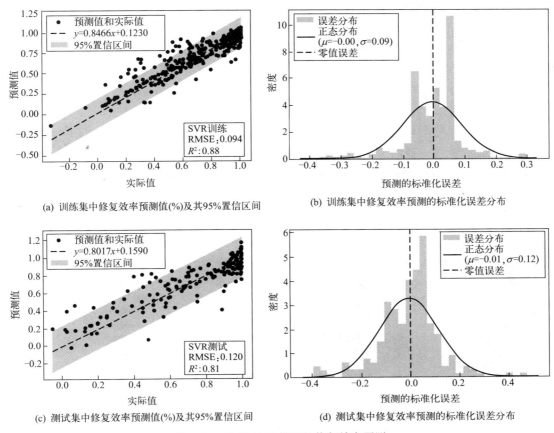

(a) 训练集中修复效率预测值(%)及其95%置信区间

(b) 训练集中修复效率预测的标准化误差分布

(c) 测试集中修复效率预测值(%)及其95%置信区间

(d) 测试集中修复效率预测的标准化误差分布

图 9-14　基于 SVR 模型的修复效率预测

解释器和 SHAP（Shapley additive explanations，沙普利加性解释）方法进行了深入分析（图 9-15）。两种方法的对比分析结果高度一致，特别强调了三个关键特征在预测修复效率中的重要性：加热温度、加热时间以及污染物的沸点 ［图 9-15(a)～(b)］。相比之下，污染物的熔点、碳环数量及土壤湿密度的影响较小，其重要性均处于较低水平。

在影响因素框架中，加热条件作为主导类别，对修复效率的方差贡献超过 50％，尽管该类别在模型中仅包括两个变量。该类别对修复效率方差的贡献反映了加热温度和加热时间显著影响土壤和污染物性质 ［图 9-15(a)］。在 RF 模型中，各类别的相对重要性按以下顺序排列：加热条件（52％）＞污染物性质（28％）＞土壤性质（20％）。

如图 9-15(a) 所示，相对重要性分析明确指出加热温度是最具影响力的因素，其重要性值远超排名第二的污染物沸点。这一结果符合热脱附原理：充分加热土壤是去除污染物的必要条件。图 9-15(c) 的趋势分析进一步显示，修复效率随温度升高至 500℃ 而持续提高，但在超过 500℃ 后进入平台期。这一现象表明温度的提升在某一阈值后对修复效率的边际效应递减，与文献报道的经验结果一致。

此外，如图 9-15(c) 所示，修复效率随加热时间的增加而逐步提升。然而，在初始加热阶段，效率增长缓慢，这与文献中指出的短暂加热不足以完全去除污染物的研究结果相符。特征交互作用分析揭示了加热温度和加热时间之间的显著协同效应，特别是在 300℃ 以下时，较长的加热时间与更高的修复效率呈正相关，这可能与水分挥发及半挥发性物质去除的动力学过程有关。最佳修复效率在超过 300℃ 且加热时间超过 60min 时实现 [图 9-15(d)]。

图 9-15(b) 和图 9-15(c) 的趋势分析表明，修复效率随着污染物沸点的升高而下降，特别是在低于 300℃ 的条件下，这反映了处理高沸点污染物所需的加热能量更高。此外，尽管土壤有机质在土壤性质中是一个显著变量，但在与其他主要因素综合分析时，其影响并未表现出统计显著性。

综上所述，热脱附修复效率的提升在很大程度上依赖于加热温度和加热时间的优化。此外，低沸点污染物更容易被优先去除。对于实际应用而言，达到 90% 以上的修复效率需要加热温度不低于 400℃ 且加热时间不少于 60min。这一研究结果为热脱附技术的参数优化和实际应用提供了重要指导，同时也为未来的修复工艺改进奠定了理论基础。

二维码 9-14
彩图 9-15

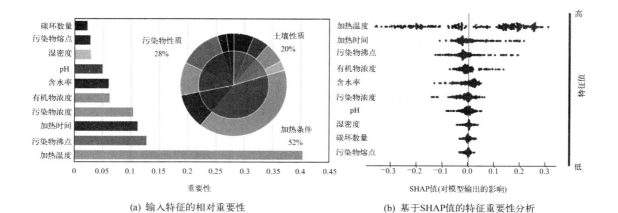

(a) 输入特征的相对重要性

(b) 基于SHAP值的特征重要性分析

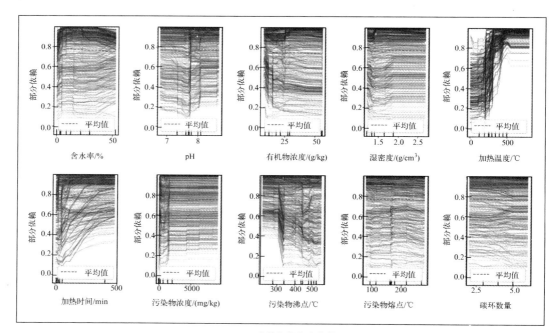

(c) 各特征的部分依赖图

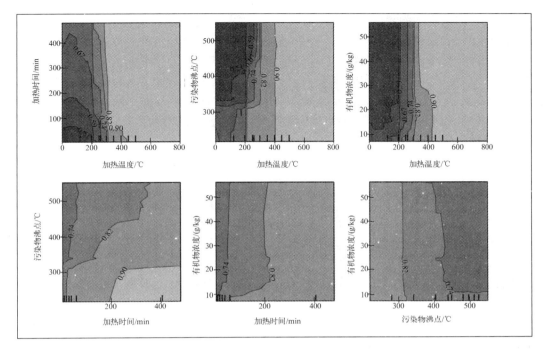

(d) 基于SHAP值的前四大特征(加热温度、加热时间、沸点和有机质含量)之间的交互作用分析

图 9-15 RF 模型可解释性分析

9.4 AI 用于水污染控制

黑水（blackwater，BW）是水冲式厕所排放的废水，由尿液、粪便、卫生纸和冲洗水混合而成，作为生活污水的主要组成部分，其年总量约占生活污水总量的 12%～33%。大量黑水通过化粪池排放至水体中，化粪池作为一种初级预处理方式，主要用于去除固体物质并部分降解有机物，在缺乏完善排水系统的农村地区应用广泛。由于结构设计简单、维护方便，化粪池被视为生活污水就地处理的实用选择，特别是在无须严格执行水质标准的情况下。然而，传统化粪池在处理高有机物及高氨氮含量的黑水时性能较差，成为溶解性营养物排放至地表水的潜在污染源，对周围环境构成威胁。此外，由于氨氮和磷的可生化性较低，传统化粪池通常需要超过 30d 的水力停留时间（HRT），导致土地占用较大。传统化粪池在负荷冲击及极端条件下的处理能力较弱，在低温条件下表现尤为明显。因此，改进传统化粪池的处理性能已成为亟待解决的关键挑战。

MBBR（移动床生物膜反应器）已广泛应用于生活污水的脱氮处理，但其在黑水处理中的应用研究较少。深入研究包括脱氢酶活性（DHA）、硝酸盐和氨的利用率及微生物群落在不同运行条件下的演化等关键参数，对于阐明污染物去除机制具有重要意义，其中废水处理技术的预测与控制功能尤为重要。因此，本节利用先进的机器学习技术，在多因素参数下精准预测污染物浓度，为工艺优化提供依据。

9.4.1 不同水力停留时间下 MBBR 的污染物去除性能

9.4.1.1 化学需氧量去除

在第一阶段之前，反应器中的污泥经历了 42d 的驯化期，通过逐步增加系统负荷满足生物量合成所需的水质要求。与先前研究中多级厌氧-好氧（A/O）工艺通常采用分步进水以满足碳源需求的策略不同，由于进水中 COD 浓度较高，仅将进水导入进水区进行处理。三个阶段的 COD 去除性能如下：

第一阶段：长 HRT 阶段（第 1～10d）。HRT 为 25.5h。在此阶段，反应器运行在较低的有机负荷（OLR）条件下［以 COD 计，1.41kg/(m³·d)］，出水 COD 平均为 83mg/L，对应的 COD 去除率为 94.4%。由于流速较低，尾流冲刷作用增强了污泥在填料上的附着性。同时，较低的有机负荷可能导致微生物活性下降，使其从对数增长期进入稳定期，从而强化了有机物的絮凝和吸附过程。

第二阶段：中 HRT 阶段（第 11～20d）。HRT 为 13.5h。此阶段 COD 去除率略微下降至 88.7%，表明微生物群落对 OLR 变化表现出良好的响应能力。在第一和第二阶段中，第一级 A/O-MBBR 对总 COD 去除的贡献相似（74.3% 和 73.5%），主要因为大分子有机物的分解和碳源被回流反硝化利用占据了 COD 去除的大部分。

第三阶段：短 HRT 阶段（第 21～30d）。HRT 为 7.5h。在此阶段，由于 OLR 升高至 4.80kg/(m³·d)，出水 COD 增加至 359mg/L。在 HRT 为 7.5h 的条件下，第二级 A/O 的 COD 去除贡献增加至 39.2%，表明多级 A/O 工艺在一定程度上增强了系统对冲击负荷的抵抗能力。然而，与第一和第二阶段相比，较短的 HRT 可能减少老化污泥的可溶性微生物产物（SMP）释放，因为碳源的缺乏限制了微生物的代谢。此外，较高的 COD 负荷可能导致生物膜增厚，增加氧气传质阻力，从而影响硝化性能。

二维码 9-15
彩图 9-16

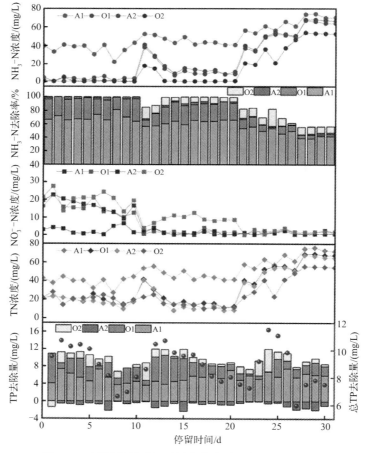

图 9-16　不同停留时间对污染物去除效率的影响

9.4.1.2 氮和磷去除

不同停留时间对 NH_3-N、NO_3^--N、TN 和 TP 去除率的影响如图 9-16 所示。在第一阶段，反应器表现出优异的 NH_3-N 去除效果，达到 99.7%。然而，当 HRT 在第二阶段减少至 13.5h 时，出水 NH_3-N 浓度出现剧烈波动。在第 11～12d，NH_3-N 浓度从第一阶段的 0.4mg/L 急剧上升至 17.7mg/L，但最终稳定在约 0.82mg/L。当 HRT 进一步缩短至 7.5h（第三阶段）时，NH_3-N 去除率下降至 67.2%。这种低效的氨氮去除可能是由于氮负荷增加，其降解需要更长的时间，在较短 HRT 条件下，污染物无法被充分转化。此外，O2 段出水中 NO_3^--N 和 NO_2^--N 浓度的降低表明进一步提高 O2 段的反硝化效率是提升系统 TN 去除率的关键。随着氮负荷的增加，废水中的氮主要以氨氮形式存在，而硝态氮和亚硝态氮浓度下降。

随着生物膜厚度增加导致孔道被阻塞，交替的缺氧-好氧环境可能被扰动，从而形成厌氧微环境。在三个 HRT 条件下，出水 TP 浓度分别为 3.0mg/L、2.8mg/L 和 3.4mg/L，对应的 TP 去除率分别为 74.6%、76.3% 和 70.9%。即使在 HRT 较短（7.5h）的条件下，TP 去除率变化仍然较小，这可能归因于聚氨酯填料在保留生物量方面的卓越性能。

9.4.2 基于机器学习的水质预测

皮尔逊相关性热图（图 9-17）展示了进水 NH_3-N、TN、TP、温度及 HRT 与各处理室（A1、O1、A2、O2）出水 NH_3-N、TN 和 TP 浓度之间的相关性。各处理室内氮和磷浓度

二维码 9-16
彩图 9-17

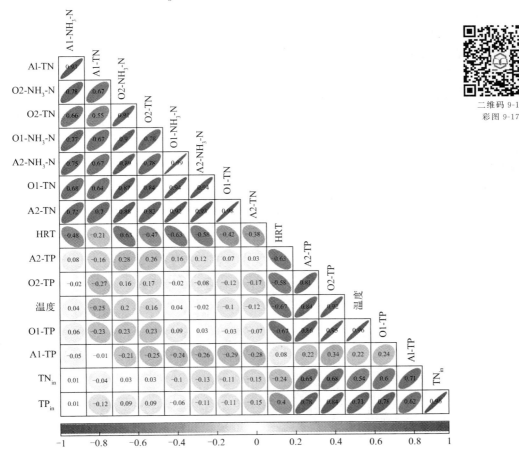

图 9-17　模型各参数对水质影响的皮尔逊相关性热图

具有显著正相关性。同时，HRT 与出水 NH_3-N 和 TN 呈负相关关系，尤其是在好氧区，与 TP 浓度的负相关性也较为显著，这与短 HRT 阶段氮、磷去除率降低的情况一致。温度与磷去除的相关性尤为显著，其与 O1 和 O2 磷去除率的相关系数分别为 0.96 和 0.92，表明这些变量适合作为建模的预测变量。

在建模过程中，采用超参数优化的 XGBoost（分布式梯度增强库）模型对 A1、O1、A2 和 O2 室内的 NH_3-N、TN 和 TP 浓度进行了预测训练，结果见表 9-1。

表 9-1　不同模型在训练集中的评估结果

处理室	NH_3-N			TN			TP		
	R^2	MAE	RMSE	R^2	MAE	RMSE	R^2	MAE	RMSE
A1	**0.953**	1.79	2.336	**0.960**	1.680	2.246	**0.946**	0.231	0.307
O1	0.983	1.608	2.265	0.970	1.733	2.508	0.954	0.306	0.410
A2	0.984	1.631	2.235	0.975	1.641	2.322	0.994	0.191	0.263
O2	0.983	1.423	1.884	0.961	1.669	2.301	0.967	0.296	0.409

由表 9-1 可知，各处理室的 R^2 值均超过 0.9，表明模型具有较高的拟合度，充分验证了其强大的训练能力。平均绝对误差（MAE）量化了实际值与预测值之间的平均偏差，均方根误差（RMSE）则表征测试误差的幅度。较低的误差值表明模型的可靠性和精确性较高。在训练数据中，与 NH_3-N 和 TN 相比，TP 的误差值较低。尽管 R^2 值在训练集上的表现略有下降，但其性能仍优于多元线性回归（MLR）、k 近邻（KNN）和支持向量机（SVR）等方法，结果进一步强化了 XGBoost 作为 MBBR 黑水处理预测模型的有效性。

不同模型对不同工艺的预测结果如图 9-18 所示，显示出良好的拟合效果。机器学习模型的可解释性使其能够清晰说明预测过程及模型结果背后的原理。具有较高可解释性的模型

二维码 9-17
彩图 9-18

图 9-18　不同模型对不同工艺的预测结果

能够增强用户对模型决策的信任，帮助用户理解底层逻辑，从而提升模型的实用性和可靠性。通过 SHAP 分析，可直观解析模型预测的原因，为预测结果提供清晰的解释。

如图 9-19 所示，温度和 HRT 是对预测影响最显著的特征，其次为进水 NH_3-N、TN 和 TP 浓度。不同处理室之间的细微差异表明，预测值受进水负荷变化的影响较小，突显了 MBBR 对负荷波动的适应性。在 A1 室中，低温条件下 SHAP 值为正，说明较低温度导致 TN 和 TP 浓度升高，这可能与 A1 作为进水初始处理室对条件参数波动的敏感性有关。在 O1 室中，低 HRT 条件下 SHAP 值为正，表明 NH_3-N 和 TN 浓度升高，但温度对 TP 预测的影响更为显著。A2 和 O2 室则表现出类似趋势。

二维码 9-18
彩图 9-19

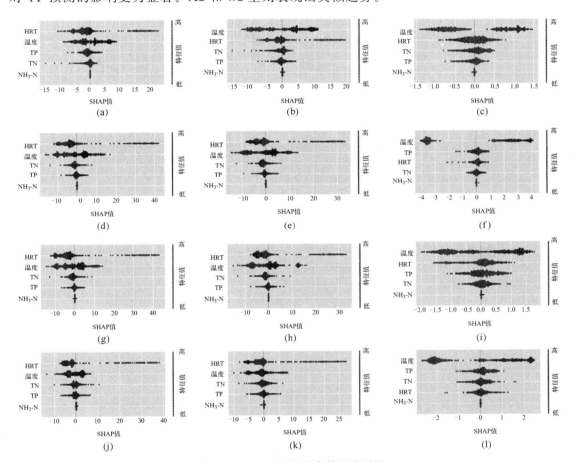

图 9-19 SHAP 分析各参数的重要性

参考文献

［1］ Xiao S J, Dong H J, Geng Y, et al. An overview of the municipal solid waste management modes and innovations in Shanghai, China［J］. Environmental Science and Pollution Research International, 2020, 27 (24): 29943-29953.

［2］ Kulkarni B N, Anantharama V. Repercussions of COVID-19 pandemic on municipal solid waste management: Challenges and opportunities［J］. Science of the Total Environment, 2020, 743: 140693.

［3］ Zhu J J, Dressel W, Pacion K, et al. *ES&T* in the 21st century: A data-driven analysis of research topics, interconnections, and trends in the past 20 years［J］. Environmental Science &. Technology, 2021, 55 (6): 3453-3464.

[4]　Zhong S F，Zhang K，Bagheri M，et al. Machine learning：New ideas and tools in environmental science and engineering[J]. Environmental Science & Technology，2021，55 (19)：12741-12754.

[5]　Lin K S，Zhao Y C，Tian L，et al. Estimation of municipal solid waste amount based on one-dimension convolutional neural network and long short-term memory with attention mechanism model：A case study of Shanghai[J]. Science of the Total Environment，2021，791：148088.

[6]　Wu T W，Zhang H，Peng W，et al. Applications of convolutional neural networks for intelligent waste identification and recycling：A review[J]. Resources，Conservation and Recycling，2023，190：106813.

[7]　Lin K S，Zhao Y C，Kuo J H，et al. Toward smarter management and recovery of municipal solid waste：A critical review on deep learning approaches[J]. Journal of Cleaner Production，2022，346：130943.

[8]　Adedeji O，Wang Z. Intelligent waste classification system using Deep Learning Convolutional Neural Network[J]. Procedia Manufacturing，2019，35：607-612.

[9]　Barbedo J G A. Impact of dataset size and variety on the effectiveness of deep learning and transfer learning for plant disease classification[J]. Computers and Electronics in Agriculture，2018，153：46-53.

[10]　Lin K S，Zhao Y C，Wang L N，et al. MSWNet：A visual deep machine learning method adopting transfer learning based upon ResNet 50 for municipal solid waste sorting[J]. Frontiers of Environmental Science & Engineering，2023，17 (6)：77.

[11]　Andrew S，Georg H，Marc'Aurelio R，et al. An empirical study of learning rates in deep neural network for speech recognition [C] //IEEE International Conference on Acoustics，Speech and Signal Processing，2013：6724-6728.

[12]　Zhang Q S，Zhu S C. Visual interpretability for deep learning：A survey[J]. Frontiers of Information Technology & Electronic Engineering，2018，19 (1)：27-39.

[13]　Li J，Yang X. A cyclical learning rate method in deep learning training[C]//International Conference on Computer，Information and Telecommunication Systems (CITS). Hangzhou，2020：1-5.

[14]　Leslie N S. Cyclical learning rates for training neural networks[C]//IEEE Winter Conference on Application of Computer Vision. Santa Rosa，CA，USA，2017：1-9.

[15]　Lin K S，Zhou T，Gao X F，et al. Deep convolutional neural networks for construction and demolition waste classification：VGGNet structures，cyclical learning rate，and knowledge transfer[J]. Journal of Environmental Management，2022，318：115501.

[16]　Anand V，Gupta S，Koundal D，et al. Fusion of U-Net and CNN model for segmentation and classification of skin lesion from dermoscopy images[J]. Expert Systems with Applications，2023，213：119230.

[17]　He K，Zhang X，Ren S，et al. Deep residual learning for image recognition[C]//2016 IEEE Conference on Computer Vision and Pattern Recognition (CVPR)，Las Vegas，2016：770-778.

[18]　Mohsen S，Ali A M，Emam A. Automatic modulation recognition using CNN deep learning models[J]. Multimedia Tools and Applications，2024，83 (3)：7035-7056.

[19]　Chen J B，Mu L，Jiang B，et al. TG/DSC-FTIR and Py-GC investigation on pyrolysis characteristics of petrochemical wastewater sludge[J]. Bioresource Technology，2015，192：1-10.

[20]　Bi H. A study of Chinese piano works from the perspective of ethnomusicology[J]. Region-Educational Research and Reviews，2020，2 (2)：1.

[21]　Deng B L，Li Q，Chen Y Y，et al. The effect of air/fuel ratio on the CO and NO_x emissions for a twin-spark motorcycle gasoline engine under wide range of operating conditions[J]. Energy，2019，169：1202-1213.

[22]　Cai H M，Liu J Y，Xie W M，et al. Pyrolytic kinetics，reaction mechanisms and products of waste tea via TG-FTIR and Py-GC/MS[J]. Energy Conversion and Management，2019，184：436-447.

[23]　Li Y H，Zhao H Y，Sui X，et al. Studies on individual pyrolysis and co-pyrolysis of peat-biomass blends：Thermal decomposition behavior，possible synergism，product characteristic evaluations and kinetics [J]. Fuel，2022，310：122280.

[24]　Liang F，Wang R J，Xiang H Z，et al. Investigating pyrolysis characteristics of moso bamboo through TG-FTIR and Py-GC/MS[J]. Bioresource Technology，2018，256：53-60.

[25]　Ding Y M，Ezekoye O A，Lu S X，et al. Thermal degradation of beech wood with thermogravimetry/Fourier trans-

form infrared analysis[J]. Energy Conversion and Management，2016，120：370-377.

[26] Gu X L，Ma X，Li L X，et al. Pyrolysis of poplar wood sawdust by TG-FTIR and py-GC/MS[J]. Journal of Analytical and Applied Pyrolysis，2013，102：16-23.

[27] Zhang Z，Wang C J，Huang G，et al. Thermal degradation behaviors and reaction mechanism of carbon fibre-epoxy composite from hydrogen tank by TG-FTIR[J]. Journal of Hazardous Materials，2018，357：73-80.

[28] Zhang J H，Liu J Y，Evrendilek F，et al. TG-FTIR and Py-GC/MS analyses of pyrolysis behaviors and products of cattle manure in CO_2 and N_2 atmospheres：Kinetic，thermodynamic，and machine-learning models[J]. Energy Conversion and Management，2019，195：346-359.

[29] Foong S Y，Liew R K，Lee C L，et al. Strategic hazard mitigation of waste furniture boards *via* pyrolysis：Pyrolysis behavior，mechanisms，and value-added products[J]. Journal of Hazardous Materials，2022，421：126774.

[30] Tian L，Lin K S，Zhao Y C，et al. Combustion performance of fine screenings from municipal solid waste：Thermo-kinetic investigation and deep learning modeling *via* TG-FTIR[J]. Energy，2022，243：122783.

[31] Alom M Z，Taha T M，Yakopcic C，et al. A state-of-the-art survey on deep learning theory and architectures[J]. Electronics，2019，8（3）：292.

[32] Lin K S，Tian L，Zhao Y C，et al. Pyrolytic characteristics of fine materials from municipal solid waste using TG-FTIR，Py-GC/MS，and deep learning approach：Kinetics，thermodynamics，and gaseous products distribution[J]. Chemosphere，2022，293：133533.

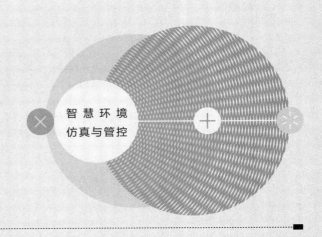

智 慧 环 境
仿真与管控

第十章

环境智慧管控

随着全球信息化技术与设备的快速发展，包括环境行业在内的众多行业对智慧化的技术需求与应用需求日益增加，信息时代发展到智慧时代已势不可挡，环境智慧也在发展进程中。"环境智慧"从一个概念、提议发展到对其核心机制—技术—应用的发展与完善。如果说环境数学模型是环境智慧的技术核心，环境智慧管控则是环境智慧在管理监控上的一种应用。越来越多的生态环境管理部门、监管系统及企业等提出了环境智慧管控平台的需求。按对环境智慧管控平台的需求层次划分，有侧重于信息数据智慧化展现的展现型环境智慧管控平台，有重点在于辅助管理功能的环境智慧辅助管控平台，更进一步地，有要求数据挖掘、智慧技术核心完善提升的研发型环境智慧管控平台。按水、气、固废等领域，环境智慧管控可分为智慧水务、智慧固废、智慧大气等，并已在一些相应的生态环境管理部门、监管系统或企业中得到应用。

10.1 智慧水务

在中国工程建设标准化协会 2022 年发布的《城市智慧水务总体设计标准》中，城市智慧水务的定义为：以水务设施工程信息和动态监控信息为基础，利用物联网、云计算、大数据、人工智能、地理信息系统、建筑信息模型、水文水动力模型等信息技术和专业模型，全方位感知和分析城市水务设施运行及要素状态，以及水务管理业务运行情况，通过地理空间等信息可视化管理，形成支撑水务管理各系统及单元运行、管理和决策分析于一体的信息系统。作为智慧城市建设中不可缺少的组成部分，智慧水务也是体现城市智慧水平的重要标杆之一。

近年来，部分地区基于城市水务管理业务数据分散、资产不清晰等问题开始搭建智慧水务融合平台，围绕"水资源、水安全、水生态、水环境、水景观、水文化"的路径目标，将自来水厂、污水处理厂、供水管网、排水管网、闸泵自动化、河湖监管、用水节水、水土保持、水利工程建设等城市水务水利业务集成到一个平台上，形成"1＋1＋1＋N"模式，即"一张图、一张网、一个中心、N 个业务应用"，以实现业务高度融合、数据高度深入、管理高度集中，但总体上在数据集成共享、业务协同融合等方面仍面临较大困难，在大数据平台、人工智能应用等方面仍处于初期阶段。

根据侧重点不同，智慧水务具体可细分为智慧供水、智慧排水、智慧水利。智慧供水主要包含原水调度、自来水厂信息化建设、管网分区计量、漏损分析、智能水表等。智慧排水涵盖了水环境综合治理、海绵城市建设、城市防洪排涝、城市管网普查、排水运行调度、污水处理厂信息化建设等。智慧水利包含雨水情测报、大坝安全监测、智慧防汛、河湖监管（河长制）、水资源、节水用水、水土保持等。

10.1.1 智慧排水一体化管控平台

实际应用中，一个环境智慧管控平台常常综合或交叉了管网、供水、排水、水利等中的两个或多个内容，如某区（记为 JJ 区）的智慧排水一体化管控平台。以下以此平台为例，介绍智慧水务管控平台的发展、结构、功能与应用。

JJ 区水务部门提出对其管辖服务区域内智慧排水一体化管控平台的需求，侧重于城市排水管网，重点解决排水系统基础底数摸排难、应急处置协同难、排水运行风险预测预警难等问题，最终其智慧排水一体化管控平台的主要建设内容包括：①建设排水设施物联感知系统，在接入污水处理厂及泵站数据采集与监视控制（supervisory control and data acquisition，SCADA）系统、重点排水户排放口监测、雨量站等现状监测数据的基础上，布设流量计、液位计、道路积水尺、水质监测站等各类物联感知设备，围绕水位、水量、水质三要素，全面覆盖排水系统从源头到末端的排水全过程，为数据展示分析、系统运行调度等功能提供坚实基础；②建设排水设施地理信息系统（geographic information system，GIS），综合运用三维可视化 GIS 技术、倾斜摄影建模技术、混合现实（MR）技术，立体透视地上、地下城市基础设施，实现排水设施及运行状态数字孪生信息化，支撑排水管网智慧巡检；③构建雨水污水系统模型，开展排水系统的定量化分析应用，将"经验判断，模糊分析"的传统管理方式，向"定量分析、预测预报"的精细化管理方式转变，提升决策能力；④开发智慧排水一体化管控平台，涵盖排水综合数据管理、排水设施运行监管、城市内涝预警调度、污水运行调度管理及溢流监测管控等功能。同时，配套建设监控中心、大屏幕展示端口、移动 APP 端口，提供多种平台展示与接入方式。借助一体化平台，真正、最终实现排水系统的智慧管理。

该智慧排水一体化管控系统主要为两技、一网、数模、一平台。"两技"即 GIS 技术与 MR 技术这两种技术，"一网"为物联感知网，"数模"即相关数学模型，"一平台"即智慧排水一体化管控平台。通过两技达到排水管网数字孪生，使该环境智慧管控平台有了透视之眼；通过物联感知网，运用水务治理物联感知，使该智慧管控平台有了感知之芯；在两技一网基础上，结合相关数学模型研发，可展现排水运行数模仿真，使管控平台拥有智控之脑，构建出智慧排水一体化管控平台，从而实现对区域内水务的智慧运营管理。

（1）GIS 技术的应用

该管控平台基于 GIS 技术，结合管网本底调查资料，构建了完整覆盖 JJ 区全域的排水管网地理信息系统，包含排水管线及其附属设施、闸门井、泵站、污水处理厂等，进行管网数据电子化及梳理、校核、查漏等工作。排水管网地理信息系统可在全面普查城市排水管网空间分布和属性情况的基础上，对所有的排水管线及其附属设施空间数据和属性数据进行整合分层，结合城市规划，建立具有高度全面性、现势性的排水管网数据库。该排水管网地理信息系统提供了图层操作、地图操作、统计查询、设施查询、图层模糊查询、道路定位等地图可视化功能及统计分析功能，并支持对管井和管网图层数据的空间数据编辑功能。通过点击地图位置获取当前坐标下的管井、管段要素，开启编辑模块，实现管井、管网数据的编辑功能，包括管井的地图新增、修改、删除功能，管段地图新增、端点编辑、打断插入井、属性修改、删除功能等。GIS 数据编辑界面见图 10-1。

图 10-1　GIS 数据编辑界面　　　　　　图 10-2　三维可视化界面

基于二维 GIS 数据，该平台以三维 GIS 可视化驱动引擎为基础引擎，通过对各类模型的处理与优化，实现要素与平台的无缝衔接与融合，集成三维 GIS 技术和倾斜摄影建模技术，立体透视地上、地下城市基础设施（图 10-2）。三维 GIS 可视化功能可实现排水管网数据三维化，图层管理与加载，地图标注，排水设施运行监测数据动效、流水特效、流向动态效果等。在整个 JJ 区范围内，采用建筑矢量数据，按照建筑高度进行优化分类展示，建立城市 3D 人工模型。同时，通过无人机航测实现示范区域的数字孪生复刻，以实景展示的方式进行可视化管理，完成示范区域倾斜摄影模型及系统加载优化。此外，系统支持通过热力图等展示不同降雨历时下的区域积水情况，支持在选定区域内模拟路面开挖，并以三维形式展示选定区域内雨污水管道和检查井的情况。

（2）MR 技术的应用

说到 MR 技术，须从 VR 技术、AR 技术说起。VR 即虚拟现实技术，在仿真训练、工业设计、交互体验等多个应用领域解决了一些重大或普遍性需求，其主要科学问题包括建模方法、表现技术、人机交互及设备这三大类。近年来，在真实环境中融入虚拟现实获得了人们的青睐，从而诞生了增强现实（AR）。目前已经出现了多种虚拟现实增强技术，对虚拟环境与现实环境进行匹配合成以实现增强，其中将三维虚拟对象叠加到真实世界显示的技术称为增强现实，将真实对象的信息叠加到虚拟环境绘制的技术称为增强虚拟环境。技术的进一步发展使得真实环境和虚拟环境可以更好地融合，人类可以灵活地游走于虚、实环境中。在 AR 基础上增加人机互动，从而发展形成 MR 即混合现实技术。MR 技术借助于沉浸技术包容了增强现实和增强虚拟，将真实世界和虚拟世界融合在一起，产生了一个物理和数字对象共存、实时交互的新环境。

此案例中的智慧排水一体化管控平台项目基于管网三维 BIM 模型（建筑信息模型），采用计算机信息通信、计算机图形学、图像处理、人机界面、计算机模拟仿真、虚拟现实等多种技术进行 MR 虚拟建造，构建排水管网 MR 模型。在室外露天开阔的环境中，通过环境比对或者搭载了卫星定位的 RTK（实时动态载波相位差分技术）定位设备进行精确定位和三维展示，实现数据与环境的融合（图 10-3）。通过系统开发，还可以实现巡检台账管理、施工过程管理等移动助理功能。

图 10-3　排水管网 MR 智慧巡检界面

（3）物联感知网的运用

该智慧管控平台借助构建的水务物联感知网获取信息。物联感知是指利用物联网技术，实现对物理世界的感知、连接和智能化。物联感知系统一般由终端、边缘网关、回传网络和云端平台等四个部分组成，这里的终端是指各种传感器、控制器、摄像头等设备，可以采集和处理物理环境中的信息，如流量、水质、温度、图像等，并通过有线或无线方式接入网络。利用物联感知技术，可以实时监测复杂又有关联的排水设施，并通过监测数据分析、计算、预测和诊断，支撑城市排水系统运行与管理的自动化控制，提高排水系统管理效率。

该智慧管控平台物联感知系统的建设，针对排水行业管理部门智慧管控需求，遵循针对性、科学性和经济性的原则，基于对排水管网的服务范围、拓扑结构和历史数据的分析，结合监测区域排水模型，制定监测方案，布设监测点位。在集成水务、环保、气象等部门现状在线监测数据的基础上，新增布设包括超声波流量计、超声波液位计、道路积水尺、水质监测站等各类物联感知监测设备，实现水务治理全过程在线监管。

① 超声波流量计：流量检测技术和设备种类众多，目前排水领域应用较广泛的主要为电磁流量计、超声波流量计等。超声波流量计利用超声波在流体的顺流和逆流中传播速度不同的特点来测量，最常见的有时差法、速差法和频差法。目前流速通常采用多普勒超声法测定。在超声波多普勒流量测量方法中，超声波发射器为一固定声源，随流体一起运动的固体颗粒具有与声源有相对运动的"观察者"的作用，发射声波与接收声波之间的频率差"Δf"，就是由于流体中固体颗粒运动而产生的声波多普勒频移。由于这个频率差"Δf"正比于流体流速 v，所以测量频率差就可以求得流速，进而根据原始流速、液位数据以数学模型计算出截面平均流速后乘以流体截面积而得到流量。该类流量计通常有固定式和便携式两种类型，均包括主机和探头两部分，主要的区别在于便携式主机的防护等级更高，可以安装在窨井内，更适于野外现场测流。探头可安装在排水管道内，与水流直接接触，防水、抗油污杂质干扰能力强，能同时测定满管流、非满管流管道或任何规则形状明渠中的水位和双向流速。

② 超声波液位计：超声波液位计采用非接触测量的形式，在测量中超声波脉冲由传感

器（换能器）发出，声波经液体表面反射后被同一传感器接收，通过压电晶体转换成电信号，并由声波的发射和接收之间的时间计算传感器到被测液体表面的距离。发射的超声波脉冲有一定宽度，使得距离换能器较近的小段区域内的反射波与发射波重叠，无法识别，不能测量其距离值。这个区域称为测量盲区。安装超声波液位计时应考虑超声波液位计的盲区问题，确定超声波液位计的量程时，必须留出一定的余量，以保证对液位的准确监测及超声波液位计的安全。设备应具备防潮、防水、防爆性能。目前部分超声波液位计无测量盲区，可实现排水系统液位长期在线稳定持续监测与积水、溢流等事件的及时预警预报。

③一体式水质监测站：以哈希 UV 法集成一体式水质监测站为例，采用集成式探头，可快速监测水体 pH、电导率、悬浮物浓度、氨氮、COD 等多个指标，不需要废液收集及自来水接入，且可与自动采样留样设备配合使用，及时采集有问题水样并保留证据。系统基于无人值守要求设计，通过远程操作和控制功能，可随时对系统进行远程维护，可方便地查询测量数据和系统运行状态。站房采用立式安装，并通过双泵采用抽吸法采集水样。具备 485 端口、232 端口、RJ45 端口等多个数据接口，自带 GPRS（通用分组无线服务）无线数据通信模块，确保数据传输稳定。

在物联感知网基础上，开发了智慧排水平台。通过多源异构数据集成，建立统一的排水综合数据库，涵盖静态设施数据、动态监测数据、业务运行数据等，实现排水行业的数字化管理，改变传统管理信息分割、数据难以共享的问题。平台接入集成重点排水户排放水量和水质、泵站和污水厂 SCADA 数据、污泥运输车辆 GPS、河道水位水质、雨量站、视频等各类监测数据。同时，建立城市排水管网分级、分区监测管理体系，铺设管网流量计、液位计、水质监测站等智能感知设备，对泵站进行信息化升级改造，形成完善的城市排水运行态势实时感知系统。平台实时获取水质、流量、液位、降雨等各类信息，在一体化管控平台上进行综合展示（图 10-4），也可以查看历史数据曲线及按照不同维度统计分析。通过大数据分析、专家知识库、模型分析等技术手段，对可能发生的超标、过载、设施故障等各类风险进行分类分级预警，使管理人员提前掌握运行风险。同时，打通移动应用，通过移动端提供监测信息查看、问题上报和处置等功能（图 10-5），实现事件的在线处置和跟踪反馈，形成标准化闭环管理流程。

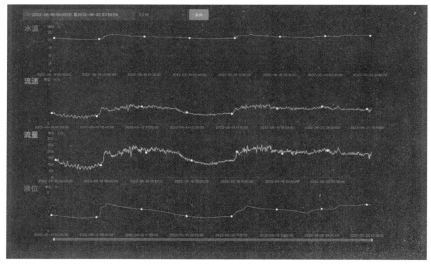

图 10-4　智慧排水平台在线监测数据展示页面

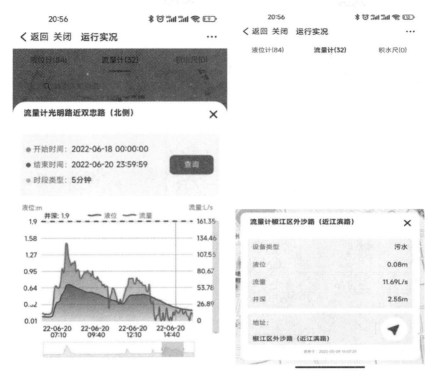

图 10-5 智慧排水平台移动端运行实况展示页面

（4）数学模型的构建与运用

城市排水管网通常错综复杂，排水管网运行管理和日常维护难度较大，准确评价城市排水管网运行状况十分重要。应在积累大量实际经验基础上，遵循水文水力学基础理论，开发一系列排水系统模型软件。应用计算机技术，通过已有的排水管网基础信息如管段上下游标高、管长、管径以及排水区域面积等，结合提升泵站等排水设施的运行状况，可进行管网水力模拟从而得到排水管网的流量、流速等一系列模拟数据，通过对模拟结果进行综合分析可发现城市排水管网中存在的问题，以便及时制定解决措施。排水系统模型可以不受实际实验条件的制约，数值分析速度快、效率高，因此排水系统模型被广泛应用于排水管网的规划设计、运行管理、风险预测、日常维护等领域，可节约建设资金、缩短实验时间。近年来，我国上海、深圳、广州等城市已逐步将城市排水系统模型应用于城市排水管网的规划设计、运行管理和洪涝灾害预测等。

（5）智慧排水一体化管控平台的开发与应用

该智慧排水一体化管控平台通过构建污水系统模型和雨水系统模型，同时基于 Web（万维网）技术进行模型成果应用系统设计与开发，开展污水运行、防汛应急定量化分析应用，实现"定量分析、预测预报"的精细化管理，提升排水系统运行管理决策能力。

① 评估排水管网：平台中的污水模型系统可利用污水管网水力模型，全面评估污水管网旱季、雨季的运行负荷情况（图 10-6），展示干管、支管充满度空间分布情况，识别影响污水管网输送能力的瓶颈问题，为污水管网的能力提升和管网提标改造提供依据；分析污水管网流速的空间分布及倒虹管的流速情况，识别低流速导致易淤积的管段，辅助污水管网清掏计划制定；评估污水系统在不同降雨情形下的外水入侵情况，分析外水入流入渗的时空分

布规律以及对污水厂的冲击规律，识别污水系统的关键区域、关键管段等，支撑污水系统提质增效工作。为准确模拟雨水管网的排水特征（图 10-7）、支撑内涝预报预警，综合区域水系特征、排水格局、工程闸站、地形等因素，以地形分水岭、边界闸站、主要排水通道等为边界，划定了影响研究区域排水模拟的河道汇流范围。在汇流范围内建立一维河道模型，为研究区域雨水管网模型提供准确的水位边界，在研究区域内建立耦合河道模型、二维地表漫流模型的雨水管网模型。利用模型，评估分析各种降雨情形下（"风暴潮"）研究区域内雨水管网的排水特征，包括管网排水能力、内涝风险的分布和程度等，诊断区域内涝风险（图10-8），为内涝应急预案制定及预报预警提供决策辅助。

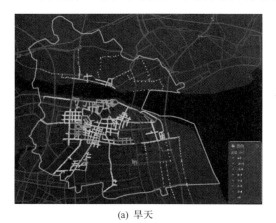
(a) 旱天

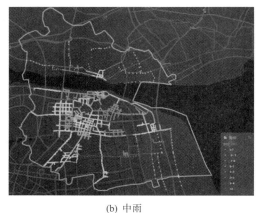
(b) 中雨

图 10-6　旱天和中雨情形下污水管网最高水位分布图

图 10-7　雨水管网排水能力分布图

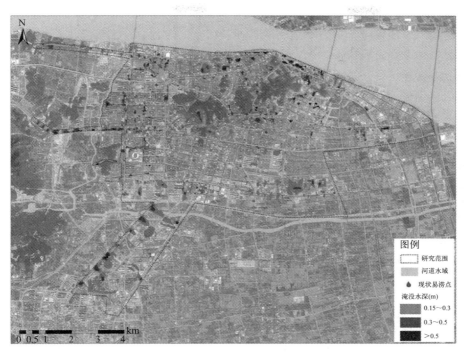

图 10-8　现状排水管网 30 年一遇 2 小时降雨下积水分布

② 污水系统调度辅助决策：该管控平台利用污水管网水力模型，可评估分析旱天和不同降雨情形下系统运行工况，辅助制定和优化运行调度方案以应对不同运行场景。如在不同降雨情形下，雨水径流由于混接、截流等汇入污水系统后，可能导致污水管网运行负荷超载，甚至发生污水冒溢风险。模型系统通过模拟多个可能的情景工况，帮助运行管理人员提前掌握可能发生的风险，以及排水不畅区域或溢流风险区域的空间分布，为泵站运行调度等应急预案的制定和优化提供支撑。模型系统对中途输送泵站不同运行水位开停模式进行对比分析，评估分析现状多级泵站协同运行模式下的优化潜力，辅助日常调度方案的优化，降低运行能耗，确保污水水量的稳定调度。同时，智慧排水一体化管控平台通过接入预报降雨数据驱动污水模型开展模拟，预报污水管网与泵站运行状态，对雨水入侵带来的溢流风险进行预警，辅助调度和运行决策。

③ 内涝风险评估与预报预警：该智慧排水一体化管控平台利用雨水排水模型，结合河网模型，评估分析各种降雨情形下区域雨水排水的特征，包括河道排水能力、内涝风险的分布和程度等，帮助管理人员提前掌握可能发生的内涝情况，以及发生时的空间分布、内涝时长等。平台通过近年台风雨等极端降雨情形下的内涝积水特点分析，掌握了极端降雨下的积水风险，为应急预案的制定提供了支撑。同时，研究了基于降雨预报的内涝积水模型预报技术，通过接入预报降雨数据驱动积水预报模块，开展积水范围分布及积水水深预报，帮助管理人员提前掌握可能发生的内涝情况，以及发生时的空间分布、内涝时长等，辅助防汛防涝。

④ 规划设计方案择优决策：针对城镇建设带来的污水量增加、现状管网排水能力不足等情况，在排水管网系统新建、改造的规划和设计过程中，排水管网模型可以用于评估不同规划、设计方案的效果和可行性。通过模拟各种规划、设计方案的运行情况，可以比较它们的性能差异，包括流量分布、压力变化、排水时间等，辅助选择最佳的规划、设计方案，并避免潜在问题。结合 CCTV（闭路电视）、QV（快速检测）等手段，水质特征因子监测以

及连续的水量监测数据，排水模型可对不同区域实施管网修复、管网更新、雨污混接改造等组合方案的效果开展模拟分析，评估管网运行负荷空间变化、污水系统流量和水质浓度的变化等，进而辅助改造方案决策。

除了上述这样统管某一服务辖区内管网、排水为主的环境智慧管控平台以外，还有以服务于某一企业或公司、以其复杂的工艺处理运管为重点、结合工艺的智慧控制和节能等为目标而开发的智慧水务，如污水处理智慧运管平台。

10.1.2　污水处理智慧运管平台

污水处理厂传统运行方式几乎完全依靠经验丰富的工程师与技术人员。虽然现在许多大型污水厂都开始使用先进的自动化设备和检测系统，但仍存在效率低、成本高、稳定性差等运管问题。在智慧环境背景下，将数模仿真应用于污水处理厂，有效提升其运行效率、降低能耗及改善环境影响，已成为污水处理厂未来发展的重要方向。

以某污水处理厂（记为 ZY 污水处理厂）为例，其四期工程（图 10-9）在传统污水处理模式中引入并深化智慧管控关键技术，通过搭建合流制大型污水处理厂生物处理过程仿真模型、构建合流制大型污水处理厂群"大数据仓库"及"人工智能专家知识库"，提出合流制大型污水处理厂应对合流污水"量""质"冲击的关键技术及运行对策，保证系统的稳定运行，最终实现强化系统智慧化处理效能与系统韧性的目标，并为合流制大型污水处理厂智慧化运营管理的创新提供支撑数据。

图 10-9　ZY 污水处理厂四期工程

（1）搭建合流制大型污水处理厂仿真模型

污水处理过程的仿真模型可用来模拟各类微生物、有机底物在处理过程中的动态特性，进而分析进水组分数据与出水组分数据之间的内在关系，深入认识处理过程和处理规律，为污水处理系统的设计与实现污水处理节能降耗提供理论依据。具体包括在平台上搭建污水处理仿真工艺、选择各工艺单元的机理模型后进行各模型的实际校正，经过这两大步骤后，才完成实际污水处理厂仿真模型构建。

首先，在污水生物处理仿真软件 WEST 上，根据 ZY 污水处理厂的实际工艺流程、各工艺单元设计参数值等，搭建该污水处理仿真工艺。在仿真工艺中，各单元的工艺设计参数、内外回流比、排泥、温度、除磷药剂投加等均根据实际运行数据输入。

对于仿真工艺的每个工艺单元，需要选用相应的机理模型用于模拟计算。在本案例中，活性污泥反应池如厌氧池、缺氧池、好氧池等选用的是带温度调节的活性污泥脱氮除磷动态机理拓展模型；二沉池选用分层的 Takacs 污泥沉降指数修正模型，曝气模型采用 Irvine（欧文）模型。好氧池溶解氧浓度直接设定为 2mg/L。若需要对曝气与溶解氧进行实时智慧控制与节能，则需对其曝气系统进行研究，定制研发其专有的精准节能曝气模型。

上述模型结合仿真工艺后生成污水处理厂仿真模型，但其中模型的参数、系数、进水水质组分及其系数等均为默认值，不是真实值，因而该仿真模型所表征的情况与实际污水处理厂通常有较大差别，需要先通过必要的实测、分析来校正模型。通常先确定污水处理厂进水水质模型组分，并进行足够次数的关键模型参数测定，再分别模拟不同阶段（两个或多个）的污水处理工艺，如该案例中，模拟了阶段Ⅰ——进水负荷波动较大的夏秋季、阶段Ⅱ——进水负荷较为稳定的冬季。通过监测这两个阶段中一段时间的进出水水质，并与污水厂仪表数据对比，修正整个阶段的仪表数据，并应用于模拟系统的水质输入与输出。此外，分析并确定关键模型参数，测定这些关键模型参数，以能较好地表征污水处理的生物状况。由于模型参数、化学计量系数等较多，且部分参数与系数还没有较好的测定方法，全部实测确定有难度，所以通常利用参数或系数的灵敏度分析法筛选出对出水水质影响较大的模型参数。根据分析结果，将灵敏度较高的模型参数作为关键参数进行测定、模型校正。模型校正的流程包括稳态校正和动态校正，先通过稳态校正对与污泥生长相关的参数进行调整，然后通过动态模拟对其他关键参数不断进行调整，直到模拟的出水结果与实测值接近。为了验证模型校正结果，可使用后续的数据对校正后的模型进行验证。

校正与验证后达到要求准确度的仿真模型可以进行设计、预测、优化等应用。如开展不同工况条件的仿真模拟试验，模拟分析各过程变量对出水水质的影响，并通过整合水量、水质等实际运行数据，结合现场中试试验，进行模型率定与模型验证，为合流制大型污水处理厂智慧化处理与智能决策提供技术基础。仿真模型可为污水厂冲击负荷下的调控和决策提供依据，为污水厂智慧化建设提供技术支持。在高水量和低水量的进水条件下，需要调整相应的参数使出水水质指标在极端进水条件下也能满足排放要求。使用正交实验结合响应面分析（RSM）的方法进行工况优化，即先使用正交实验设计模拟的次数与各因素间的组合，再利用响应面分析建立出水水质和运行成本等因素的关系，再通过多目标优化得到各进水倍数下的最优工况组合。以本案例为例，改变进水量，观察相应的模拟结果如表 10-1 所示。1.3Q 进水量最优工况的出水模拟结果见图 10-10。通过模型模拟可得到最优工况下的模拟结果。

表 10-1　RSM 方法得到的各进水量下的最优工况

进水量	DO/(mg/L)	内回流量	外回流量	排泥量	好氧池平均污泥浓度/(mg/L)
1.3Q	1.392	0.950n	1.427n	1.320n	3497
0.8Q	1.720	0.5n	0.842n	1.250n	2356
0.5Q	2.336	0.223n	0.176n	1.017n	1084

注：n 为倍数，是各因素与原工艺操作相比的倍数。Q 为原进水量（m³/d），1.3Q 为高进水量工况，0.8Q 和 0.5Q 为低进水量工况。

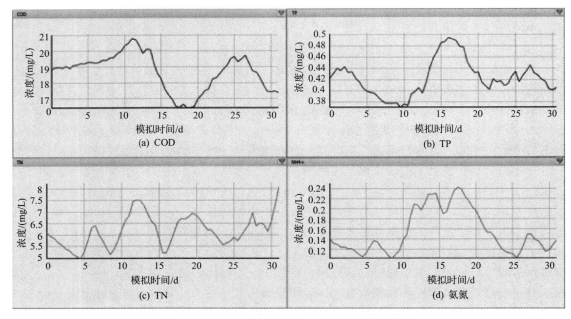

图 10-10　1.3Q 进水量最优工况的出水模拟结果

当污水处理厂的数据样本不足或数据质量不能满足要求时，或对于未收集到足够数据的新建污水处理系统，数理统计模型和机理模型的交互配合使用对于污水处理系统的智慧化模型的快速、准确构建有较大帮助。数理模型和机理模型的交互利用可为污水处理厂的智慧化系统建设提供新的思路，可以提高智慧系统对污水厂实际运行工况的模拟和预测能力。两种模型的数据关联见表 10-2。

表 10-2　数理模型和机理模型的数据关联

数理模型提供的数据	机理模型模拟结果	备注
• 水质指标（流量、COD、TN、TP、NH_4^+-N、SS、pH、温度） • 曝气量 • 好氧池 DO • 外回流流量 • 排泥量	• 出水：COD、TN、TP、NH_4^+-N、NO_3^--N、SS • 生化反应池：NH_4^+-N、NO_3^--N	• 提供的输入参数为通过一阶时均和二阶时均方法清洗后的时间数据序列，5min 一条 • 模拟结果的输出时间间隔也相应设置为 5min

本案例中，通过对 ZY 四期污水处理厂 AAO 工艺（厌氧-缺氧-好氧活性污泥法）模型搭建、实际水质数据模拟、远期运行调度方案模拟的方式，从数理模型角度为其实际运行管理调度决策提供技术指导，同时模型模拟的相关数据也是未来"大数据仓库"模型的重要数据来源，合理可靠的仿真模型模拟数据将为污水处理厂智慧化联动控制、厂群协调处理提供可靠的数据支持。

（2）建立污水处理厂运行的"大数据仓库"

大数据的主要特征是"数据量大"且"多源异构"，大数据分析即对海量数据进行逐层抽象、降维、概括和解读后得出更高价值的信息。针对 ZY 区域污水处理工程数据广泛存在体量大、耦合性强、实时变化、类型多样、时序不统一及完整性差等特征，研究建立合流制大型污水处理厂群的"大数据仓库"，通过分类存储、筛选过滤及特征提取等手段提高数据的完整性，利用大数据分析不断挖掘各类数据关系，提高数据的可利用性，可以为运营管理持续改善与创新提供支撑数据。

这里所用的数据处理与建模相关技术有 DBSCAN 聚类方法、LSTM 神经网络、卷积神经网络等等。

DBSCAN 聚类方法是基于密度的噪声空间聚类（Density-Based Spetial Clusting of Applications with Noise）的算法，设计思想是根据密度可达关系在数据集中找到最大密度联通样本集合，并将该集合的样本视作同一类。

LSTM 神经网络即长短期记忆网络，是一种特殊的循环神经网络（RNN），通过引入细胞状态（cell state）和门控机制（gating mechanism）解决传统 RNN 在处理长序列数据时的长期依赖问题（如梯度消失/爆炸），其核心设计目标是显式管理信息的存储与遗忘，以适应复杂时序建模需求。LSTM 通过细胞状态与门控机制显式控制信息的保留、更新与输出，有效解决了传统循环神经网络的长期依赖缺陷，成为时序数据处理的核心架构。

卷积神经网络是一种前馈深度学习算法，具有强大的特征提取能力与非线性运算能力。主要包含输入层、卷积层、池化层、全连接层。

自动编码器是一种传统的无监督深度学习模型，由两个感知机组成，分别为编码器和解码器（图 10-11）。编码器通过堆叠多层神经网络将原始数据分布非线性映射到隐藏层。解码器的作用是将隐藏层的特征映射回输入数据分布空间，从而得到输入数据的重构样本。自动编码器的训练则是通过自动更新编码器和解码器网络模型参数最小化输入数据和重构样本的差异。

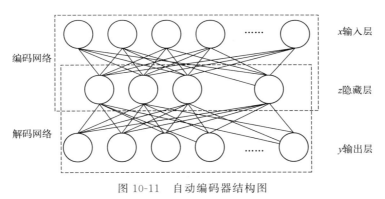

图 10-11　自动编码器结构图

常见的注意力机制有缩放点积注意力机制和多头注意力机制，本研究的数据清洗部分和长时间序列预测部分使用了以上两种注意力机制。

水质数据情况与数据清洗：水质参数识别与预测模型以数据为基础，通常使用离线数据集进行深度学习模型的训练，以挖掘数据之间的深层联系。然而，在实际应用中，由于水质传感器工作环境恶劣，采集到的数据中可能存在大量的数据缺失、数据重复和数据错误等问题。这些异常数据会导致模型预测精度降低。鉴于水质数据的波动性强烈，以及不同传感器之间数据分布差异较大，对水质数据进行预处理变得尤为重要。通过预处理，可以消除部分缺失空值、超出限值的异常数据、离群的异常数据，从而减轻这些异常值对模型的不良影响，提高深度学习模型在水质参数预测方面的精确性。

长期依赖的短时水质预测模型的构建：针对污水水质复杂、水质分布不均的问题，单一LSTM 方法难以精准预测大规模复杂样本集，而基于自动编码器和 CNN-LSTM 相结合的软测量水质数据预测建模方法，可以结合 K-means 算法实现对工况的划分以提升模型对相同特征样本的预测准确性。首先，构建自动编码器对数据特征进行编码实现降维，再基于样本 DTW 距离构建基于 K-means 的聚类样本集合，实现对水质工况的聚类。其次，基于不同样本集合对应的自动编码器编码后训练 CNN-LSTM 子模型。最后，通过对多个模型预测结果进行融合，根据全体数据集训练的 AE-CNN-LSTM 模型与子模型预测输出的结果构建神经网络架构，输出最终模型预测结果。通过实验验证，分工况预测方法以及自动编码器的加入有利于提升模型对强耦合以及强非线性样本的预测性能。多模型融合架构（Fusion-DTW-AE-K-CNN-LSTM，FDAKCL）通过加入分工况预测以及数据融合架构实现了在自编码器数据上短时水质预测精度的大幅度提升。

（3）构建指导运管的"人工智能专家知识库"

人工智能是以计算机技术作为主要框架，对人类智能进行的模拟及拓展，将人工智能应用在生产实践环节中，能够有效增强相关实践行为的针对性以及智能性。针对 ZY 大型污水处理厂群运营管理中存在的多样性、复杂性和变化性等特征，基于建立的"大数据仓库"，进一步研究建立合流制大型污水处理厂群的"人工智能专家知识库"，采用 RNN、LSTM 等深度学习方法对工艺流程处理环节及系统整体进行自学习，构建一系列"由输入到输出"的"人工智能专家知识"，形成针对特定目标的高鲁棒性多模式控制，可以使局部过程或完整过程更优化。

在"大数据仓库"构建完成的基础上，可根据数据分析结果构建基于深度学习的生物反应池推演模型。该模型可用于推演不同工况下 ZY 四期 AAO 生物处理系统的处理效率，同时也可以基于该模型预测 ZY 四期 AAO 生物处理系统的远期运行情况，为后续优化控制提供预测信息，辅助系统预警与优化控制。通过推演预测模型的相关功能，可以进一步分析系统运行的情况，最终实现对 ZY 四期的优化控制功能。通过"人工智能专家知识库"的辅助决策，提前预警未来 ZY 四期及 ZY 片区运行的各个极端工况，辅助决策，有效提高 ZY 片区的运行调度能力，提升系统韧性，合理应对极端气候下的突发情况。

为建立生物反应池的推演模型，选取模型的输入分为三种类型，即进水（外部）输入、状态输入、控制输入，并选取下一时刻（本研究选取半小时为时间间隔）的状态变量与出水变量作为模型的输出。输入与输出的具体取值如表 10-3 所示。

表 10-3　推演预测模型的输入、输出

类别	数据名	备注
进水输入	进水 COD	通过"大数据仓库"获取的时间序列，5min 一条
	进水 TN	通过"大数据仓库"获取的时间序列，5min 一条
	进水 TP	通过"大数据仓库"获取的时间序列，5min 一条
	进水氨氮	通过"大数据仓库"获取的时间序列，5min 一条
	进水流量	通过"大数据仓库"获取的时间序列，5min 一条
状态输入	生反池 DO	包括好氧、厌氧、缺氧三个位置的数据，通过"大数据仓库"获取的时间序列，5min 一条
	生反池 MLSS	包括好氧、厌氧、缺氧三个位置的数据，通过"大数据仓库"获取的时间序列，5min 一条
	生反池 ORP（氧化还原电位）	包括好氧、厌氧、缺氧三个位置的数据，通过"大数据仓库"获取的时间序列，5min 一条
	生反池氨氮	包括好氧、厌氧、缺氧三个位置的数据，通过"大数据仓库"获取的时间序列，5min 一条
	生反池好氧段 NO_3^-	好氧段的数据，通过"大数据仓库"获取的时间序列，5min 一条
	生反池瞬时流量	包括好氧、厌氧、缺氧三个位置的数据，通过"大数据仓库"获取的时间序列，5min 一条

续表

类别	数据名	备注
控制输入	好氧段曝气量	有 4 个时间序列数据代表 4 个不同探头的监测数据,通过"大数据仓库"获取的时间序列,5min 一条
	内回流流量	通过"大数据仓库"获取的时间序列,5min 一条
	外回流流量	通过"大数据仓库"获取的时间序列,5min 一条
状态输出	下一时刻生反池 DO	包括好氧、厌氧、缺氧三个位置的数据,通过"大数据仓库"获取的时间序列,5min 一条
	下一时刻生反池 MLSS	包括好氧、厌氧、缺氧三个位置的数据,通过"大数据仓库"获取的时间序列,5min 一条
	下一时刻生反池 ORP	包括好氧、厌氧、缺氧三个位置的数据,通过"大数据仓库"获取的时间序列,5min 一条
	下一时刻生反池氨氮	包括好氧、厌氧、缺氧三个位置的数据,通过"大数据仓库"获取的时间序列,5min 一条
	下一时刻生反池好氧段 NO_3^-	好氧段的数据,通过"大数据仓库"获取的时间序列,5min 一条
	下一时刻生反池瞬时流量	包括好氧、厌氧、缺氧三个位置的数据,通过"大数据仓库"获取的时间序列,5min 一条

进一步,上述模型的输入输出均为时间序列,可用于时间序列的深度学习模型及其建模方法包括:使用深度前馈神经网络输入当前时刻的进水、状态及当前采取的控制,输出下一时刻的出水与状态;使用针对时间序列数据设计的长短期记忆网络模型输入当前时刻以及过去一段时间的进水、状态以及控制,输出下一时刻的出水与状态。因此本研究使用这两种方式构建预测推演模型,并通过 "trial and error" 试错方法确定每种模型最适用的超参数,以此比较各个模型的效果,最终确定最适用于 AAO 工艺预测推演的深度模型。

基于上述深度学习推演模型,采用标准的模型预测控制架构,建立动态优化模型,以优化系统运行效果,具体做法如下:

首先针对任意给定时刻的实时监控数据,结合初始化的控制变量,代入深度学习推演模型进行预测,预测的时间步长为 Δt。之后根据预测结果进行判断,当前状态下使用上述给定的控制变量是否可以达到优化控制的目标。如果可以,则将该控制变量输出,为后续控制提供指导。如果不行,则需要将该控制变量放入优化模型进行一次优化调整,并将优化后的控制变量再次输入推演模型进行预测。重复上述过程,直到系统给出足够优化的控制策略,由此实现系统的优化控制。整个过程如图 10-12 所示。

对于预测推演模型而言,其本身是基于深度学习的模型,因此其适用性可以参考深度学习模型相关的泛化能力与适用性分析进行判断。对于深度学习而言,其本身的泛化是指"通过给定数据进行训练之后的模型,在其他数据集上的表现"。已有研究表明,当其他数据集及其背后对应的系统与训练数据集及其背后对应的系统越接近时,深度学习模型移植后的使用效果也将越好。因此模型的移植是否可以应用主要取决于"训练集"与"其他数据集"之间的相似性。或者进一步来说,"两个污水处理厂及其 AAO 工艺流程"的相似性越高,系统背后的变化形式与规律也就越接近,其对应的数据也将越接近,直接带来的效果就是模型泛化能力的提升。最极端的例子即"两个污水处理厂完全一致时,模型可以直接使用"。案例场景相似性与模型移植应用可以通过图 10-13 表示。

在此基础上进一步分析可知,对于 AAO 工艺过程,系统的相似性可以从以下几个方面分析:生化反应池建筑构造的相似性、进水指标的相似性、采用工艺的相似性、监测数据的相似性、日常运行操作习惯的相似性、出水指标的相似性。因此对建立好的模型进行移植之

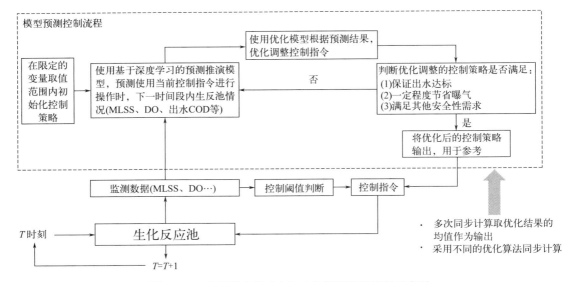

图 10-12　生化反应池 AAO 工艺模型预测控制示意图

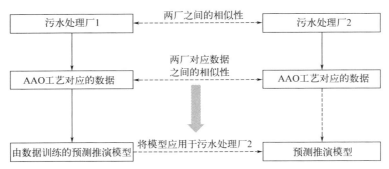

图 10-13　案例场景相似性与模型移植应用

前，需要对移植模型的 AAO 工艺对象的上述内容进行分析，判断其与当前模型对应系统的相似性，以此判断模型移植的可行性。

与上述基于深度学习的预测推演模型不同，模型预测控制的方法没有"通过数据确定大量模型参数"的步骤，因此理论上可以在调整其参数之后应用于不同的污水处理厂。这部分方法需要根据移植应用的污水处理厂的相关情况，重新确定模型预测控制的参数，即可投入使用。需要确定的参数具体包括如下内容：

首先是模型预测控制的控制时间间隔与预测评估时间间隔。其中控制时间间隔指采取控制策略的时间间隔，也即每隔多少时间需要采取控制操作。该参数与 AAO 工艺中的控制设备控制间隔有关，具体包括进水设备的动作频率、曝气使用的空气调节阀门与鼓风机的动作频率、回流泵的动作频率、药品投加设备的动作频率。而预测评估时间间隔指在模型预测控制过程中，使用模型预测的时间长度。该参数的设置需要参考优化控制的需求以及上述控制动作频率。

其次是最优化算法超参数。在模型预测控制中，最优化算法是用于找到最优控制策略而使用的优化模型求解算法。该算法的选取一方面与问题本身的性质有关，另一方面与算法的参数设置有关。因此在移植模型预测控制方法时需要对此进行调整适配。例如采用遗传算法 GA 作为优化算法，那么 GA 的参数（包括交叉率、变异率、优化迭代步数等）都需要通过重新测试进行确定。

虽然按照上述方法构建的模型移植应用需要污水厂本身具有一定的相似性，但是其构建模型的方法由于具有一定的适配性与一般性，理论上可以应用于不同的污水处理厂 AAO 工艺的推演预测与优化模拟。因此，在功能需求不变的前提下，可按照给定的建模方法，通过新污水厂的数据与设计资料进行重新建模即可。

10.2 智慧固废

随着互联网的不断发展，固体废物管理模式正逐步向大数据管理转变。利用物联网传输的特性和云计算处理数据的能力，能够实现对固体废物全流程的实时监管和高效协作。本节以典型固体废物管理为研究对象，系统梳理了其全流程智慧管理策略的研究进展，主要包括厂网联动物流调度、生产数据智能分析和智慧安防与应急等三个方面，同时分析了管理策略中存在的问题，并从政策、联动和技术支持等多个角度展望了提升固体废物智慧管理水平的措施，旨在为固体废物资源化、清洁化和集约化利用提供新的思路，推动资源、生态、经济和社会的有序发展。

10.2.1 厂网联动物流调度

智慧物流可以简单地理解为在物流系统中采用物联网、大数据、云计算和人工智能等先进技术，使整个物流体系如人的大脑一般智能、实时收集并处理信息，实现最优布局，最终协同物流系统中各方参与者高质量、高效率、低成本地分工协作。根据智慧物流的内涵，智慧物流主要有三大特征：一是通过信息交互与共享，可以实现物流降本增效；二是智能决策与执行，向自动化与程序化方向发展；三是深度协同与一体化，以智能管理为核心优化管理模式，实现以最低的成本向客户提供高质量的物流服务。智慧物流这一概念由 2010 年国际商用机器公司（International Business Machines Corporation，IBM）发布的《智慧的未来供应链》研究报告中延伸而来。戴定一认为，物联网时代通过新技术提高信息采集全面性、增加资源管控措施和优化运作流程，并以此视角界定的智慧物流就是依赖信息资源创造更多价值，进而实现发展方式的转变。何黎明提出智慧物流是基于物流互联网和物流大数据，通过协同共享创新模式与人工智能先进技术，重塑产业分工、再造产业结构和转变产业发展方式的新生态。

在固废收运处置利用的物流调度环节，在智慧物流的加持下形成了源头投放网、收集运输网、处置利用网三网协同的固废全流程联动调度系统，依托智慧物联网技术，以期实现基于固废全流程的三个网络之间的协同联动，从而提高固废处置利用的效率效能和可持续性。

（1）技术架构功能单元

主要包括智慧物联网、大数据中心、全流程调度三大功能技术单元，赋能城市区域固废全程分类及处置利用体系安全有序运行和高效科学决策。

① 智慧物联网。基本内容：我国政府高度重视固废信息化管控。2012 年全国固体废物管理信息系统建成并试运行，2017 年正式在全国推广应用，初步实现了固体废物收集、转移、处置等全过程监控和信息化追溯。2018 年生态环境部进一步要求推动生态环境大数据建设。新修订的《中华人民共和国固体废物污染环境防治法》第十六条明确规定："国务院生态环境主管部门应当会同国务院有关部门建立全国危险废物等固体废物污染环境防治信息平台，推进固体废物收集、转移、处置等全过程监控和信息化追溯。"

固废处置利用企业可以利用基于卫星遥感-视频摄像-移动终端的固废称重计量与循环利

用、环境监测与风险防控的各类固废设施设备，构建全过程全生命周期数据信息的接入采集、传输治理、监控分析智联系统，以及基于多源固废特征数据与算法模型的超融合服务器云平台和物联网络。

主要功能：利用专用终端、手机软件（APP）、掌上电脑（PDA）、RFID（radio frequency identification，无线射频识别技术）读写器等设备为固废及其包装绑定"身份证"，使固废在产生、贮存、转运和利用处置全过程信息化可追溯。利用 RFID 系统与全球定位系统（GPS，global positioning system）及时跟踪固废运输过程中的车辆、船舶。

利用物联网技术实现各类设施设备连接及全生命周期管理，集中监视、控制各智能化设备及系统。物联网平台助力各子系统协同高效利用，可直接通过对接调用数据实现端到端供业务应用使用，且方便快速接入新加设备及系统等。

② 大数据中心。基本内容：随着信息技术的快速发展，固体废物管理模式逐步向大数据管理方式转变，由原来的人工被动管理模式变为人工智能智慧管理模式。通过综合利用各项设备所提供的数据，对数据进行实时处理，从而确保各项管理数据更加精确，针对固体废物储存与运输过程进行动态监控，使管理更加便捷。

大数据中心作为数据核心，负责对接固废设施生产与管控、全程分类与计量、视频监控与智慧安防、财务结算与 OA（办公自动化）办公等业务子系统，提供各类固废信息数据的采集与录入、治理与服务，统一规范接口与要求、标准与模型、规则与协议，实现数据共享与安全等标准化。

主要功能：融合联通各类固废产生、投放、收运、转运、处理处置和资源化能源化利用的固废全生命周期信息数据。

③ 全流程调度。基本内容：概览管控各类固废产生量、收运量、处置量、污染物排放、设施发电、应急预警等情况，全过程监管各收集转运设施、处置利用设施的重箱数、空箱数和库存量，全品类调度各类固废的平衡统筹、匹配理顺，全方位预警生产设施环境污染物、公共区域环境质量（图 10-14）。

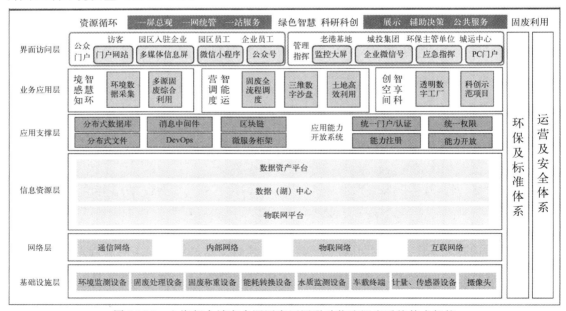

图 10-14　上海超大城市多源固废厂网联动物流调度系统技术架构

主要功能：通过对各类固废收储、运输、处置全流程的监测监控、科学评估、实时响应和预警预报，实现基于场景再造、业务再造和管理再造的"智融合、慧管理"的一体化智慧运营和应急调度管理目标。

（2）三网协同联动调度

固废厂网联合物流调度管理系统依据区域"一张图"的管理形式，高效快速地联动调度固废源头投放网、收集运输网和处置利用网等三网协同。

① 源头投放网：固废源头投放网是将城市管理辖区按照一定的标准划分成若干单元网格，通过加强单元网格的部件事件巡查工作对固废产生进行网格化管理，建立监督和处置互相分离的管理模式，高效智慧管理网格内固废规范投放工作（图10-15）。

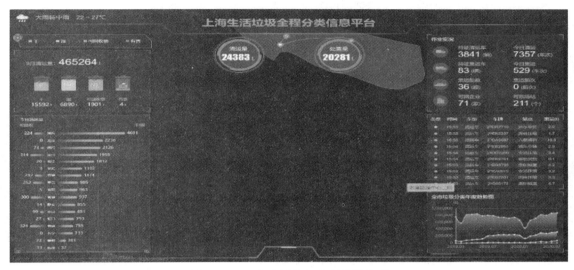

图 10-15　上海生活垃圾全程分类体系

② 收集运输网：固废收集运输网是将固废散运、直运和集运三种方式有机组合，依托数据管理平台、结合运力算法，利用 RFID 系统与 GPS 系统为固废运输提供及时定位，实时监控定位运输船只、车辆地理位置，管控各类重箱、空箱、混合箱的分布及使用情况，应用基于深度学习的船舶、车运调度，监测评估固废收集运输网的各个区域运输力量并智能调配（图10-16）。

③ 处置利用网：固废处置利用网将再生能源、生物能源、分类利用、再生建材、填埋处置和渗沥液处理等各类固废设施关联，实时监控各设施工作负载情况，对时间段内处置量波动曲线进行实时更新，在设施异常停机、检修维护时适时预警预报并智能调度，实现各类固废的平衡调度与统筹匹配（图10-17）。

10.2.2　物料能源平衡分析

随着社会的发展和工业化进程的加速，固废管理成为政府和企业关注的重要议题之一。传统的固废管理方式往往存在监管难度大、信息不透明、效率低下等问题，而数字化、精细化运营监管的引入能够提高管理效率和监管水平。

数字化运营监管涉及诸多技术手段，包括但不限于物联网技术、大数据分析、人工智能等。通过部署传感器、监测设备和智能软件，可以实时收集固废处理过程中的各项数据，包括废物来源、种类、数量、处理方式等信息。这些数据经过数字化处理和分析，可以为监管

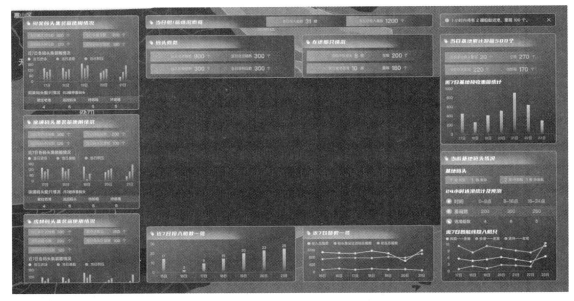

图 10-16   上海超大城市内河集装化运输固废收运系统

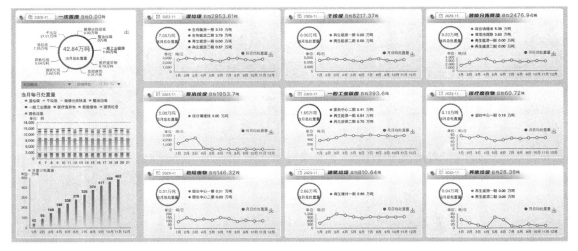

图 10-17   "数字老港"全品类固废统筹调度系统

部门提供准确的数据支持，帮助他们及时发现问题、采取措施。精细化管理通过采用标准化、程序化、数字化、信息化等手段，使各单位、企业在运作过程中实现更精准的调控，高效协同合作，执行标准的工作流程，高度重视制度、行为的标准化建设。

在固废处置智慧运营监管的功能中，管理部门通过固废基础数据的积累形成数据模型并进行分析，从而对固废处置的生产计划、生产调度、物质能源利用等方面进行统筹和决策。智慧运营监管体系的搭建主要包括生产报表管理系统、生产计划管理系统、物质链管理系统和能源链管理系统等四大功能技术单元，助力实现城市固废智慧管控的平衡联动分析，形成科学的运行机制，保障城市固废处置利用系统的高效安全有序运行。

（1）生产报表智能管理

基本内容：固废基础数据是通过"日、周、月、季、年"不同时间维度的报表获得的。

采集的数据包含原料进场数据、生产数据、库存数据、耗能数据和产废数据等，涵盖固废处置利用全流程中各个阶段所需所用，通过物联网实现数据实时在线获取，上传至数据管理平台，从而自动生成各类固废数据生产报表。

主要功能：日报作为周、月、季、年报的基层数据来源，数据的准确性和完整性决定了长周期报表的质量以及决策的正确性。日统计数据应包含固废种类、数量、来源、处理方式、处置情况等信息。数据来源于收集运输网的 RFID 系统、GPS 系统、数字地磅计量等数据，处置利用网的生产设备 DCS（集散控制系统）、在线水表、在线电表等数据。将来自不同设施设备的数据进行整合后上传至数据管理平台，利用人工智能进行数据清洗，提高数据的准确性和可靠性，再由数据管理平台提供的数据形成报表。

周、月、季、年报表是在日报的基础上，进行数据总结性统计、分析后形成的。可通过对比、趋势、占比等分析方式，将固废处置的情况通过不同的维度呈现给管理部门，从而方便管理部门对调度、生产、计划等决策进行优化、调整和固化、标准化。

（2）生产计划智能管理

基本内容：制订生产计划可以为企业合理规划资源利用、提高处理效率、预防和管理风险提供有效支撑。生产计划制订的依据来自各时间周期的生产报表、政策变化、固废收运价格、固废处理价格、再生资源市场等一系列因素。在固废管理系统数字化、智能化之前，决策者制订生产计划时无法做到多方因素共同考虑，各因素的权重也无法给出合理系数，导致决策缺乏合理性和前瞻性。进入大数据时代后，一系列数据模型及深度学习模型为决策者提供了便捷、高效、合理、准确的计划导向。

主要功能：生产计划制订主要包含垃圾进场计划、垃圾处理计划、垃圾收费单价信息、垃圾处理单价信息等。固废处理企业可以借助人工智能的力量，依靠机器学习大量数据集后的模型对下一年的生产、收费等信息进行预测，并进行决策。对模型的使用涉及多个方面，例如：通过 1D-CNN、LSTM 等模型预测城市生活垃圾产量；基于迁移学习的深度残差网络（ResNet），结合周期学习率，建立高精确度和高效率的城市生活垃圾分类模型，预测不同类型垃圾的产量、占比等情况；利用混合神经网络（HNN）等模型结合多种影响要素辅助决策。

（3）物质链智能管理

基本内容：物质链管理系统（图10-18）主要管理各类固废的处理处置和产生量，用来平衡各类固废在处理处置设施中的传递和分配情况，对固废物流活动进行有序计划、组织、指挥、协调、控制和监督，以实现固废物流间的协调传递与合理配置，包括一次固废（干垃圾、湿垃圾、装修分拣残渣、整治垃圾、一般工业固废、医疗废物、危险废物、建筑垃圾和其他垃圾等九大类固废）和二次固废（湿垃圾残渣、炉渣、飞灰、渗沥液、建筑垃圾残渣和其他垃圾等六大类固废）管理系统（图10-19 和图10-20）。

主要功能：物质链对于固废物质流动数据的采集源自固废处置全过程中的进出厂的计量设备，如地磅、流量计等，计量设备数据经自动采集上传至数据管理平台，由人工智能对数据进行清洗，排除掉明显错误、重复、不满足量纲要求等的数据，并检查进出厂的物质量是否满足质量守恒。最终呈现从原料进厂到产品、副产品、库存等方向的物料平衡管理，由模型计算各流向物料预期值、实际值并定期推送至系统，并对异常情况进行报警。

在物质链管理系统中，机器学习可以为生产带来更为精细化的管理，例如通过深度学习可以建立模型，预测固废处置过程产品以及二次固废的产量，预测固废经过焚烧后由固态变

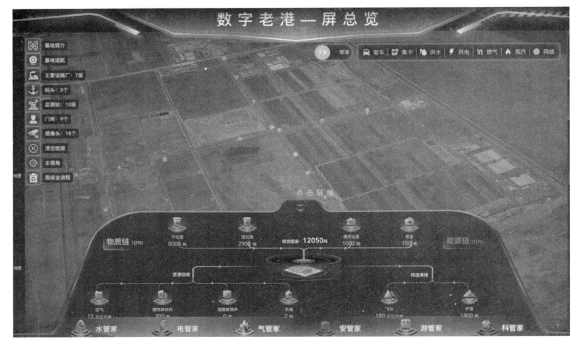

图 10-18 "数字老港"物质链管理系统

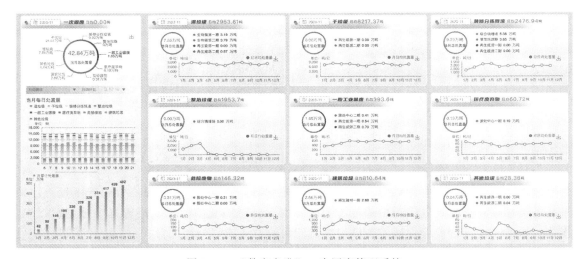

图 10-19 "数字老港"一次固废管理系统

为气态后的气相组成等，使生产更加可预测、可监控，为管理层调整生产方向提供建议。

（4）能源链智能管理

基本内容：固废处理设施可产生电能和沼气等能源，沼气可以通过发电、提纯等方式资源化利用，电能可提供给各设施单位自行使用或输送至国家电网换取额外收益。未能资源化的沼气通过火炬燃烧处理。能源链管理系统（图 10-21）负责管理各供能和用能设施之间的平衡，实现能源效率效益的最大化，包括电能、沼气/填埋气管理系统。

电能管理系统：实时统计、展示和评估发电量、用电量和上网电量三方面参数指标，例如统计当年焚烧发电、沼气发电和填埋气发电每月总量和逐月累积量，当月焚烧发电、沼气

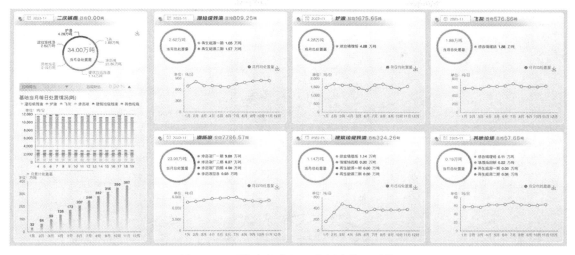

图 10-20 "数字老港"二次固废管理系统

发电和填埋气发电累计值和环比,当年度和上年度每月用电总量和重点用电量较高设施,当年度和上年度每月上网电量总量等。通过广泛使用物联网、大数据平台、云计算等数字化技术,智慧固废园区可以实现对发电设施的集成智能感知、智能控制和管理决策,对设施设备发电用电进行合理分配,减少发电资源浪费,最大程度利用自发电,实现"发输配售"协调互补。

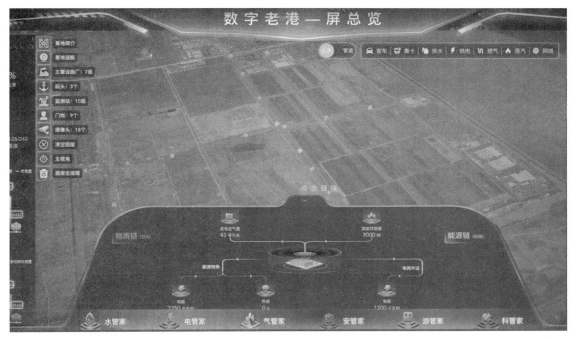

图 10-21 "数字老港"能源链管理系统

沼气/填埋气管理系统(图 10-22):实时统计、展示和评估沼气、填埋气相关参数指标,具体指标可参考如下:沼气总产生量和填埋气总收集量;不同来源沼气和填埋气产生量;当月沼气、填埋气发电的气体量、提纯的气体量和火炬燃烧器的气体量等。

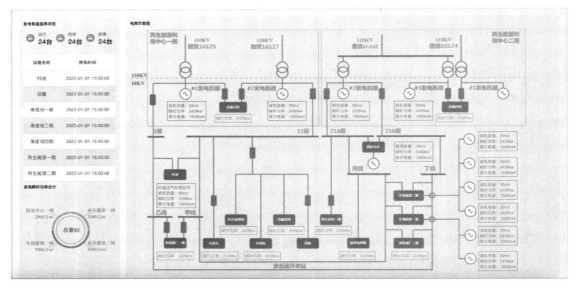

图 10-22 "数字老港"沼气/填埋气管理系统

通过监控各设施设备以及填埋场的产气情况，结合发电设施的发电能力及时调整供气量，确保发电设施不超过负荷，提高能源利用效率。例如利用多目标优化模型，对垃圾固废基地进行电-气协同优化。

10.2.3 固废安全应急处理

《"十四五"国家应急体系规划》提出，到 2035 年，建立与基本实现现代化相适应的中国特色大国应急体系，全面实现依法应急、科学应急、智慧应急的建设目标，并指出要强化信息支撑保障。借助云计算、大数据、物联网、人工智能、移动互联、第 6 版互联网协议（IPv6）、虚拟现实（VR）、增强现实（AR）等新一代信息技术，推动智慧固废应急处置建设是构建城市智慧应急体系的重要组成部分。

（1）基本技术原理

智慧应急系统主要构成如下：

① 物联网：物联网技术广泛应用于应急管理领域，能够实现人、机、物、环等安全要素的多维感知、实时监测和智能预警。

② 移动互联技术：移动互联技术应用主要体现在信息上传下达的便捷性，强调紧急情况信息移动获取。

③ 云计算：云计算在应急领域的应用主要体现在应急管理业务云建设，形成弹性扩展和按需使用的云资源服务能力，高效支撑应急管理处置系统应用安全运行。

④ 大数据：实现应急关联数据融合共享，分析挖掘辅助业务应用，通过数据分析智能判断风险等级，按照级别自动向相关人员和协同合作单位发送风险提示，重塑应急响应流程。

⑤ 人工智能：人工智能在应急管理领域的应用技术包括机器人、图像识别、语音识别、自然语言处理等，并以图像识别分析为典型。基于机器学习与神经网络算法，对人的不安全行为、物的不安全状态和环境的不安全因素进行分析识别。

⑥ 区块链：区块链重点解决信息不对称问题，保障信息的可信度，目前应用处于起步

阶段。

⑦ 虚拟现实/增强现实：借助 VR 眼镜、VR 头盔等设备，通过虚拟现实/增强现实技术可开展安全教育培训、应急演练等。

⑧ 数字孪生：数字孪生技术能够实现固废安全应急处置系统实时监控，包括空箱数量、重箱积压、焚烧设备运行处置、垃圾填埋场填埋作业量等信息监控、预警、预测和仿真，实现数字化感知和智能化推演。

⑨ 智慧应急指挥管理平台：包括数据、技术、业务流程与组织结构等 4 大核心要素，依据"数据建设、数据资源管理、数据开发利用"的具体要求，基于现有的基础支撑环境，整合基地空间数据、管道场站数据、SCADA 数据、物联网数据、风险隐患数据、应急资源数据、企业资源等数据，形成"大数据中心"，实现平时各类数据资产的集成展示及分析应用。

（2）一般功能概述

数字化、智慧化模式在应急管理系统的深度实践，颠覆了传统应急管理观念和"碎片化"的应急管理模式，以科技信息技术手段取代全过程应急管理中的部分繁杂、重复、冗余工作，降低应急管理运行成本，应急管理信息化智能化是当今应急管理发展的必然路径。在智慧应急管理中引入以生成式 AI 技术为代表的人工智能技术，依靠强大的数据支撑系统和相关算法、算力，对安全风险和突发事件的全过程进行监测预警、分析研判、决策辅助、智慧监管等。专业应急管理人员和人工智能技术提供双重保障。"应急处理＋人工智能"模式建设需要不断提高智能信息化能力，同时还需要与时俱进，推动 5G、大数据、区块链、量子科技和人工智能等前沿技术深度融合到固废全过程应急管理中。

① 事前——预防与准备

a. 风险辨识与分析。辨识风险源、重点关注目标、关键基础设施等；通过风险分析来鉴别事件有潜在风险的方面及影响程度；整合隐患、问题、风险作业活动、双高区域、管道三色预警、巡线数据等全流程风险管理数据，建立风险隐患数据库。

b. 数字化预案管理。对预案进行数字化、结构化处理，制定紧急事件处理计划及工作列表；对预案进行分析，确定预案所能覆盖的紧急事件范围及复杂度；实现预案仿真。

c. 应急资源管理。整合企业内部、地方公共应急物资、专家库、知识库、应急车辆、应急人员、医疗消防、应急物资、气象数据、环境监测等数据，建立应急资源数据库。

② 事中——实时感知及快速响应

应急指挥人员根据前期预警和报警信息，结合周边环境分析和相关应急队伍、应急物资、应急装备等资源的分布情况，会同相关应急机构、部门提出部署和调度指挥方案，及时将突发事件发展情况和应急处置进展情况传递给有关方面，实现协同指挥、有序调度和有效监督，提高应急处置效率。

a. 智能感知预警。集成生产对象的 SCADA 监控系统、视频监控等监测预警系统，通过突发事件自动报警、视频探头查看、SCADA 监控数据查看、周边巡检人员调度等方式，实现突发事件的线上智能感知及线下快速核实。

b. 移动端一键报警。开发移动 APP，便于巡检人员核实警情并快速上报事件信息，实现险情类型、空间位置、现场情况、固体废物堆置情况、运输情况及上报人联系方式等一键上报。

c. 周边环境分析。通过平台提供的事件影响情况智能分析功能，获取包括事件点特定范围内的周边环境信息，事故点上下游受影响的生产单元信息，以及应急资源的空间分布和最优路径推荐等信息。

d. 事件响应。根据事件实际情况快速关联应急预案，对接短信平台，向应急人员发送短信通知，一键生成事件简报，抄送给应急人员，实现应急事件响应，支持运输、搬运、处置等多级协同应急响应。

e. 人员调配。根据事件位置、三维地形、天气信息、影响区域等因子，部署路线、人员安排、车辆停放区域，下达任务指令，实现对现场人员的调配。通过任务在线反馈机制，各级调控中心能够快速查看应急处置运输、箱体堆积情况、现场图片和视频等信息，及时掌握事件现场动态。

f. 分析模型辅助决策。集成气象监测数据（风力、风向、风速等）、汛期、节假日、活动等信息，通过大数据分析，判断将来一段时间内可能出现的应急处置任务，并分析评估其影响周期及程度，动态模拟出当前影响趋势，为决策提供辅助支撑。

g. 应急资源调配。结合事件位置和特点，通过三维 GIS 分析技术，快速分析出与该事件匹配的应急物资，整合不同部门的资源，建立多部门资源整合机制，确保各个部门的资源能够得到协调和共享使用。

③ 事后——恢复生产及分析总结

a. 分析总结应急指挥管理平台记录的应急抢险指挥过程每个步骤的完成时间和内容，实现事件应急指挥进度情况的快速查看和复盘。

b. 分析计算恢复生产所需投入，开展事后分析，总结报告和分析当前预案的适应性，为进一步改进预案以应对将来可能发生的事件提供参考。

（3）固废安全应急处置的业务流程

固废安全应急处置的业务流程主要包括应急预案管理、应急任务、预警监测和统计分析。

① 应急预案管理。根据业务调研，针对优先级最高的应急事项建立应急预案，协助相关人员编制应急预案、优化预案流程并实现应急预案数字化。

本功能允许管理维护和预设应急预案的相关资料，包括预案文档、流程图等。

② 应急任务。应急任务的生命周期包括创建、启动、调度和完成等。

a. 应急任务创建。应急任务调度人员创建应急任务，进入应急任务准备阶段，选择应急预案，根据应急预案设置的流程，关联相关部门（负责人）。相关负责人收到平台通知，填写完善应急任务的各自负责部门及有关信息，如值守人员、联系方式等等。通过短暂的准备，应急任务完成了准备阶段。

b. 应急任务启动。到达某个时间或者满足指标条件时，应急任务调度人员启动应急任务。

c. 应急任务调度。应急任务按照应急预案的流程，在各个部门间流转，负责处理当前任务的人员完成阶段任务后，提交相关信息，通过系统将任务控制权还给应急任务调度人员，根据应急预案，不需要决策的步骤也可以直接流转到下一阶段的负责人。在此期间系统将为应急调度人员提供必要的信息，如联系人、联系方式等，以便应对某个环节发生的问题。

d. 应急任务完成。本功能围绕应急任务的创建、启动、调度、完成全流程闭环管理。如此往复直至应急任务完成。

面向应急任务调度人员和执行人员提供了应急任务的操作和检索能力。应急任务可以是真实任务，也可以是应急演练。

③ 预警监测。本功能将与规划内应急任务强相关的数据统一汇总显示在一个屏幕上，方便相关人员总揽全局，根据发展趋势判断是否需要启动应急任务。

④ 统计分析。本功能根据业务需要，对应急任务相关数据进行统计分析，并以图表的形式进行直观展示。

10.3 智慧大气

党中央、国务院高度重视大数据在推进生态文明建设中的地位和作用。习近平总书记明确指出，要推进全国生态环境监测数据联网共享，开展生态环境大数据分析。"十四五"时期，各地生态文明建设进入生态环境质量改善由量变到质变的关键时期，推进生态环境管理数智化转型，成为深入打好污染防治攻坚战的重要支撑。

目前，我国城市在用的环境信息化系统较为分散，包括业务系统和在线监测监控系统两类，业务系统涵盖了排污许可证、环评审批、污染源普查、移动执法、危险废物、放射源等系统，在线监测监控系统涵盖了环境质量监测站点、重点污染源监测站点。现有系统由于分期、分散建设，各类信息不集中，信息搜寻成本大，效率相对较低，生态环境领域各层工作人员工作缺少便捷、可用的信息系统工具。而面对"十四五"期间科学治污、精准治污、依法治污的高标准，管理人员需要平台在提高工作效率的基础上具备数据深挖、辅助决策的功能，以精准、有效应对和解决各类环境管理问题。

在此背景下，通过引进"互联网＋环保"工程，综合利用大数据、云计算、高性能计算、环境物联网、数值模拟、人工智能等技术，建设智慧大气综合管控平台，以实现"感知全面化、数据集成化、决策智慧化、监管高效化、服务便民化"的环境治理新模式、新格局。依托平台建设和使用，一方面解放人的"体力"，将使用者从大量的低效率、重复性劳动中解脱出来，另一方面提升"脑力"，帮助使用者分析研判、辅助决策，以科学、精准、精细、高效、动态的方式助力城市大气环境管理和决策水平实现跨越式提升。

大气环境治理从"测、查、溯、预、管、治、评"7个方面着手进行，智慧大气在技术支撑角度，主要从大气环境监测、空气质量预报和管控措施评估这三个方面提供信息化支撑：

① 构建空气质量"监测大脑"，科学分析大气环境现状，为大气污染监管提供数据支撑；

② 构建空气质量"预测大脑"，科学研判未来空气质量变化趋势，成为大气污染管控的"发令枪"；

③ 构建管控效果"评估大脑"，科学评估各类管控措施效果，实现事前预判管控决策、事后量化管控成效。

10.3.1 空气质量"监测大脑"

空气质量"监测大脑"充分利用现有大气环境监测能力，补充卫星遥感监测手段，构建"天、空、地"一体化大气环境监测体系，实现对大气环境多维度时空分析、统计排名，说清本地大气环境现状，为大气污染治理提供数据支撑。

（1）空气质量空间分布

空气质量污染空间分布模块以污染空间分布图的形式展示空气污染物的空间分布情况，便于业务人员从空间角度分析污染物的变化情况，并可查看历史空间分布图。分布图类型包括空气质量渲染图、空气质量插值图、六参比值插值图、距平插值图，支持在地图上叠加气象条件，便于从空间角度同时获取空气质量与气象条件的空间分布特征。提供 3 年同比变化图，便于业务人员快速获取空气质量历史同期变化，辅助判断当前空气质量现状和历史对比。支持时间选择、切换污染物和气象条件、选择小时或日数据。

① 空气质量渲染图。空气质量渲染图提供地图上用某一空气污染参数浓度按照区域色块划分得到的空间分布图，便于业务人员快速获取某污染物的空间分布。

② 空气质量插值图。空气质量插值图提供地图上用某一空气污染参数浓度通过插值法得到的空间分布图，便于业务人员快速获取某污染物的空间分布。

③ 六参比值插值图。六参比值（指六项基本污染物指标：$PM_{2.5}$、PM_{10}、SO_2、NO_2、O_3、CO）插值图提供地图上用某两个空气污染参数浓度比值，用插值法得到的空间分布图，便于业务人员快速获取污染物比值的空间分布。

④ 距平插值图。距平插值图是在地图上用某个空气污染参数浓度与区域浓度平均值对比得到的结果用插值法得到的空间分布图，便于业务人员快速获取污染物在某区域的空间浓度水平分布。

（2）空气质量统计分析

① 空气质量排名分析。空气质量排名分析提供城市和站点在实时、小时、日均、月均、年均尺度的空气质量排名，包括行政区划排名、站点排名功能。

行政区划排名提供城市在全省、全国 168 个重点城市、全国 337 个城市的空气质量排名，以及城市各区县、各乡镇街道在城市内的空气质量排名。

站点排名提供城市国控站、省控站、市控站、乡镇站等各类空气质量站点的空气质量排名，支持对所有站点进行排名。

② 空气质量对比分析。包括污染物同比环比分析、污染物区域对比分析（区县对比分析、各市区域对比分析、联防联控对比分析）功能。

a. 污染物同比环比分析。污染物同比环比分析模块通过所选时间段范围的空间对比、同比及环比变化，便于管理人员了解城市和站点在所选时间段空间上的相对变化情况。包括同比分析和环比分析功能。

b. 污染物区域对比分析。污染物区域对比分析模块从站点和城市平均、不同区县之间以及不同市内区域之间的污染物浓度、优良天数、优良率等方面进行对比，多维度分析污染物的区域对比情况。包括区县对比分析、各市区域对比分析、联防联控对比分析功能。

（a）区县对比分析。区县对比功能支持展示城市各国控站、省控站、市控站数据对比，根据各区县考核站点，明确城市区县空气质量数据对比情况，快速识别出超出城市平均浓度较高的站点以及城市的整体高值和低值趋势，支持选择小时/日均、开始和结束时间以及 AQI 或六参比值。

（b）各市区域对比分析。各市及区域对比功能支持对省内各城市的数据进行查询分析和对比。主要包括城市的等级天数、污染天数统计，支持表格及环状图展示。对比功能支持展示多个城市或区域之间的统计数据对比情况。支持按年或按月对比六项污染物，包括各市及区域浓度累计柱状图及数值统计表格。

（c）联防联控对比分析。根据城市重点联防联控区域划定，统计各区域考核用空气质量监测站点的等级天数、污染天数统计，支持表格及环状图展示。对比功能支持展示联防联控区域之间的统计数据对比情况。支持按年或按月对比六项污染物，包括联防联控区域浓度累计柱状图及数值统计表格。

（3）大气环境遥感监测

① 遥感算法原理。气溶胶光学厚度（AOD）表示介质的消光系数在垂直方向上的积分，反映了气溶胶对光的衰减作用，是一个无量纲的变量，表达式如下：

$$\tau_\lambda = -\int_{s_1}^{s_2} k_\lambda \rho \, ds' = \int_{s_2}^{s_1} k_\lambda \rho \, ds' \tag{10-1}$$

该式表示点 s_1 和 s_2 之间介质的光学厚度；k_λ 代表对波长的质量消光截面；ρ 代表物质的密度；大气的气溶胶光学厚度一般是指从大气顶层向下的垂直光学厚度，即 s_1 代表大气上界，s_2 代表地表。在气溶胶的反演中，可以得到的参数是卫星传感器接收到的数据，这个数据即为辐射经过大气和气溶胶衰减作用的结果，因此，为了得到 AOD，需要了解辐射的传输过程。

假设地表是朗伯表面且均匀一致，则有：

$$N^+ = \sum_{i=0}^{\infty} N_i^+ \tag{10-2}$$

式中，N^+ 表示从大气上界离开的光子的数量，"+"表示光子自下到上的移动；i 表示光子与地面碰撞的次数，N_0^+ 表示未和地面碰撞的光子数，和大气路径辐射对应；N_i^+ 表示和地面碰撞 i 次后离开大气上界的光子数。

同理，地表反射率可以用光子进行描述，如下所示：

$$\rho_s = n_{i+1}^+ / n_i^- \tag{10-3}$$

式中，ρ_s 为地表反射率；n 表示大气底层的光子数，"−"表示光子自上到下的移动。令

$$g = N_i^+ / n_i^+ \tag{10-4}$$

则 g 表示大气底层和地面碰撞 i 次的光子数向上运动穿过大气的比例，g 的大小只和大气的状态有关。令

$$h = n_i^- / n_i^+ \tag{10-5}$$

h 表示大气底层和地面碰撞 i 次的光子数向上运动被弹回地表的比例，所以 h 的大小也和大气的状态有关。又因为

$$n_i^+ = \rho_s n_{i-1}^- = \rho_s h n_{i-1}^+ = \rho_s^2 h n_{i-2}^- \cdots = \rho_s^i h^{i-1} n_0^+ \tag{10-6}$$

所以

$$N^+ = N_0^+ + g\rho_s \sum_{i=0}^{\infty} (\rho_s h)^i n_0^- \tag{10-7}$$

由于 h 和 ρ_s 的值都小于 1，因此 $\rho_s h^\infty \to 0$，则有

$$N^+ = N_0^+ + g\rho_s n_0^- / (1 - h\rho_s) \tag{10-8}$$

$$g\rho_s n_0^- = \rho_s \left[(N_1^+ / n_1^+) n_0^- \right] = \rho_s \left[N_1^+ (n_0^- / n_1^+) \right] \tag{10-9}$$

假设 $n_1^+ = n_0^-$（即第一次碰撞的反射率为1），则

$$N^+ = N_0^+ + \rho_s N_1^+ / (1 - h\rho_s) \tag{10-10}$$

电磁波的粒子性指电磁辐射除连续波动状态外，还能以离散形式存在，其离散单元称为

光子。一个光子的能量为 $Q=h\nu=hc/\lambda$。式中 Q 为一个光子的能量，J；h 为普朗克常数；ν 为频率；λ 为波长；c 为光速。单位时间内通过的辐射能量称为辐射通量。单位面积、单位波长、单位立体角内的辐射通量称为辐射亮度。

同理

$$L(\theta,\varphi)=L_0(\theta,\varphi)+L_1(\theta,\varphi)\times\frac{\rho_s}{1-h\rho_s} \tag{10-11}$$

式中，$L(\theta,\varphi)$ 表示辐射亮度，是卫星在 (θ,φ) 方向上收到的亮度，θ 为天顶角，φ 为方位角；$L_0(\theta,\varphi)$ 表示观测方向的路径辐射亮度；$L_1(\theta,\varphi)$ 表示观测方向的地表辐射亮度。

结合反射率和辐射亮度的公式：

$$\rho=\frac{\pi L}{\mu_s E_s} \tag{10-12}$$

则可得到大气上界的总反射率公式，即表观反射率公式：

$$\rho_{\text{TOA}}(\theta_s,\theta_v,\Phi)=\rho_0(\theta_s,\theta_v,\Phi)+\frac{T(\theta_s)T(\theta_v)\rho_s}{1-S\rho_s} \tag{10-13}$$

式中，$\rho_{\text{TOA}}(\theta_s,\theta_v,\Phi)$ 表示卫星接收到的反射率，其中 Φ 为相对方位角（太阳方位角与卫星方位角差的绝对值）；$\rho_0(\theta_s,\theta_v,\Phi)$ 表示大气程辐射反射率，由大气分子的散射部分 $\rho_m(\theta_s,\theta_v,\Phi)$ 和气溶胶散射部分 $\rho_a(\theta_s,\theta_v,\Phi)$ 两部分组成；$T(\theta_s)$ 代表大气向下的透过率；$T(\theta_v)$ 表示大气向上的透过率；S 表示半球反射率。其中，气溶胶散射部分带来的反射率 $\rho_a(\theta_s,\theta_v,\Phi)$ 是关于散射相函数 $P_a(\theta_s,\theta_v,\Phi)$ 和 $\tau(\text{AOD})$ 以及单次散射反射率 ω 的函数，由于考虑多次散射非常复杂，无法求解，所以一般考虑单次散射的情况，此时它们之间的关系如下：

$$\rho_a(\theta_s,\theta_v,\Phi)=\frac{\omega\tau P_a(\theta_s,\theta_v,\Phi)}{4\mu_s\mu_v} \tag{10-14}$$

而大气透过率 $T(\theta_s)$ 可以描述为太阳直射向下的透过率 $e^{-\tau/\mu_s}$ 和大气漫射向下的透过率 $t_d(\theta_s)$ 之和，$T(\theta_v)$ 为太阳直射向上的透过率 $e^{-\tau/\mu_s}$ 与大气漫射向下的透过率 $t_d(\theta_v)$ 之和。

由上述公式可知，方程中包含了许多未知数，其中就有 AOD 和地表反射率。另外还有散射相函数等参数。不过，散射相函数等参数可以通过假设大气模式和气溶胶模型，利用辐射传输模型模拟得到。因此，上式能简单地看作气溶胶光学厚度、卫星表观反射率和地表反射率的一个方程，其中卫星表观反射率是已知量，地表反射率和气溶胶光学厚度是未知量。所以，求得地表反射率之后就可进行气溶胶光学厚度的反演。

② 遥感监测应用场景。基于多源卫星遥感数据，结合气象、环境的观探测数据以及基础地理信息等辅助数据，实现对大气环境的遥感监测，提供包括卫星云图、沙尘、气溶胶光学厚度、颗粒物（$PM_{2.5}$、PM_{10}）、痕量气体（NO_2、SO_2、O_3、HCHO、CH_4、CO）、VOCs 高值区识别、臭氧敏感性识别、灰霾、扬尘源、热异常点等大气环境遥感监测功能，并支持基于 WebGIS 的成果展示和下载。

a. 卫星云图：通过对卫星影像数据进行大气校正、通道合成、影像拼接等处理，合成卫星真彩色影像，并按小时提供卫星云图产品。

b. 沙尘：沙尘采用卫星云图、沙尘合成和沙尘判识三种方法进行监测。

（a）卫星云图：卫星云图中，沙尘以灰黄色或暗红色表示。

（b）沙尘合成：基于卫星遥感数据，对沙尘通道敏感的多个红外通道进行相关运算，得到 RGB（三原色）颜色通道的值，最终合成沙尘彩色合成图。

（c）沙尘判识：基于卫星遥感数据，利用沙尘在可见光、中红外、远红外波段的光谱特性与下垫面背景和云的差异性，引入更多红外通道进行云检测和沙尘判识。针对沙尘和云对红外通道接收的亮温数据不同，采用多个通道间的运算，确定沙尘判识的阈值，并对白天和夜间设置两套不同的阈值，实现沙尘全天候连续监测。

当出现沙尘天气时，可提供逐小时的 TIFF（标记图像文件）、专题图以及定期的 GIF（图像交互格式）、报告等沙尘遥感专题产品。

c. 气溶胶光学厚度：基于卫星遥感数据，利用暗像元算法和深蓝算法实现气溶胶光学厚度的反演，并提供逐小时的 TIFF、专题图以及定期的 GIF、报告等气溶胶光学厚度的遥感专题产品。

d. 灰霾：基于卫星遥感数据，通过构建归一化灰霾指数模型，实现灰霾遥感监测，并提供逐小时的 TIFF、专题图以及定期的 GIF、报告等灰霾监测的遥感专题产品。

e. 颗粒物：颗粒物浓度反演主要涉及 $PM_{2.5}$ 和 PM_{10}。选取 AOD、相对湿度、能见度、风速和风向为颗粒物浓度反演的自变量。剔除数据集中缺失值及异常值，将数据集按照 7:3 的比例随机划分为训练集和测试集，训练集用于建立模型，测试集用于精度评价。基于相同的训练集和测试集，利用随机森林方法对颗粒物浓度进行建模反演，并提供逐小时的 TIFF、专题图以及定期的 GIF、报告等颗粒物浓度的遥感专题产品。

f. 痕量气体：利用卫星接收到的经地球大气传输和地表反射的太阳辐射光谱，基于大气二氧化氮的光谱吸收特征，采用差分吸收光谱算法建立痕量气体（NO_2、SO_2、O_3、$HCHO$、CH_4、CO）柱浓度反演模型，反演痕量气体的垂直柱浓度，通过平流层浓度去除处理，最终获得痕量气体的对流层柱浓度，并提供逐日的 TIFF、专题图以及定期的 GIF、报告等痕量气体对流层柱浓度的遥感专题产品。

对于近地面臭氧浓度，基于对流层臭氧垂直柱浓度，利用地面臭氧监测数据，实现近地面臭氧浓度反演，提供逐日的 TIFF、专题图以及定期的 GIF、报告等近地面臭氧浓度的遥感专题产品。

g. VOCs 高值区识别：甲醛（HCHO）是 VOCs 氧化中最主要的中间产物，可以指示 VOCs 的总量，用卫星观测的 HCHO 的值间接地作为卫星观测的 VOCs 的值。以 HCHO 柱浓度遥感监测结果为主要指标，筛选出甲醛浓度较高且臭氧生成受 VOCs 控制或 VOCs-NO_2 共同控制区作为 VOCs 排放的重点关注区域，并以当地高分辨率卫星影像为底图，同时叠加当地企业清单，从而高效识别重点企业集群、化工企业等。支持基于 WebGIS 的 VOCs 排放高值区识别结果展示和专题产品的下载，包括 TIFF 图像、专题图、GIF、报告等。

h. 臭氧生成敏感性识别：基于卫星遥感数据，通过反演对流层 NO_2、HCHO 的垂直柱浓度，并利用 $HCHO/NO_2$ 比值判定臭氧生成控制类型，判断目标地区为 NO_x 控制区、VOCs 控制区或过渡区，分析 NO_x 和 VOCs 两个臭氧重要前体物变化趋势，获取臭氧浓度的主控因子，实现对臭氧前体物的遥感识别监测，提供臭氧前体物遥感识别监测、排放的敏感性随时间变化的 TIFF 图像、专题图、GIF、报告等产品。

i. 热异常点：基于卫星遥感数据的中红外通道和远红外通道对高温目标的灵敏反应进行热异常点判识，当地面出现热异常点时，中红外通道的计数值、辐射率和亮温将急剧变化，与周围像元形成明显反差，并远远超过远红外通道的增量。同时，去除水体、云雾等的影响，根据每地每日不同时间段选择不同的阈值进行精细化识别，实现对区域热异常点的监测，并提供逐小时的热异常点监测 TIFF 图像、热异常点分布图、专题报告等专题产品。

j. 工业热源识别：基于卫星遥感数据，采用基于密度的聚类算法 DBSCAN，对 VNP14IMG 数据进行逐年聚类处理，从空间-时间的角度逐步识别出重工业热源对象。首先对长时间序列的火点数据进行聚类处理，然后基于多种特性因子通过逻辑回归模型，识别出聚类后的热源对象是否为重工业热源，并提供逐年的工业热源识别监测 TIFF 图像、专题报告等专题产品。同时，计算热异常点的辐射功率（FRP），通过统计热异常数据的数量和 FRP 可以反映区域工业规模和生产排放强度，提供热异常点核密度 TIFF 图像、专题图等产品。

k. 火点识别：包括火点实时监测和火点监测统计。

（a）火点实时监测。获取互联网公开卫星遥感火点探测数据，实现每日火点实时监测图的绘制。根据数据探测时间，实现白天数据和夜晚数据的分时段展示，同时能够自定义不同时段的渲染方案。基于 WebGIS 技术，实现地图任意点的行政坐标快速识别。提供根据火点辐射功率和火点置信度进行数据阈值过滤的功能。能够根据不同探测卫星进行数据分类。对每个火点像素可以提取详细信息，包括探测卫星、探测时间、火点辐射功率和置信度数据。利用火点监测影像展示功能，能够及时掌握、发现关注城市周围焚烧火情的地域分布和动态变化，为焚烧火情的管控工作和空气质量的保障提供及时的数据支撑。

（b）火点监测统计。获取互联网公开卫星遥感火点探测数据，基于 WebGIS 技术快速拾取行政区域信息，提供火点数据在地图上的统计分析展示。对于历史上的火点数据进行展示，实现白天和夜晚的分时段汇总和自定义渲染。提供根据火点辐射功率和火点置信度进行数据阈值过滤的功能。能够根据不同探测卫星进行数据分类。对每个火点像素可以提取详细信息，包括探测卫星、探测时间、火点辐射功率和置信度数据。提供基于地图网格的数据统计，统计历史时段中每个地图网格内的火点影响次数。通过历史时段火点影像结果统计，能够判断关注城市周围焚烧火情的发生频次，为焚烧火情对空气质量的影响分析和管控工作提供依据。

10.3.2 空气质量"预测大脑"

通过整合多维的空气质量预报数据，可以直观展示未来预报全时长空气质量变化趋势，便于管理者、业务人员全面掌握本地空气质量未来变化趋势、污染物浓度分布特点，同时也便于相关部门更好地开展大气污染防治工作的安排与部署。环境空气质量预测预报可以为重污染天气早期预警、提高应急能力、科学评估提供重要数据与技术支持，为大气污染联防联控、区域协作提供科学支撑。空气质量预报主要采用嵌套网格空气质量预报模式系统，介绍如下。

嵌套网格空气质量预报模式系统（Nested Air Quality Prediction Model System，NAQPMS）数值模式的建立包括气象预报场预处理、排放源数据预处理、预报初始场制作、三维化学传输模拟计算、并行计算性能调试服务、并行节点列表动态检查生成、业务化自动运行。

NAQPMS 是由中国科学院大气物理研究所自主研发、以具有显著环境和气候效应的大气成分为主要研究对象的区域和城市尺度三维欧拉空气质量数值模式。NAQPMS 设计以我国当前计算硬件条件和业务水平为出发点，结合我国城市群大气复合污染的排放、输送、演变特点，综合评估多个有代表性的数值模式，通过各种分析，筛选出合理反映中国区域大气复合污染特征、充分考虑多尺度相互作用和复杂排放源状况的模式表征，设计出规范的区域空气质量模式及评估框架，确保所发展的技术及其软件程序代码具有国际水准的可靠度，同时兼容国内主要硬件平台。模式包括平流扩散模块、气溶胶模块、干湿沉降模块、大气化学反应模块等物理化学模块。NAQPMS 模式成功实现多尺度多过程的数值模拟，可同时模拟计算出多个尺度的空气质量，在各个尺度对各计算区域边界进行数据交换，实现多尺度的双向嵌套。

NAQPMS 可模拟臭氧、氮氧化物、二氧化硫、一氧化碳等大气痕量气体以及沙尘、含碳气溶胶等大气气溶胶成分。NAQPMS 主要由气象处理、排放源处理、空气质量模式及模式输出等四个主要部分构成，其具体结构如图 10-23 所示。

NAQPMS 采用开放式气象驱动场，可利用 MM5、WRF 等中尺度气象模式输出的气象要素场作为模式的动力驱动。中

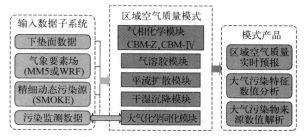

图 10-23　NAQPMS 模式框架

尺度气象模式预报所需的初始条件和边界条件可由美国国家环境预报中心的 NCEP/NCAR（美国国家环境预报中心/美国国家大气研究中心）再分析数据、欧洲数值预报中心的 ECM-WF 数据等全球数据提供。结合清单处理模型实时输出的排放源，NAQPMS 可以对大气中主要化学成分的分布状况、输送态势、沉降特征进行数值模拟，从而使得模式系统能够合理反映大气化学成分在输送过程中的物理化学特性变化。

NAQPMS 模式中考虑了平流、扩散、气相化学、气溶胶化学、干沉降和湿沉降等核心过程，同时耦合了大气化学同化模块和污染源识别与追踪模块。平流输送模块结合模式网格空间结构守恒的特点采用通量输送守恒算法，涡旋湍流扩散模块则根据边界层层结特性引入了能够反映下垫面特征的扩散算子。气相化学模块提供了 CBM-Z 和 CBM-Ⅳ 两种气相化学反应机制。干沉降过程采用基于空气动力学原理的沉降速度阻抗系数算法，考虑了分子扩散、湍流混合、重力沉降过程对沉降速度的影响与贡献。湿沉降过程除考虑传统的降水清除作用外，还计算了粒子吸湿增长过程造成的重力拖曳效应。

当前，中国的空气污染表现出复合性、区域性特征。以细颗粒物和臭氧为代表的二次污染物成为影响区域、城市空气质量的主要因素。与一次污染物不同，二次污染物涉及复杂的化学转化，如何在空气质量模式中合理表征二次污染物的各种转化过程，提高二次污染物的模拟准确性，这对模式的发展和改进是一个重要的挑战。为提高 NAQPMS 模式对细颗粒物和臭氧的模拟能力，近年来对 NAQPMS 模式做了多方面的改进，包括耦合气溶胶热力化学平衡模式 ISORROPIA、研发二次有机气溶胶（SOA）模块、耦合起沙模块、耦合紫外辐射传输模式、研发非均相化学模块等。

NAQPMS 模式在国家大型活动（北京奥运会、上海世界博览会、广州亚运会等）空气质量保障方案制定中发挥了重要作用。基于 NAQPMS 模式研究了夏季奥运时段北京周边地区对北京有影响的污染种类、污染贡献率和影响频次，阐明了影响夏季北京市空气质量的重点地区和重点源，为北京和周边地区奥运空气质量保障方案提供了重要的科学支撑。

（1）气象预报场预处理

可对 WRF 模式原始输出文件中的气象要素变量，基于定制化的 ARWpost 工具实现数据提取、诊断分析、坐标变换、格式转换、单位转换等预处理功能，驱动 NAQPMS 空气质量预报模式运行。至少包含风场 U 分量和 V 分量、水汽含量、云水含量、雨水含量、冰云光学厚度、水云光学厚度、气温、气压、相对湿度、模式高度等三维大气变量，土壤温度、土壤湿度等三维土壤变量，以及 2m 温度、表面气压、2m 相对湿度、10m 风场 U 分量、10m 风场 V 分量、海冰、最主要土壤类型、植被覆盖率、积雪深度、对流降水、非对流降

水、地面接收的向下短波辐射、摩擦速度、MO 长度、边界层高度、高云量、中云量和低云量等二维变量。

（2）排放源数据预处理

基于用户提供的按照特定格式制作的本地化分行业排放源清单数据（即不同行业点源和面源的各种污染物排放量清单），结合点源经纬度和收集的各种空间分配因子（如人口、路网、土地利用类型等），开展分行业排放清单网格化空间分配处理，获得本地分行业高精度网格化排放源。在此基础上，根据 NAQPMS 模式的预报区域设置和选取的化学机制机理，结合收集的全国区域排放源清单［如清华大学 MEIC（中国多尺度排放清单模型）清单］，实现本地-区域排放源数据融合，并进而时间分配、空间分配、化学物种分配以及数据格式转换，获得可供 NAQPMS 模式使用的多尺度网格化排放源数据。

（3）预报初始场制作

根据模式网格设置方案，生成输入 NAQPMS 模式的三维网格化预报初始场二进制文件。支持同化初始场制作、前日预报初始场制作和默认初始场配置功能。同化初始场制作功能用于对同化模块的输出文件进行坐标变换、格式转换、单位转换等，驱动 NAQPMS 模式运行；前日预报初始场制作功能用于在无法获得同化资料的情况下提取前日模式输出结果进行预处理生成初始场文件，驱动 NAQPMS 模式运行；在无法获得前日初始场的情况下，生成固定的默认初始场数据，支持 NAQPMS 模式正常运行。

（4）三维化学传输模拟计算

制定 NAQPMS 参数配置和运行方案，基于气象和排放源输入数据，通过对平流、扩散、对流、重力沉降、干沉降、湿沉降等物理过程以及气溶胶化学（无机气溶胶、SOA）、非均相化学、气相化学、液相化学的模拟，实现对细颗粒物（$PM_{2.5}$）、可吸入颗粒物（PM_{10}）、臭氧（O_3）、二氧化氮（NO_2）、二氧化硫（SO_2）、一氧化碳（CO）等 6 项常规污染物及硫酸盐、硝酸盐、铵盐、黑碳、有机物、一次排放细颗粒物、二次有机气溶胶等颗粒物组分的预报。

（5）并行计算性能调试服务

基于特定的嵌套区域设置、预报时长，结合高性能计算集群硬件配置，测试 NAQPMS 模式并行运算加速比，选择最优运行节点数目，优化模式运行时效性。

（6）并行节点列表动态检查生成

实现集群节点状态的动态监控与故障节点的排查告警，在 NAQPMS 主程序并行计算设置进程节点时自动剔除故障节点，提升系统稳定性。

（7）业务化自动运行

实现气象数据预处理、排放源数据预处理、初始场制作、三维化学传输模拟计算等的自动化运行，提供运行日志输出功能，可详细记录气象数据预处理、排放源数据预处理、初始场制作、三维化学传输模拟计算等过程的程序返回信息，用于判断各环节是否正常执行，并可用于分析程序运行时间。

① 预报分析。具体功能如下。

（a）模式多维分析。基于预报模型、预报区域、预报指标、预报时长的模拟结果，提供多参数、多时刻、多区域多种分析方法对预报指导产品进行时空可视化表达。提供六项常规污染物浓度、AQI 小时报和日报指标展示，利用 WebGIS 技术提供空间四窗口和单窗口方式的切换、多窗口的联动、配准功能；支持基于时间序列的时态动画展示功能，可调整动画播放速度、业务数据图层的透明度，根据模式预报区域进行掩膜控制。模式多维分析可以多维度直观地展示模式预报的结果，多窗口联动可以实现目标区域预报结果的比对分析，便于管理者、业务人员掌握本地区未来的空气质量分布情况。

（b）区域形势分布。基于预报模型、预报区域、预报指标、预报时长的预报指导产品，以空间专题图件的形式提供六项常规污染物浓度、AQI 指标，支持专题图件的展示与缩略图预览功能；支持专题图件的单帧放大、缩小、漫游、一键复位，全屏展示，单帧图片下载，多帧 GIF 图片动画生成下载功能；支持基于时间序列的专题动画功能，可调整播放时段区间和动画速度。区域形势分布以空间专题图的形式绘制模式的预报结果，可以进行任意时刻的分布图下载，同时自定义时间段制作 GIF 格式的动态分布图，便于业务人员对预报结果进行再分析和汇总工作。

（c）城市逐日预报。基于预报模式，提供城市及辖区监测站点各模式的空气质量逐日预报产品，包含常规六项污染物浓度、AQI、首要污染物、空气质量级别，实现多模式对比和单模式逐日变化分析。提供城市及辖区监测站点 WRF 模式气象要素逐日预报产品，包括最高温度、最低温度、相对湿度、风速和风向、累计降水、边界层高，支持高温、高湿、静小风、降水等特定气象影响条件的智能提示功能。实现节假日、二十四节气的自动提示和未来多日城市 NAQPMS 预报结果快速预览及站点类型分类标识。提供污染物与气象要素的每日逐小时预报对比分析查看功能。提供逐日预报结果的一键 Excel 导出功能。城市逐日预报（图 10-24）实现了目标城市及辖区监测点逐日空气质量及各气象要素预报结果直观展示，便于业务人员直观了解目标城市的气象条件及环境空气质量未来变化情况。

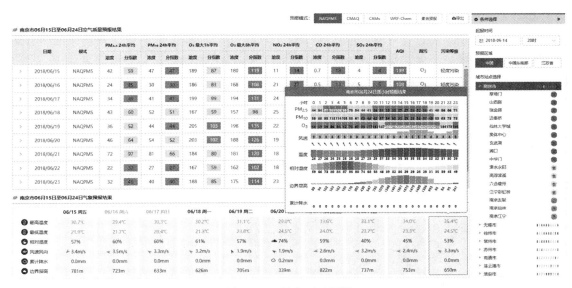

图 10-24　城市逐日预报

（d）城市小时预报。基于模式预报结果，提供城市及辖区监测站点空气质量与气象要素的逐小时关联分析预报产品，包括 $PM_{2.5}$、PM_{10}、O_3、NO_2、CO、SO_2 六项污染物逐小时浓度、分指数时序图表，能见度和边界层高度逐小时时序图表，风速、风向逐小时图表，相对湿度、降水逐小时图表，温度、露点温度、气压逐小时图表，消光系数、AOD 逐小时图表。城市小时预报（图 10-25）通过清晰的变化曲线，直观展示了目标城市及辖区监测站点逐小时各污染指标以及气象要素预报结果，对模式预报不同要素之间的相互影响进行综合分析，便于业务人员快速了解不同要素之间的关联及影响。

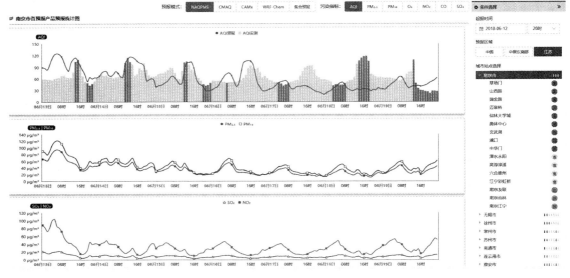

图 10-25　城市小时预报

（e）垂直预报分析。基于空气质量数值预报和 WRF 气象数值预报的预报产品，提供模式预报的斜温图，分析不同预报时刻大气层结垂直变化；提供污染物浓度垂直分布图，分析垂直方向时间剖面的变化；提供能见度与边界层高度叠加图，分析要素的连续变化趋势。支持专题图件的单帧放大、缩小、漫游、一键复位，全屏展示，单帧图片下载，多帧 GIF 图片动画生成下载功能。垂直预报分析功能（图 10-26）可对业务人员判定层结稳定度、分析垂直方向的形势变化、确定对扩散条件有影响的特殊层结位置等提供一定的指导作用。

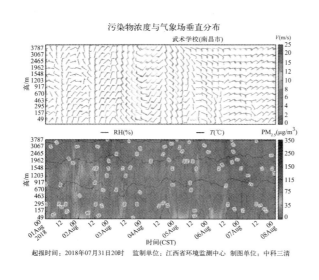

图 10-26　垂直预报分析

② 气象分析。环境空气质量的变化与气象条件是息息相关的，随着气象条件的不断改

变，大气输送、稀释、转化和清除污染物的能力也在不断变化；不同气象条件下，污染物的扩散规律也是不同的。气象分析可以对气象要素进行多维度的分析，便于业务人员更精准地判断气象要素的变化趋势、分布状况，进而为科学管控提供一定的指导作用。

（a）气象模拟分析。提供不同区域 WRF 气象数值预报产品结果的时空可视化表达，提供多个高度层（地面、850hPa、700hPa、500hPa）的逐小时气象场指标预报结果，包括高度场、温度场、风场、相对湿度场、水汽输送场以及能见度分布、消光系数分布、气溶胶光学厚度分布的展示，智能判定高、低压中心。利用 WebGIS 技术提供空间双窗口、单窗口方式的切换、联动、配准功能；支持对空气质量模式的六项常规污染物浓度、AQI 预报结果的实时动态动画展示与对比分析功能，可调整动画播放速度、业务数据图层的透明度，提供风矢与箭头两种风场表达形式，两种形式可自由切换。根据气象数值预报区域进行掩膜控制。气象模拟分析能够查看天气形势的高低空配置与污染形势的时空变化趋势关联性，便于业务人员分析不同天气形势对污染物浓度变化的影响。

（b）天气形势分布。基于 WRF 气象数值预报产品，以空间专题图件的形式提供不同区域天气形势和气象要素的逐小时分布展示，包括高度场、温度场、风场、相对湿度场、水汽输送场以及能见度分布、气溶胶光学厚度，支持不同选择下的专题图件的展示与缩略图预览功能；支持专题图件的单帧放大、缩小、漫游、一键复位，全屏展示，单帧图片下载，多帧 GIF 图片动画生成下载功能；支持基于时间序列的专题动画功能，可调整播放时段区间和动画速度。天气形势分布能够以空间专题图的形式绘制天气形势的预报结果，可以进行任意时刻的分布图下载，同时自定义时间段制作 GIF 格式的动态分布图，便于业务人员对气象条件进行再分析和汇总工作。

（c）气象预报参考。能够本地化获取并提供外部气象预报数据的图形化展示，至少集成中央气象台、韩国气象局、日本气象局、欧洲中心、中国香港天文台、美国 NCEP 提供的天气预报图，对图片进行分类展示，并支持按图片来源和气象要素两种方式查询；支持不同选择下专题图件的展示与缩略图预览功能；支持专题图件的单帧放大、缩小、漫游、一键复位，全屏展示，单帧图片下载，多帧 GIF 图片动画生成下载功能；支持基于时间序列的专题动画功能，可调整播放时段区间和动画速度，展示天气形势预报的变化情况。气象预报参考能够集成更多公共的天气预报资料，通过参考不同的气象预报结果，辅助业务人员更加准确、客观地判定未来气象条件变化趋势。

③ 污染预警。具体功能如下。

（a）预警提示。基于数值模式的预报结果，依据本地预警规则，在自动化可实现的情况下，提供预警信息提示功能。预警提示可以及时发现本地关注的污染情况，为快速实施管控措施提供指导。

（b）模式预警查询。基于模式预报结果，根据用户提供的预警规则，计算识别未来重污染时段，包括首要污染物，重污染持续时间、影响地域。对于不同模式预警信息的结果，支持预警详情的分析，提供模式预报全时段的污染物浓度分布和预警时段污染物浓度的分布情况展示，基于本地气象实况数据，提供气象要素和污染物浓度的历史实况和预报结果的趋势变化结果分析。模式预警查询功能（图 10-27）便于业务人员了解预警结果，对模式预报出的预警信息可以进行详细重点的分析，为快速精准地实施管控提供指导。

④ 精细化预报。具体功能如下。

（a）短临预报。基于空气质量统计预报模型实现城市/站点逐小时滚动短临预报，可在

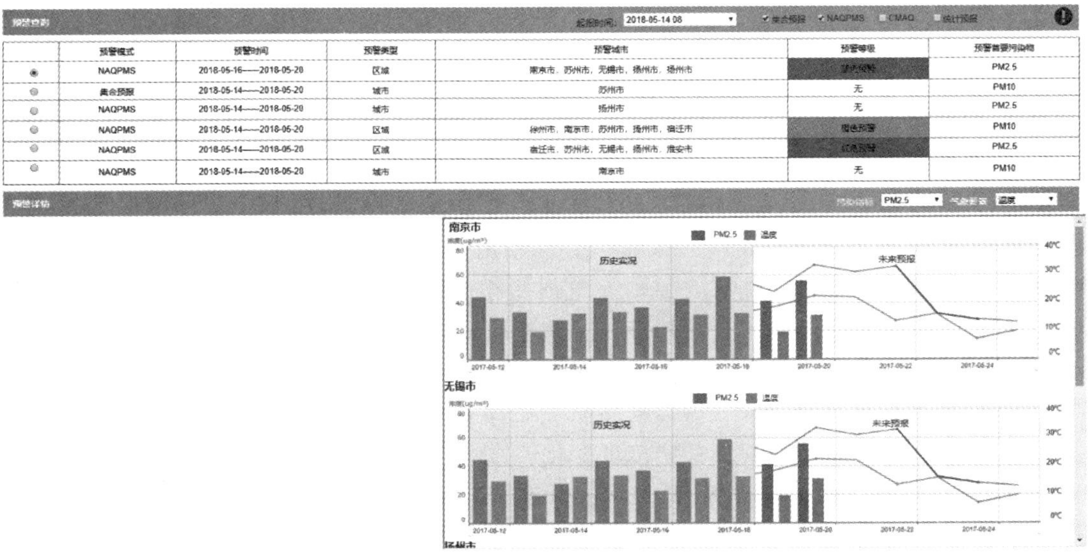

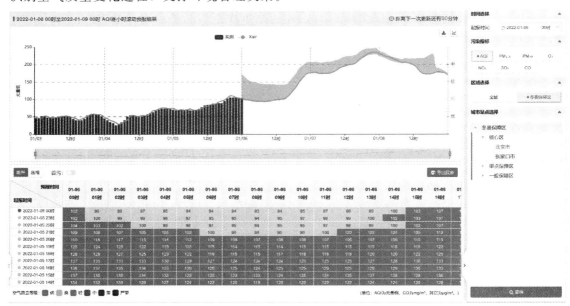

图 10-27　模式预警查询

时间和空间尺度上更全面、精准地反映大气环境的演变。通过对短临预报结果的多维度分析，可获取未来空气质量的变化情况，为空气质量预报、重大活动保障和环境管理科学决策提供有效支撑。

滚动短临预报：基于空气质量统计预报模型，提供 AQI 和六项污染物浓度的逐小时滚动预报结果，支持预报和实测结果的对比分析。提供多个起报时间下预报结果的对比展示，支持首要污染物的叠加展示，提供图表的导出下载功能。支持模型预报结果更新时间的智能提醒。滚动短临预报功能（图 10-28）提供高频次、高时间分辨率的预报结果，有助于快速识别空气质量变化过程，支撑环境管理决策。

图 10-28　滚动短临预报

短临预报对比：基于空气质量统计预报模型，提供多城市、多污染物的逐小时对比分析结果；利用空间可视化技术，以空间专题图的形式，展示 AQI 及六项污染物浓度的空间分布状况，支持专题图的缩放及下载，支持多污染物下时序图和空间分布图的一键联动。短临预报对比有助于快速了解区域空气质量时空变化特征，为联防联控提供支撑。

（b）1km 高分辨率数值预报。基于空气质量数值模型，提供城市尺度 1km 分辨率的逐小时空气质量模拟和预报结果，并以时间序列图、空间分布图的形式，展示城市内 AQI 和污染物的时空变化特征；支持接入城市精细化本地排放清单（图 10-29），清单可动态更新，以实现业务化预报工作。该功能便于管理者、业务人员全面掌握城市局地空气质量未来变化趋势、污染物浓度分布特点，能够有效识别大点源、工业园区、移动源等对污染物浓度的影响特征，能够帮助管理部门更直观地做出管控决策。

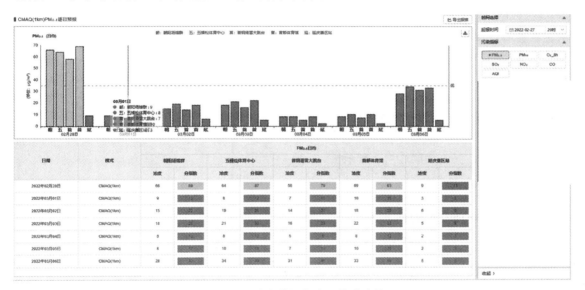

图 10-29　城市精细化本地排放清单

10.3.3　管控效果"评估大脑"

针对城市大气污染防治管理中涉及决策的工作，综合利用监测数据和环境模型，对各类决策的实施效果进行定量、科学评估，支撑科技治污。包括点源精细化溯源与管控、重污染应急管控模拟与评估、同期气象影响评估三个子系统。

（1）技术原理

空气质量模式情景模拟计算方法，本质是控制变量，即只改变模式的某项输入或参数，其他条件保持一致，得到两组或多组模拟结果，从而定量评估改变项对输出结果的影响。本项目通过改变空气质量模式排放源输入场，保持其他变量条件不变，从而对减排效果进行分析评估。使用相同气象场、不同排放情景（基准情景排放源和控制情景排放源），分别运行空气质量数值模式，从而对比评估、定量分析污染应急控制方案的效果。核心模块见图 10-30。情景模拟减排评估技术路线见图 10-31。模式运行输入条件见图 10-32。

① 空气质量模型气象条件输入场：自动下载收集 NCEP 提供的全球气象预报分析 GFS（NCEP 开发和运行的一个全球数值天气预报模式）数据，采用多线程并行下载的方式，缩

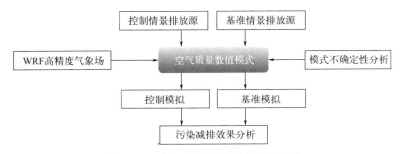

图 10-30 空气质量数值模式核心模块

短数据下载时间，提高系统整体运行时效性。同时对下载的 GFS 数据进行完整性检查，增强 GFS 数据下载稳定性。对下载的 GFS 气象初始场数据进行解析，实现模拟区域设置、气象要素提取、水平插值等功能，获得所设定模拟区域上的气象要素和下垫面数据，基于 WPS（WRF 预处理系统）预处理产生的各嵌套区域水平插值气象数据，完成模拟区域垂直方向插值，获得气象模拟初始场和边界场，进而通过主要大气物理过程（如辐射过程、成云降雨、边界层物理过程、陆面过程等）的时间积分、模拟计算，实现风、温、湿、压等气象要素三维空间场模拟。通过对 WRF 模式原始输出文件中的气象要素变量进行数据提取、诊断分析、坐标变换、格式转换、单位转换等预处理功能，驱动空气质量预报模式运行。WRF 气象模拟数据流如图 10-33 所示。

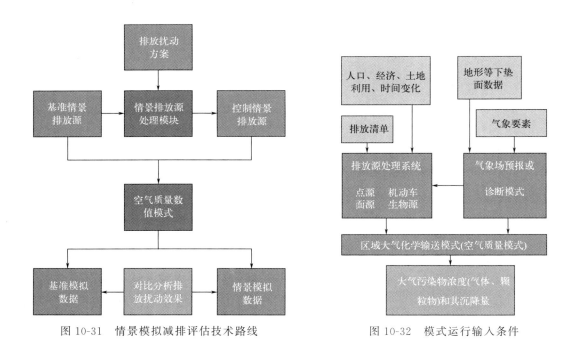

图 10-31 情景模拟减排评估技术路线　　　图 10-32 模式运行输入条件

采用 NCEP 的数值天气预报中心 GFS 数据集中的全球预报分析资料作为 WRF 模式运行的初始及边界条件，WRF 模式垂直方向上采用地形跟随质量坐标系，每个物理过程均有多个可选方案，通过前期研究对不同参数化方案模拟预报效果的对比分析，本项目拟采用的主要物理过程模式参数设置如表 10-4 所示。

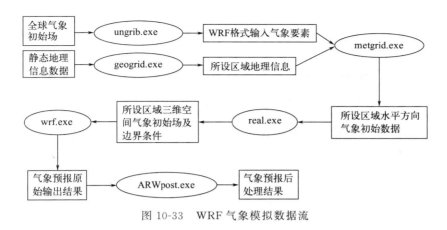

图 10-33 WRF 气象模拟数据流

表 10-4 WRF 模式参数设置

模式物理过程	参数化方案选取	模式物理过程	参数化方案选取
行星边界层	YSU 方案	云微物理	Lin 方案
近地层	MM5 similarity(相似性)方案	积云对流	Grell 3D 方案
城市冠层	单层三类城市冠层方案	长波辐射	RRTM 方案
陆面过程	Noah 方案	短波辐射	Goddard 短波辐射方案

② 空气质量模式三维化学传输模拟计算：基于气象和排放源输入数据，通过对平流、扩散、对流、重力沉降、干沉降、湿沉降等物理过程以及气溶胶化学（无机气溶胶、SOA）、非均相化学、气相化学、液相化学的模拟，实现对细颗粒物（$PM_{2.5}$）、可吸入颗粒物（PM_{10}）、臭氧（O_3）、二氧化氮（NO_2）、二氧化硫（SO_2）、一氧化碳（CO）等 6 项常规污染物及硫酸盐、硝酸盐、铵盐、黑碳、有机物、一次排放细颗粒物、二次有机气溶胶等颗粒物组分的模拟。

③ 排放削减率计算：由于用户提供的点源削减方案没有直接给出各类源的削减比例，因此首先需要计算点源各类排放源的削减比例，算法为：

$$R_i = \frac{\sum_{j=1}^{n} m_{i,j}}{M_i} \qquad (10\text{-}15)$$

式中，R_i 为第 i 类点源各物种的排放削减比例；$m_{i,j}$ 为第 i 类点源中第 j 个排放点的排放削减量；n 为第 i 类点源中所包含的排放点总数；M_i 为第 i 类点源在排放清单中的总排放量。根据上述算法，把点源的排放削减单位统一为削减比例（%）后，同时考虑点源和面源。

④ 控制情景浓度计算：对于有多种前体物的污染物而言，假设预报污染物浓度降低的比例为污染物来源地区其所有前体物削减比例中的最大值，即：

$$C_{\text{conc}} = \max(C_1, C_2, C_3, \cdots, C_n) \qquad (10\text{-}16)$$

式中，C_{conc} 为前体物排放源削减引起的污染物浓度降低的比例；$C_1, C_2, C_3, \cdots, C_n$ 为各类前体物的削减比例。

进一步，在假设条件下，削减后的污染物预报浓度为：

$$F_{\text{redu}} = F\left(1 - \sum_{i=1}^{n} C_i S_i\right) \tag{10-17}$$

式中，F_{redu} 为减排后污染物的预报浓度；F 为减排前污染物的基准预报浓度；C_i 和 S_i 分别为减排区域内第 i 类源削减引起的预报污染物浓度减小率和减排区域内第 i 类源对模拟区域预报污染物浓度的贡献率。由上式可知，当距离减排区域较远时，减排地区各类排放源对该地区预报污染物浓度的贡献 $S_i \to 0$，基于该算法可以得到 $F_{\text{redu}} \to F$，即减排对该地区污染物预报浓度影响不大。而在减排区域内部，S_i 一般较大，基于该算法可以得到减排对本地污染物预报浓度影响较大。

⑤ 模式自动化运行技术：模式自动化运行是业务系统的技术核心，本项目基于 Linux Shell 脚本和 Fortran 程序实现多模式系统的自动化运行，满足自动、稳定、无人值守等空气质量业务预报系统的基本要求。

（2）点源精细化溯源与管控

① 点源影响识别。具体功能如下。

（a）WRF 气象模拟。WRF 气象模式是由美国国家环境预报中心（NCEP）、美国国家大气研究中心（NCAR）等科研机构和大学联合开发的新一代中尺度气象模式，采用 NCEP 的数值天气预报中心 GFS 数据集全球预报分析资料作为 WRF 模式运行的初始及边界条件。WRF 气象模式为空气质量数值模式提供必要的气象预报场条件，驱动空气质量数值模式的运行。

（b）点源污染识别模拟。基于城市污染点源排放清单、关注点数据、气象数据、地理数据，进行污染扩散模拟，建立污染源与关注点大气环境质量定量关系，得到各污染源对关注点的贡献量，实现区域未来或历史时段主要排放贡献源识别，实现重点点源精细化溯源及影响识别。

（c）点源影响识别。基于污染扩散模拟结果，利用 GIS 空间可视化技术，直观展示污染物的空间分布特征，支持风场数据的叠加展示，同时提供污染源和关注点的详细信息展示；支持重点企业或行业对不同关注点的污染物浓度贡献量及贡献率时序变化分析；可根据企业或行业贡献占比进行排序，以明确区域中的重大点源。支持一键导出数据和图片下载。

② 重点源管控方案模拟评估。具体功能如下。

（a）点源污染评估模拟。基于城市污染点源排放清单、关注点数据、气象数据、地理数据、管控方案减排比例数据，进行污染扩散模拟，实现点源管控效果定量评估。

（b）点源案例管理。支持管控案例的新建，包括设置案例名称、关联案例信息、案例类型、网格分辨率、模拟起止时间、污染源信息、关注点信息及选择模拟区域，完成参数设置后，可保存至案例列表中。在案例列表中展示详细的案例信息，可查看案例运行参数，并支持对案例的管理，包括启动、编辑、删除案例，支持查看案例模拟结果；提供筛选、查询案例的功能。

（c）点源时空分布。基于污染扩散模拟结果，利用 GIS 空间可视化技术，以多窗口的形式，直观展示不同排放情景下污染物的空间分布特征及其浓度变化状况，支持风场数据的叠加展示，同时可在 GIS 地图上展示污染源和关注点的详细信息；支持 GIS 分布图自动播放并提供放大、缩小、全屏及 GIF 专题图下载的功能。多窗口联动的展示方式，方便用户对比分析不同方案的管控效果。

（d）点源效果分析。提供管控前后污染源对不同关注点污染物的贡献浓度及其变化情况（变化量、变化率）对比分析表，支持小时和日均的切换。支持对不同关注点在基准排放与管控排放下污染物浓度及其变化情况的时序变化分析，以评估管控方案对关注点的影响程度（图 10-34）。提供数据导出和图片的下载功能。

图 10-34　重点企业不同情景管控影响示例图

（3）重污染应急管控模拟与评估

① 情景建立与运行。具体功能如下。

（a）情景管理。支持对未结束的各情景案例进行管理（图 10-35），包括新建情景、删除情景及变更情景案例名称。在情景管理列表中，可查看情景的起止时间、运行状态，对正在运行的案例可以查看已完成时段的模拟结果。

（b）减排预评估模拟计算。搭建用于管控情景预评估的空气质量数值模型，利用 GFS 数据驱动 WRF 中尺度气象预报模式预报未来 7～14 天的气象条件，每日动态读取管控情景设定的污染物排放减排信息（包括不同时间、不同区域、不同行业的基准排放源和减排排放源信息）并实时进行清单网格化处理，采用空气质量数值模式情景模拟技术，定量预测未减排情景和减排情景下的未来污染物浓度改善效果。在污染案例运行结束前，每天对其控制效果进行无人值守自动化模拟评估，动态排放源信息获取和评估结果的时间分辨率细化到 1 小时。

（c）减排后评估模拟计算。搭建用于管控情景后评估的空气质量数值模型，利用全球再分析资料场 FNL 数据驱动 WRF 中尺度气象预报模式模拟历史的气象条件，动态读取管控情景设定的污染物排放减排信息（包括不同时间、不同区域、不同行业的基准排放源和减排排放源信息）并实时进行清单网格化处理，采用空气质量数值模式情景模拟技术，定量模拟未减排情景和减排情景下的污染物浓度改善效果，动态排放源信息获取和评估结果的时间分辨率细化到 1 小时。

（d）运行监控。支持实时监控情景案例的模拟运行状态（图 10-36），可实时查看模型

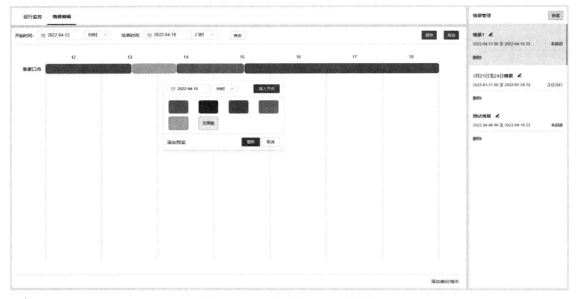

图 10-35　情景模拟案例管理页面

的运行情况及各节点的完成情况；提供详细的管控预案变更记录，可快速查阅各时间节点下预案的变更详情；提供响应城市减排比例和减排量信息的一览表及排放量对比时序图，可分析各时段中污染物的减排力度。

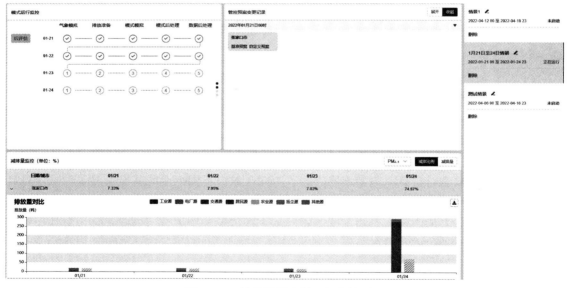

图 10-36　情景模拟案例运行监控页面

② 管控效果评估。具体功能如下。

（a）案例管理与达标分析。支持对情景案例的管理和全年度管控效果的评估，案例基本信息包括情景案例的名称、开始时间、结束时间。支持对年度历史案例进行筛选并统计，统计信息包括所选案例中污染管控的启动次数、管控天数、执行后的改善效果及污染天数变化。支持对响应城市污染物浓度进行年度达标分析，包括计算目标值、累计值、剩余值、目标天数、达标天数、剩余天数及达标情况，支持污染物年度目标浓度值和目标天数的设置，支持达标分析数据的导出。

（b）管控数据处理。基于管控情景输出的模式数据，实现实时动态对输出的网格数据进行空间数据解析、空间坐标转换、网格数据矢量化转换、等值面插值、矢量转栅格、空间数据生成入库，根据不同污染物对栅格数据进行相应的值域分类和色彩分级渲染，并通过对应的栅格数据绘制污染物浓度和 AQI 小时及日均时空分布专题图，对比展示基准情景和管控情景中的污染物浓度空间分布变化。

（c）案例详情。提供详细的案例信息汇总及描述（图 10-37），包括案例的起止时间、主要污染物、AQI 峰值信息、创建人及创建时间；提供管控前后优良天数、污染天数改善情况的统计，包括管控后首要污染物的平均浓度、日峰值、小时峰值及管控后的变化情况；支持对响应城市中管控过程和管控措施详情的回顾。

图 10-37　情景模拟案例信息汇总页面

（d）排放量分析。支持以空间落区图的形式展示区域内的排放变化，包括基准情景、管控情景下污染物的排放量及变化情况，支持逐日排放量时序分析，同时可对管控时段中的任意时段进行累计计算，污染物包括 SO_2、NO_x、CO、VOCs、NH_3、PM_{10}、$PM_{2.5}$、BC（黑碳）、OC（有机碳）；提供基准情景、管控情景下城市污染物的排放量及变化量的对比分析表，支持从区域和行业两个维度进行统计分析。

（e）空间分布。基于模式预评估结果和后评估结果，利用 GIS 空间可视化技术，以对比视窗的形式，展示基准情景、管控情景下六项污染物的浓度及变化量的分布图，包括小时结果和日均结果。可实现一段时间累计平均结果的实时计算，支持对分布图内任意点浓度值的拾取。

（f）模拟结果。基于模式预评估结果和后评估结果，提供基准情景和减排情景下响应城市的六项污染物浓度及变化情况，支持响应城市六项污染物浓度时序变化图（图 10-38），支持图表下载。

（g）管控成效。基于后评估模拟结果和污染物实况数据对模式后评估结果进行校准，实现管控前和管控后城市污染物浓度的对比分析。利用空间可视化技术，以柱状图的形式展

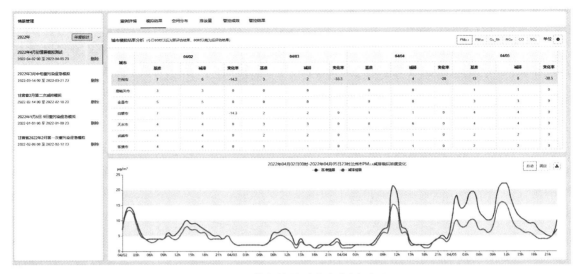

图 10-38　模拟结果时序变化图页面

示区域内各城市管控前、管控后的污染物浓度值，可方便查看管控前后污染物浓度的变化情况；支持城市管控前后污染物浓度的时序变化图，支持小时和日均结果的切换选择，提供图片下载和数据导出功能。

（h）管控结果。基于后评估模拟结果和污染物实况数据对模式后评估结果进行校准，实现管控前和管控后的城市污染物浓度的对比分析（图 10-39）。提供管控前和管控后城市六项污染物的浓度值及变化情况对比分析表，支持小时和日均的切换选择，提供数据导出功能。

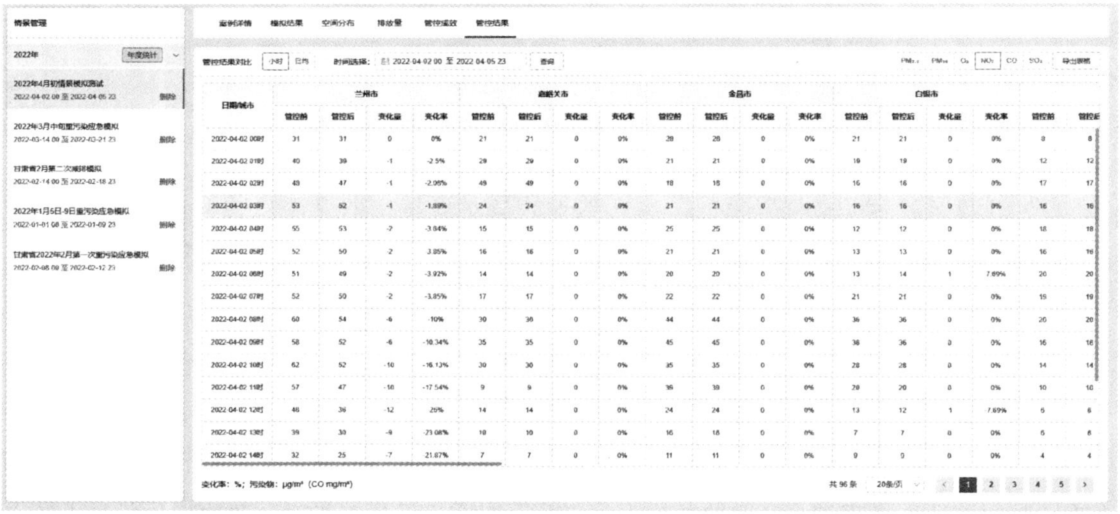

图 10-39　管控结果对比分析页面

③ 评估报告自动生成。结合排放源误差、模式模拟误差、控制措施实际落实程度等误差来源，纳入观测数据对模拟误差进行校准后，评估采取应急情景的空气质量实际改善效果，出具相应的分析报告（图 10-40 和图 10-41）；对每个管控过程进行案例分析，总结案例管控成效。实现系统主要结论自动生成，可自定义分析单元，包括空气质量分析、气象条件分析、减排情况分析、管控效果分析、来源追因等模块，各单元可灵活设置，自由组合。

图 10-40　自动生成报告示例——分布图

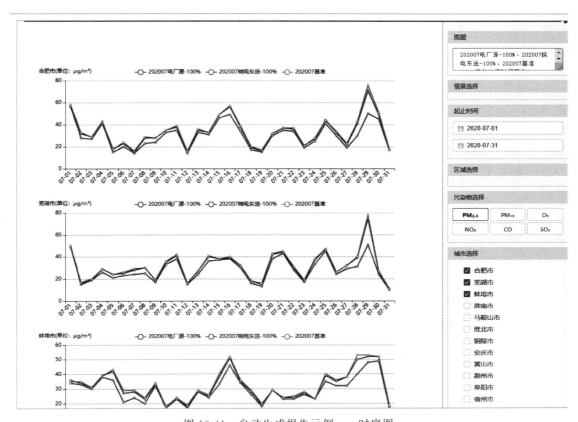

图 10-41　自动生成报告示例——时序图

参考文献

［1］ 王喜富 . 大数据与智慧物流［M］. 北京：北京交通大学出版社，清华大学出版社，2016.

［2］ 戴定一 . 再谈物联网与智能物流［J］. 中国物流与采购，2010（23）：36-38.

［3］ 何黎明 . 中国智慧物流发展趋势［J］. 中国流通经济，2017，31（6）：3-7.

［4］ 靳晓勤，霍慧敏，贾佳，等 . 危险废物全过程信息化可追溯管控［J］. 环境与可持续发展，2021，46（4）：99-104.

［5］ 殷小炜 . 关于固体废物应用大数据管理的优势［J］. 低碳世界，2021，11（3）：56-57.

［6］ 苗竹，刘钊，张韬，等 . 基于垃圾固废基地的电-气系统规划［J］. 电气自动化，2020，42（1）：67-70.

［7］ 国务院印发《“十四五”国家应急体系规划》［J］. 中国应急管理，2022（2）：4.

［8］ 袁发培 . 人工智能在自然灾害应急救援中的应用［J］. 中国新技术新产品，2019（17）：134-135.

［9］ 吕基平，熊政华，邹容芳，等 . 智能视频分析技术在智慧工地安全监管中的应用研究［J］. 施工技术（中英文），2022，51（11）：12-17.

［10］ 阳杰，李灿峰，姚元琪，等 . 超大型城市应急管理数字赋能的困境及深圳探索［J］. 中国应急管理，2022（10）：46-49.

［11］ 王岩，范苏洪 . 基于5G网络的物联网技术在智慧应急中的应用［J］. 通信技术，2021，54（1）：224-230.

［12］ 容志 . 与城市管理相融合的应急管理体系建设：上海经验及其启示［J］. 城市观察，2019（3）：127-137.

［13］ 成吾 . 智慧应急 筑起城市安全“防洪塔”［J］. 上海信息化，2016（2）：52-55.

［14］ 王丰田 . 智慧城市应急决策情报体系构建研究［J］. 黑龙江科学，2021，12（16）：156-157.

［15］ 沈秋华，王帅，郑贵强，等 . 人工智能在全过程应急管理体系中的应用探讨［J］. 电信快报，2023（10）：25-29.